国家"十二五"规划重点图书

中国地质调查局
青藏高原1:25万区域地质调查成果系列

中华人民共和国
区域地质调查报告

比例尺 1:250 000

边坝县幅

（H46C002004）

项目名称：嘉黎县幅（H46C002003）、边坝县幅（H46C002004）、丁青县幅（H46C001004）、比如县幅（H46C001003）区域地质调查

项目编号：200313000022

项目负责：向树元

技术负责：胡敬仁　泽仁扎西

报告编写：向树元　泽仁扎西　田立富　朱耀生
　　　　　　马新民　路玉林

编写单位：西藏自治区地质调查院

单位负责：苑举斌（院长）
　　　　　　杜光伟（总工程师）

中国地质大学出版社
ZHONGGUO DIZHI DAXUE CHUBANSHE

内 容 提 要

1∶25万边坝县幅区域地质调查报告系统全面真实地反映了在地层、岩浆岩、变质岩、构造、矿产资源和环境等方面的调查成果和重要进展。报告确定了嘉黎-易贡藏布断裂带的空间展布、断层结构和活动规律；对分布于波密县倾多—普拿一带的石炭—二叠纪地层中的火山岩进行了岩石地球化学研究，认为诺错组、来姑组火山岩形成于活动陆缘岛弧环境；查明了不同构造层次中的构造变形样式，认为中新元古代念青唐古拉岩群以深层次构造组合类型无根褶皱、柔皱和韧性剪切变形为主要特征，前奥陶纪地层以斜歪，局部褶叠层，千枚理级韧性剪切带发育为特色，石炭纪至二叠地层中的构造样式较为简单，褶皱开阔，轴面直立。中晚侏罗世和早白垩世地层构造样式较为复杂，褶皱以紧闭、倒转或倾斜为主；对石炭—二叠系、侏罗—白垩系进行了岩石地层、生物地层及年代地层、层序地层等多重地层划分与对比，建立了测区地层格架；在边坝县多尼组地层中发现其上部的岩性组合，根据详细时代确定和岩性对比建立了一个新的岩性地层单位——早白垩世边坝组；在拉孜北凶木曲东岸粉砂质板岩中发现丰富的植物化石，具有早白垩世植被面貌；根据岩性和接触关系对测区内岩浆岩体进行了解体和年龄测定，共圈出中酸性侵入体115个。新测年龄数据30多个。在边坝县拉孜北分水岭上的冰碛物中获得ESR年龄705ka，相当于青藏高原倒数第三期冰期时间，为测区最早冰川记录，该分水岭高出现代河床300m，反映了中更新世以来测区的强烈隆升和河流强烈下蚀作用。

图书在版编目(CIP)数据

中华人民共和国区域地质调查报告·边坝县幅(H46C002004)：比例尺1∶250 000/向树元，泽仁扎西，田立富等著. —武汉：中国地质大学出版社，2014.12

ISBN 978-7-5625-3540-9

Ⅰ.①中…
Ⅱ.①向… ②泽… ③田…
Ⅲ.①区域地质调查-调查报告-中国 ②区域地质调查-调查报告-边坝县
Ⅳ.①P562

中国版本图书馆CIP数据核字(2014)第238840号

中华人民共和国区域地质调查报告
边坝县幅(H46C002004)　　比例尺1∶250 000

向树元　泽仁扎西　田立富　等著

责任编辑：马新兵　　　　　　　　　　　　　　　　　　　　　　　　　责任校对：周旭

出版发行：中国地质大学出版社(武汉市洪山区鲁磨路388号)	邮政编码：430074
电　话：(027)67883511　　传　真：67883580	E-mail：cbb@cug.edu.cn
经　销：全国新华书店	http://www.cugp.cug.edu.cn
开本：880毫米×1 230毫米 1/16	字数：551千字　印张：17　图版：6　附件：1
版次：2014年12月第1版	印次：2014年12月第1次印刷
印刷：武汉市籍缘印刷厂	印数：1—1 500册
ISBN 978-7-5625-3540-9	定价：468.00元

如有印装质量问题请与印刷厂联系调换

前 言

青藏高原包括西藏自治区、青海省及新疆维吾尔自治区南部、甘肃省南部、四川省西部和云南省西北部,面积达 260 万 km^2,是我国藏民族聚居地区,平均海拔 4 500m 以上,被誉为"地球第三极"。青藏高原是全球最年轻的高原,记录着地球演化最新历史,是研究岩石圈形成演化过程和动力学的理想区域,是"打开地球动力学大门的金钥匙"。

青藏高原蕴藏着丰富的矿产资源,是我国重要的战略资源后备基地。青藏高原是地球表面的一道天然屏障,影响着中国乃至全球的气候变化。青藏高原也是我国主要大江大河和一些重要国际河流的发源地,孕育着中华民族的繁生和发展。开展青藏高原地质调查与研究,对于推动地球科学研究、保障我国资源战略储备、促进边疆经济发展、维护民族团结、巩固国防建设具有非常重要的现实意义和深远的历史意义。

中华人民共和国 1∶25 万嘉黎县幅(H46C002003)、边坝县幅(H46C002004)、丁青县幅(H46C001004)、比如县幅(H46C001003)区域地质调查项目(项目编号:200313000022),是第二轮国土资源大调查青藏高原南部空白区基础地质调查与研究的任务之一,中国地质调查局于 2003 年 3 月 26 日以中地调函[2003]77 号下达地质调查工作内容任务书(编号:基[2003]002-20)。该项目工作性质为基础地质调查,由成都地质矿产研究所实施,西藏地调院负责,具体由地调一分院和二分院分片组织和实施完成。

项目工作起止年限为 2003 年 1 月—2005 年 12 月。任务书要求 2003 年 12 月提交项目设计书,2005 年 7 月提交野外验收,2005 年 12 月提交最终成果。项目总经费 700 万元。

测区位于青藏高原东南部,地理位置上处于西藏自治区东北部,地处青藏高原东南部雅鲁藏布江和怒江流域的高山峡谷区。地理坐标为:东经 93°00′—96°00′,北纬 30°00′—32°00′,面积 63 586 km^2。其中西部三分之二面积为 B3 类实测区,面积 42 366km^2;东部三分之一面积为编图区,面积 21 220km^2。按任务书要求和编图区地质情况选择 3 634 km^2 为重点区修测内容。

任务书下达的总体目标任务是:按照《1∶25 万区域地质调查技术要求(暂行)》和《青藏高原艰险地区 1∶25 万区域地质调查要求(暂行)》及其他相关的规范、指南,参照造山带填图的新方法,应用遥感等新技术手段,以区域构造调查与研究为先导,合理划分测区的构造单元,对测区不同地质单元、复合造山带不同的构造-地层单位采用不同的填图方法进行全面的区域地质调查。

总填图面积为 46 000km^2。本着图幅带专题的原则,进行(蛇绿岩)带的构造组成、演化及岩浆作用等重大地质问题专题研究,为探讨青藏高原构造演化及区域地质找矿提供新的基础地质资料;开展生态环境地质调查,编制相关图件和矿产图。

根据项目任务书,本项目由西藏自治区地调院组织并承担。项目本着人员精良、专业互补、设备先进的原则来组织安排和部署该项目三年的全部工作任务。

为充分实现生产、科研和教学三结合,充分发挥院校与生产单位各自的优势和特点,根据本项目的工作任务和地质特色采取联合组队,紧密合作。为确保项目工作高起点、高标准、高质量的要求,技术队伍由双方单位派出,本着优化组合、专业互补、敬业性强、队伍精干的原则组成了一支学科齐全、结构合理的调研队伍。并聘请多位专家作为项目顾问,对项目的新理论及技术方法应用进行指导,对项目的有效实施给予咨询。

本项目 2003 年启动,2003 年 12 月完成项目初步设计并报送中国地质调查局,通过 2003 年 5 月—9 月份的野外踏勘和试填图,于 11 月底完成了设计书的编写及设计图的修编,12 月份通过了由中国地质调查局组织的项目设计审查,并获得 88.5 分成绩。根据设计审查意见,于 2004 年 2 月完成设计书的修改并报送中国地质调查局区调处和中国地质调查局西南项目办公室进行认定。以1∶10万TM图像为基础进行了全面的TM图像解译,编制了1∶25万TM图像解译图,在野外对解译的TM图像进行了实地验证。在野外工作的基础上,室内结合野外资料对TM图像进行了进一步的遥感解译工作。2003年6月至9月、2004年3月至9月及2005年6月至7月进行了野外地质调查。

通过两个分队三年的野外工作,对图区的地质体进行了全面的实测剖面研究和路线地质调查。根据项目要求进行了系列样品分析测试,测试项目绝大部分超额完成设计数量,同时根据任务需要和测区具体情况,对原设计方案进行了适当调整,增加了部分测试项目,删减了少部分测试项目和数量。总体工作量达到并相当大部分超额完成设计要求。

2005年7月17日—19日,中国地质调查局区调处、成都地矿所、西南项目办、西藏地勘局、西藏地调院等单位组织了以刘鸿飞为组长的原始资料验收组。验收组认为,项目组在近三年的时间里,在特别艰苦的自然环境和特别艰难的外界条件下完成了野外调研任务,整体控制程度较好,所取得的各项原始资料和实物工作量均达到或部分超过项目任务书和设计书的要求,各种资料比较丰富,翔实可靠,并在地层划分、构造混杂岩和蛇绿岩、新构造运动与地貌演变、变质侵入体等方面取得了许多新认识和新进展。经野外验收专家组审查,项目的野外工作量已达到设计的要求,各类测试成果基本到位,一致同意通过项目的野外验收,全面转入室内报告编写阶段。验收评分91分,为优秀级。

2005年1月至2006年2月进行报告编写工作。根据1∶25万区域地质调查技术要求,联测图幅按分幅分别编写报告。为确保报告质量,加强目标管理和责任到人,项目组成立了分幅报告领导成员,边坝县幅分幅项目负责由泽仁扎西担任,技术负责由朱耀生担任。报告编写分工如下:第一章、第五章由向树元、马新民执笔,第二章由田立富、向树元执笔,第三章由朱耀生、路玉林执笔,第四章由泽仁扎西执笔,结束语由向树元、田立富、朱耀生、泽仁扎西执笔。

2006年4月21—26日,中国地质调查局成都地质调查中心在四川成都组织了以潘桂棠研究员为组长的评审专家组对西藏边坝县(H46C002004)1∶25万区调成果进行了会议评审。评审专家认为项目成果报告内容丰富,资料翔实,立论有据,文图并茂。系统全面真实地反映了区调地质成果,在地层、岩浆岩、变质岩、构造、矿产资源和环境等方面取得重要进展,按中国地质调查局成果报告质量等级评分标准,边坝县幅获90.5分,为优秀级。

为了充分发挥青藏高原1∶25万区域地质调查成果的作用,全面向社会提供使用,中国地质调查局组织开展了青藏高原1∶25万地质图的公开出版工作,由中国地质调查局成都地质调查中心与项目完成单位共同组织实施。出版编辑工作得到了国家测绘局孔金辉、翟义青及陈克强、王保良等一批专家的指导和帮助,在此表示诚挚的谢意。

鉴于本次区调成果出版工作时间紧、参加单位较多、项目组织协调任务重以及工作经验和水平所限,成果出版中可能存在不足与疏漏之处,敬请读者批评指正。

"青藏高原1∶25万区调成果总结"项目组
2010年12月

目 录

第一章 绪言 …………………………………………………………………………………… (1)
　第一节 目的与任务 ………………………………………………………………………… (1)
　第二节 自然地理及交通概况 ……………………………………………………………… (2)
　第三节 地质调查及研究程度 ……………………………………………………………… (3)
　第四节 总体工作部署及工作量完成情况 ………………………………………………… (6)
　　一、总体工作部署原则 …………………………………………………………………… (6)
　　二、项目工作进程 ………………………………………………………………………… (6)
　　三、项目工作量完成情况 ………………………………………………………………… (7)
　第五节 项目人员分工及致谢 ……………………………………………………………… (7)
第二章 地层及沉积岩 ………………………………………………………………………… (9)
　第一节 概述 ………………………………………………………………………………… (9)
　　一、北喜马拉雅地层分区 ………………………………………………………………… (10)
　　二、雅鲁藏布江地层区 …………………………………………………………………… (11)
　　三、拉萨-察隅地层分区 …………………………………………………………………… (11)
　　四、班戈-八宿地层分区 …………………………………………………………………… (11)
　　五、班公错-怒江地层分区 ………………………………………………………………… (11)
　第二节 元古宇 ……………………………………………………………………………… (11)
　　一、南迦巴瓦岩群($Pt_{2-3}Nj$) ……………………………………………………………… (11)
　　二、念青唐古拉岩群($Pt_{2-3}Nq$) …………………………………………………………… (12)
　第三节 古生界 ……………………………………………………………………………… (16)
　　一、拉萨-察隅地层分区 …………………………………………………………………… (16)
　　二、班公错-怒江地层区 …………………………………………………………………… (30)
　第四节 中生界 ……………………………………………………………………………… (33)
　　一、三叠系 ………………………………………………………………………………… (33)
　　二、侏罗系 ………………………………………………………………………………… (37)
　　三、白垩系 ………………………………………………………………………………… (53)
　　四、雅鲁藏布江蛇绿混杂岩群（$JKo\phi m$） ………………………………………………… (75)
　第五节 新生界 ……………………………………………………………………………… (77)
　　一、中更新统 ……………………………………………………………………………… (77)
　　二、上更新统 ……………………………………………………………………………… (78)
　　三、全新统 ………………………………………………………………………………… (80)
第三章 岩浆岩 ………………………………………………………………………………… (82)
　第一节 蛇绿岩 ……………………………………………………………………………… (83)
　　一、地质特征 ……………………………………………………………………………… (83)
　　二、岩石及矿物特征 ……………………………………………………………………… (83)

三、岩石化学特征 …………………………………………………………………………（85）
　　四、岩石地球化学特征 ……………………………………………………………………（86）
　　五、形成环境及时代讨论 …………………………………………………………………（88）
第二节　侵入岩 …………………………………………………………………………………（88）
　　一、洛庆拉-阿扎贡拉构造岩浆带 …………………………………………………………（90）
　　二、扎西则构造岩浆带 ……………………………………………………………………（103）
　　三、鲁公拉构造岩浆带 ……………………………………………………………………（120）
　　四、各构造岩浆带侵入活动特点及其演化趋势 …………………………………………（127）
　　五、花岗岩类侵入岩体的就位机制探讨 …………………………………………………（136）
　　六、侵入岩成因类型及形成环境探讨 ……………………………………………………（140）
第三节　脉岩 ……………………………………………………………………………………（145）
　　一、基性岩脉 ………………………………………………………………………………（145）
　　二、中性—中酸性岩脉 ……………………………………………………………………（147）
　　三、酸性岩脉 ………………………………………………………………………………（148）
　　四、碱性岩脉 ………………………………………………………………………………（149）
第四节　火山岩 …………………………………………………………………………………（149）
　　一、前石炭纪火山岩 ………………………………………………………………………（149）
　　二、石炭纪火山岩 …………………………………………………………………………（150）
　　三、晚二叠世西马组火山岩 ………………………………………………………………（157）
　　四、晚三叠世孟阿雄群火山岩 ……………………………………………………………（158）
　　五、侏罗纪火山岩 …………………………………………………………………………（158）
　　六、白垩纪火山岩 …………………………………………………………………………（162）

第四章　变质岩 …………………………………………………………………………………（175）
第一节　概述 ……………………………………………………………………………………（175）
　　一、变质单元的划分 ………………………………………………………………………（175）
　　二、变质岩类型划分 ………………………………………………………………………（177）
　　三、变质相带及变质作用类型划分 ………………………………………………………（178）
第二节　区域动力热流变质作用及其岩石 ……………………………………………………（179）
　　一、南迦巴瓦变质带 ………………………………………………………………………（179）
　　二、波木-长青温池变质岩带 ………………………………………………………………（181）
　　三、难吉马变质岩带 ………………………………………………………………………（192）
第三节　区域低温动力变质作用及其岩石 ……………………………………………………（197）
　　一、拉月变质带 ……………………………………………………………………………（198）
　　二、布久-捉舍变质岩带 ……………………………………………………………………（199）
　　三、玉仁-西马变质岩带 ……………………………………………………………………（203）
　　四、边坝县-洛隆变质岩带 …………………………………………………………………（209）
　　五、新荣变质岩带 …………………………………………………………………………（213）
　　六、苏如卡变质岩带 ………………………………………………………………………（214）
第四节　接触变质岩及其岩石 …………………………………………………………………（216）
　　一、向阳日-布次拉接触带 …………………………………………………………………（217）
　　二、新荣区接触变质带 ……………………………………………………………………（218）
　　三、崩崩卡-三色湖-霞公拉接触变质带 …………………………………………………（219）

第五节　变质期次 …………………………………………………………………………(220)
 一、泛非期 ………………………………………………………………………………(221)
 二、加里东期 ……………………………………………………………………………(222)
 三、海西期 ………………………………………………………………………………(222)
 四、印支期 ………………………………………………………………………………(223)
 五、燕山期 ………………………………………………………………………………(223)
 六、喜马拉雅期 …………………………………………………………………………(223)

第五章　地质构造及构造发展史 ……………………………………………………………(224)

第一节　区域构造格架及构造单元特征 …………………………………………………(224)
 一、区域构造格架及构造单元划分 ……………………………………………………(224)
 二、各构造单元地质构造基本特征 ……………………………………………………(226)
第二节　构造层次划分与构造相 …………………………………………………………(230)
第三节　构造单元边界及主干断裂特征 …………………………………………………(230)
 一、打拢-卡龙断裂(F5) …………………………………………………………………(230)
 二、嘉黎区-向阳日断裂(F2) ……………………………………………………………(231)
 三、嘉黎-易贡藏布断裂(F1) ……………………………………………………………(232)
 四、拉月-排龙弧形断裂(F3) ……………………………………………………………(234)
第四节　深层次韧性剪切流动构造 ………………………………………………………(235)
 一、索通-通麦韧性剪切带 ………………………………………………………………(236)
 二、拉月韧性剪切带 ……………………………………………………………………(237)
 三、达荣韧性剪切带 ……………………………………………………………………(237)
第五节　中—中浅层次褶皱-断裂构造 ……………………………………………………(237)
 一、褶皱构造 ……………………………………………………………………………(240)
 二、断裂构造 ……………………………………………………………………………(242)
第六节　新构造运动 ………………………………………………………………………(246)
 一、新构造运动的表现 …………………………………………………………………(246)
 二、主要活动断裂特征 …………………………………………………………………(247)
第七节　构造变形序列 ……………………………………………………………………(248)
第八节　构造演化 …………………………………………………………………………(249)
 一、元古宙泛非期基底形成阶段 ………………………………………………………(249)
 二、古生代至早白垩世多旋回洋陆转换阶段(岩浆弧及弧后盆地阶段) ……………(251)
 三、晚白垩世至古近纪板片俯冲汇聚与冈底斯-念青唐古拉板片陆内改造阶段 ……(254)
 四、晚新生代高原隆升阶段 ……………………………………………………………(255)

第六章　结束语 ………………………………………………………………………………(256)

参考文献 ………………………………………………………………………………………(258)

图版说明及图版 ………………………………………………………………………………(262)

附件　1∶25万边坝县幅(H46C002004)地质图及说明书

第一章 绪言

第一节 目的与任务

嘉黎县幅（H46C002003）、边坝县幅（H46C002004）丁青县幅（H46C001004）、比如县幅（H46C001003）1∶25万区调是中国地质调查局于2003年3月26日以中地调函[2003]77号文向西藏自治区地质调查院下达的国土资源大调查基础地质调查项目。

任务书编号：基[2003]002-20

工作内容名称：嘉黎县幅（H46C002003）、边坝县幅（H46C002004）、丁青县幅（H46C001004）、比如县幅（H46C001003）区域地质调查

工作内容编码：200313000022

所属实施项目：青藏高原南部空白区基础地质调查与研究

实施单位：成都地质矿产研究所

工作性质：基础地质调查

工作起止年限：2003年1月—2005年12月

工作单位：西藏自治区地质调查院（以下简称"西藏地调院"）

目标任务：充分收集和研究区内及邻区已有的基础地质调查资料和成果，按照《1∶25万区域地质调查技术要求（暂行）》和《青藏高原艰险地区1∶25万区域地质调查要求（暂行）》及其他相关的规范、指南，参照造山带填图的新方法，应用遥感等新技术手段，以区域构造调查与研究为先导，合理划分测区的构造单元，对测区不同地质单元、复合造山带不同的构造-地层单位采用不同的填图方法进行全面的区域地质调查。通过对沉积建造、变质变形、岩浆作用的综合分析，构造样式及构造系列配置、复合造山带性质研究、各造山带物质组成等调查，建立测区构造模式，反演区域地质演化史。

完成B3类实测区填图面积为15 975km^2。本着图幅带专题的原则，进行（蛇绿岩）带的构造组成、演化及岩浆作用等重大地质问题专题研究，为探讨青藏高原构造演化及区域地质找矿提供新的基础地质资料；开展生态环境地质调查，编制相关图件和矿产图。

本项目的最终成果除提交印刷地质图件、报告、说明书及专题报告外，还提交以ARC/INFO图层格式数字化的数据光盘及图幅与图层描述数据、报告文字数据各一套，遥感解译数字影像图及数据光盘。2005年7月野外验收，2005年12月提交最终成果。

经西藏地调院协调，一分院承担丁青县幅（H46C001004）、比如县幅（H46C001003）两个图幅；二分院承担嘉黎县幅（H46C002003）、边坝县幅（H46C002004）两个图幅。本报告为二分院承担的边坝县幅报告。

第二节 自然地理及交通概况

1∶25万边坝县幅位于青藏高原腹地与高山峡谷区的过渡地带,行政区划分属昌都地区边坝县、洛隆县,林芝地区林芝县、波密县管辖(图1-1)。地理坐标:东经94°30′～96°00′,北纬30°00′～31°00′。总面积为15 975 km², 其中, 实测面积为5 317 km², 修测面积为10 658km²。

测区交通不便,北部有那曲-嘉黎公路、那曲-比如-边坝公路可至测区,南部经川藏公路可至测区(图1-1)。北部嘉黎县城向北至嘉黎区、向东至忠义乡有简易公路,老嘉黎县城—忠义乡每年只有12月中旬到翌年1月底通公路。南部川藏公路只有东久-卡达桥段通过测区,川藏公路向北至浪达、朱拉、洛木、倾多、易贡等地都有季节性简易公路,由于受气候及频繁的地质灾害影响,野外工作期间许多路段根本无法通行。通麦—易贡每年只有11月底到翌年3月才通车。到洛隆、边坝还要迂回至昌都或比如才能通行,不仅耽误工期,而且增加了许多费用。交通工具除有公路的县、乡可利用汽车外,主要交通工具仍为马和牦牛。

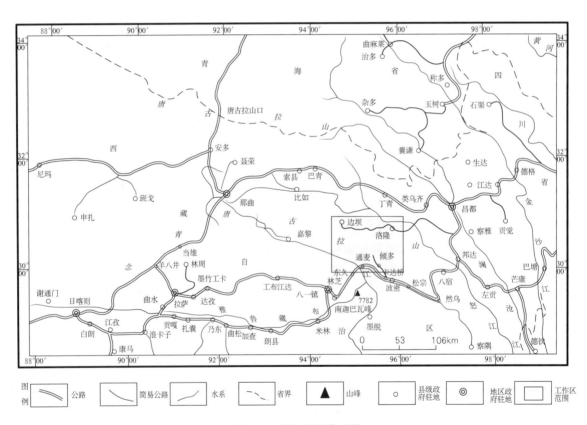

图1-1 测区交通位置图

测区位于念青唐古拉山东段,为切割巨大的藏东高原高山峡谷地貌。其东南部属于著名的三大山脉(念青唐古拉山脉、喜马拉雅山脉、横断山脉)会聚的雅鲁藏布江大拐弯地区的一部分。山岭海拔一般在5 500～6 000m,局部地区达6 000～7 000m。念青唐古拉山主脊分水岭以北为怒江水系,以南为雅鲁藏布江水系。怒江水系在测区内均为支流和小河流,因处于山系北坡,降水量稍低,冰川类型属于亚大陆型。雅鲁藏布江水系为雅鲁藏布江第二大支流帕隆藏布(或易贡藏布)流域。该流域内由于受到印度洋暖湿气流的影响,降水丰富(易贡年降水量960mm),故成为青藏高原上现代冰川发育中心之一。冰川类型为我国罕见的季风海洋性冰川,现代冰川的下限伸入森林地带,形成特殊的地貌景观。其中恰青冰川长达 35km,面积 151.5km²,裸露冰面下限高度 3 160m,末端伸至 2 510m,为西藏地区最大的冰川(秦大河等,1999)。帕隆藏布由丰富的降水和冰雪融水补给,年平均流量达 990m³/s(杨逸畴等,1983),为雅鲁藏布江支流中流量最大的一条。由于强大的水流及雅鲁藏布江大拐弯地区巨大的坡降比,使得测区河流下蚀作用非常强烈,河流深切,相对切割一般在 2 000~4 000m,谷坡陡峻,谷坡物质移动非常强烈,山崩、滑坡、泥石流等地质灾害频繁发生,常常使河流堰塞成湖,如易贡错就是 1900 年滑坡堰塞而成,此外,著名的川藏公路 102、104 滑坡群也分布在测区内。

测区气候分为高原亚寒带半湿润季风气候区、高原温带半湿润气候区。高原亚寒带半湿润季风气候区对应西北部的怒江水系上游(边坝县一带),以冬冷夏凉,年、日温差较大,空气稀薄,降水、日照充足为特征。冬季降雪频繁,无霜期短,降雨量集中在 6—9 月,大风集中在 2—4 月,年降水量 695.5mm,年日照时数为 2 405.2 小时,常见有冰雹、风沙、泥石流、雪崩等自然灾害;高原温带半湿润气候区对应东南的高原高山峡谷地貌(波密卡达桥一带),年平均气温 8~10℃,最暖月气温 17~19℃,最冷月气温 0~3℃,有霜冻,年降水量 800~1 000mm,在这一带以通麦为界,通麦以西地区较以东地区更为暖湿。6—9 月为雨季,降雪主要在 10 月中旬至来年 4 月底,雪深 0.3~1m,全年无霜期 128 天,常见有泥石流、雪崩等自然灾害。

测区主要分布的植被为半常绿阔叶林、硬叶常绿阔叶林、常绿针叶林等。植被垂向上具有分带性:2 600m 以下主要是半常绿阔叶林;2 400~3 200m 主要为硬叶常绿阔叶林地带;2 400~4 300m 主要为常绿针叶林;4 200~4 700m 常有大面积的常绿革叶灌丛和常绿针叶灌丛分布;4 700m 以上冰缘植被逐渐增多。

测区人口稀少,总人口约 5 万。多数散居在 3 700m 以下的河谷地带,居民以藏族为主,另有门巴族、洛巴族,仅在县城有少数汉族、回族。边坝、洛隆、林芝、波密县城邮电、通讯、文教、卫生、商贸服务基本齐全。其中川藏公路林芝、波密一线经济文化较为发达,随着市场经济的发展结束了无工业的落后面貌,有玻璃厂、石灰厂、木材采伐加工厂、民族手工艺品加工厂、茶叶种植厂。经济上为农、林、牧并重。农作物主要为青稞、冬小麦、豌豆等,粮食基本能自给,不足部分由政府调配,饲养牦牛、犏牛、山羊、绵羊、马、猪等。

测区有丰富的原始森林、水能、风能、太阳能、矿产资源。原始森林区主要分布在怒江流域的边坝县热玉地区和易贡藏布流域的波密县八盖地区,盛产冬虫夏草、贝母、鹿茸、麝香、熊掌、天麻、松茸等名贵中草药。水能资源利用只是在县城建有水电站,矿产资源尚待开发,总体无可持续发展工业,经济落后。

第三节 地质调查及研究程度

测区的地质调查基本始于建国初期,其主要的地质工作及成果见表 1-1、图 1-2,其中资料较为系统的有 1∶100 万拉萨幅区域地质调查、1∶20 万丁青县幅、洛隆县幅(硕般多)区域地质调查、1∶20 万通麦幅、波密幅区域地质调查等。

表 1-1 测区及邻区研究程度一览表

序号	工作性质	工作时间(年)	工作单位	主要成果
1	基础地质调查	1974—1979	西藏地矿局	拉萨 1:100 万地质图、矿产图及报告
2		1989—1994	河南区调八分队	丁青县幅、洛隆县(硕般多)幅 1:20 万地质图、矿产图及报告
3		1990—1995	甘肃区调七分队	通麦幅、波密幅 1:20 万地质图、矿产图及报告
4		1989—1992	江西物化探队	嘉黎 1:50 万地球化学图、说明书及报告
5		1999—2002	成都矿产研究所	南部邻区墨脱幅(H46C003004)1:25 万地质图、矿产图及报告
1	矿产地质研究	1951—1953 1954—1957	中科院(李璞等)	在测区边坝、洛隆、嘉黎、通麦一带作过一些地质矿产工作，著有《西藏东部地质矿产调查》
2		1962	西藏地质局第一地质大队	在测区南部贡布江达一带开展找煤工作，著有《拉萨地区路线找煤地质报告》
3		1964—1971	西藏地质局第一地质大队三分队	在洛隆-边坝地区做了 1:20 万普查找煤工作，同时在中亦松多做了 80km 放射性普查，并著有《1:20 万西藏洛隆-边坝地区普查找煤报告》
4		1986—1989	成矿所西藏地质局	"七五"攻关项目研究对测区部分岩浆岩和 Cu、Sn、Au 成矿地质特征及找矿远景作了较详尽的论述，具有参考利用价值
5		1983—1984	西藏地质一大队	在波密地区开展 Sn、W、Au 矿种 1:50 万地质自然重砂路线调查
1	专题研究	1979—1984	中科院(郑锡澜等)	由多雄拉河迁回雅鲁藏布江到达通麦进行路线地质调查，对变质岩、构造等作了大量工作，具有利用和参考价值
2		1980—1985	中科院(陈炳蔚等)	波密—察隅开展了地质科学考察，著有《西藏波密、察隅地区的几个地质问题》，有一定的利用和参考价值
3		1982	成都地院(李代钧)	于波密扭打、倾多测制了第四系冰碛剖面及孢粉研究
4		1973—1977	中科院青藏高原综合科考队	对古乡、珠西沟等地的冰川遗迹进行了观测并建立了古乡冰期和白玉冰期
5		1990—1992	中科院兰州冰川所同日本联合	对古乡、珠西沟冰川进行了观测记录，查明了现代冰川前缘以 0.6cm 的速度向后退缩的科学数据
6		1980 前后	中科院青藏高原综合科考队	地学界为探讨青藏高原的形成与演化作了大量工作和专著。如《1:50 万金沙江、澜仓江、怒江地质矿产图》、《青藏高原地质文集》、《喜马拉雅岩石圈的构造演化》等
7		1999—2000	西藏环境监测站刘伟等	《西藏易贡地区灾害地质规化与防治措施》
8		1973	西藏地矿局综合普查大队	《1:50 万西藏旁多-嘉黎路线地质调查报告》对嘉黎一带的地层、岩浆岩、构造作了一些工作，有一定的参考作用
9		1982—1984	中科院科考队	中科院南迦巴瓦登山科考队 1986 年先后出版登山科考系列丛书：《南迦巴瓦峰地区地质》、《南迦巴瓦峰地区的自然地理和自然资源》、《南迦巴瓦峰地区的气象气候》、《南迦巴瓦峰地区的植被》。偏重于自然地理与生态环境调查
10		1993—1996	中科院科考队(潘裕生等)	国家攀登计划和中科院重大基础研究项目"青藏高原形成演化环境变迁与生态系统研究"，出版《青藏高原岩石圈结构演化与动力学》、《青藏高原晚新生代隆升与环境变化》、《青藏高原形成演化与发展》等专著

1951 年开始，以李璞先生等为首的中科院地质专家，首先在图区东部开展路线地质矿产调查工作。随后所属地矿部门的石油及地质单位先后在该区开展了以石油、煤、锡矿等为主的找矿地质调查和航磁测量，此项工作一直持续到 20 世纪 70 年代初期，取得了一定的找矿效果，并进行了地质矿产总结。

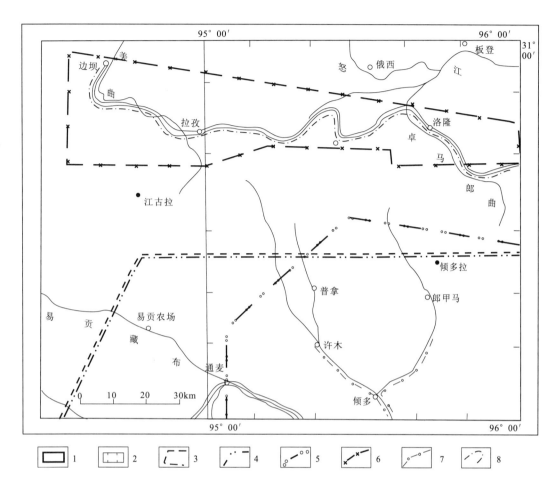

图 1-2 边坝县幅研究程度图

1.(1976—1979年)1:100万拉萨幅区域地质调查范围,(1989—1992年)1:50万嘉黎幅水系沉积物测量调查范围;2.(1989—1994年)1:20万丁青县、洛隆县(硕般多)幅区域地质调查范围,(1990—1995年)1:20万通麦、波密幅区域调查范围;3.(1982—1983年)中科院南迦巴瓦地区综合科考调查范围;4.(1993—1996年)"青藏高原形成演化环境变迁与生态系统研究"调查范围;5.(1986—1989年)成矿所、西藏地质局"七五"攻关项目调查范围;6.(1976年)1:20万西藏洛隆-边坝地区普查找煤调查范围;7.(1983—1984年)西藏第一地质大队波密-察隅地区Sn、W、Au矿种1:50万地质自然重砂路线调查;8.(1953—1975年)李璞藏东考察路线

1974—1979年,西藏地矿局综合普查大队开展了1:100万拉萨幅区域地质(矿产)调查,涵盖测区,取得了有关测区地质矿产特征的系统认识。随后,针对测区复杂的地质矿产情况和大地构造格局研究,中科院、地科院及地矿部所属单位等进行了针对性较强的专题调研或矿产资源调查,涉及测区部分地段。

1980—1984年,青藏高原地质调查大队进行了青藏地质调查研究,涉及测区东部部分区域。

1989—1992年,江西物化探队进行了1:50万嘉黎幅区域化探扫面工作,涵盖测区。

1989年,地矿部915水文地质队进行了1:100万拉萨幅区域水文地质普查,涵盖测区。

1989—1994年,河南省地矿厅区调大队开展了1:20万丁青县、洛隆县幅区域地质(矿产)调查,涵盖1:25万边坝县幅2/9的区域。建立和完善了测区岩石地层序列,在地层、构造、岩浆岩等方面取得了重大进展。

1990—1995年,甘肃省地勘局区调大队开展了1:20万通麦区幅区域地质(矿产)调查,涵盖本次区调1:25万边坝县幅4/9的工作范围。建立和完善了工作区岩石地层序列,在岩石地层、区域构造、岩浆岩、区域矿产等方面取得了较大进展。

总体上测区前人工作程度和研究程度较低,系统全面的基础地质调查工作薄弱。

第四节 总体工作部署及工作量完成情况

一、总体工作部署原则

本课题依据中国地质调查局《区域地质调查总则》、《1:250 000 区域地质调查技术要求(暂行)》、西藏自治区地调院质量监控的具体要求和比如县、丁青县、嘉黎县、边坝县 4 幅 1:25 万区调填图设计书进行工作部署,工作部署中贯彻以下基本原则。

(一)地质调查与科学研究紧密结合

填图项目实施中,坚持地质调查与科学研究相结合,一方面积极吸取和充分运用国内外地质新理论、新技术、新方法,将新理论、新技术、新方法贯彻于地质调查始终。在路线的部署中项目负责、技术负责与其他填图技术人员一起充分讨论明确填图路线可能遇到并需重点注意的关键地质问题和解决办法;另一方面以填图为基础,注意选择测区重大地质问题进行重点攻关,根据测区的地质特色,我们选择了念青唐古拉东段新构造运动及地貌变迁,以构造解析为纲,以缝合带及边界断裂和嘉黎-易贡藏布断裂研究为主线,对测区区域构造的几何学、运动学和动力学特征进行研究,建立测区构造变形序列及构造演化模式。

(二)遥感先行

将遥感地质解译和制图贯穿于本次区调填图的全过程。在具体的运作过程中,我们将遥感解译工作先行于项目的踏勘设计、先行于具体填图路线的布署安排、先行于具体填图路线。精心选择好关键地质区段,重要地质体和主干填图路线。

(三)重点突破

鉴于测区已有一定的前人工作基础,我们的工作部署是在充分分析研究前人资料基础上抓关键地质问题、抓关键区段进行有重点的地质调查。实施重点填图、重点研究、重点投入的综合研究性填图计划,运用多学科结合和多方法技术手段配用的综合填图方法,以解决测区区域重大基础地质问题为目的,获取重大地质成果。

(四)科学合理地部署填图路线

在收集分析前人资料基础上,依据测区地质复杂程度、基础地质研究程度和存在的重大基础地质问题,以解决实际问题为原则科学合理地部署填图路线,打破点线密度,不平均使用工作量,路线的选择目的性明确。

(五)岩矿测试突出重点

岩矿测试的投入突出重大地质问题的解决、突出实测剖面、突出解剖区和主干路线。在有限的经费投入下获取有效的地质成果数据,达到深化测区研究程度的目的。

二、项目工作进程

本项目 2003 年启动,2003 年 12 月完成项目初步设计并报送中国地质调查局,通过 2003 年

5—9月的野外踏勘和试填图,于11月底完成了设计书的编写及设计图的修编,12月份通过了由中国地质调查局组织的项目设计审查,并获得88.5分成绩。根据设计审查意见,于2004年2月完成设计书的修改并报送中国地质调查局区调处和中国地质调查局西南项目办公室进行认定。以1：10万TM图像为基础进行了全面的TM图像解译,编制了1：25万TM图像解译图,在野外对解译的TM图像进行了实地验证。在野外工作的基础上,室内结合野外资料对TM图像进行了进一步的遥感解译工作。2003年6—9月、2004年3—9月及2005年6—7月进行了野外地质调查。

通过两个分队三年的野外工作,对图区的地质体进行了全面的实测剖面研究和路线地质调查。根据项目要求进行了系列样品分析测试,测试项目绝大部分超额完成设计数量。同时根据任务需要和测区具体情况,对原设计方案进行了适当调整,增加了部分测试项目,删减了少部分测试项目和数量。总体工作量达到并相当一部分超额完成设计要求。2005年7月17—19日,中国地质调查局区调处、成都地矿所、西南项目办、西藏地勘局、西藏地调院等单位组织了以刘鸿飞为组长的原始资料验收组。验收组认为,项目组在近三年的时间里,在特别艰苦的自然环境和特别艰难的外界条件下完成了野外工作任务,整体控制程度较好。所取得的各项原始资料和实物工作量均达到或部分超过项目任务书和设计书的要求。各种资料比较丰富,翔实可靠,并在地层划分、构造混杂岩和蛇绿岩、新构造运动与地貌演变、变质侵入体等方面取得了许多新认识和新进展。经野外验收专家组审查,项目的野外工作量已达到设计的要求,各类测试成果基本到位,一致同意通过项目的野外验收,全面转入室内报告编写阶段。验收评分91分,为优秀级。

三、项目工作量完成情况

通过两个分队三年的野外工作,对图区的地质体进行了全面的实测剖面研究和路线地质调查。根据项目要求进行了系列样品分析测试,测试项目绝大部分超额完成设计数量。同时根据任务需要和测区具体情况,对原设计方案进行了适当调整,增加了部分测试项目,删减了少部分测试项目和数量。总体工作量达到并相当一部分超额完成设计要求(具体见表1-2)。

第五节 项目人员分工及致谢

通过三年的地质工作,在西藏地勘局、西藏地调院及二分院的领导下,在项目全体参与人员的努力下,齐心协力,克服了种种困难,历尽艰辛,终于圆满完成了本次工作的地质调查任务,这是全体项目工作人员辛勤劳动的结晶。参加历年野外地质调查的人员组成如下:2003年度地质技术人员有向树元、泽仁扎西、田立富、巴桑次仁、云登嘉措、张小宝、欧阳松竹、马新民等,司机有多吉、普布次仁、唐亚军、陈玉林;2004年度地质技术人员有向树元、泽仁扎西、田立富、巴桑次仁、云登嘉措、朱耀生、张小宝、欧阳松竹、马新民、路玉林等,司机有多吉、普布次仁、唐亚军、陈玉林;参与2005年度资料整理和报告编写的技术人员有向树元、泽仁扎西、田立富、朱耀生、马新民、路玉林。

2005年1月至2006年2月进行报告编写工作。根据1：25万区域地质调查技术要求,联测图幅按分幅分别编写报告。为确保报告质量,加强目标管理和责任到人,项目组成立了分幅报告领导成员,边坝县幅分幅项目负责由泽仁扎西担任,技术负责由朱耀生担任。报告编写分工如下:第一章、第五章、由向树元、马新兵执笔,第二章由田立富、向树元执笔,第三章由朱耀生、路玉林执笔,第四章由泽仁扎西执笔,结束语由向树元、田立富、朱耀生、泽仁扎西执笔。最后由泽仁扎西编辑出版稿、地质图说明书及地质图。

表 1-2 边坝县幅实物工作量完成情况表

项目名称		单位	修测区		实测区
			收集资料	本次完成	实际完成
1:25万地质填图		km²	10 658	1 708	5 317
1:10万遥感解译		km²		10 658	5 317
1:25万地质路线		km	3 500	229	650
实测剖面		km	100	20	35
陈列标本		件		183	612
岩矿薄片		件		80	225
定向薄片		件		0	4
光片		块		0	5
岩石硅酸盐分析		件	85	8	22
稀土元素分析		件	85	8	22
微量元素分析		件	85	8	22
粒度分析		件		0	10
光释光样		件		2	4
电子自旋共振		件		1	
大化石样		件	212	0	125
微体化石		件	21	0	23
电子探针(波谱分析)		件		0	
矿石化学分析		件		0	7
矿石简项化学分析		件		0	20
同位素年龄	K-Ar法	件	8		2
	Sm-Nd法	组	1		
	Rb-Sr法	组	3		
	SHRIMP	件	0	0	1

感谢项目工作期间,热心为项目提供指导和帮助的于庆文研究员、夏代祥教授级高工、王大可教授级高工、王立全研究员、张克信教授、王成源教授、罗建宁研究员、周详教授级高工等;感谢西藏地勘局苑举斌副局长及西藏地调院的刘鸿飞副院长、杜光伟总工、蒋光武高级工程师等为项目工作顺利进行所提供的技术支持,感谢二分院领导夏德全、王德康、总工魏保军、总工办主任李国梁等的热情关心和悉心指导,同时也对所有曾关心和支持本项目工作的兄弟单位及个人一并诚谢!

本报告大化石鉴定由中国地质大学(武汉)吴顺宝、刘金华、黄其胜教授完成。岩矿鉴定由中国地质大学(武汉)曾广策、刘东健教授完成,常规锆石 U-Pb 同位素测试由中国地质调查局(宜昌)同位素地球化学开放研究试验室完成,锆石 U-Pb SHRIMP 年龄测定在中国地质科学研究院高精度离子探针实验室完成。K-Ar 法年龄由国家地震局地质研究所年代实验室和中国地质调查局(宜昌)同位素地球化学开放研究试验室完成。常规化学全分析、稀土元素分析和微量元素分析由湖北省地矿局实验测试中心完成。光释光年龄和裂变径迹年龄由国家地震局地质研究所新年代实验室测试。电子自旋共振年龄由青岛海洋地质研究所海洋地质测试中心测试。遥感图像的处理由北京航空遥感中心完成。地质图计算机制图和空间数据库建库由甘肃省第三地质矿产勘查院鑫隆图形图像公司完成。在此一并致以衷心感谢。

第二章　地层及沉积岩

第一节　概述

测区出露的地层主要有中新元古界、前石炭系、石炭系—二叠系、三叠系、侏罗系、白垩系及第四系。地层区划隶属3个地层区、4个地层分区，各地层区或分区界线均为主干断层控制（图2-1）。各分区地层序列（填图单位）见表2-1。

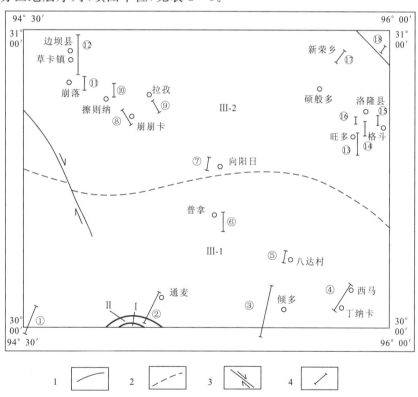

图2-1　测区地层区划及剖面位置示意图

1.地层区界线；2.地层分区界线；3.右旋平移断层；4.剖面位置及编号

Ⅰ.喜马拉雅地层区；Ⅱ.雅江地层区；Ⅲ.冈底斯-腾冲地层区；Ⅲ-1.拉萨-察隅地层分区；Ⅲ-2.班戈-八宿地层分区；Ⅳ.班公湖-怒江地层区。剖面：①林芝县迫隆乡剖面($Pt_{3-3}Nq^b$)；②林芝县长青温池剖面($Pt_{3-3}Nq^a$)；③波密县卡达桥-倾多剖面($C_1n-C_2P_1l$)剖面；④波密县丁纳卡-西马剖面(P_2l-P_3x)；⑤波密县倾多八达村剖面(J_2m)；⑥波密县普拿-育仁剖面($C_2P_1l-P_3x$)；⑦边坝县东拉山口-向阳日剖面($J_{2-3}l$)；⑧边坝县边坝镇崩崩卡剖面(K_1d^1)；⑨边坝县拉孜剖面(K_1d-K_1b)剖面；⑩边坝县边坝镇擦则纳剖面(K_2z)；⑪边坝县草卡镇剖面(K_1d-K_1b)；⑫边坝县草卡镇剖面(K_2z)；⑬洛隆县江珠弄-旺多剖面($J_{2-3}l$)；⑭洛隆县紫陀镇格斗剖面($J_2s-J_{2-3}l$)；⑮洛隆县紫陀镇格斗剖面(K_1d-K_1b)；⑯洛隆县紫陀镇阿谢同剖面(K_2z)；⑰洛隆县新荣怒江索桥剖面(T_3m)；⑱洛隆县新荣乡格里卡-熊的奴剖面($AnCJ$)。

表 2-1 边坝县幅地层划分序列简表

地层区划 / 年代地层		喜马拉雅地层区 北喜马拉雅地层分区	雅江地层区	冈底斯-腾冲地层区			班公错-怒江地层区 嘉玉桥地层分区
				拉萨-察隅地层分区	班戈-八宿地层分区		
新生界	第四系		Qh^{gl}冰碛、Qh^{gfl}冰水沉积、Qp_3-h^{pal}洪冲积、Qp_3^{gl}冰碛、Qp_2^{gl}冰碛				
中生界	白垩系 上统		雅鲁藏布江蛇绿混杂岩群 $JKo\psi m$		八达组(K_2b)		
	白垩系 下统				宗给组(K_2z)		
					边坝组(K_1b)		
					多尼组 (K_1d)	二段(K_1d^2)	
						一段(K_1d^1)	
	侏罗系 上统				拉贡塘组($J_{2-3}l$)		
	侏罗系 中统				桑卡拉佣组(J_2s)	希湖组 J_2xh 三段	
						二段	
					马里组(J_2m)	一段	
	三叠系				孟阿雄群(T_3M)		
古生界	二叠系 上统			西马组(P_3x)			苏如卡组 (CPs)
	二叠系 中统			洛巴堆组(P_2l)			
	二叠系 下统						
	石炭系 上统			来姑组(C_2P_1l)			
	石炭系 下统			诺错组(C_1n)			
	前石炭系						嘉玉桥岩群 ($AnCJy$)
	前奥陶系			雷龙库岩组($AnOl$)			
中新元古界		南迦巴瓦岩群 ($Pt_{2-3}Nj$)		念青唐古拉岩群 ($Pt_{2-3}Nq$)	a岩组 $Pt_{2-3}Nq^a$		

一、北喜马拉雅地层分区

该地层分区分布于测区南部边界。主要由中新元古代南迦巴瓦岩群中高级变质岩系组成。区内出露极少。其面积约10km²。

二、雅鲁藏布江地层区

分布于测区南部。主要由一套中生代的蛇绿混杂岩构成(Mz),宏观上呈"带状"夹于南迦巴瓦岩群和念青唐古拉岩群之间,区内出露极少。其面积约 40km²。

三、拉萨-察隅地层分区

该地层分区分布于测区中南部。南界与雅鲁藏布江地层区,北界与班戈-八宿地层分区均为区域性断裂分界。区内出露的地层包括中新元古代念青唐古拉岩群,石炭纪—二叠纪诺错组(C_1n)、来姑组(C_2Pl)、洛巴堆组(P_2l)、西马组(P_3x)。其中,念青唐古拉岩群分布于测区南部,由一套巨厚的中高级变质岩系组成。出露面积约 500km²;古生代地层主要分布于测区中南部,由一套巨厚的浅变质碎屑岩-碳酸盐岩组成,夹少量火山岩。出露面积约 900km²。

南迦巴瓦岩群岩石组合分布于图幅西南部边界及与雅鲁藏布江大拐弯以西。出露面积很少,约几平方千米。它的外围被雅鲁藏布江蛇绿混杂岩群紧紧环绕,二者之间呈韧性剪切带(断层接触)关系。

区内南迦巴瓦岩群的岩性组合仅相当于《1∶25万墨脱幅区域地质报告》[①](成矿所,2003)划分的派乡大理岩片麻岩岩组($Pt_{2-3}Nj-p$)。岩性主要由黑云变粒岩、片麻岩及大理岩组成。发育一系列尖棱状的相似褶皱,劈理化较普遍。

四、班戈-八宿地层分区

该地层分区分布于测区中北部。为中生代弧后盆地,晚三叠世发育一套海相碳酸盐岩,侏罗纪为陆相-海相碎屑岩、碳酸盐岩沉积,白垩纪为海陆交互相-陆相碎屑岩为主夹碳酸盐岩及火山碎屑岩沉积;白垩纪晚期发育陆上中酸性火山喷溢。出露的地层包括晚三叠世孟阿雄群(T_3M),侏罗纪希湖组(J_2xh)、马里组(J_2m)、桑卡拉佣组(J_2s)、拉贡塘组($J_{2-3}l$),白垩纪多尼组(K_1d)、边坝组(K_1b)和宗给组(K_2z)及八达组(K_2b)等。出露面积约 1 100km²。

五、班公错-怒江地层分区

该地层分区分布于测区东北角,出露的地层主要是嘉玉桥岩群($AnCJy$)和苏如卡组(CPs)。出露面积很少。出露面积约 100km²。

第二节 元古宇

元古宇地层主要分布于测区南部喜马拉雅地层分区和拉萨-察隅地层分区。元古宙地层包括南迦巴瓦岩群($Pt_{2-3}Nj$)和念青唐古拉岩群($Pt_{2-3}Nq$)。

一、南迦巴瓦岩群($Pt_{2-3}Nj$)

(一)划分沿革

南迦巴瓦岩群原名"南迦巴瓦群",系郑锡澜和常承法(1979)首建。原含义是指南迦巴瓦地区及雅鲁藏布江大拐弯内、外侧的变质地层,时代归为三叠系。之后经张旗(1981)、尹集祥等(1984)

---

① 成矿所.1∶25万墨脱幅区域地质报告.2003.全书相同

的进一步研究,正式将其时代划归前震旦纪并改群为岩群(即:南迦巴瓦岩群)。测区南迦巴瓦岩群的划分沿革见表2-2。

表2-2 测区南迦巴瓦岩群划分沿革

拉萨幅 1:100万 西藏综合大队 1979	西藏地质志 1987	通麦幅、波密幅 1:20万 甘肃省区调队 (1995)		墨脱幅 1:25万 成矿所 (2003)		青藏高原及 邻区地质图及 说明书成矿所 2004	本报告 2005	
时代不明混合岩(H)	时代不明混合岩(M)	前震旦纪	南迦巴瓦岩群	阿尼桥片岩组	古中元古代	南迦巴瓦岩群	派乡岩组(An∈p)	中新元古代	中新元古代	南迦巴瓦岩群
				多雄拉片麻岩组			多雄拉混合岩(Dmi)			
							直白岩组(An∈z)			

(二)南迦巴瓦岩群的时代讨论

据前人资料,张振根(1987)曾运用Rb-Sr等时线法测得南迦巴瓦岩群同位素年龄值749.38±37.22Ma。《1:20万波密幅、通麦幅区域地质矿产调查报告》[①](甘肃省区调队,1995)在西兴拉地区的南迦巴瓦岩群阿尼桥片岩组内的斜长石角闪岩样品中获得Rb-Sr等时线年龄值1 064±82Ma,在多雄拉片麻岩组获得Rb-Sr等时线年龄值961±139Ma。成都地质矿产研究所(1997)在直白的布弄隆运用U-Pb法,获得直白高压麻粒岩片麻岩岩组花岗质片麻岩中锆石的同位素年龄值为1 312±16Ma,以上数据与聂拉木岩群年龄值(1 900～1 100Ma和1 100～600Ma)中期相当,据此推断南迦巴瓦岩群的成岩时代当为中新元古代。

二、念青唐古拉岩群($Pt_{2-3}Nq$)

(一)划分沿革

对测区南部及其邻区中深变质岩系的划分,长期以来一直是众说纷纭。《1:100万拉萨幅区域地质矿产调查报告》[②](西藏地质局综合普查大队,1979),曾将分布于雅鲁藏布江东部大拐弯两侧的中深质岩称之为时代不明混合岩。随后,张旗(1981)称察隅结晶杂岩,时代定为晚二叠世—白垩纪;陈炳蔚等(1982)称察隅构造杂岩带;尹集祥(1984)则认为是中生代波密杂岩;《西藏自治区区域地质志》[③](西藏地质矿产局区调队,1993)仍划为时代不明变质岩。

《1:20万波密幅、通麦幅区域地质矿产调查报告》(甘肃省区调队,1995)将通麦迫隆一带的变质岩系划分为冈底斯岩群及南迦巴瓦岩群。并根据获得的年龄资料,推断其成岩时代为古中元古界(前震旦系)。

《1:25万墨脱幅区域地质报告》(成矿所,2003)将雅鲁雅布江大拐弯处的变质岩系修改为念

---

① 甘肃省区调队.1995.1:20万通麦、波密幅区域地质矿产调查报告.全书相同
② 西藏自治区地质局.1979.1:100万拉萨幅区域地质矿产调查报告.全书相同
③ 西藏地质矿产局区调队.1993.西藏自治区区域地质志.全书相同

青唐古拉岩群，根据以往所获的年龄资料，将念青唐古拉岩群置于元古宇（前寒武系）。

本次工作，我们在总结前人研究成果的基础上，对图幅内地层系统进行了清理，根据测区的实际情况和工作中的新认识，将测区内出露的一套中深变质岩系划分为中新元古界念青唐古拉岩群（表2-3）。

表2-3 念青唐古拉岩群划分沿革

西藏综合普查大队 1979	张旗 1981	西藏地质志 1987	通麦幅、波密幅 1:20万甘肃省区调队 1995	墨脱幅 1:25万 成矿所 2003	青藏高原及邻区地质图说明书 成矿所 2004	本报告 2005	
时代不明混合岩（H）	白垩纪—晚二叠世	察隅结晶杂岩	迫隆藏布片麻岩	波密-察隅杂岩带	时代不明变质岩	前震旦纪	冈底斯岩群	前寒武系	念青唐古拉岩群	c岩组 b岩组 a岩组	中新元古代	中新元古代	念青唐古拉岩群	a岩组

（二）剖面描述

林芝县长青温池中新元古代念青唐古拉岩群 a 岩组（$Pt_{2-3}Nq^a$）实测剖面（图2-2）

剖面位于川藏公路通麦—迫隆段。其两端分别被雅鲁藏布江深断裂和易贡迫龙藏布断裂所截，未见顶底。该剖面为边坝县幅念青唐古拉岩群 a 岩组（$Pt_{2-3}Nq^a$）的代表剖面。

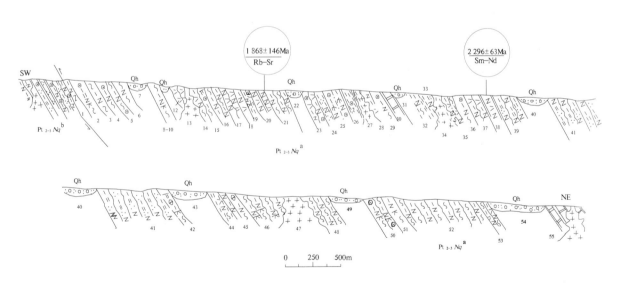

图2-2 林芝县长青温池中新元古代念青唐古拉岩群 a 岩组（$Pt_{2-3}Nq^a$）剖面图

中新元古代念青唐古拉岩群 a 岩组（$Pt_{2-3}Nq^a$）   厚度＞7 638.6m
    55. 灰白色灰色透辉石大理岩，浅黄灰色细粒片麻状黑云角闪花岗片岩顺层贯入（断层，未见顶）   321.m
    54. 覆盖
    53. 深灰色黑云角闪斜长片麻岩   107.6m
    52. 深灰色黑云斜长片麻岩   525.9m

51. 浅灰色黑云二长片麻岩,小型褶皱发育	62.3m
50. 灰色含石榴石黑云二长片麻岩	283.2m
49. 覆盖	
48. 深灰色黑云斜长片麻岩	208.7m
47. 浅灰色符山石钙铁辉石钾长石岩	172.9m
46. 灰色黑云母二长片麻岩	421.6m
45. 灰色石榴石黑云斜长片麻岩夹灰黑色斜长黑云母片岩	134.3m
44. 深灰色黑云角闪斜长片麻岩,见一小型糜棱岩化带,长英质眼球体顺时针旋转	106.3m
43. 覆盖	
42. 灰色蓝晶石石榴石黑云钾长片麻岩,其中有灰白色中细粒二长花岗岩脉顺层贯入	38.6m
41. 灰色二云母斜长石英片岩	223.5m
40. 覆盖	
39. 深灰色二云母斜长石英片岩,其中有褐铁矿染石英脉顺片理贯入	253.6m
38. 深灰色细粒斜长角闪岩(Sm-Nd 2 296±63Ma)	46m
37. 青灰色角闪黑云斜长片岩,偶夹灰黑色石榴石斜长角闪岩	130m
36. 深灰色石榴石黑云斜长片麻岩,发育有长英质眼球状旋转体及布丁构造	101.2m
35. 灰色含黑云母角闪斜长片麻岩	77.2m
34. 褐灰色糜棱岩化花岗质岩,底面凹凸不平	42.9m
33. 深灰色糜棱岩化黑云母斜长片麻岩	58m
32. 灰色糜棱岩化二云母斜长片麻岩	73.5m
31. 覆盖	
30. 深灰色含透闪石白云母方解石大理岩	34.3m
29. 深灰色含石榴石黑云母斜长片麻岩	66.4m
28. 深灰色斜长黑云角闪片岩夹糜棱岩化斜长黑云角闪片岩,近顶部见一韧性断层	67m
27. 灰白色糜棱岩化中粒花岗闪长岩脉	12.8m
26. 灰色糜棱岩化花岗质岩,局部为灰色糜棱岩化蓝晶石石榴石斜长石英岩	100m
25. 灰色石榴石黑云绿帘斜长粒岩夹深灰色黑云钾长斜长片麻岩	74.9m
24. 糜棱岩化斜长石英片岩	49.5m
23. 深灰色石榴石角闪黑云斜长片岩	194.2m
22. 覆盖	
21. 灰色黑云斜长片麻岩,发育紧闭倒转小型褶皱	265.3m
20. 灰黑色片状斜长角闪岩及斜长角闪片岩(Rb-Sr 1 866±146Ma)	147m
19. 灰色黑云母二长变粒岩夹少量深灰色二长黑云母岩,发育小型褶皱	41m
18. 浅灰色浅粒岩与灰黑色黑云斜长角闪片岩互层,上部有宽7m的褐铁矿化带	122.8m
17. 灰黑色斜长角闪片岩	28.1m
16. 浅灰色黑云斜长片麻岩,小型褶皱发育	109.5m
15. 上部为深褐灰色石榴石二云斜长片麻岩、暗棕褐色蓝晶石石榴石二云母片岩,下部为深灰色含石榴石二云斜长片麻岩	66.9m
14. 深灰色黑云角闪斜长片麻岩夹灰黑色斜长角闪片岩	117.8m
13. 浅灰色细粒黑云二长花岗岩	2m
12. 灰黑色角闪片岩	102.3m
11. 覆盖	
10. 深灰色黑云角闪片岩夹浅灰色黑云母钾长斜长片岩	97.3m
9. 灰黑色含石榴石黑云二长片麻岩,发育灰白色细粒片麻状花岗闪长岩脉	35.8m
8. 灰色黑云二长片麻岩,岩石发育条带状构造	90.3m
7. 覆盖	
6. 深灰色黑云斜长片麻岩	124.1m

5.深灰色含石榴石黑云斜长片麻岩夹少量灰黑色斜长黑云片麻岩	76.5m
4.浅灰色石榴石黑云斜长片麻岩	90.7m
3.深灰色黑云斜长片麻岩,发育顺层小型褶皱	78.1m
2.灰色含石榴石二云母二长片麻岩夹深灰色含石榴石黑云斜长片麻岩	138.1m
1.深灰色黑云斜长片麻岩	54m
0.灰色石榴石黑云斜长片麻岩与灰色黑云母石英片岩互层,发育顺层小型褶皱	88.7m

断层未见底

(三)念青唐古拉岩群岩石地层特征

该岩石地层主要分布于易贡藏布—波都藏布以南。以川藏公路通麦—迫隆段出露最好。以各种片麻岩为主,夹有片岩、斜长角闪岩、变粒岩及少量大理岩,并可形成不等厚的互层。主要岩性为黑云母斜长片麻岩、灰色二云母斜长片麻岩、浅灰色黑云母二长片麻岩、黑云母斜长片麻岩、斜长角闪岩。夹深灰色含透闪石白云母方解石大理岩及灰白色钾长透辉大理岩。花岗质糜棱岩夹细粒透辉石麻粒岩、二云母石英片岩。厚度大于7 639m。

测区念青唐古拉岩群为一套中级区域动力热流变质岩系,已达到角岩岩相矽线石带及蓝晶石带;恢复原岩主要为粘土质岩石、碎屑岩及碳酸盐岩等,可能属含火山岩的类复理石建造。并伴随深成岩浆侵入和中基性火山喷发产物。

(四)念青唐古拉岩群区域分布及岩性组合特征

测区内念青唐古拉岩群出露于易贡藏布-迫龙藏布深断裂带以南,大致沿易贡藏布—波都藏布呈北西-南东方向带状分布。

通麦地区,藏鲁曲—通德一带,主要出露念青唐古拉岩群a岩组。岩性下部为石榴石黑云母斜长片麻岩、黑云母斜长片麻岩夹辉石角闪岩;中部为矽线石斜长片岩、黑云母矽线石片岩、绢云母白云母石英片岩、透辉石黑云母石英片岩夹变粒岩及透闪石帘石岩,上部为黑云母石英岩;顶部为白云石大理岩。厚度大于5 507m。

(五)念青唐古拉岩群时代讨论

据前人《1∶20万波密幅、通麦幅区域地质矿产调查报告》(甘肃省区调队,1995)资料(表2-4),在通麦-迫隆剖面上采集斜长角闪岩样品,测得Sm-Nd 2 296±63Ma和Rb-Sr 1 866±146Ma同位素等时线年龄值,在测区波弄贡以南采集的斜长角闪岩样品中,测得2个Sm-Nb年龄值,分别为2 178±12Ma和1 453±14Ma,在通麦以南采集的花岗片麻岩锆石测得U-Pb年龄值为564Ma,从以上同位素年龄值看,念青唐古拉岩群的主体应该是元古宙的产物,原岩的沉积年龄至少是在元古宇。据此推断其成岩时代相当于古中元古代。但是,青藏高原及邻区地质图说明书(2004)将念青唐古拉岩群的时代定为中新元古代。对此问题有待进一步研究。

表2-4　念青唐古拉岩群测年数据表

采样位置	样品名称	方法	年龄值(Ma)	资料来源
通麦-迫隆剖面	斜长角闪岩	Sm-Nd	2 296±63Ma	《1∶20万波密幅、通麦幅区域地质矿产调查报告》(甘肃省区调队,1995)
		Rb-Sr	1 868±146Ma	
冈戊勒-冷多剖面	斜长角闪岩	Sm-Nd	2 178±12Ma	
			1 453±14Ma	
通麦以南	花岗片麻岩	U-Pb(锆石)	564Ma	

第三节 古生界

测区古生界分布于两个地层分区即拉萨-察隅地层分区和班公错-怒江地层区。现分别简述如下。

一、拉萨-察隅地层分区

本区出露的古生代地层包括前奥陶系及石炭—二叠系。其划分沿革见表2-5。

表2-5 测区石炭纪—二叠纪地层划分沿革拉萨幅

1:100万西藏综合普查大队 1979		波密、通麦幅1:20万 甘肃省区调报告 1995			墨脱幅 1:20万成矿所 2003			本报告 2005		
		三叠系	上统	松龙组				侏罗系	中侏罗统	马里组 (J_2m)
石炭系	旁多群	二叠系	上统	亚龙藏布群	西马组 (P_2x)	二叠系		二叠系	上二叠统	西马组 (P_3x)
					林主琪组 (P_1l)		洛巴堆组 (C_2Pl)		中二叠统	洛巴堆组 (P_2l)
			下统		丁纳卡组 (P_1d)				下二叠统	来姑组 (C_2P_1l)
		石炭系	上统	旁多群	来姑组 (C_2l)	石炭系	上石炭统	来姑组 (C_2l)	石炭系	上石炭统	
			下统		诺错组 (C_1n)		下石炭统	诺错组 (C_1n)		下石炭统	诺错组 (C_1n)
		震旦系-寒武系		波密群		泥盆系	中上泥盆统	松宗组 ($D_{2-3}s$)	前奥陶系		雷龙库岩组 ($AnOl$)
		前震旦系		冈底斯岩群		前寒武系		念青唐古拉岩群	中新元古界		念青唐古拉岩群

(一)前奥陶系

测区前奥陶系划分与嘉黎县幅一致,但是本幅境内仅见雷龙库岩组($AnOl$)。分布于图幅西部贡巴致易贡农场一带,出露面积较少,呈断夹片产出。

雷龙库岩组($AnOl$)与下伏念青唐古拉岩群a岩组、与上覆来姑组(C_2P_1l)均为断层接触关系。岩性特征下部以灰色中厚层—薄层状细粒石英岩、灰黄色厚层夹中薄层二云母角闪石英岩、灰色—灰绿色巨厚层—中厚层片理化细粒石英岩为主,夹灰色中厚层中薄层状绿帘黑云角闪粒岩、灰绿色细粒黑云母石英片岩、灰绿色长石石英黑云母千枚片岩。上部由灰绿色细粒绿泥二云母石英片岩夹灰色中厚层状片理化含黑云母细粒石英岩,灰绿色细粒石榴石黑云母石英片岩,灰色黑云角闪变粒岩组成。厚度4 522.62m。

该岩组变质程度属于低级区域动力质作用,变质程度为低绿片岩相。其原岩为硅质岩、石英砂岩、细粒石英杂砂岩及细粒—粉砂质泥岩。代表了裂谷盆地边缘斜坡浊流沉积环境。

(二)石炭系—二叠系

1. 划分沿革

测区石炭纪—二叠纪地层划分沿革见表2-5。对测区内及邻区石炭系—二叠系的划分,长期以来众说纷纭。《1:100万拉萨幅区域地质矿产调查报告》(西藏地质局综合普查大队,1979)将图幅内的大套变质岩系地层统称为石炭系旁多群。《1∶20万波密幅、通麦幅区域地质矿产调查报告》(甘肃省区调队,1995)已证实该区"旁多群"是不同时代形成的沉积-火山沉积产物。根据岩石的变质程度、岩性组合及其所含化石组合特征,将原"旁多群"解体为冈底斯岩群、波密群、旁多群、亚龙藏布群和松龙组等岩石地层单位。其中,冈底斯岩群时代归属前震旦系结晶基底岩石;波密群时代为寒武系,代表早古生代基底盖层;旁多群下部为诺错组,上部为来姑组,分别归属下石炭统和上石炭统。亚龙藏布群归属二叠系,下统分为丁纳卡组(P_1d)和林主琪(P_1l)组,上统为西马组(P_2x),各组之间均为断层接触。松龙组不整合覆盖在古生界之上,将其归属上三叠统。《1∶25万墨脱幅区域地质报告》(成矿所,2003)又将石炭—二叠系划分为诺错组(C_1n)、来姑组(C_2l)、洛巴堆组(C_2P_1l);并认为"丁纳卡组"与诺错组属同一层位。因此,废弃了"丁纳卡组"。同时还将林主琪组和西马组合并统称为洛巴堆组,其时代置于晚石炭世—二叠纪。

本报告在前人工作基础上,通过对本区石炭—二叠纪地层进行了清理和重新厘定,将本区石炭—二叠纪地层划分为诺错组(C_1n)、来姑组(C_2P_1l)、洛巴堆组(P_2l)、西马组(P_3x)四个岩石地层单位。

2. 剖面描述

(1)西藏波密县丁纳卡-西马二叠纪洛巴堆组(P_2l)、西马组(P_3x)剖面(图2-3)

该剖面位于亚龙藏布一带,沿丁纳卡—林主琪—西马测制。现将剖面各分层岩性特征简述如下。

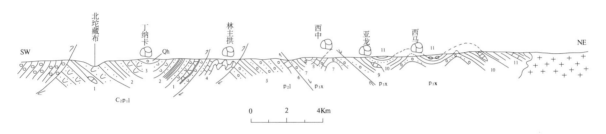

图2-3 波密县丁纳卡-西马二叠纪洛巴堆组(P_2l)、西马组(P_3x)剖面图

(甘肃省区调队测制,1995)

晚二叠世西马组(P_3x)	**厚度>2 553m**
11.深灰色粉砂质板岩,下部夹灰色薄—中层状泥质灰岩及少量灰色薄层泥质粉砂岩,偶夹褐灰色含砾不等粒岩屑石英杂砂岩(因断层截切而未见顶)	>794.8m
10.深灰色粉砂质板岩夹褐灰色中厚层状变质粉—细砂岩及灰色薄层状泥晶灰岩,产海百合茎及苔藓虫化石,碎屑岩内夹有少量绿灰色安山质凝灰岩	413.4m
9.深灰色薄—中层状含砾不等粒杂砂岩及灰色中—厚层状粉晶灰岩透镜体,灰岩中产珊瑚 *Waagenophyllum* sp.	727.2m
8.深灰色薄—中层状含砾粉—细砂岩夹深灰色含砾粉砂质板岩,砾石成分为灰岩、砂岩、板岩	594.4m
7.深灰色薄—中层含砾粉—细砂岩夹薄层状泥质粉砂岩,砾石成分为砂岩、板岩、硅质岩等	23.2m
========= 断　　层 =========	
中二叠世洛巴堆组(P_2l)	**厚度>852.1m**
6.深灰色中厚层状粉晶灰岩,局部夹泥质灰岩,灰岩中产䗴:*Neoschwagerina* sp.,*Nankinella* sp.,*Staffella* sp.及珊瑚等化石	9.3m
5.深灰色薄—中层含砾质石英砂岩夹深灰色粉砂质板岩,砾石成分为砂岩、板岩、硅质岩及灰岩	513.6m
4.灰色中—厚层状灰岩夹鲕粒灰岩及浅灰色薄—中层状细粒石英岩和深灰色板岩等,石英砂岩中局部含砾石.灰岩中产䗴:*Neoschwagerina* sp.,*Nankinella* sp.,*Staffella* sp.及珊瑚碎片等化石	329.2m
========= 断　　层 =========	

下伏：晚石炭世—早二叠世来姑组（C_2P_1l）   **5 820m**

  3. 覆盖，局部见安山岩及英安质凝灰岩   1 198.6m

  2. 深灰色板岩夹浅灰色薄—中层状粉—细砂岩、淡灰绿色凝灰质板岩及灰色含砾粉砂质板岩   1 410.7m

  1. 绿灰色厚层状英安质晶屑凝灰岩，夹深灰色板岩、浅灰色中层状粉—细砂岩和暗绿灰色薄—中层状安山岩，偶见浅灰色中—厚层状粉晶灰岩透镜体   3 219.9m

（2）波密县普拿-育仁晚石炭世—早二叠世来姑组（C_2P_1l）、中二叠世洛巴堆组（P_2l）、晚二叠世西马组（P_3x）剖面（图2-4）

本剖面位于则普-郎脚马区域大断裂以北，由于断层破坏和受多期花岗岩浆侵入，地层保存不甚完整且遭受热流变质，岩性变化较大。

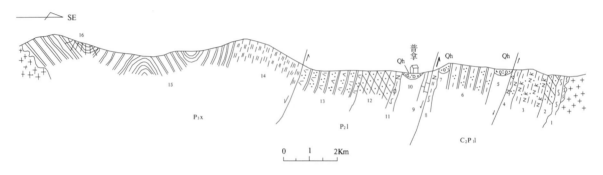

图2-4　波密县普拿-育仁晚石炭世—早二叠世来姑组（C_2P_1l）、
中二叠世洛巴堆组（P_2l）、晚二叠世西马组（P_3x）剖面图

（甘肃省区调队测制，1995）

晚二叠世西马组（P_3x）

  16. 深灰色斑点黑云母角岩（未见顶）   ＞348m

  15. 灰色—深灰色含砾砂质板岩和砂质板岩   336m

  14. 灰色绢云母千枚岩   1 347m

======断　　层======

中二叠世洛巴堆组（P_2l）

  13. 灰色中厚层状角闪石英岩   1 604m

  12. 灰色角岩化砂岩   1 140m

  11. 深灰色阳起石黑云母斜长片麻岩   507m

  10. 覆盖

  9. 灰色中厚层状粉晶灰岩   627m

======断　　层======

晚石炭世—早二叠世来姑组（C_2P_1l）

  8. 灰色—深灰色变石英砂岩夹条带状二云斜长片麻岩   162m

  7. 覆盖

  6. 灰色含黑云母石英岩   1 257m

  5. 覆盖

======断　　层======

  4. 灰色—深灰色斜长黑云石英片岩   419m

  3. 灰色黑云二长变粒岩   1 075m

  2. 灰色角岩化变质石英砂岩   366m

  1. 深灰色眼球状片麻岩（花岗岩体侵位）   ＞183m

(3)波密县卡达桥-倾多早石炭世诺错组(C_1n)、晚石炭世—早二叠世来姑组(C_2P_1l)剖面(图2-5)

现将剖面各分层岩性特征简述如下。

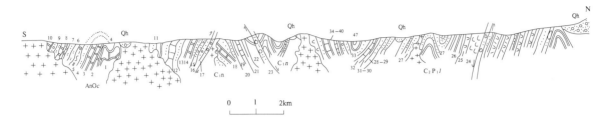

图2-5 波密县卡达桥-倾多早石炭世诺错组、晚石炭世—早二叠世来姑组剖面图

(甘肃省区调队测制,1995)

晚石炭世—早二叠世来姑组(C_2P_1l)	厚度>5 069m
47.深灰色粉砂质板岩夹黄灰色中层状变质细砂岩(向斜核部,未见顶)	308m
46.深灰色薄—中层状变质钙质粉砂岩与板岩互层	190.06m
45.深灰色薄中层状变质细砂岩夹深灰色—灰黑色板岩	149.47m
44.浅褐灰色粉砂质板岩	36.75m
43.深灰色粗砂质板岩夹灰色薄层状细砂岩	154.71m
42.褐灰色厚层块状变质流纹英安岩	104.94m
41.深灰色灰黑色粉砂质板岩	273.31m
40.褐灰色厚层块状变质细砂岩	5.15m
39.暗绿灰色阳起绿帘绿泥石片岩	10.00m
38.灰色厚层状变质细砂岩,上部夹30cm厚的绿泥阳起石片岩;砂岩中发育有眼球状石英旋转残碎斑、布丁构造	9.58m
37.暗绿灰色绿泥阳起石黑云母片岩,见铜矿化	14.36m
36.浅灰色厚层状变质流纹英安岩	8.6m
35.暗灰色板岩夹少量绿泥石片岩	68.02m
34.浅灰色厚层状变质流纹英安岩	196.25m
33.深灰色板岩夹中层状含砾粉砂岩	399.31m
32.浅灰色中层状含粉砂结晶灰岩	13.65m
31.深灰色板岩夹粉砂质板岩及中厚层状变质粉砂岩,夹含砾板岩。板岩具纹层状和皱纹状构造	69.66m
30.灰色中细粒变质长石石英砂岩夹粉砂质板岩,底部砂岩中含砾石	318.02m
29.深灰色中厚层状变质砂质细粉砂岩	39.06m
28.深灰色粉砂质板岩夹含砾板岩,深灰色中厚层状变质砂质细粉砂岩	70.00m
27.深灰色薄纹层状钙交质细砂岩夹含砾细砂岩及大理岩透镜体	200.00m
26.灰黑色炭质板岩,下部夹绿灰色中层状安山岩	1 073.51m
25.绿灰色中层状安山岩	33.91m
24.玄武岩	720.00m

========== 断 层 ==========

早石炭世诺错组(C_1n)	厚度>2 646m
23.断层角砾岩	3.89m
22.浅灰色含粉砂板岩	84.48m
21.灰黑色板岩	91.06m
20.深灰色中厚层状结晶灰岩夹灰白色中厚层状大理岩,灰岩中产腕足类 *Fusella transversaching* (横纺缍贝)、*F. yaliensis* Ching(垭里纺缍贝)、*F.* sp.(纺缍贝未定种)、*Syringothris picta* Liao (彩色管孔贝)、*S.* cf. *picta* Liao(彩色管孔贝相似种)和 *S.* sp.(管孔贝未定种)等。	36.02m

19. 浅灰色板岩	92.97m
18. 深灰色中层状变质细砂岩夹深灰色中层状结晶灰岩,灰岩中产腕足类 *Fusella trasversa* Ching, *F. yaliensis* Ching,*F.* sp. ,*Syringothyris picta* Liao 和 *S.* sp. 等	9.48m

============ 断　　层 ============

17. 断层角砾岩	7.72m
16. 深灰色中厚层状含砾变质细砂岩夹含砾结晶灰岩	156.06m
15. 绿灰色中厚层状安山质晶屑凝灰岩夹深灰色凝灰板岩	174.08m
14. 深灰色粉砂质板岩夹变质细砂岩、大理岩及安山岩	500.00m
13. 深灰色中层状变质细砂岩夹同色板岩及中层状大理岩	910.00m
12. 深灰色中厚层状变质细砂岩夹浅灰色结晶灰岩,灰岩中产 *Fusella* sp,和 *Syringothyris* sp.	250m
11. 深灰色板岩与砂岩互层	345m

============ 断　　层 ============

前奥陶纪岔萨岗岩组（AnOc）　　　　　　　　　　　　　　　　　　　　　　　　　　　　　厚度＞1 165m

10. 深灰色中层状角岩化含砾砂变质细—粉砂岩夹浅灰色薄层状大理岩及片理化板岩	＞91.56m
9. 深褐灰色中层状变质粉砂岩夹少量灰绿色凝灰质板岩	214.6m
8. 深灰色中厚层状变质粉砂岩夹少量灰白色薄层状透闪石大理岩	292.12m
7. 深灰色薄层状变质粉—细砂岩夹灰白色大理岩	111.72m
6. 深灰色薄层状变质粉—细砂岩夹含石榴石绿泥石云母片岩,糜棱岩化石榴石黑云母片岩	84.15m
5. 浅缘灰色含石榴石黑云母绿泥石白云母片岩	130.47m
4. 深灰色中层状变质粉砂岩,底部为变质细砂岩	97.95m
3. 白色薄层状大理岩夹深灰色中厚层状变质粉—细砂岩	34.83m
2. 白色中层状含硅质条带大理岩	7.43m
1. 白色中层状含泥质条带大理岩夹深灰色薄层状变质细砂岩（未见底）	100m

3. 岩石地层特征

测区石炭—二叠纪地层可分为诺错组（C_1n）、来姑组、洛巴堆组及西马组四个岩石地层单位。现分别简述如下。

（1）诺错组（C_1n）

①定义及其特征

诺错组由尹集祥(1984)创名,创名于八宿县雅则乡来姑村剖面。《1∶20万波密幅、通麦幅区域地质矿产调查报告》(甘肃省区调队,1995)沿用了诺错组一名。本书仍沿用之。其定义基本相同。

诺错组主要分布于图幅南部的尤泵肖嘎、波莫帮墩、打巴西里、贡德村—纳嘎纳莫、通都农巴、下果崩日至卡达桥—倾多一带。岩性特征下部为深灰色中层—中厚层状变质细砂岩与深灰色粉砂质板岩互层,夹浅灰色中层状结晶灰岩、变质安山岩,变质安山质晶屑凝灰岩;上部为深灰色中层状变质细砂岩夹深灰色中层状结晶灰岩、浅灰色板岩、深灰色中层状结晶灰岩及灰白色大理岩。灰岩中产腕足 *Fusella* 和 *Syringothyris* 等化石。变质程度为低绿片岩相,原岩恢复为细碎屑岩、泥质岩及碳酸盐岩。该组与下伏念青塘古拉岩群和上覆来姑组均为断层接触。最大厚度为2 646m。

区域变化上,在则普-郎脚马断裂带以南,诺错组层序较为完整,岩性稳定,下部为深灰色中—厚层状变质细砂岩、浅灰色中层状结晶灰岩、大理岩及板岩;中部为深灰色粉砂质板岩和中厚层状含砾变质细砂岩,夹绿灰色中厚层状安山质晶屑凝灰岩、凝灰质板岩及结晶灰岩;上部为浅灰色—灰黑色板岩和粉砂质板岩,夹深灰色中厚层状结晶灰岩及少量灰白色中厚层状大理岩;顶部常出现角砾状断层岩。灰岩中产较丰富的腕足类和苔藓虫等浅海相动物化石。厚度大于2 682m。

则普-郎脚马断裂带以北,因多期花岗岩浆侵位和断裂破坏,地层序列不甚完整,并由于遭受岩浆热流质作用,岩石变质普遍较深,岩性化较大。在育仁以北,诺错组以变质砂岩为主,近岩体边部多出现角岩、片岩及片麻岩。

②基本层序和沉积特征

根据剖面的岩性组合特征分析,诺错组的基本层序可划分为4类(图2-6)。

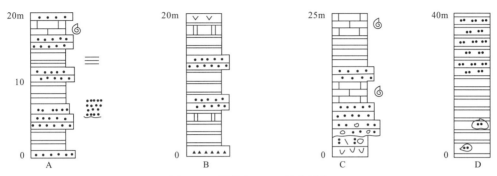

图2-6 诺错组(C_1n)基本层序

基本层序A:见于下部,由深灰色中层状变质细砂岩、深灰色板岩、浅灰色中层状结晶灰岩;灰岩中产腕足等化石。发育水平层理、纹层理。该类层序反映了陆棚碎屑岩-碳酸盐台地沉积环境。

基本层序B:见于中部,由深灰色中层状变质细砂岩、深灰色板岩、浅灰色中层状大理岩组成;垂向上深灰色粉砂质板岩增多。该类层序沉积环境与A相同。只是中上部夹安山岩、绿灰色中厚层状安山质晶屑凝灰岩夹深灰色凝灰板岩。表明沉积期间伴有火山喷发。

基本层序C:见于中上部,该类层序底部深灰色中厚层状含砾变质细砂岩夹含砾结晶灰岩,中上部为深灰色中层变质细粒石英砂岩夹深灰色中层状结晶灰岩。该类层序代表了陆棚边缘斜坡-碳酸盐岩台地沉积环境。

基本层序D:见于上部,深灰色板岩及深灰色中层状结晶灰岩夹灰白色中厚层状大理岩,灰岩中产腕足类化石。该类层序总体反映了碳酸盐岩台地沉积环境。

综合上述,诺错组由变质细粒石英砂岩、变质细—粉砂质板岩及粉砂岩构成韵律层,夹碳酸盐岩和中性火山碎屑岩。砂岩-板岩韵律层中具递变层理,板岩中具变余水平层理。砂岩以细粒长石岩屑砂岩为主,并常见含砾长石岩屑砂岩尾积,岩石多为杂基支撑,泥质及硅质胶结,成分成熟度和结构成熟度中等偏低。具有陆棚边缘斜坡特征。岩层中夹多层碳酸盐岩,产腕足类和苔藓虫化石。反映多次进积特点。该组中夹安山岩、绿灰色中厚层安山质晶屑凝灰岩夹深灰色凝灰板岩等钙-碱性火山物质,表明沉积期间伴有海底火山喷发活动。

(2)来姑组(C_2P_1l)

①定义及其特征

由来姑群演变而来(1974),创名剖面为八宿县然乌雅则-来姑剖面。1997年《西藏自治区岩石地层》正式将夹于下伏诺错组细碎屑岩与上覆洛巴堆组灰岩之间的一套以含砾板岩为特征的地层命名为来姑组,时代为晚石炭世—早二叠世。之后一直沿用至今。测区内来姑组与层型剖面可以对比,因此,本报告仍沿用来姑组名称。

来姑组出露于图幅中南部,由东部的倾多、易贡藏布两岸向西至嘉黎村雄曲南北侧广泛分布。测区内来姑组与上下地层均呈断层接触关系。其岩性以含砾板岩、深灰色板岩为特征,夹细砂岩、细—粉砂岩及少量碳酸盐岩。下部以变玄武岩、变安山岩、流纹英安岩为标志与下伏诺错组分界。总厚度大约5 069m。

②基本层序和沉积特征

据剖面岩性组合特征分析,来姑组(C_2P_1l)基本层序可划分出5种类型(图2-7)。

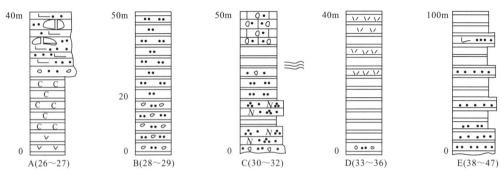

图 2-7 来姑组基本层序

基本层序 A：见于下部，岩性为灰黑色炭质板岩、深灰色薄纹层状钙变质细砂岩夹大理岩透镜体。

基本层序 B：见于下部，岩性为深灰色粉砂质板岩夹含砾板岩、深灰色中厚层状变质砂质细—粉砂岩。具变余纹层理。

基本层序 C：见于中部，岩性为灰色厚层状含砾变质砂岩、灰色厚层状变质中—细粒长石石英砂岩夹灰黑色粉砂质板岩、深灰色板岩夹粉砂质板岩及变质粉砂岩、浅灰色中层状含粉砂结晶灰岩。

基本层序 D：岩性为深灰色板岩夹浅灰色厚层状变质流纹英安岩。

基本层序 E：岩性为灰色厚层块状变质细砂岩、深灰色粉砂质板岩及深灰色变质钙质粉砂岩。

以上基本层序中 A—E 总体以深灰色板岩为主，并与细砂岩及细—粉砂岩构成韵律层，未见粗碎屑岩和浅水暴露标志。砂岩以长石石英砂岩为主，含有较多岩屑，砂粒多呈次圆—次棱角状，成分与结构成熟度偏低，形成于动力不太强的流体条件。板岩及粉砂岩中具变余水平纹层理，多属静水条件牵引流沉积产物。砂岩与泥质岩多构成递变粒序层，表现为复理石浊流沉积沉境。

来姑组中下部夹有含砾板岩及含砾粉砂岩，显示了冰筏相冰海沉积特征。

③地层对比

来姑组在区域上与诺错组相伴出露，二者呈断层接触。则普-郎脚马断裂以南，该组下部为灰绿色中层状玄武岩和安山岩，厚度达 1 107m 以上；中部由深灰色含砾板岩和粉砂质板岩夹长石石英砂岩及钙质细砂岩组成，含砾板岩显示冰海相沉积特点；中上部以流纹岩、阳起石绿帘石绿泥石片岩、阳起石黑云母片岩及绿泥石片岩为主，夹变质细砂岩；上部为深灰色砂质板岩与细砂岩、粉—细砂岩互层。本组厚度达 5 069m。该组以底部玄武岩或安山岩为标志，与其下的诺错组顶部粉砂质板岩分界，并以顶部的深灰色含砾粉砂质板岩与其上的洛巴堆组灰色英安质晶屑凝灰岩分界。来姑组显示沉积时期存在较强烈的基性—中酸性的火山活动。

则普-郎脚马断裂以北，花岗岩侵入，来姑组残存不全，岩石多已变质成为角岩化石英片岩、黑云石英片岩、黑云二长变粒岩，局部可见眼球状片麻岩。接触带附近显示低压型递增变质带。

测区向西延至嘉黎县幅，来姑组下部以浅灰色、灰白色巨厚层—厚层状中粗粒—细粒石英砂岩、灰黄色中厚层中细粒岩屑石英砂岩、灰色厚层状细粒泥质岩屑石英杂砂岩为主，夹灰黑色绢云母千枚岩、深灰色粉砂质板岩；上部以灰白色厚层状变质细粒石英砂岩、深灰色粉砂质板岩为主，夹灰黄色变质复成分细砾岩、灰色含砾砂质板岩、少量灰黄色含燧石团块白云石大理岩为特征。以上岩性组合在垂向上呈多个不等厚的韵律式互层重复出现。本组厚度大于 3 266.88m。

本次工作在阿扎错西侧松多西南、拨嘎日孜东一带来姑组的灰岩中发现了大量的腕足类、双壳类、珊瑚类化石。其中腕足：*Spirifer* sp.（石燕，未定种），*Martinia* sp.（马丁贝，未定种），*Spiriferllina* sp（准小石燕，未定种），*Waagenoconcha* sp.（瓦刚贝，未定种），*Linoproductus* sp.（线纹长身贝，未定种），*Squamularia* sp.（鱼鳞贝，末定种），*Brachythyrina* sp.（准腕孔贝，末定种），*Terebratuloides* sp.（拟穿孔贝，末定种）；双壳类：*Schizodus* sp.（裂齿蛤）；珊瑚：*Neokueichowpora gemina*（Cooper Reed）（双

型贵洲管珊瑚);有孔虫:*Pachyphloia* sp.(厚壁虫)。其中,*Neokueichowpora gemina*(Cooper Reed)是早二叠世标准化石,有孔虫分布在二叠纪,腕足和双壳类均分布在石炭纪—二叠纪。因此,将来姑组的时代确定为晚石炭世—早二叠世。来姑组区域地层对比见图2-8。

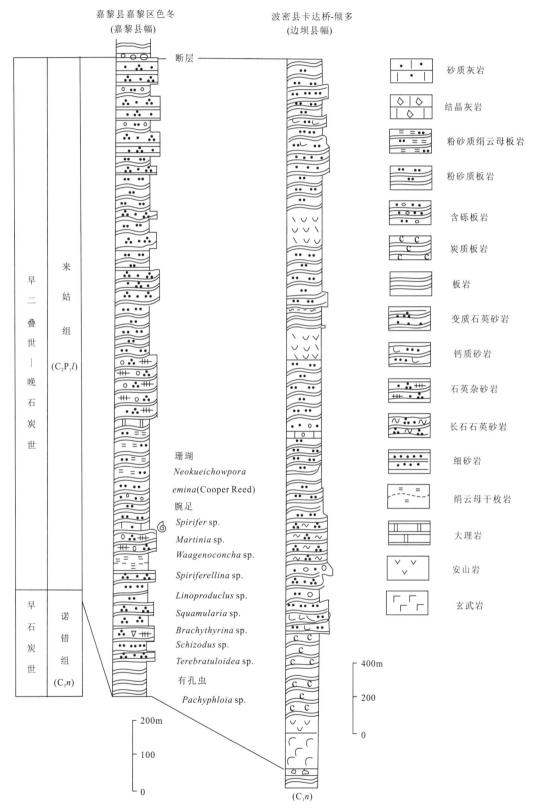

图2-8 来姑组(C_2P_1l)柱状对比图

(3) 洛巴堆组（P_2l）

①定义及其特征

李璞 1955 年创名洛巴堆组，正层型为林周县洛巴堆剖面。之后，《西藏自治区区域地质志》（西藏地质矿产局区调队，1993）、《西藏自治区岩石地层》[①]（西藏地质勘查局，1997）等均沿用洛巴堆组这一单位名称，都将其时代划归早二叠纪（二分方案）。《1:20 万波密幅、通麦幅区域地质矿产调查报告》（甘肃省区调队，1995）曾在测区内相当于洛巴堆组的层位，创建了新组即林主珙组（P_1l）。通过对前人资料综合分析，我们认为本测区"林主珙组"与洛巴堆组的层位基本相同，二者属同物异名。本报告将按地层命名优先原则，废弃"林主珙组"，拟采用洛巴堆组。其时代为中二叠世。

洛巴堆组分布于边坝县幅真弄布、牧场、岗林及林主珙一带，大致呈东西方向展布。岩性特征下部为浅灰色、深灰色中厚层状灰岩夹鲕粒灰岩及浅灰色薄—中层状变质含砾细粒石英岩和深灰色板岩等，中部为深灰色薄—中层含砾质不等粒石英砂岩夹深灰色粉砂质板岩；上部为深灰色中厚层状粉晶灰岩，局部夹泥质灰岩。灰岩中产𬸦类及珊瑚等化石。该组与上下地层均呈断层接触。厚度大于 852m。

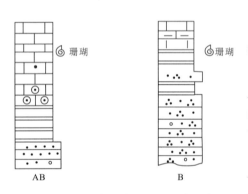

图 2-9 洛巴堆组（P_2l）基本层序

②基本层序和沉积特征

据剖面的岩性组合特征分析，洛巴堆组的基本层序可归纳为两种类型（图 2-9）。

基本层序 A：见于洛巴堆组下部，由浅灰色深灰色中厚层状灰岩夹鲕粒灰岩、浅灰色中薄层状变质含砾细粒石英岩和深灰色板岩组成；灰岩中产𬸦及珊瑚等化石。砂岩成熟度高，鲕粒灰岩为高能环境，该类层序反映了台地边缘鲕粒滩。

基本层序 B：见于洛巴堆组中上部，由深灰色薄—中层含砾质不等粒石英砂岩夹深灰色粉砂质板岩、深灰色中厚层状粉晶灰岩夹泥质灰岩组成。灰岩中产𬸦及珊瑚等化石。该类层序代表了陆棚边缘斜坡-碳酸盐台地沉积环境。

综上所述，洛巴堆组由两个碳酸盐岩次一级旋回构成。属浅海碳酸盐岩台地沉积。在垂向上单个碳酸盐岩沉积序列具有向上变深再变浅的退积-进积型特征。大量𬸦及珊瑚等化石的出现，标志着洛巴堆组应为暖水型开阔海沉积环境。

③地层对比

在则普-郎脚马断裂以南林主珙—贡普日和拉东等地区，洛巴堆组构成西马复式向斜的两翼。岩性为一套浅海相砂岩、泥质岩、碳酸盐岩沉积。其下部为灰色、深灰色中厚层状灰岩、鲕粒灰岩夹细粒石英砂岩及板岩，灰岩中产𬸦和珊瑚等化石，石英砂岩中局部含砾石，厚度大于 329m。中部为深灰色薄—中层状含砾不等粒石英砂岩夹粉砂质板岩，厚度 514m；上部为深灰色中厚层状粉晶灰岩，局部夹有泥质灰岩。该组以底部灰岩为标志。灰岩中产𬸦 *Neoschwagerina* sp.（新希瓦格𬸦），*Nankinella* sp..（南京𬸦），*Staffella* sp.（史塔夫𬸦）及珊瑚等。

则普-郎脚马断裂以北普拿及郎脚马以西地区，沿超阿拉-来布里断裂带南侧亦有零星露头。该组下部为灰色中厚层状粉晶灰岩，中上部受深成岩浆热流作用，岩石变质成为角岩化砂岩、角闪石英岩及阳起石黑云母斜长片麻岩。厚度可达 2 459m。

向西延至嘉黎县幅阿扎错一带，该组大致呈东西向展布的断块状夹于嘉黎断裂带内，岩性特征中下部为深灰色中层大理岩化生物碎屑灰岩，深灰色薄层大理岩化生物碎屑泥灰岩，浅灰色厚层白云质大理岩，灰白色厚层、巨厚层细粒白云质大理岩；中部为紫红色中厚层中细粒石英砂质大理岩

[①] 西藏地质勘查局. 西藏自治区岩石地层. 1997. 全书相同

夹含粉砂质大理岩，紫红色中厚层石英砂质生物碎屑灰岩，紫红色中厚层大理岩化生物碎屑灰岩；上部为紫红色厚层、巨厚层大理岩化砾屑砂屑灰岩、深灰色中层大理岩化含石英细砂灰岩，紫红色巨厚层细粒大理岩。产䗴 Nankinella inflata (Colani)（膨胀南京䗴），Nankinella sp.；珊瑚 Iranophyllum sp.（伊朗珊瑚，未定种）；有孔虫 Pachyphloia sp（厚壁虫，未定种）；腕足 Spiriferellina sp.（准小微石燕，未定种）等。厚度为420m。洛巴堆组区域地层对比见图2-10。

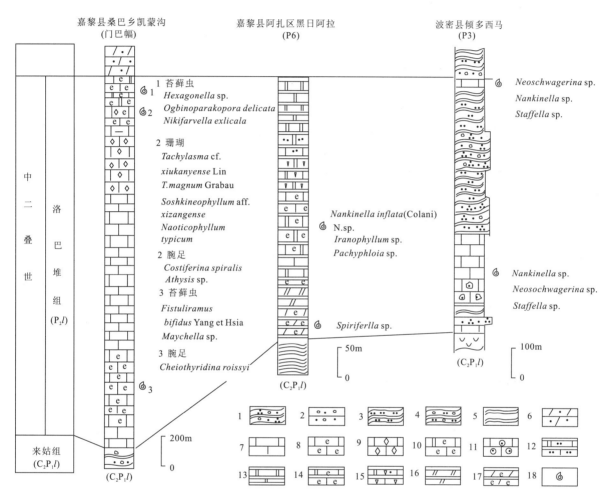

图2-10 测区及邻区中二叠统洛巴堆组(P_2l)柱状对比图

1.变质含砾不等粒石英砂岩，2.含砾砂岩，3.粉砂质板岩，4.含砾板岩，5.板岩，6.砂质灰岩，7.灰岩，8.生物碎屑灰岩，9.结晶灰岩，10.含生物碎屑白云质灰岩，11.鲕粒灰岩，12.大理岩化砂质灰岩，13.大理岩，14.大理岩化生物碎屑灰岩，15.大理岩化砾屑、砂屑灰岩，16.白云质大理岩，17.大理岩化生物碎屑泥灰岩，18.产化石层位

（4）西马组（P_3x）

①定义及其特征

西马组（P_3x）由甘肃省区调队（1995）创名。创名剖面位于测区内倾多乡西马。通过对本剖面及区域地层对比资料综合分析研究，本报告建议仍保留西马组（P_3x），其时代为晚二叠世。

西马组主要分布于图幅东南部倾多西马、孜场至索卡一带。西马组由一套海相碎屑岩夹少量碳酸盐岩组成。岩性为含砾变质杂砂岩、变质细—粉砂岩、板岩和千枚岩，夹少量灰岩或透镜体。灰岩中产珊瑚化石 Waagenophyllum sp.（瓦根珊瑚，未定种）及苔藓虫、海百合茎等。该组与下伏洛巴堆组（P_2l）呈断层接触，与上覆中侏罗世马里组（J_2m）呈角度不整合接触关系，或被岩体侵位。厚度大于2 553m。

②基本层序和沉积特征

据剖面的岩性组合特征分析,西马组的基本层序可归纳为两种类型(图2-11)。

基本层序A:见于下部,由深灰色薄—中层含砾粉—细砂岩夹薄层泥质粉砂岩,深灰色薄—中层含砾粉—细砂岩夹深灰色含砾粉砂质板岩及灰色中—厚层粉晶灰岩组成。砾石成分为砂岩、板岩、灰岩、硅质岩等。灰岩中产珊瑚 Waagenophyllum sp.、海百合茎及苔藓虫化石。

基本层序B:见于中部,岩性由深灰色薄—中层状含砾不等粒杂砂岩及灰色中—厚层状粉晶灰岩透镜体,深灰色粉砂质板岩夹褐灰色中厚层状变质粉—细砂岩及灰色薄层状泥晶灰岩组成。碎屑岩内夹少量绿灰色安山质凝灰岩。

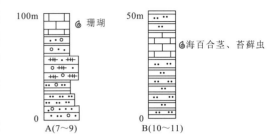

图2-11 西马组的基本层序

以上A与B层序结构基本类似,以含砾变质杂砂岩、变质粉—细砂岩、粉砂质板岩为主,夹薄层灰岩及灰岩透镜体。砂岩成熟度较低,并与粉砂质板岩组成不等厚的互层。灰岩中产珊瑚、海百合茎及苔藓虫化石。因此,西马组总体代表了陆棚边缘斜坡夹浅海碳酸盐岩沉积环境。

③区域分布及岩性组合特征

在西马一带,该组下部为深灰色薄—中层状含砾粉—细砂岩、含砾不等粒杂砂岩,夹含砾粉砂质板岩、板岩及粉晶灰岩透镜体;中部为粉砂质板岩夹粉细砂岩、碳酸盐化角闪黑云石英片岩、含黄铁矿黑云石英片岩及透闪石黑云方解石大理岩;上部为深灰色黑云母石英片岩与灰色薄层状结晶灰岩互层,偶夹浅灰色大理岩。本组厚度达2 553m。

在普拿一带,西马组被花岗岩侵位,出露不全,且相变为绢云千枚岩、板岩、含砾板岩及含黑云母角岩组合。厚度约2 031m。

4. 生物地层及年代地层

(1)生物地层

测区石炭纪—二叠纪地层中古生物化石主要有腕足类、䗴类和珊瑚及双壳、有孔虫。其中腕足有10属、4个种;䗴有5属、1个种;珊瑚有4属、1个种。据此可初步建立腕足1个延限带、䗴类1个延限带、珊瑚1个化石带(表2-6)。

表2-6 测区石炭纪—二叠纪生物组合特征简表

年代地层				岩石地层	生物地层		
界	系	统	阶		腕足	䗴	珊瑚
上古生界	二叠系	上统	吴家坪阶	西马组			*Waagenophyllum* Z. (*W.g*-*W.i*组合带)
		中统	茅口阶	洛巴堆组		*Neoschwagerina* Z.	
			栖霞阶				
		下统	萨克尔阶	来姑组	*Waagenoconcha*-*Linoproductus* Ass.		*Neokueichowpora gemina*
			阿丁斯克阶				
	石炭系	上统					
		下统	岩关阶	诺错组	*Fusella*-*Syringothyris* Ass.		

① 腕足类

Fusella-Syringothyris 延限带

在图幅内卡达桥-倾多剖面中,诺错组自下而上三个层位中(12、18、20层)产 *Fusella*、*Syringothyris*。根据腕足动物群组合特征及其产出层位,可将诺错组产腕足动物层位划分为 *Fusella-Syringothyris* 延限带。该带以其代表属 *Fusella*、*Syringothyris* 首次出现为下界,以其最后产出为顶界。以上两属的各个种均可视为典型分子。

该延限带计有2属,共6种(包括未定种)。主要分子有 *Fusella transversa* Ching(横纺缍贝),*F. yaliensis* Ching(垭里纺缍贝),*F.* sp.(纺缍贝,未定种),*Syringothyris picta* Liao(光彩管孔贝),*S.* cf. *picta* Liao(光彩管孔贝,相似种)和 *S.* sp.(管孔贝,未定种)等。该动物群以 *Fusella* 为特征,具有丰度较高,而分异度很低,种属单调特点。*Fusella*、*Syringothyris* 均是华南地区岩关期腕足动物群组合的标准分子和常见分子。

Fusella transversa 见于北喜马拉雅地区纳兴剖面早石炭世纳兴组,在申扎永珠剖面早石炭世永珠组和八宿县雅则-来姑剖面的诺错组,该种的相似种为 *Fusella* cf. *transversa*；*Syringothyris* 见于纳兴剖面早石炭世纳兴组上部,申扎永珠剖面早石炭世永珠组中部。本区建立的 *Fusella-Syringothyris* 延限带可大致与其对比。

② 䗴类

Neoschwagerina 延限带

产于图幅内丁纳卡-西马剖面中,洛巴堆组自下而上两个层位中(4、6层)产 *Neoschwagerina*。根据䗴动物群组合特征及其产出层位,可将洛巴堆组产䗴动物层位划分为 *Neoschwagerina* 延限带。该带以其代表属 *Neoschwagerina* 首次出现和最终消失分别作为底界和顶界。

该带有5属、1个种,主要分子有 *Neoschwagerina*(新希瓦格䗴),*Nankinella inflata*(Colani)(膨胀南京䗴),*Sohubertella*(苏伯特䗴),*Staffella*(史塔夫䗴)和？*Pisolina*(？豆䗴)等。洛巴堆组䗴组合已显示出䗴动物演化分异的多样性,具中二叠世发展阶段及其组合特征,可称为 *Neoschwagerina* 动物群。该动物群大致由三部分组成:①大量具蜂巢层旋壁的短轴型䗴,如史塔夫䗴亚科的 *Nankinella inflata*,*Staffella* 和卡勒䗴亚科的？*Pisolina* 的繁盛,保留早二叠世早期䗴演化色彩；②是副隔壁和旋向沟复杂构造的高级䗴类化石 *Neoschwagerina* 等的出现,代表测区䗴类已进入中二叠世演化的极盛时期；③*Schubertella* 是出现于早二叠世早—晚期的常见分子。

由此可见,测区洛巴堆组所产䗴生物组合具中二叠世的初期阶段演化特点。

张遴信等(1986)曾对贵州南部进行了完整的早二叠世䗴类化石分带,其中 *Neoschwagerina* 延限带自下而上划分为五个亚带:*Cancellina liuzhiensis* 亚带,*Neoschwagerins simplex* 亚带,*Afghanella scheneki* 亚带,*Yabeina gubleri* 亚带和 *Neomisellina* 亚带。

曾学鲁等(1992)对西秦岭也进行了相似的 *Neoschwagerina* 延限带的亚带划分,其北部自下而上为 *Cancellina* 延限亚带,*Neoschwagerina simplex* 延限亚带和 *Afghanella schencki* 延限亚带；其南部为 *Schubetella* 顶峰亚带,*Pseudodoliolina* 顶峰亚带和 *Chusenella* 顶峰亚带。

根据各䗴类组合中共有 *Staffella*,*Nankinella*,*Pisolina* 及 *Schubertella* 等具蜂巢层旋壁的短轴型䗴化石最终出现,并与个体增大,副隔壁及拟旋脊发育完好的 *Neoschzoagerina* 共生的特点,测区的 *Neoschwagerina* 延限带只相当于黔南和西秦岭 *Neoschwgaerina* 延限带的下部,即 *Cancellina liuzhiensis* 延限亚带或 *Schubertella* 顶峰亚带。

③ 珊瑚

Waagenopyllum 带为饶荣标于1997建立。青藏高原发现有 *Waagenopyllum irregulare*,*W. indicum*,*Grassiseptatum*,*Lophophyllidium*,*Asserculinia* 等。测区仅发现有 *Waagenopyllum* 一属,主要产于波密县倾多西马一带的西马组。

Waagenopyllum 是我国海相上二叠统常见化石。华南、贵州和西藏等地,前人已建立长兴期的 *Waagenopyllum - Huayuanophyllum* 组合带;西秦岭石关地区建立了 *Waagenophyllum gansuense - W. indicum* 组合带(*W. g - W. i* 组合带);均以 *Waagenophyllum* 的大量产出或相对富集为特点。藏南札达姜叶马组中发现 *Waagenopyllum*。改则地区桑穹组中产 *Waagenopyllum*。北羌塘西部吉普日阿组和多玛热合盘地区热觉茶卡组上段产 *Waagenopyllum*。昌都分区卡香达组中产 *Waagenopyllum*。川西白玉-义敦地区冈达概组中产 *Waagenopyllum*。因此,本区建立的 *Waagenophyllum* 带可大致与以上层位对比。

(2)年代地层

对测区年代地层划分,主要是根据岩层所含生物化石带及其界限,以及岩石地层单位岩性组合特征与同一地层分区已知年代的相似岩石地层单位对比。由于古生物化石均采自岩层及剖面中的某些零星层位,而非连续系统序列,因此,划定年代地层单位界线时,只能借助岩石地层单位界线来确定年代地层单位界线。这种界线是大致的、粗略的。

①下石炭统

下石炭统包括诺错组层位。

诺错组中含腕足类 *Fusella - Syringothyris* 延限带。*Fusella*、*Syringothyris* 均是华南地区岩关期腕足动物群组合的标准分子和常见分子。因此,诺错组时代应是下石炭统岩关阶。

②上石炭统—下二叠统

上石炭统—下二叠统包括来姑组层位。

来姑组介于含化石的下石炭统至下二叠统之间,测区来姑组尚未找到化石。因此,对本图来姑组时代确定主要从两个方面考虑。其一,该组内发育有冰海相含砾板岩沉积。区域上,已知这套含砾板岩主要形成于晚石炭世—早二叠世。其二,本次工作在测区《嘉黎县幅》嘉黎县阿扎区以西黑日阿拉一带来姑组中上部灰岩中发现丰富腕足及珊瑚及有孔虫化石。其中腕足化石计有 8 属,主要分子为:*Waagenoconcha* sp.(瓦刚贝,未定种),*Linoproductus* sp.(线纹长身贝,未定种),*Martinia* sp.(马丁贝,未定种),*Brachythyrina* sp.(准腕孔贝,未定种),*Spirifer* sp.(石燕,未定种),*Spiriferllina* sp.(准小石燕,未定种),*Squamularia* sp.(鱼鳞贝,未定种),*Terebratuloidea* sp.(拟穿孔贝,未定种)、*Choristites*(分喙石燕)。与碗足类伴生化石有双壳类 *Schizodus* sp.(裂齿蛤),珊瑚 *Neokueichowpora gemina*(Cooper Reed)(双型贵洲管珊瑚),? *Allotropiophyllum* sp. nov.,有孔虫 *Pachyphloia* sp.(厚壁虫)。

Linoproductus、*Brachythyrina* 是永珠组上部 *Rugoconcha - Choristites* 组合中的代表分子,其时代为晚石炭世;*Waagenoconcha*、*Martinia*、*Brachythyrina* 见于北喜马拉雅定日、吉隆沟的基龙组;*Spiriferllina*、*Terebratuloides*、*Brachythyrina* 见于冈底斯—察隅区朗玛日阿组—昂杰组。以上分子均属 *Globiella* 组合(尹集祥,1997)代表分子,其时代归属早二叠世萨克马尔期—亚丁斯克期。

测区与嘉黎县幅来姑组层位基本相同,因此,认为该组应相当于上石炭统至下二叠统萨克马尔阶—亚丁斯克阶。

③中二叠统

中二叠统包括洛巴堆组层位。

洛巴堆组灰岩中产较丰富䗴类、有孔虫类和腹足类化石。其中䗴类 *Neoschwagerina* 带中除典型属 *Neoschwagerina* 外,尚有 *Nankinella*,*Staffella*,? *Pisolina* 等短轴型分子及 *Schuberte* 与其共生;可见这里的 *Neoschwdgerina* 带只相当于贵州南部(张遴信等,1986)和西秦岭(曾学鲁等,1992)*Neoschwagerina* 延限带下部的 *Cancellina* 延限亚带或 *Schubertella* 顶峰亚带,或可包含部分中部的 *Neoschwagerina simplex* 延限亚带。

Neoschwagerina 带是早二叠世晚期的标准生物地层带。*Neoschwagerina* 带在申扎地区下拉组及昌都地层分区交嘎组均有分布。因此,洛巴堆组含 *Neoschwagerina* 带的层位应相当于中二叠统栖霞阶—茅口阶。

④上二叠统

上二叠统包括西马组。该组中部含珊瑚 *Waagenophyllum* 带。

Waagenophyllum 带是华南晚二叠世常见化石。因此,西马组含 *Waagenophyllum* 组合的层位应相当于上二叠统吴家坪。

5. 沉积相及层序地层分析

(1)沉积相

测区石炭—二叠纪时期,发育了诺错组(C_1n)、来姑组(C_2P_1l)、洛巴堆组(P_2l)、西马组(P_3x)。主要为一套碎屑岩和碳酸盐岩沉积组合。据前面基本层序的微相分析,可分5种沉积相。即:滨浅海碎屑岩相、浅海陆棚碎屑岩相、浊积岩相、含砾板岩相及碳酸盐岩台地相。总体反映了冈瓦纳大陆北缘浅海陆棚-碳酸盐岩台地沉积环境。

①诺错组沉积相

由陆棚边缘斜坡和碳酸盐岩台地组成。垂向上二者呈交替出现。

陆棚边缘斜坡:由深灰色中厚层状含砾变质细砂岩、深灰色中层状变质细砂岩、深灰色板岩构成韵律层。垂向上深灰色粉砂质板岩增多。砂岩-板岩韵律层中具递变层理,板岩中发育水平层理、纹层理。砂岩以细粒长石岩屑砂岩为主,并常见含砾长石岩屑砂岩尾积,岩石多为杂基支撑,泥质及硅质胶结,成分成熟度和结构成熟度中等偏低。反映了陆棚边缘斜坡碎屑沉积特征。

碳酸盐岩台地:浅灰色中层状结晶灰岩夹灰白色中厚层状大理岩,产腕足类和苔藓虫化石。

②来姑组沉积相

由深水陆棚、碳酸盐台地缓坡、浊积岩及含砾板岩四种类型组成。

深水陆棚及碳酸盐台地缓坡:见于来姑组下部,深水陆棚由灰黑色炭质板岩、深灰色薄纹层状钙变质细砂岩夹大理岩透镜体组成。碳酸盐台地缓坡由浅灰色中层状含粉砂结晶灰岩组成。

浊积岩:见于来姑组中上部,以深灰色板岩为主,并与细砂岩及细—粉砂岩构成韵律层,未见粗碎屑岩和浅水暴露标志。砂岩以长石石英砂岩为主,含有较多岩屑,砂粒多呈次圆—次棱角状,成分与结构成熟度偏低,形成于动力不太强的流体流动条件。板岩及粉砂岩中具变余水平纹层理,多属静水条件牵引流沉积产物。砂岩与泥质岩多构成递变粒序层,表现为复理石浊流沉积环境。

含砾板岩成因分析:含砾板岩是来姑组最具标志性的岩石类型("含砾板岩相"或"细砾岩相")。一般认为它们是属冈瓦纳大陆边缘的典型沉积类型。由含砾泥质粉砂岩、含砾绢云板岩组成,分选极差,属细粒陆源碎屑岩组合。在青藏高原南部广泛分布,具有良好的区域可对比性。对西藏石炭—二叠纪含砾板岩的成因,存在不同认识。尹集祥(1997)将杂砾岩分为非冰成杂砾岩与冰成杂砾岩两种,前者指构造作用、重力、滑动成因;后者指冰川成因,搬运沉积主要营力为冰川或冰川融水;冰成杂砾岩又分为冰陆相,如印度晚古生代冰陆相杂砾岩和冰海相如西藏晚古生代冰海相杂砾岩。测区含砾板岩部分属冰海相沉积成因杂砾岩,砾石成分复杂,包括花岗岩砾石、变质岩砾石和不同类型的沉积岩砾石,大小混杂、形态各异,具有冰伐砾石特征,伴有冷水动物群化石组合;大部分含砾板岩属浊流成因,发育典型浊积构造,沉积作用与水下高密度重力流存在成因联系。

③洛巴堆组沉积相

包括碳酸盐台地夹陆棚碎屑岩相两种类型。

碳酸盐台地包括台地边缘鲕粒滩,由浅灰色—深灰色中厚层状灰岩夹鲕粒灰岩、深灰色中厚层状粉晶灰岩夹泥质灰岩组成。鲕粒灰岩反映了台地边缘鲕粒滩相沉积特点。灰岩中产鋌及珊瑚等化石,大量鉝及珊瑚等化石的出现,标志着洛巴堆组应为暖水型开阔海沉积。

陆棚碎屑岩相岩性由浅灰色中薄层状变质细粒石英岩和深灰色板岩,深灰色薄—中层含砾变质不等粒石英砂岩夹深灰色粉砂质板岩组成。砂岩成熟度高,砾石成分为变砂岩、板岩、硅质岩及灰岩等。

④西马组沉积相

包括陆棚边缘斜坡夹碳酸盐台地两种类型。

西马组以深灰色薄—中层含砾变杂砂岩、深灰色薄—中层状变质粉—细砂岩及深灰色含砾粉砂质板岩为主,夹有灰色中—厚层状粉晶灰岩及灰色中—厚层状粉晶灰岩透镜体。灰岩中产少量珊瑚等化石,该组砂岩成熟度较低,并与粉砂质板岩组成互层,可能为陆棚边缘斜坡的裂陷槽沉积产物。含珊瑚灰岩代表短暂的浅海碳酸盐台地沉积环境。

(2)层序划分

根据测区内波密县倾多地区石炭—二叠纪剖面沉积相分析,按照岩相叠置关系,本区石炭—二叠纪地层划分为一个二级层序、8个三级旋回层序。其时间跨度为354～250Ma,总延续时限约104Ma,每个三级旋回延续时限约为13Ma。现将各三级层序特征简述如下(图2-12)。

层序 sq_1—sq_4:见于诺错组。sq_1 底部因断层影响,致使底界面性质不清楚。sq_2—sq_4 界面性质类型均为Ⅱ型,界面特征一般表现为岩性岩相转换面。sq_1—sq_4 均由海侵体系域(TST)和高水位体系域(HST)组成。TST由陆棚边缘斜坡碎屑岩相组成,垂向上准层序具向上变细退积型结构。HST由碳酸盐岩台地浅灰色—深灰色中层状结晶灰岩夹灰白色中厚层状大理岩组成;产腕足类和苔藓虫化石。垂向上准层序具向上进积型结构。

层序 sq_5—sq_6:见于来姑组及巴堆组下部。这两个层序界面性质类型均为Ⅱ型,界面特征表现为岩相转换面。准层序组均由海侵体系域(TST)和高水位体系域(HST)组成。sq_5 见于来姑组下部,TST由深水陆棚灰黑色炭质板岩、深灰色薄纹层状钙变质细砂岩夹大理岩透镜体组成。反映了退积型结构;HST由细砂岩及细—粉砂岩、深灰色板岩构成韵律层,碳酸盐台地缓坡由浅灰色中层状含粉砂结晶灰岩组成。反映了加积型-进积型结构,该层序下部夹钙-碱性火山物质,表明沉积期间裂陷槽伴有水下火山喷发产物。sq_6 TST由陆棚边缘斜坡的浊积岩和含砾板岩组成。HST由碳酸盐台地,包括台地边缘鲕粒滩浅灰色—深灰色中厚层状灰岩夹鲕粒灰岩组成。

层序 sq_7:见于巴堆组上部。这个层序界面性质类型为Ⅱ型,界面特征表现为岩相转换面。准层序组由海侵体系域(TST)和高水位体系域(HST)组成。TST由浊积岩相灰白色厚层状变质细粒石英砂岩,灰黄色变质砾岩,灰色含砾砂质板岩,灰白色厚层状变质中粒石英砂岩与灰黑色粉砂质板岩组成韵律互层。准层序组总体构成了退积型结构;HST由生物碎屑浅滩-滩后泻湖相深灰色薄层大理岩化生物碎屑泥灰岩、深灰色中层大理岩化生物碎屑灰岩及白云质大理岩组成。准层序组总体构成了进积型结构。该层序形成于裂谷盆缘斜坡-陆棚-碳酸盐台地环境。

层序 sq_8:见于西马组。层序界面性质类型为Ⅱ型,界面特征表现为岩相转换面。准层序组由海侵体系域(TST)和高水位体系域(HST)组成。TST由深灰色薄—中层含砾变杂砂岩、深灰色薄—中层状变质粉—细砂岩及深灰色含砾粉砂质板岩组成。HST由灰色中—厚层状粉晶灰岩及灰色中—厚层状粉晶灰岩透镜体组成。灰岩中产少量珊瑚等化石。

二、班公错-怒江地层区

出露地层包括前石炭系及石炭—二叠系。

(一)前石炭系

分布于图幅东北部,出露面积极少。出露的地层主要为嘉玉桥岩群(AnCJy)。

年代地层			岩石地层	厚度(m)	岩性	生物地层	沉积相	层序地层				相对海平面变化曲线 降←→升	盆地地质性质
系	统	阶						准层序组	体系域	三级层序	二级层序		
二叠系	上统	吴家坪阶	吴马组 (P₃x)	2 553		Waagenophyllum Ass.	碳酸盐	进积	HST	sq₈	SQ₁		裂谷盆地
							内陆棚(碎屑岩)	退积	TST				
	中统	茅口阶—栖霞阶	洛巴堆组 (P₂l)	852		Neoschwagerina Z.	碳酸盐台地	进积	HST	sq₇			
							内陆棚(碎屑岩)	退积	TST				
							碳酸盐台地	进积	HST	sq₆			
							斜坡	退积	TST				
石炭系			来姑组 (C₂P₁l)	5 069			碳酸盐台地	进积	HST	sq₅			
							斜坡-盆地	退积	TST				
							火山裂谷						
	下统	岩关阶	诺错组 (C₁n)	2 646		Fussella-Syringothyris Ass.	碳酸盐台地	退积	HST	sq₄			
							陆棚	退积					
							碳酸盐台地	退积	HST	sq₃			
							陆棚		TST				
							碳酸盐台地	退积	HST	sq₂			
							陆棚	进积	TST				
							碳酸盐台地	退积	HST	sq₁			
							陆棚	退积	TST				

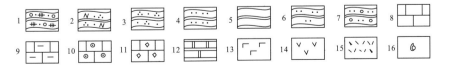

图 2-12 测区石炭—二叠纪沉积相及层序地层

1. 含砾变质杂砂岩；2. 变质长石石英砂岩；3. 变质石英砂岩；4. 变质砂岩；5. 板岩；6. 粉砂质板岩；7. 含砾粉砂质板岩；8. 灰岩；9. 泥质灰岩；10. 鲕粒灰岩；11. 结晶灰岩；12. 大理岩；13. 变玄武岩；14. 变安山岩；15. 流纹质凝灰岩；16. 化石产出层位

1. 剖面描述

洛隆县新荣乡熊的奴嘉玉桥岩群(AnCJy)路线剖面(图2-13)

该剖面位于洛隆县新荣乡熊的奴,只出露嘉玉桥岩群(AnCJy)部分地层,主体表现为以片理为特征的单斜构造。剖面西侧被断层断失未见顶,东端被岩体吞噬未见底,为嘉玉桥岩群辅助剖面。

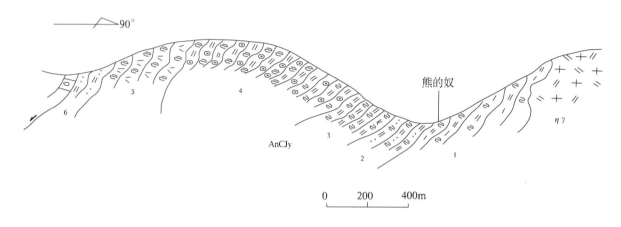

图2-13 洛隆县新荣乡格里卡-熊的奴嘉玉桥岩群(AnCJy)路线剖面图
(河南省区调队测制,1995)

嘉玉桥岩群(AnCJy)	厚度＞1 898.00m
6.灰色绢云石英片岩	160.20m
5.灰绿色斜长角闪片岩	320.50m
4.灰白色变斑状石榴石白云钠长片岩	560.00m
3.灰白色钠长片岩(变晶糜棱岩)	227.30m
2.深灰色含石英碎斑白云钠长石英片岩(变晶糜棱岩)	157.00m
1.灰色含石英碎斑黑云白云斜长片岩(变晶糜棱岩)	473.00m

2.嘉玉桥岩群(AnCJy)岩性特征

主要分布于图幅东北角怒江以北打扰(达龙)一带,呈北西-南东方向展布。东西长约13 km,南北宽约5km。分布面积约65 km²。嘉玉桥岩群(AnCJy)顶部与上覆苏如卡组呈断层接触,其底部与黑云二长花岗岩呈侵入接触。岩性特征以浅灰色白云钠长片岩、深灰色含石英碎斑状白云钠长石英片岩、灰白色含石榴白云钠长片岩为主,夹灰色绢云石英片岩、灰绿色斜长角闪片岩、深灰色含石英碎斑状白云钠长石英片岩、二云钠长片岩、白云石英片岩及变质石英砂岩等。恢复原岩为石英砂岩、杂砂岩及泥质岩,中酸性火山岩夹基性火山岩及花岗岩等。厚度大于1 898.00m。

3.嘉玉桥岩群时代探讨

嘉玉桥岩群由一套中浅变质碎屑岩系组成,目前尚未找到化石,因此,对其时代确定十分困难。据前人资料,嘉玉桥岩群之上被中侏罗世希湖组(群)角度不整合超覆。虽未见到与苏如卡组直接角度不整合于嘉玉桥岩群之上,但是在苏如卡组含砾板岩中发现有大理岩、片岩等嘉玉桥岩群的砾石。且两者在变质程度、变质作用类型、岩石类型均有明显差别。因此,认为嘉玉桥岩群的时代应早于苏如卡组。其二,据《1:20万丁青县幅、洛隆县(硕般多)幅区调报告》[①](河南省区调队,1995)资料,嘉玉桥岩群二岩组片岩中获全岩 Rb-Sr 等时年龄 248±8Ma;据《1:20万洛隆幅区调报告》资料,在与嘉玉桥岩群相当的岩石中获全岩 Rb-Sr 等时年龄 317±41Ma 的数据。将嘉玉桥群时代定为前石炭纪。据此推测,嘉玉桥岩群原岩的变质时代为华力西中期,其原岩的形成时代则应早于石炭纪。

综合上述,将嘉玉桥岩群的时代置于寒武纪—泥盆纪之间。

嘉玉桥组原岩恢复为粉砂质泥岩、灰岩、基性—酸性火山岩、酸性侵入岩。其中产大量的基—酸性火山岩,表现出活动陆缘的建造特点,为活动陆缘增生链的岩石组合,可能代表冈瓦纳古陆外缘带。

(二)石炭—二叠系

测区内石炭—二叠纪地层主要为苏如卡组(CPs)。

苏如卡组(CPs)由河南省区调队(1995)创建。标准剖面在丁青县桑多乡苏如卡北西约 2 400m 处。该组厚度大于 1 100m。岩性特征为灰色板岩、灰白色结晶灰岩夹千枚岩、大理岩,含少量孢粉化石,未见底。顶部与怒江蛇绿混杂岩呈断层接触。

苏如卡组主体在北邻区比如图幅内,测区出露面积极少。仅在东北角达荣一带,呈北西向带状分布。岩性为黑色板岩、结晶灰岩夹千枚岩、大理岩,灰岩中含有孢粉化石。本组与下伏嘉玉桥群呈断层接触,与上覆希湖组(群)、宗给组呈角度不整合接触,或与确哈拉群呈断层接触。

苏如卡组结晶灰岩中产孢子化石 *Leiotriletes* sp.,*Punctatisporites* sp.,*Florinites* sp.,*Leerigatosporites minutus*(W. et C.),S. W. et B.,*Granlatisporites* sp.。该组上覆于嘉玉桥岩群之上,因此,将时代推断为石炭—二叠纪。

第四节 中生界

测区中生代地层主要分布于班戈-八宿地层分区。出露地层为三叠纪孟阿雄群(T_3M)。侏罗纪希湖组(J_2xh)、马里组(J_2m)、桑卡拉佣组(J_2s)、拉贡塘组($J_{2-3}l$)、白垩纪多尼组(K_1d)、边坝组(K_1b)、宗给组(K_2z)和八达组(K_2b)等九个岩石地层单位见表 2-1。晚三叠世、中晚侏罗世和早白垩世主要为海相及陆相碎屑岩夹酸盐岩及火山碎屑岩沉积。

一、三叠系

(一)划分沿革

测区内三叠系仅发育晚三叠世孟阿雄群。该群由四川省区调队创名(《1:20万洛隆、昌都幅区域地质矿产调查报告》[②]);标准剖面在八宿县郭乡孟阿雄。命名者认为它是"一套特殊类型的沉积"。《1:20万丁青县幅、洛隆县(硕班多)幅区域地质矿产调查报告》在洛隆县新荣乡怒江索桥附近实测了一条三叠系剖面,将一套与确哈拉群时代相当的碳酸盐岩地层划为邻区1:20万洛隆幅(1990)创建的孟阿雄群。

---

① 河南省区调队.1:20万丁青县幅、洛隆县(硕班多)幅区域地质矿产调查报告.1994.全书相同
② 四川省区调队.1:20万洛隆、昌都幅区域地质矿产调查报告.1990.全书相同

本次区调对区内三叠纪地层尚未做工作,因此,仍沿用孟阿雄群名称,时代归为晚三叠世。

(二) 剖面描述

洛隆县新荣乡怒江索桥晚三叠世孟阿雄群剖面(图 2-14)

剖面位于新荣乡怒江索桥附近,沿洛隆县城新荣乡政府简易公路测制。

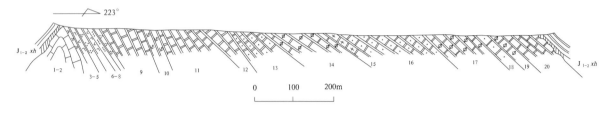

图 2-14 洛隆县新荣乡怒江索桥晚三叠世孟阿雄群剖面图
(河南省区调队修测,1995)

上覆地层:中侏罗统希湖组一段(J_2x^1)灰黑色板岩,底部为5cm厚褐铁矿层

----------------- 平行不整合 -----------------

晚三叠世孟阿雄群(T_3M) 厚 2 607m

20. 灰黑色条纹状大理岩	178.1m
19. 灰白色中厚层白云石大理岩	61.4m
18. 灰黑色条纹状粉砂质大理岩	71.1m
17. 灰色条纹状钙质白云石大理岩	195m
16. 灰白色条带状粉砂质大理岩	278.4m
15. 灰白色透闪石大理岩	8.9m
14. 灰白色条纹状钙质白云石大理岩	234.1m
13. 灰色条纹状含粉砂质大理岩	133.8m
12. 白色中厚层中粗晶大理岩	166.4m
11. 灰黑色条纹状细晶大理岩	253.2m
10. 灰黑色炭质粉砂质硅质岩	60.7m
9. 灰白色含炭质条纹大理岩	264.8m
8. 灰色薄层石英岩	37.3m
7. 灰色粉砂岩	10.4m
6. 灰黑色玄武安山岩	3.3m
5. 灰色薄层石英岩	35m
4. 灰黑色玄武安山岩	4.4m
3. 灰黑色黑云绢云石英片岩	7.8m
2. 灰白色中厚层微晶灰岩	55m
1. 灰白色条纹状粉砂质微晶灰岩	8m

(三) 岩石地层特征

1. 岩性组合特征

该群仅分布在测区东北角新荣—扎阿龙一带,呈狭窄的NNW向条带状产出,分布在洛隆县打拢乡扎阿龙、新荣乡至洛河乡。岩性下部由灰白色条纹状粉砂质微晶灰岩及灰白色中厚层微晶灰

岩、灰黑色黑云绢云石英片岩、灰色薄层石英岩夹灰黑色玄武安山岩组成，上部以大理岩为特征，主要为灰白色含炭质条纹大理岩、灰黑色条纹状细晶大理岩、白色中厚层中粗晶大理岩、灰白色条带状粉砂质大理岩、灰白色中厚层白云石大理岩。与上覆希湖组（J_2xh）呈角度不整合接触，厚度大于2 607m。

2. 地层对比

测区内孟阿雄群岩性横向变化，西部变质程度较深，由细—粗晶大理岩、白云石大理岩、粉砂质大理岩、透闪石大理岩组成，夹变质粉砂岩、石英岩及玄武安山岩。扎阿龙以东渐为灰岩、白云岩夹粉砂岩。

（四）时代讨论

孟阿雄群在《1∶100万拉萨幅区域地质矿产调查报告》（西藏自治区地质局综合普查大队，1979）及其他前人资料中曾被视为前石炭系嘉玉桥群的一部分。《1∶20万洛隆、昌都幅区域地质矿产调查报告》（四川省区调队，1990）曾发现有双壳类 *Palaecocardita singularis* cf. *brevis* Zhang，*Cardium* (*Tulongocardium*) cf. *submartini* J. Chen，珊瑚 *Distichophyllia* cf. *yunnanensis*，*Thecosmilia* sp. 及古藻化石。并在洛隆县康沙乡查如呷雄沟中采获珊瑚化石 *Thecosmilia* sp.（cf.. *T. clathrata*），古藻化石 *Acicularia endoi* cf. *multus* (Proturlon)，*Diplopora* aff. *subtilis* var. *subtilis* Pia，*Archaeolithophyllum* ex. gr. *interleptos* Lin，*Palaeotenarea* aff. *multipotus* Lin，这些化石所指示的时代为晚三叠世。因此，孟阿雄群属于或部分属于上三叠统（图2-15）。

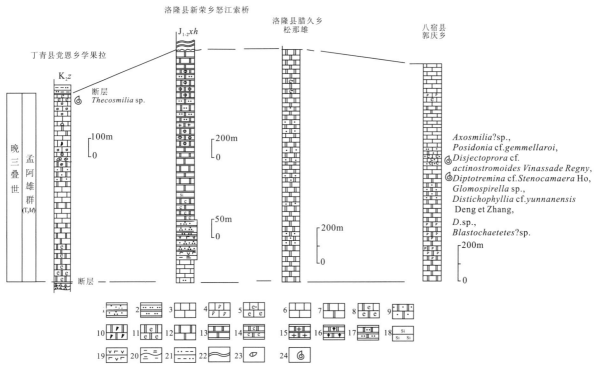

图2-15 孟阿雄群柱状对比图

1.石英岩；2.变质粉砂岩；3.粉砂质灰岩；4.岩屑灰岩；5.生物碎屑灰岩；6.泥晶灰岩；7.白云质灰岩；8.生物碎屑白云质灰岩；9.砂屑白云岩；10.砾屑白云岩；11.生物碎屑白云岩；12.白云岩；13.大理岩；14.砂质大理岩；15.透辉石大理岩；16.白云石大理岩；17.粉砂质大理岩；18.硅质岩；19.玄武安山岩；20.黑云母片岩；21.粉砂质泥岩；22.板岩；23.结核；24.化石产出层位

此外,1∶20万昌都幅孟阿雄群中发现了晚三叠世双壳类、珊瑚类,但又在相同层位发现早三叠世牙形石 *Neospathodus hransoni*,*N. cristaglli*。因此,孟阿雄群是否包含下三叠统值得研究。

(五)沉积相及层序地层分析

1. 基本层序及沉积相

据以上剖面资料分析,孟阿雄群主要为碳酸盐台地沉积,可分为3个基本层序类型(图2-16)。

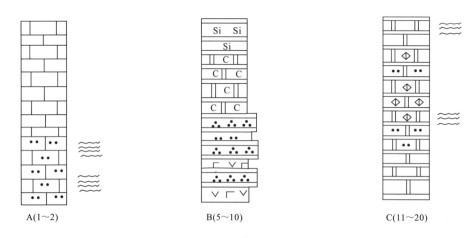

图 2-16 孟阿雄群基本层序

基本层序 A:由灰白色条纹状粉砂质微晶灰岩及灰白色中厚层微晶灰岩组成。代表了碳酸盐台地开阔沉积。

基本层序 B:由灰色薄层石英岩及灰色变质粉砂岩、灰白色含炭质条纹大理岩及灰黑色炭质粉砂硅质岩组成。该层序代表了向上变深的陆棚沉积。

基本层序 C:由灰白色中厚层中粗晶大理岩、灰白色灰黑色条纹状粉砂质大理岩、灰白色中厚层白云石大理岩、灰黑色条纹细晶大理岩组成。代表了开阔台地潮间-潮上带。

2. 层序分析

测区孟阿雄群呈断块产出,底部出露不全,其顶与拉贡塘组呈角度不整合接触。根据剖面研究,孟阿雄群(T_3M)可识别出两个三级旋回层(图2-17)。

层序 1(sq_1):见于孟阿雄群下部,该群下部出露不全,因此,该层序的底界面性质不清楚,而且发育也不完整,仅发育高水位体系域(HST),由灰白色条纹状粉砂质微晶灰岩及灰白色中厚层微晶灰岩组成。代表了碳酸盐台地中的开阔台地沉积环境。

层序 2(sq_2):见于孟阿雄群中上部,该层序底界面性质为Ⅱ型,界面特征表现为岩相转换面。体系域由海侵体系域(TST)和高水位体系域(HST)组成。TST 由陆棚相灰色薄层石英岩及灰色变质粉砂岩、灰白色含炭质条纹大理岩及灰黑色炭质粉砂硅质岩组成。准层序组具向上变深退积型结构。HST 由开阔台地潮间-潮上带灰白色中厚层中粗晶大理岩、灰白色条纹状粉砂质大理岩、灰黑色条纹状粉砂质大理岩、灰白色中厚层白云石大理岩、灰黑色条纹状细晶大理岩组成。准层序组具加积型结构特征。该层序下部夹玄武安山岩,表明沉积期间伴有水下火山喷发产物。

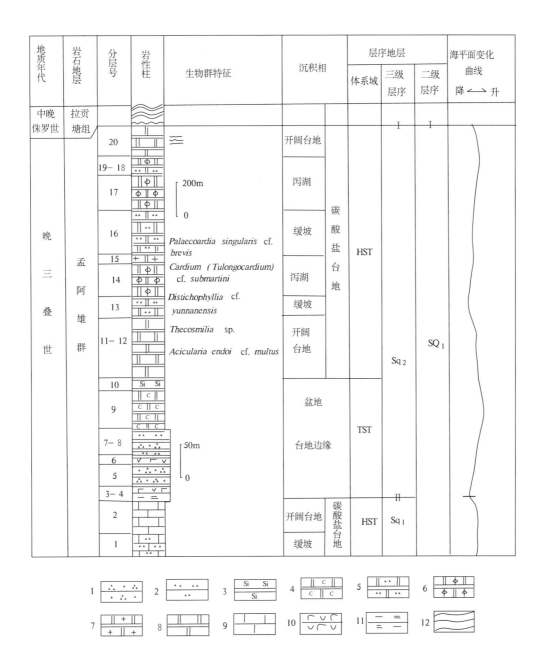

图 2-17 洛隆地区晚三叠世孟阿雄群(T_3M)沉积相及层序地层

1.石英岩；2.变质粉砂岩；3.硅质岩；4.含炭质条纹大理岩；5.条纹状粉砂质大理；6.白云石大理岩；7.透闪石大理岩；8.大理岩；9.微晶灰岩；10.玄武安山岩；11.黑云绢云石英片岩；12.板岩

二、侏罗系

(一)划分沿革

测区侏罗纪地层划分划分沿革见表 2-7。

表 2-7 测区侏罗纪地层划分沿革

地质年代			拉萨幅 1:100万 1979	史晓颖 童金南 1986	丁青县幅洛隆县幅河南省区调队 1:20万 1994		通麦幅波密幅甘肃省区调队 1:20万 1995	西藏自治区岩石地层单位序列表,1994	青藏高原及邻区岩石地层单位序列总表,2002	本书 2005	
侏罗纪	晚侏罗世	Tth	拉贡塘组 (J₃l)	拉贡塘组 (J₂₋₃lg)	拉贡塘组 (J₂₋₃lg)		拉贡塘组 (J₃l)	拉贡塘组 (J₂₋₃l)	拉贡塘组 (J₂₋₃l)	拉贡塘组 (J₂₋₃l)	
		Kim									
		Oxf									
	中侏罗世	Clv	柳湾组		桑卡拉佣组 (J₂s)		桑卡拉佣组 (J₂s)	桑卡拉佣组 (J₂s)	桑卡拉佣组 (J₂s)		
		Bth		马里组			马里组 (J₂m)	马里组 (J₂m)	马里组 (J₂m)		
		Baj			希湖群	三组				希湖组 (J₂xh)	三段 (J₂xh³)
	早侏罗世					二组					二段 (J₂xh²)
						一组					一段 (J₂xh¹)

(二)剖面描述

1. 边坝县东拉山口-向阳日中晚侏罗世拉贡塘组($J_{2-3}l$)实测剖面(图2-18)

该剖面位于边坝县幅边坝县东拉山口—向阳日一带,剖面层自上而下地层如下。

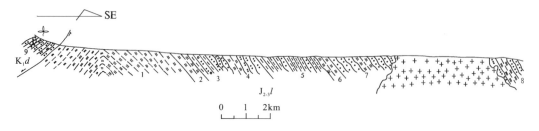

图2-18 边坝县东拉山口-向阳日中晚侏罗世拉贡塘组($J_{2-3}l$)剖面图

(甘肃省区调队测制,1995)

早白垩世多尼组一段(K_1d^1)　　　　　　　　　　　　　　　　　　　　　　　　　　　　厚度>630m

9.灰色—深灰色中—厚层状粉砂质板岩,夹岩屑石英砂岩、粉砂岩,偶见泥灰岩透镜体。
   板岩中产 *Gleichenites*(*Cladophlebis*) sp. 及植物化石碎屑(未见顶)　　　　　　　　630.0m

══════════ 断　　层 ══════════

中晚侏罗世拉贡塘组($J_{2-3}l$)　　　　　　　　　　　　　　　　　　　　　　　　　　　　厚度>2 252.1m

8.青灰色中—厚层状石英细砂岩,下部夹有粉砂质绢云母千枚岩(斜长花岗岩侵位,未见顶)　　660.5m

7.浅灰色厚层—块状中粒石英砂岩夹青灰色绢云母千枚岩　　　　　　　　　　　　　　　　132.4m

6.青灰色片理化绢云母千枚岩,上部夹有石英粉砂岩　　　　　　　　　　　　　　　　　　117.1m

5.青灰色泥质板岩夹褐灰色角岩化中粒砂岩及青灰色砂岩。砂岩中有两条黄铁矿化带　　　　532.6m

4.褐灰色中厚层状石英细砂岩夹青灰色绢云母千枚岩及粉砂岩　　　　　　　　　　　　　　195.9m

3.青灰色中厚层板状千枚岩夹含砾粉砂岩　　　　　　　　　　　　　　　　　　　　　　　144.6m

2. 青灰色绢云母千枚岩 319m
1. 青灰色绢云母千枚岩夹褐灰色云母角岩及含砾粉砂岩(未见底) 150m

2. 洛隆县江珠弄-旺多中晚侏罗世拉贡塘组($J_{2-3}l$)实测剖面(图 2-19)

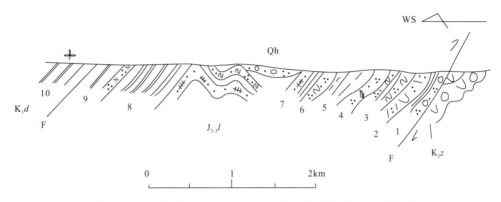

图 2-19　洛隆县江珠弄-旺多中晚侏罗世拉贡塘组($J_{2-3}l$)剖面图

(甘肃省区调队测制,1995)

早白垩世多尼组一段(K_1d^1)

10. 黑色板岩与灰色—杂色中粒岩屑石英砂岩、粉砂岩,夹泥灰岩透镜体或薄层。其中,板岩及粉砂岩内产大量植物化石 *Equisetites* sp.,*Gleichenites*(*Cladophlebis*) sp.,和 *Zamites niumagouensis* Wu 等,泥灰岩中产菊石 *Berriasella* sp. 315.9m

======== 断　　层 ========

中晚侏罗世拉贡塘组($J_{2-3}l$) 厚度＞2 356m

9. 灰色—深灰色板岩夹变质长石石英砂岩 298.2m
8. 灰色—深灰色板岩,偶夹变质长石石英砂岩 612.4m
7. 灰色—浅灰色石英杂砂岩与变质长石石英砂岩及板岩互层 299.9m
6. 灰色—灰白色变质长石石英砂岩 97.8m
5. 深灰色—青灰色粉砂质泥岩 272.2m
4. 灰色—灰绿色变质岩屑石英砂岩夹粉砂质板岩 184.3m
3. 灰色—浅灰色变质长石石英砂岩夹板岩 335.1m
2. 灰色—灰绿色英安质凝灰岩 119.4m
1. 灰色—深灰色变质岩屑石英砂岩与板岩互层(未见底) ＞137.0m

3. 洛隆县紫陀镇格斗侏罗纪桑卡拉佣组(J_2s)、拉贡塘组($J_{2-3}l$)实测剖面(图 2-20)

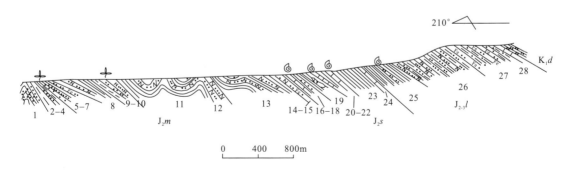

图 2-20　洛隆县紫陀镇格斗侏罗纪桑卡拉佣组(J_2s)、拉贡塘组($J_{2-3}l$)实测剖面图

(河南省区调队测制,1995,略有修改)

该剖面位于洛隆县城东南约 10km 处,起点在测区外埂达村东,终点在格斗村北。该剖面由河南省区调队测制(1995),其时代划分为侏罗纪桑卡拉拥组(J_2s)、拉贡塘组($J_{2-3}l$)。本次工作,我们对该剖面进行了重新研究,并通过与洛隆县中侏罗世马里标准剖面对比,认为该剖面第 1—15 层岩性特征与中侏罗世马里组(J_2m)相似,其层位大致相同。因此,确定为中侏罗世马里组(J_2m)。现将剖面各分层岩性特征简述如下。

上覆地层:早白垩世多尼组(K_1d)灰紫色粉砂岩

——————— 整　　合 ———————

中晚侏罗世拉贡塘组($J_{2-3}l$)　　　　　　　　　　　　　　　　　　　　　　　厚度 1 523.61m

28. 灰色中厚层微晶灰岩。产双壳类 *Weyla*(*Weyla*) sp.
27. 黄褐色中薄层细粒含铁长石石英砂岩与灰黑色粉砂质泥岩互层　　　　　465.04m
26. 灰黑色粉砂质泥岩夹黄褐色细粒长石石英砂岩　　　　　　　　　　　　699.24m
25. 黑色页岩夹灰黑色粉砂岩,页岩中含饼状钙质结核及黄铁矿晶粒,产菊石 *Alligaticeras* sp.　　359.33m

——————— 整　　合 ———————

中侏罗世桑卡拉佣组(J_2s)　　　　　　　　　　　　　　　　　　　　　　　　厚度 1 934.26m

24. 灰色厚层网纹状含生物碎屑粉晶灰岩　　　　　　　　　　　　　　　　　6.69m
23. 灰黑色页岩、粉砂质页岩,局部夹灰色薄层细粒长石石英砂岩　　　　　313.73m
22. 灰黄色中厚层泥质团块灰岩。含双壳类 *Weyla*(*Wayla*) sp.,*Chlamys*(*Radulopecten*) cf. *tipperi* Cox,海百合 *Cyclocyclicus* sp.　　4.43m
21. 灰黑色页岩、粉砂质页岩。偶夹灰白色薄层细粒石英砂岩　　　　　　　179.02m
20. 灰色厚层微晶生物碎屑灰岩,下部含鲕粒。含双壳类 *Chlamys*(*Radulopecten*)*baimanensis* Wen,C.(R.) sp.,海胆 *Blanocidaris* sp.　　4.84m
19. 灰黑色页岩、粉砂质页岩,含灰岩结核。产菊石 *Dolikephalites* ? sp. 及双壳类、海百合　　66.56m
18. 灰白色厚层中粒石英砂岩,底部含少量细砾石　　　　　　　　　　　　　3.86m
17. 灰黑色页岩,偶夹灰色薄层粉砂岩　　　　　　　　　　　　　　　　　　64.57m
16. 灰色厚层含生物碎屑亮晶鲕粒灰岩。含双壳类 *Weyla*(*Weyla*) sp.　　5.65m

——————— 整　　合 ———————

马里组(J_2m)

15. 灰黑色粉砂质页岩夹少量灰色薄层粉砂岩　　　　　　　　　　　　　　34.89m
14. 灰白色厚层中粒铁质石英砂岩　　　　　　　　　　　　　　　　　　　　11.1m
13. 黑色页岩夹灰色薄层细粒长石石英砂岩。含植物化石碎片　　　　　　301.57m
12. 黄褐色厚层细粒长石砂岩　　　　　　　　　　　　　　　　　　　　　　17.18m
11. 黑色页岩夹灰色薄层细粒长石石英砂岩　　　　　　　　　　　　　　　425.15m
10. 灰色薄层细粒长石石英砂岩与灰黄色粉砂岩不等厚互层,产植物化石 *Cladophlebis* sp.,*Equisetites* sp.　　133.86m
9. 灰色泥岩、粉砂质泥岩　　　　　　　　　　　　　　　　　　　　　　　　105.95m
8. 黑色页岩与灰色薄层细粒长石石英砂岩不等厚互层　　　　　　　　　　290.99m
7. 灰白色中厚层中粒铁质石英砂岩　　　　　　　　　　　　　　　　　　　23.65m
6. 黑色页岩与灰色薄层细粒石英砂岩　　　　　　　　　　　　　　　　　　67.28m
5. 灰色中薄层细粒石英砂岩　　　　　　　　　　　　　　　　　　　　　　14.74m
4. 黑色泥岩、粉砂质泥岩夹灰紫色条带状,透镜状粉砂岩,产植物化石 *Equisetites* sp.　　4.06m
3. 灰白色中薄层中细粒石英砂岩　　　　　　　　　　　　　　　　　　　　35.3m
2. 灰色泥岩,偶夹灰色薄层粉砂岩　　　　　　　　　　　　　　　　　　　63.38m
1. 灰色薄层细粒石英砂岩夹少量黑色炭质泥岩(未见底)　　　　　　　　　18.17m

4. 波密县倾多乡八达村中侏罗世马里组(J_2m)剖面(图 2-21)

剖面位于波密县倾多乡八达村松龙沟一带,为一向北微倾斜的单斜地层,未见顶,底部与其下的早二叠世来姑组(C_2P_1l)呈角度不整合接触。该剖面由甘肃省区调队测制。其时代归属晚三叠世松龙组(T_3s)。本次工作,对该剖面重新研究,并通过与波密县松宗乡朗秋弄巴沟雅嘎中侏罗世马里组(J_2m)简测剖面(2002)对比,认为该剖面岩性特征与朗秋弄巴沟雅嘎中侏罗世马里组(J_2m)相似,其层位大致相同。因此,初步确定为中侏罗世马里组(J_2m)。

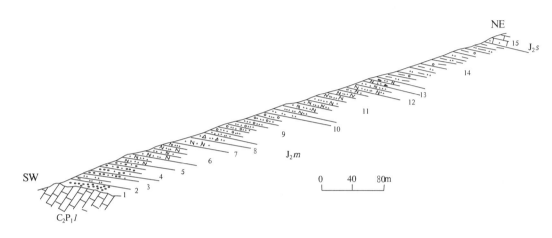

图 2-21 波密县倾多乡八达村中侏罗世马里组(J_2m)剖面图
(河南省区调队测制,1995)

中侏罗世桑卡拉佣组(J_2s)	**厚度 13.6m**
15.浅灰色砂质灰岩(未见顶)	13.6m

———————— 整　合 ————————

中侏罗世马里组(J_2m)	**厚度 417.4m**
14.紫红色含砾砂质泥岩	102.2m
13.紫红色细粒长石砂岩	5.9m
12.灰白色细粒岩屑长石砂岩	11.8m
11.浅紫红色细粒长石石英砂岩	35.3m
10.紫红色细-粉砂岩	7.7m
9.浅灰色含砾细粒岩屑砂岩	77.1m
8.浅灰色角砾状粉砂岩	15.4m
7.紫红色细粒长石砂岩	15.5m
6.紫红色细粒长石石英砂岩	46.2m
5.浅灰色含砾细粒岩屑砂岩	13.8m
4.紫红色砾岩	55.3m
3.浅灰色砾岩	6.5m
2.浅紫红色粉砂岩	10.4m
1.浅灰色砾岩	

～～～～～～ 角度不整合 ～～～～～～

下伏:晚石炭世—早二叠世来姑组(C_2P_1l)

5. 洛隆县新荣乡西湖早中侏罗世希湖组(J_2xh)实测剖面

该剖面为饶荣标(1987)的建群剖面,之后河南省区调队(1994)进行了重新观察。现将原剖面稍加修改摘录如下。

上覆地层：中晚侏罗世拉贡塘组（$J_{2-3}l$）灰色长石石英砂岩及灰黑色板岩

================ 断　　层 ================

早中侏罗世希湖组（J_2xh）	厚度 5 222.8m
三段（J_2xh^3）	2 561.2m
20.灰色深灰色砂质板岩	629.0m
19.灰色灰黑色砂质板岩	95.2m
18.灰色、深灰色砂质板岩，含少许不规则的泥质团块	200m
17.灰色、深灰色砂质板岩	76.2m
16.灰黑色板岩，夹三层厚 1～1.5m 石英砂岩，板岩富含细小的红柱石晶体	623.8m
15.灰黑色红柱石板岩，夹有厚 3m 灰绿色火山岩	937m
二段（J_2xh^2）	厚度 610.9m
14.灰黑色红柱石板岩	28.3m
13.深灰色含针状红柱石板岩	34.1m
12.灰黑色红柱石板岩	169.3m
11.深灰色含红柱石绢云母片岩	118.2m
10.深灰色红柱石板岩	98m
9.灰色深灰色红柱石板岩，夹灰黑色红柱石片岩	163m
一段（J_2xh^1）	厚度 2 050.7m
8.灰黑色绢云母板岩	754.1m
7.灰色—深灰色绢云母板岩	255.8m
6.深灰色含红柱石板岩	376.5m
5.灰黑色含红柱石绢云板岩	55m
4.灰黑色含针状红柱石板岩，夹粗大红柱石片岩	244.5m
3.灰黑色片岩，含粗大红柱石	362.5m
2.灰绿色粉砂质泥岩、白色高岭土层、褐铁矿层及黄褐色粉砂质泥岩	2.3m

·················· 平行不整合 ··················

下伏地层：晚三叠世孟阿雄群（T_3M）
　1.灰白色厚层大理岩，含珊瑚、腹足苔藓虫及生物碎屑

（三）岩石地层特征

1.希湖组（J_2xh）

（1）划分沿革

希湖群系饶荣标等（1987）创建，标准剖面在洛隆县新荣乡西湖村。原义为一套浅变质的黑色砂质板岩夹少量石英砂岩及暗绿色火山岩的地层体，总厚度 5 222.8m，底界平行不整合在"嘉玉桥群"等老地层之上。时代定为早—中三叠世。之后，《西藏自治区区域地质志（1993）》和《西藏自治区岩石地层》（1997）沿用饶荣标的群名和时代归属。且重新定义为：浅变质复理石沉积的砂质板岩、千枚岩夹少量硅质岩的地层体。化石稀少，板岩中普遍含红柱石，与下伏、上覆地层均呈平行不整合接触。

1990—1994 年间，河南省区调队在进行丁青幅、洛隆县（硕般多）幅 1∶20 万区域地质矿产调查工作时对饶荣标创名的洛隆县新荣剖面进行重新观察研究后，沿用了希湖群，其时代为早中侏罗世。因为新荣、般登一带建群剖面岩性在区内不具代表性，故此标准剖面改选在邻区（丁青幅）丁青

县巴登-尺牍剖面。

根据前人资料的综合分析研究,我们认为以上建群剖面厚度虽然巨大,但是岩性较简单。按照《地层指南》(2000)的建群定义,以上剖面岩性特征不符合建群的条件,因此,本次区调降群为组即希湖组（J_2xh）,其时代为中侏罗世。

(2)希湖组岩性特征

希湖组分布于图幅东北角羊村-扎西岭断层和班公错-怒江结合带之间的狭窄地带。呈北西向带状展布。岩性主要由红柱石板岩、绢云母板岩、砂质板岩及砂岩等浊流沉积物组成。厚度巨大。根据岩性特征,自下而上可分为三个岩性段。

一段（J_2xh^1）

灰黑色红柱石板岩夹红柱石片岩、灰色灰黑色状绢云母板岩。底部见白色高岭土层及褐铁矿层。与孟阿雄群呈平行不整合接触。厚度 2 050.7m。

二段（J_2xh^2）

灰黑色深灰色红柱石板岩,夹灰黑色红柱石片岩,厚度 610.9m。

三段（J_2xh^3）

下部为灰黑色—深灰色红柱石板岩夹灰绿色安山岩及石英砂岩。上部以灰色—深灰色砂质板岩为主,夹少许泥质团块,厚度 2 561.2m。

该群与上覆中晚侏罗世拉贡塘组（$J_{2-3}l$）呈断层接触,与下伏晚三叠世孟阿雄群（T_3M）呈角度不整合接触,或与下伏石炭纪—二叠纪苏如卡组呈断层接触。总厚度 5 222.8m。

(3)基本层序和沉积特征

根据野外露头观察希湖组浊积岩具有中粒浊积岩、泥质浊积岩（细粒浊积岩）两种类型(图 2-22)。

基本层序 A:为中粒浊积岩,野外露头显示特殊的韵律结构,即所谓的复理石韵律。每个韵律层一般包含鲍马层序的 abc、bcd、ab 段,一个完整的浊积层序厚 20~70cm,一般小于 1m,包括三个基本单元。单元Ⅰ相当于鲍马层序 a 段,为下粗上细砂质层,底部为中粗砂,含炭屑、泥砾,底界面不平;底层面上发育复理石印膜。向上正粒序递变,渐变为块状细砂岩,含少量泥质脉体和炭屑。单元Ⅱ粉砂质为主的单元,相当于鲍马层序 bcd 段,不易细分,发育水平层理、波状层理、脉状层理。单元Ⅲ泥质段,相当于鲍马层序 e 段,以黑色泥质（板）岩为主,含炭质,发育微细水平层理。

基本层序 B:泥质浊积岩（细粒浊积岩）,宏观露头上表现为黑色粉砂质板岩与黑色板岩单调互层,每个复理石韵

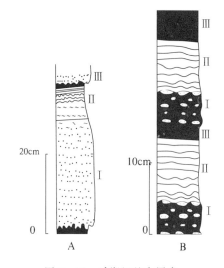

图 2-22 希湖组基本层序

律层厚 10~40cm,大体包含三个单元。单元Ⅰ为含泥质粉砂,即粉砂质板岩,具透镜状纹层;单元Ⅱ为含石英粉砂的泥,即含粉砂泥质板岩,发育不规则波状纹层理及较平整的规则纹层;单元Ⅲ为含炭质泥质板岩,不显纹理,可见细弱水平虫迹。

(4)地层对比

希湖组在洛隆县般登、新荣、俄西一带,主要岩性为灰黑色红柱石板岩夹红柱石片岩、灰色灰黑色状绢云母板岩。底部见白色高岭土层及褐铁矿层。与孟阿雄群呈平行不整合接触。厚度为 5 222.8m。

在东部桑多乡,底部为灰白色复成分砾岩,中部夹砾岩透镜体,与前石炭系嘉玉桥岩群呈角度不整合接触,厚度为 1 280m。在俄学里、瓦夫弄等地,底部为灰色厚层花岗质砾岩,下部夹灰黄色

厚层结晶灰岩及透镜状砾岩，与石炭系苏如卡组呈角度不整合接触。

在丁青县巴登—尺牍一带，希湖组下部为黑色含炭绢云板岩、泥质板岩、粉砂质板岩夹灰黑色薄层变质石英砂岩，板岩中含饼状炭泥质结核及黄铁矿粒。在丁青县桑多乡瓦拉产菊石 *Perisphinctidae*，孢粉 *Classopollis* spp. ，在尺牍乡乌巴产遗迹化石 *Paleodictyon strozii* Meneghaini，*Neonereites* sp. 。中部以灰黑色灰紫色灰白色薄—厚层变质细粒石英砂岩及灰黑色粉砂质板岩为主，夹少量黑色炭绢云板岩及泥质板岩。厚度为1 132.5m。上部以砂岩与板岩互层，局部夹火山岩为特征。厚度为1 806.8m（图2-23）。

2. 马里组（J_2m）

（1）定义及其特征

马里组由史晓颖（1985）创名。创名剖面在洛隆县马里。之后，1997年《西藏自治区岩石地层》正式采用马里组这一岩石地层单位，时代确定为中侏罗世。本报告沿用其名，含义与标准剖面基本相同。测区内马里组是整合于桑卡拉佣组之下，岩性主要由紫红色砾岩、紫红色细粒长石石英砂岩及细粒长石砂岩、浅灰色含砾细粒岩屑砂岩、紫红色细—粉砂岩、浅紫红色细粒长石石英砂岩、灰白色细粒岩屑长石砂岩及浅灰色细粒长石砂岩、紫红色含砾砂质泥岩组成。厚度为417.4m。

（2）基本层序和沉积特征

根据上述剖面资料，马里组的基本层序可以归纳为三种（图2-24）。

基本层序A：见于马里组下部，由浅灰色、紫红色砾岩夹浅紫灰色粉砂岩，砾岩成分复杂，主要由变质岩屑砂岩和石英岩组成，砾石形态呈棱角状—次棱角状，分选差，反映了山麓洪积扇沉积特征。

基本层序B：由浅紫红色细粒长石石英砂岩、紫红色细粒长石砂岩、浅灰色角砾状粉砂岩组成。砾质辫状河河道。发育浅灰色含砾细粒岩屑砂岩，紫红色细—粉砂岩，浅紫红色细粒长石石英砂岩，灰白色细粒岩屑长石砂岩及浅灰色细粒长石砂岩。该类层序代表了砂泥质心滩的沉积。

基本层序C：见于马里组上部，由紫红色含砾砂质泥岩组成。代表牛轭湖沉积。

从基本层序A—C可以看出，马里组总体应为陆相磨拉石沉积-河流相沉积。主要发育砾质辫状河河道、砂泥质心滩及漫滩或牛轭湖等微相。垂向上，总体呈现向上变细的沉积序列。记录了一个地表被逐渐夷平的地质演化历程，有由山间盆地磨拉石→冲积平原的转化趋势。其上部桑卡拉佣组为一套浅灰色夹双壳类生物碎屑灰岩的滨、浅海相砂泥质岩系，可见，不整合界面之上的马里组即代表了造山隆起后，早期阶段的弧后盆地内的陆相充填，同时也代表了另一次新生盆地和新的海侵事件的初始记录。因此，该不整合是一个重要的盆山转换界面。

据区域资料分析，马里组是不整合覆盖在古生代不同时代地层之上，显然，本区在三叠纪—早侏罗世经历了一次规模宏大的造山隆起事件。

（3）地层对比

马里组主要分布于图幅南部波倾多乡八达村松龙、郎脚马北和当途牧场一带。呈角度不整合覆盖在来姑组之上。岩性主要由浅灰色—紫红色砾岩、含砾细粒岩屑砂岩、角砾状粉砂岩和灰白色细粒岩屑长石砂岩、细粒长石石英砂岩、细粉砂岩、紫红色含砾砂质泥岩及砂质灰岩构成。厚度约417m。

在洛隆县紫陀镇格斗一带，马里组主要岩性下部以砂岩、粉砂岩、粉砂质泥岩和泥岩为主，中部为细粒石英砂岩与黑色页岩互层，上部为黑色页岩夹细粒长石石英砂岩。粉砂岩及页岩中产植物化石 *Equisetites* sp. ，*Cladophlebis* sp. 。厚度1 284.91m。在嘉黎县阿扎区扎木多一带，马里组下部被浅黄色细粒黑云母二长花岗岩侵位；其上与上覆桑卡拉佣组（J_2s）呈断层接触，因而本组出露不全，岩性主要由紫红色厚层状含铁质细砾岩、灰色复成分细砾岩夹灰黄色中薄层中—粗粒岩屑石英杂砂岩组成。厚度217.16m(图2-25)。

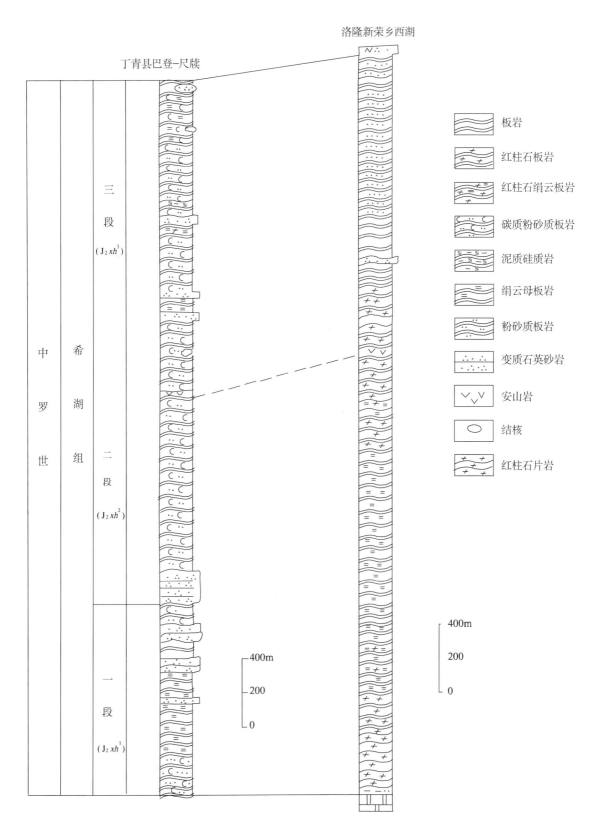

图2-23 测区及邻区希湖组(J_2xh)柱状对比图

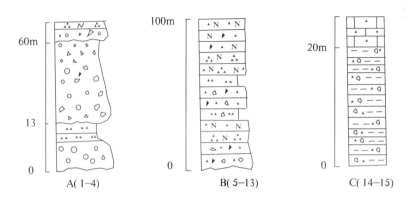

图 2-24 马里组的基本层序

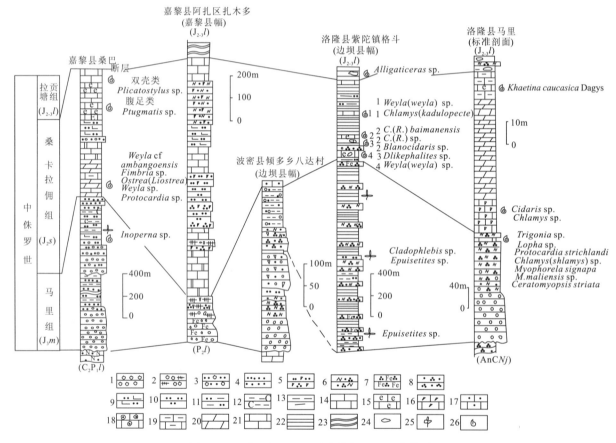

图 2-25 马里组(J_2m)、桑卡拉佣组(J_2s)柱状图

1.砾岩；2.复成分砾岩；3.含砾砂岩；4.细砂岩；5.岩屑砂岩；6.长石石英砂岩；7.含铁石英砂岩；8.石英砂岩；9.钙质粉砂岩；10.粉砂岩；11.粉砂质页岩；12.钙质页岩；13.泥岩；14.灰岩；15.生物碎屑灰岩；16.岩屑砂岩；17.砂质灰岩；18.鲕粒灰岩；19.泥质灰岩；20.泥灰岩；21.白云质灰岩；22.页岩；23.板岩；24.结核；25.植物化石；26.双壳化岩

3. 桑卡拉佣组(J_2s)

（1）定义及其特征

桑卡拉佣组由四川省区调队（1990）在1∶20万洛隆幅区调报告中创名，创名剖面地点与马里组相同。原义专指中侏罗世灰岩地层。1993年《西藏自治区区域地质志》将相当于马里组和桑卡拉佣组统称为桑巴群。1997年《西藏自治区岩石地层》和2002年成都地质矿产研究所《青藏高原及邻区地层划分及对比》（讨论稿，2002）均采用马里组和桑卡拉佣组。其时代为中侏罗世。本报告

仍沿用之。

该组分布于洛隆、硕般多、中亦松多一线以南,其定义是:它是整合于马里组与拉贡塘组之间的一套碳酸盐岩夹碎屑岩组合。主要岩性下部以砂岩、粉砂岩、粉砂质泥岩和泥岩为主,夹厚层状含生物碎屑鲕粒灰岩;上部以含生物碎屑灰岩与灰黑色页岩及粉砂质页岩为主,偶夹灰色—灰白色细粒石英砂岩及细粒长石石英砂岩。产双壳类、菊石、海胆、海百合茎等化石。总厚度1 934~1 051.35m。

(2)基本层序和沉积特征

据剖面分析,桑卡拉佣组基本层序可分为2种类型(图2-26)。

基本层序A.:由灰白色厚层中粒铁质石英砂岩、灰黑色页岩、粉砂质页岩夹粉砂岩、灰色厚层含生物碎屑鲕粒灰岩组成。反映了滨岸砂坝-浅海碳酸盐岩台地沉积环境。

基本层序B:由灰白色厚层含砾中粒石英砂岩、灰黑色页岩、粉砂质页岩、灰色厚层微晶生物碎屑灰岩组成,含灰岩结核。产菊石、双壳类、海胆化石。反映了浅海钙质粉砂岩相-碳酸盐岩台地沉积环境。

综合上述,桑卡拉佣组沉积环境反映滨岸砂坝-浅海碳酸盐岩台地交替沉积环境。

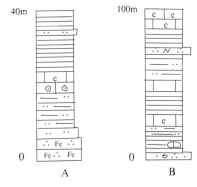

图2-26 桑卡拉佣组基本层序

(3)地层对比

桑卡拉佣组区域对比见图2-25。

在洛隆县硕般多、中亦松多一线以南,桑卡拉佣组整合于马里组与拉贡塘组之间的一套细碎屑岩夹碳酸盐岩组合。下部以砂岩、粉砂岩、粉砂质泥岩和泥岩为主,夹厚层状含生物碎屑鲕粒灰岩;上部以含生物碎屑灰岩与灰黑色页岩及粉砂质页岩为主,偶夹灰色灰白色细粒石英砂岩及细粒长石石英砂岩。产双壳类、菊石、海胆、海百合茎等化石。在洛隆县格斗剖面上产双壳类 *Chlamys* (*Radulopecten*) *baimaensis*,*C*(*R*.) cf. *tipperi*,*Weyla* (*Weyla*) sp.;菊石 *Dolikephalites* ? sp.;海胆 *Balanocidaris* sp.;海百合茎 *Cyclocyclicus* sp.,*Cladophlebis* sp.,*Equisetites* sp.。在中亦松多南产石珊瑚 *Stylosmilia* sp.。此外,在硕般多乡日许产双壳类 *Nuculana* (*Praesacella*) *jurina* Cox,*Chlamys* (*Radulopecten*) *baimaensis* Wen(文世宣,1982)。总厚度1 934m~1 051.35m。

在嘉黎县阿扎区扎木多南,桑卡拉佣组与下伏马里组呈断层接触。主要岩性由一套滨海、浅海相陆源碎屑岩与碳酸盐岩交替组成。灰色厚层生物碎屑灰岩产双壳类、菊石、海胆、海百合茎等化石。厚度1 041.8m。

在嘉黎县桑巴一带,桑卡拉佣组与下伏马里组呈整合接触。岩性上部为灰黄色薄层砂质灰岩,浅灰色中厚层—块状灰岩、灰色薄层灰岩夹钙质砂岩,产双壳类、腹足等化石;中部为紫红色钙质粗砂岩夹紫红色含砾砂岩及中细砾岩、深灰色块状生物灰岩夹灰色块状灰岩,产大型褶柱蛤 *Plicatostylus* sp.,腹足类 *Ptygmatis* sp.。下部为灰黄色薄层泥灰岩夹中厚层状灰岩、浅灰色—灰白色中厚层状含泥质灰岩、深灰色页片状泥灰岩夹钙质砂岩、灰色厚层状含白云质灰岩。产双壳类 *Weyla* sp.,*W*. cf. *ambongoensis*,*Fimbria* sp.,*Protocardia* sp.,*Ostrea*(*Liostrea*),海百合茎,双壳类碎片及六射珊瑚。厚度1 160m。

综合上述各剖面岩性特征及生物组合特征,桑卡拉佣组总体为浅海陆棚碎屑岩-碳酸盐岩沉积环境,其时代归属中侏罗世。

4. 拉贡塘组($J_{2-3}l$)

(1)定义及其特征

拉贡塘组原称"拉贡塘层",系李璞等所建(1955)。原义指怒江中游以南洛隆地区含 *Metapel-*

toceras 和 *Virgatosphinctes* 等菊石化石的卡洛-提塘期地层。之后，《西藏自治区区域地质志》（1993）、《1∶20 万丁青县幅、洛隆（硕般多）幅区调报告》（1995）、《1∶20 万洛隆县（硕般多）幅区调报告》（1995）、《1∶20 万波密、通麦幅区调报告》（1995）、《西藏自治区岩石地层》（1997）及《青藏高原及邻区地层划分与对比》（讨论稿，2002）均沿用拉贡塘组一名。本报告亦从之，含义与标准剖面基本相同。

测区内拉贡塘组与下伏桑卡拉佣组呈整合接触，与上覆多尼组呈平行不整合接触。本组岩性特征由灰黑色粉砂质板岩、灰黑色粉砂质页岩、灰色细粒长石石英砂岩组成，夹少量灰岩（结晶灰岩）、灰岩透镜体、含黄铁矿板岩、砾岩、粗砂岩，局部板岩中含黄铁矿结核和铁泥质结核。该组产菊石 *Alligaticeras* sp.，*Virgatosphinctes* sp.。时代为中晚侏罗世卡洛期—提塘期。总厚度 1 523.61～356m。

(2) 基本层序和沉积特征

据前人资料分析，拉贡塘组（$J_{2-3}l$）的基本层序可划分出三种类型（图 2-27）。

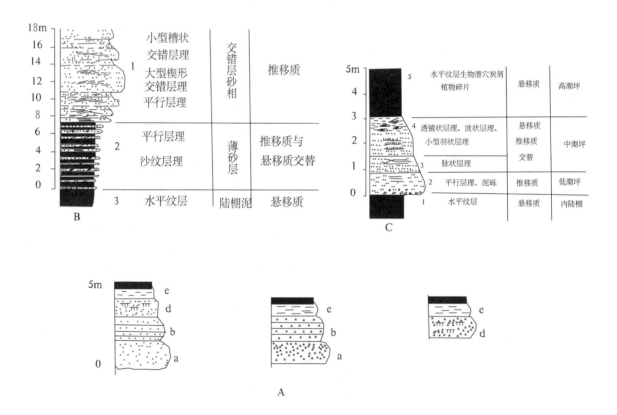

图 2-27　拉贡塘组的基本层序

基本层序 A：为浊积岩组成的基本层序。在东拉—向阳日一带，拉贡塘组浊积岩极为发育，但完整的鲍马层序并不多见。一般常见的序列组合为 abde、abe 或 de 段。

a 为具粒序的石英砂岩、长石石英砂岩或岩屑石英砂岩，具正递变粒序，以杂基支撑为主。b 为具平行层理的细粒长石石英砂岩或岩屑石英砂岩，杂基支撑。d 为具水平纹层理粉砂质板岩及粉砂岩。e 呈均一的或具水平纹层理块状泥岩及泥质板岩。该层序中 a、b 表现为典型的流体流，d、e 显示牵引流演化特征。e 中可能包含有正常远洋沉积。该层序中不见任何具有浅水暴露迹象和生物生态标志，总体表现为深水浅海陆棚沉积环境。

基本层序 B：下部为黑色页岩及粉砂质页岩，具水平纹层理，向上为薄至中厚层细粒石英杂砂岩与黑色页岩互层,具沙纹层理及平行层理,上部为厚至巨厚粗粒石英砂岩夹薄至中厚层细粒石英杂砂岩,具平行层理、大型楔形交错层理、小型槽状交错层理。该层序表现为进积型浅海陆棚陆源碎屑沉积环境。

基本层序 C:浅灰色中粒石英砂岩、褐灰色细粒石英杂砂岩、暗褐色薄层粉砂岩,灰黑色粉砂质页岩、炭质页岩,含植物化石碎片。代表了拉贡组上部潮坪沉积。

(3) 地层对比

拉贡塘组分布于图幅北部边坝县江村、东拉—向阳日,向东至洛隆县江珠弄—旺多及洛隆县以及亚中—硕般多—太日各玛、牙它麻拉等。大体呈近东西方向展布。拉贡塘组岩性组合由西向东有所变化。西部普遍发生浅变质。拉贡塘组柱状对比图见图 2-28。

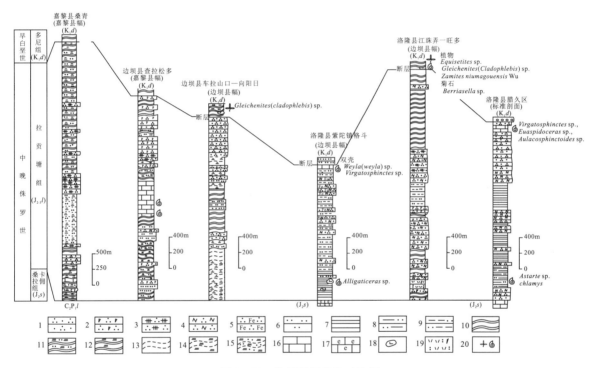

图 2-28 拉贡塘组柱状对比图

1:石英砂岩;2:岩屑石英砂岩;3:杂砂岩;4:长石石英砂岩;5:含铁石英砂岩;6:粉砂岩;7:页岩;8:粉砂质页岩;9:粉砂质泥岩;10:板岩;11:绢云母粉砂质板岩;12:绢云母板岩;13:千枚岩;14:绢云母千枚岩;15:绢云母粉砂质千枚岩;16:灰岩;17:生物碎屑灰岩;18:结核;19:安山质凝灰岩;20:植物化石及动物化石产出层位

在东拉—向阳日、嘎嘎卡、拉托下、者补卡一带,主要由青灰色绢云母千枚岩、板状千枚岩、片理化千枚岩、粉砂质绢云母千枚岩及黑色板岩与褐灰色含砾变质粉砂岩、变质石英细砂岩及青灰色变质长石石英砂岩组成互层。厚度大于 2 252m。地层中见灰白色中粒斜长花岗岩贯入,并可出现褐灰色云母角岩。局部出现绢云石英片岩。

在江珠弄—旺多地区,由灰色—深灰色中细粒变质石英杂砂岩、变质岩屑石英和变质长石石英砂岩与变质粉砂岩、粉砂质板岩、板岩及粉砂质泥岩组成频繁沉积韵律,并自下而上由粗到细构成两个旋回。旋回 I 由石英砂岩—板岩及泥岩组成,近下部夹有厚 120m 的灰绿色英安质凝灰岩;旋回 II 由浅色长石石英砂岩及石英砂岩—深灰色板岩及粉砂质板岩组成(剖面第 6—9 层),无火山碎屑岩。厚度大于 2 356m。

在模东、格斗一带,拉贡塘组主要岩性为黑色页岩、灰黑色粉砂岩夹黄褐色薄层细粒石英砂岩,页岩中含饼状炭泥质结核。产菊石 *Alligaticeras* sp.。本组与下伏桑卡拉拥组及上覆多尼组呈整合接触,厚度 1 523.6m。

在亚中、硕般多北,灰色砂岩增多,表现为灰色中薄层细粒长石石英砂岩与灰黑色板岩互层,产菊石 *Virgatosphinctes* sp.(西藏地质一大队,1974)。厚度大于 1 860m。

(四)生物地层及年代地层

测区及邻区侏罗纪地层中古生物化石较丰富。据本次工作和前人资料统计,其中菊石有 1 科、9 属;双壳类有 4 属、3 个种、2 个未定种;珊瑚 1 属;海百合 1 属;植物 2 属;孢粉化石 6 属、2 个种。根据以上化石组合特征及产出层位,初步建立了 1 个孢粉组合,1 个双壳类组合,3 个菊石带(表2-8)。

表 2-8 侏罗纪生物组合特征划分简表

年代地层			岩石地层	生物地层			
系	统	阶		菊石	双壳	孢粉	其他
侏罗系	上统	Tth	拉贡塘组	*Virgatosphinctes* Z. *Petoceratoides*, *Kinkeliniceras*, *Reineckeia*			
		Oxf		*Alligaticeras* Z. *Macrocephalites* *Metapeltoceras* *Dolikephalites* Z.			
	中统	Clv	桑卡拉佣组		*Chlamys*(*Radulopecten*)*baimaensis* - *Lopha qamdoensis* - *Pseudotrapezium cordiforme* Ass.	*Classopollis* - *Cycadopites nitidus*(Balme)- *Quadradraecullina anellaeformis* MaUawkina Ass. *Tuberculatosporites* *Dictyopyllidites* *Ptyodporites*	海胆 *Balanocidaris* 海百合 *Cyclocyclicus* 珊瑚 *Stylosmilia* 植物 *Cladophlebis* *Equisetites* Baj
		Bth					
		Baj	希湖组	*Juvavites*	*Lima*		
	下统						

1. 孢粉组合

Classopollis - *Cycadopites nitidus*(Balme)- *Quadradraecullina anellaeformis* 组合产于希湖组。代表分子是 *Classopollis* sp.,*Cycadopites nitidus*(Balme),*Quadradraecullina anellaeformis* Maljawkina,*Tuberculatosporites* sp.,*Dictyopyllidites* sp.,*Ptyodporiyes* sp.。组合面貌显示了晚三叠世至早侏罗世,而以早侏罗世为主的特征。与产孢粉化石伴生的层位中还发现菊石 Perishinctidae 科,在八宿县同卡乡然多村相当于希湖组的板岩中采到晚三叠世菊石 *Juvavites* sp. 和晚侏罗世菊石 *Virgatosphinctes* sp. 及双壳类 *Lima* sp.。

综合分析,希湖组的时限为晚三叠世至晚侏罗世,结合区域地质和地层对比,本次区调将希湖组归为中侏罗世。

2. 双壳类

Chlamys(*Radulopecten*)*baimaensis* - *Lopha qamdoensis* - *Pseudotrapezium cordiforme* 组合

产于格斗剖面的桑卡拉佣组(该组合相当于洛隆马里剖面原柳湾组第6层,童金南,1987),主要代表分子是 *Chlamys* (*Radulopecten*) *baimaensis*,*C*(*R.*) cf. *tipperi*,*Weyla*(*Weyla*) sp. ; *Nuculana* (*Praesacella*) *jurina* Cox,*Chlamys* (*Radulopecten*) *baimaensis* 是青藏高原中侏罗统常见分子,始见于八宿白马区雅弄和本区硕般多日许(文世宣,1982),之后在唐古拉地层区雁石坪群上部和洛隆马里柳湾组大量出现,产出层位较稳定,大致相当于巴通阶至下卡洛阶,*Nuculana* (*Praesaocella*) *juriana* 原产于印度卡奇地区中侏罗统。*Chlamys*(*Radulopecten*) cf. *tipperi* 的比较种分布于欧洲及唐古拉地区巴通阶。据此,本组合归中侏罗统,大致可以对比为巴通阶—卡洛夫阶。

3. 菊石

自上而下分为三个菊石带,即:

①*Dolikephalites* 带产于格斗剖面的桑卡拉佣组。主要代表分子是 *Dolikephalites* sp.,伴生有海胆 *Balanocidaris* sp.,属中侏罗统卡洛阶。*Dolikephalites* 属产于北喜马拉雅地层分区中侏罗世拉弄拉组,丁青县莫东嘎中侏罗统上部层位。*Alligaticeras* 带和 *Virgatosphinctes* 带均产于拉贡塘组。

②*Alligaticeras* 带代表分子有 *Alligaticeras*,*Macrocephalites*,*Metapeltoceras*。这三属是中侏罗统卡洛阶的重要分子,分布于格斗剖面。*Macrocephalites* 属产于北喜马拉雅地层分区中侏罗世拉弄拉组。

③*Virgatosphinctes* 带的代表分子有 *Virgatosphinctes*,*Petoceratoides*,*Kinkeliniceras*,*Reineckeia* 等化石。*Virgatosphinctes* 属是上侏罗统提塘阶的重要分子。分布于硕般多北、亚中乡东卡,还广泛产于拉萨以北的林布宗组下部那曲以东的哈拉组(或国姆拉组)和怒江中游的拉贡塘组。北喜马拉雅地层分区门卡墩组。在欧洲,相当于卡洛阶至提塘阶,其主体应归属晚侏罗世,并可能包括部分中侏罗世末期沉积。

(五)沉积相及层序分析

1. 沉积相

根据各组基本层序分析,测区侏罗纪地层可分为7种相类型。

(1)山麓洪积扇

见于马里组下部,由浅灰色、紫红色砾岩夹浅紫灰色粉砂岩,砾岩成分复杂,主要由变质岩屑砂岩和石英岩组成,砾石形态呈棱角状—次棱角状,分选差,反映了山麓洪积扇沉积特征。

(2)河流相

见于马里组中上部,发育浅紫红色细粒长石石英砂岩、紫红色细粒长石砂岩、浅灰色角砾状粉砂岩,代表了砾质辫状河道沉积。由浅灰色含砾细粒岩屑砂岩、紫红色细—粉砂岩、浅紫红色细粒长石石英砂岩、灰白色细粒岩屑长石砂岩及浅灰色细粒长石砂岩、紫红色含砾砂质泥岩组成。总体代表了砾质辫状河河道、砂泥质心滩及漫滩或牛轭湖等微相。垂向上,总体呈现向上变细的沉积序列。记录了一个地表被逐渐夷平的地质演化历程。

(3)内陆棚碎屑岩相

见于桑卡拉佣组中部,由灰白色厚层含砾中粒石英砂岩、灰黑色页岩、粉砂质页岩组成,反映了浅海钙质粉砂岩相。

(4)碳酸盐岩台地

见于桑卡拉佣组,由灰色厚层含生物碎屑鲕粒灰岩、灰色厚层微晶生物碎屑灰岩组成,含灰岩结核。产菊石、双壳类、海胆化石。反映浅海碳酸盐岩台地沉积环境。

(5)浊积岩相

拉贡塘组浊积岩极为发育,但完整的鲍马层序并不多见。常见的序列组合为abde、abe或de段。a为具粒序的石英砂岩、长石石英砂岩或岩屑石英砂岩,具正递变粒序,以杂基支撑为主。b为具平行层理的细粒长石石英砂岩或岩屑石英砂岩,杂基支撑。d为具水平纹层理粉砂质板岩及粉砂岩。e呈均一的或具水平纹层理块状泥岩及泥质板岩。其中a、b表现为典型的流体流,d、e显示牵引流演化特征。e中可能包含有正常远洋沉积。层序中不见具有浅水暴露迹象和生物生态标志,总体表现为深水陆棚边缘斜坡沉积环境。

(6)浅海陆棚陆源碎屑岩

见于洛隆亚中、硕般多北的拉贡塘组,下部为黑色页岩及粉砂质页岩,具水平层理,向上为薄至中厚层细粒石英杂砂岩与黑色页岩互层,具沙纹层理及平行层理,上部为厚至巨厚粗粒石英砂岩夹薄至中厚层细粒石英杂砂岩,具平行层理、大型楔形交错层理、小型槽状交错层理。代表了拉贡塘组进积型浅海陆棚碎屑沉积环境。

(7)潮坪

见于拉贡塘组,由浅灰色中粒石英砂岩、褐灰色细粒石英杂砂岩、暗褐色薄层粉砂岩、灰黑色粉砂质页岩、炭质页岩组成,含植物化石碎片。代表了拉贡塘组上部潮坪沉积。

2. 层序划分

测区侏罗纪形成于弧后盆地,根据岩相叠置关系,本区侏罗纪地层可识别出1个二级旋回层序、4个三级旋回层序。时间跨度为205～137Ma,总延续时限约68Ma,每个三级旋回延续时限约为17Ma。现将各三级层序特征简述如下(图2-29)。

层序sq_1:见于马里组。sq_1底部以区域性不整合与下伏地层分界,因此,底界面性质为Ⅰ型。界面特征表现为陆上山麓洪积扇堆积。sq_1由低水位体系域(LSW)、海侵体系域(TST)和高水体系域(HST)组成。LSW见于马里组,下部为山麓洪积扇紫红色砾岩夹浅紫灰色粉砂岩,中部为河流由浅紫红色细粒长石石英砂岩、紫红色细粒长石砂岩、浅灰色角砾状粉砂岩组成,代表了砾质辫状河道沉积。浅灰色含砾细粒岩屑砂岩、紫红色细—粉砂岩、浅紫红色细粒长石石英砂岩、沼泽相灰白色中薄层细粒石英砂岩、灰黑色泥岩、粉砂质泥岩夹粉砂岩,产植物化石。垂向上准层序具向上变细退积型结构特征。TST由潮坪浅灰色细粒长石砂岩、紫红色含砾砂质泥岩组成。TST由陆棚边缘斜坡碎屑岩相组成,垂向上准层序具向上变细退积型结构。HST由碳酸盐岩台地灰色厚层状含生物碎屑亮晶鲕粒灰岩、浅灰色砂质灰岩组成,产双壳类化石。反映了潮间高能产物。垂向上准层序具向上进积型结构特征。

层序sq_2—sq_3:见于桑卡拉佣组。这个层序底界面性质均为Ⅱ型,其特征表现为岩性岩相转换面,体系域由海侵体系域(TST)和高水位体系域(HST)组成。TST由灰白色厚层中粒—细粒石英砂岩、灰黑色页岩、粉砂质页岩,反映了内陆棚相。垂向上准层序具向上变细退积型结构特征。HST由灰色厚层含生物碎屑鲕粒灰岩、灰色厚层微晶生物碎屑灰岩组成,含灰岩结核。产菊石、双壳、海胆化石。反映了浅海碳酸盐岩台地沉积环境。

层序sq_4:见于洛隆县紫陀镇格斗一带拉贡塘组。该层序特征与sq_2—sq_3基本相同。底界面性质为Ⅱ型,其特征表现为岩性岩相转换面,体系域由海侵体系域(TST)和高水位体系域(HST)组成。TST由黑色页岩夹灰黑色粉砂岩组成,含饼状钙质结核及黄铁矿晶粒,产菊石。反映了深水陆棚沉积环境。为最大海泛面。HST由黄褐色中薄层细粒长石石英砂岩与灰黑色粉砂质泥岩组成的韵律互层-灰色中厚层微晶灰岩组成,灰岩产双壳类化石,反映了陆棚斜坡-碳酸盐岩台地开阔台地沉积环境。HST准层序组由加积型-进积型结构特征。

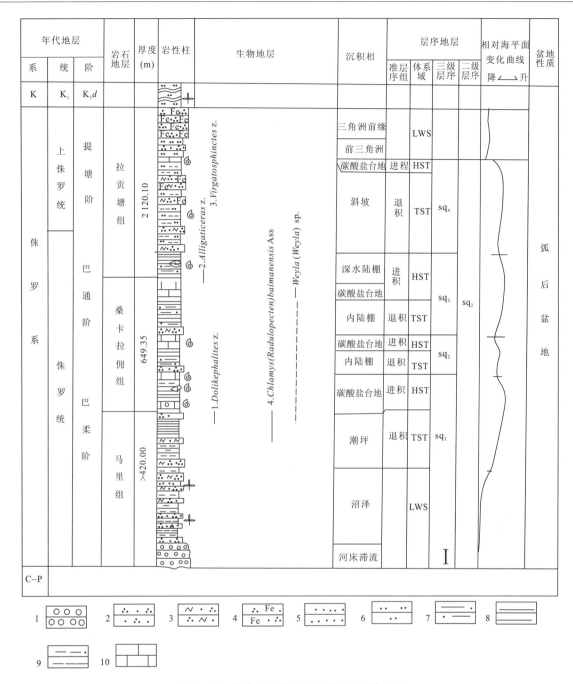

图 2-29 洛隆地区侏罗纪沉积相及层序地层

1.砾岩;2.石英砂岩;3.长石石英砂岩;4.含铁石英砂岩;5.细砂岩;
6.粉砂岩;7.粉砂质页岩;8.页岩;9.粉砂质泥岩或泥岩;10.灰岩

三、白垩系

(一)划分沿革

测区下白垩统是藏东著名的含煤地层,为一套含煤细碎屑岩。李璞等(1955)将洛隆县附近多尼的白垩纪含煤地层称为"多尼煤系"。1964年全国地层委员会将其改为多尼组。之后一直沿用。本次工作,通过对测区内早白垩世地层深入调查研究,并对前人在测区内所测制的多尼组剖面的重新研究,对本区原"多尼组"解体为多尼组(K_1d)和边坝组(K_1b)两个岩石地层单位。

上白垩统划分意见也不一致,《1:100万拉萨幅区域地质矿产调查报告》(西藏地质局综合普查大队,1979)中称宗给组。《1:20万丁青县幅、洛隆县(硕般多)幅区调报告》(河南省区调队,1995)中沿用了宗给组,并新建立了八达组。之后,《1:20万通麦、波密幅区域地质矿产调查报告》(甘肃省区调队,1995)中将白垩系上统称竟柱山组。本次工作,通过对测区上白垩统较深入调查研究,我们认为本区上白垩统为一套火山岩-紫红色砾岩、岩屑砂岩、泥岩夹白云岩组合。与竟柱山组标准剖面岩性组合有明显差异。因此,建议恢复宗给组和八达组。并建议将宗给组内火山岩进一步分为两个非正式岩石地层单位。

综上所述,初步将测区白垩纪地层划分为四个岩石地层单位(表2-9)。

表2-9 测区白垩纪地层划分沿革

地质年代		拉萨幅(1:100万)西藏地质局综合队,1979	丁青县幅洛隆县(硕般多)幅(1:20万)河南省区调队,1994		通麦幅、波密幅(1:20万)甘肃省区调队,1995	西藏自治区岩石地层单位序列表1994	青藏高原及邻区岩石地层单位序列总表2002	本报告2005	
白垩纪	晚白垩世	宗给组	八达组		竟柱山组	竟柱山组	竟柱山组	八达组(K_2b)	
			宗给组					宗给组(K_2z)	
	早白垩世	多尼组	多尼组	上段	多尼组	郎山组	多尼组	边坝组(K_1b)	
				下段		多尼组		多尼组(K_1d)	二段(K_1d^2)
									一段(K_1d^1)

(二)剖面描述

1. 边坝县草卡镇冻托早白垩世多尼组(K_1d)、边坝组(K_1b)实测剖面(P18,图2-30)

该剖面位于边坝县草卡镇冻托一带,由南向北沿公路(即曲麦河流东岸)测制。地理坐标(GPS):起点(GPS)为94°27′32″E,30°49′37″N,终点(GPS)为94°27′20″E,30°53′38″N。

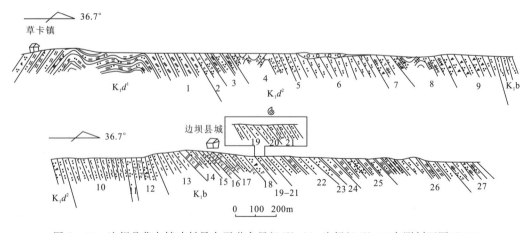

图2-30 边坝县草卡镇冻托早白垩世多尼组(K_1d)、边坝组(K_1b)实测剖面图(P18)

本剖面交通较方便。露头较为连续,其中以草卡镇至边坝县城之间地段发育最好。现简述如下。

边坝组(K_1b)	厚度 1 233.86m
27. 黄绿色薄层细粒岩屑石英杂砂岩夹灰黑色—深灰色粉砂质绢云母千枚板岩(向斜核部)	90.29m
26. 深灰色粉砂质绢云母千枚板岩与粉砂岩互层	133.78m
25. 深灰色粉砂质绢云母千枚板岩夹灰黑色薄层细粒石英砂岩	65.07m
24. 灰黑色粉砂质绢云母千枚板岩夹灰色薄层状粉砂岩	39.27m
23. 灰白色薄层细砂岩与深灰色粉砂质绢云母千枚板岩互层	25.00m
22. 灰色薄层状粉砂岩与深灰色粉砂质绢云母千枚板岩互层	128.48m
21. 深灰色薄层粉砂质泥岩。产双壳类化石:*Trigonioides* (*Diversitrigonioides*) *xizangensis* Gu(西藏类三角蚌、异饰蚌)、*Pleuromya spitiensis* Hoidhaus(斯匹梯肋海螂)、*Opis*(*Trigonopis*) cf. *suboligua* Gou(近斜三角钩顶蛤、相似种)、*Pleuromya* sp.(肋海螂)、*Myopholas* sp.(螂海笋)、*Trichomyerla* sp.、*Protelliptio* sp.	18.99m
20. 灰黄色薄层粉砂质泥岩	11.39m
19. 灰绿色粉砂质泥岩夹粉砂岩	25.71m
18. 灰绿色薄层细粒岩屑石英砂岩夹灰绿色粉砂质泥岩	7.56m
17. 紫红色粉砂质铁质泥岩	81.55m
16. 深灰色页岩夹深灰色薄层泥晶铁白云岩	22.62m
15. 灰绿色薄层粉砂岩	22.62m
14. 深灰色灰绿色粉砂质泥岩;下部夹灰黄色中薄层泥晶铁白云岩	28.74m
13. 紫红色、灰绿色粉砂质白云质泥岩	53.37m
12. 紫红色铁质粉砂岩夹灰色中厚层细粒岩屑石英砂岩夹灰色薄层状泥质粉砂岩	122.71m
11. 灰色中厚层细粒石英砂岩与紫红色薄层状细粒石英杂砂岩互层	29.33m
10. 紫红色中厚层粉砂质钙质泥岩	282.48m

———————— 整　合 ————————

多尼组二段(K_1d^2)	801.33m
9. 灰黑色板理化粉砂岩夹深灰色薄层细粒岩屑石英砂岩(磁铁矿化)	239.67m
8. 灰绿色中薄层细粒岩屑石英杂砂岩夹灰绿色纹层状粉砂岩	26.80m
7. 灰绿色中薄层细粒岩屑石英杂砂岩与灰黑色板理化粉砂岩,含粉砂质结核,具纹层理	46.01m
6. 灰黑色板理化粉砂岩夹灰绿色薄层状粉砂岩	334.74m
5. 灰白色中厚层中细粒岩屑石英砂岩,具平行层理、低角度斜层理	27.90m
4. 下部为灰色中厚层细粒岩屑石英砂岩,中部为中薄层细粒岩屑石英砂岩夹灰色薄层粉砂岩及灰黑色深灰色粉砂质绢云母千枚板岩,上部为灰色薄层粉砂岩及灰黑色—深灰色粉砂质绢云母千枚板岩	56 m
3. 下部为深灰色含粉砂质绢云母千枚板岩与灰色薄层粉砂岩及灰色薄层—中厚层中细粒岩屑石英砂岩呈不等厚互层,上部为灰色中厚层—中薄层中细粒岩屑石英砂岩夹深灰色含粉砂质绢云母千枚板岩;砂岩具平行层理、低角度斜层理	31.46 m
2. 灰白色中厚层中细粒岩屑石英砂岩	47.19 m

———————— 整　合 ————————

多尼组一段(K_1d^1)	
1. 深灰色含粉砂质绢云母千枚板岩(背斜核部)	180.66m

2. 边坝县边坝镇崩崩卡早白垩世多尼组一段(K_1d^1)实测剖面(P17,图2-31)

剖面位于边坝县边坝镇泊曲至郎木东果果之间的公路边。由南向北沿洛亚马乡间大道至洛(隆)-边(坝)公路测制。起点(GPS)为94°59′31″E,30°40′11″N。高程4 280m。终点(GPS)为94°58′56″E,30°46′17″N。高程4 200m。

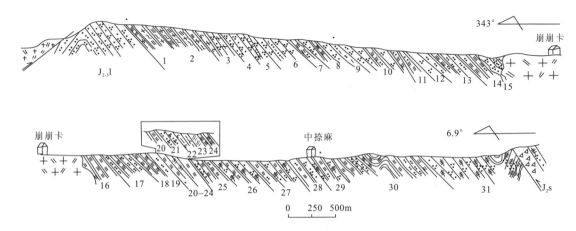

图 2-31 边坝县边坝镇崩崩卡早白垩世多尼组一段(K_1d^1)实测剖面图(P17)

早白垩世多尼组一段(K_1d^1)

31. 灰色薄层细粒岩屑石英杂砂岩夹深灰色绢云母千枚板岩,发育水平层理、微波纹层理。偶见不明显低角度斜层理 689.43m
30. 暗灰色绢云母千枚板岩夹灰色薄层细砂粉砂岩及泥质粉砂岩 596.23m
29. 上部为灰色薄层细粒岩屑石英杂砂岩与深灰色粉砂质千枚板岩及深灰色细砂粉砂质绢云母千枚板岩互层;中部为淡灰绿色中薄层泥质粒岩屑石英杂砂岩;下部为灰色薄层状泥质细粒岩屑石英杂砂岩夹深灰色粉砂绢云母千枚板岩。产丰富植物化石: *Scleropteris* cf. *tibetica* Tuan et Chen(西藏英羊齿,相似种),*Cladophlebis* cf. *browniana* (Dunker) Seward (布朗枝脉蕨,相似种),*Cl* sp.,*Desmiophyllum* sp.(带状叶属),? *Gleichenites* sp.(? 似里白),*Zamiophyllum buchianum* (Ett) Nath. emend Ôish(布契查米羽叶),*Z.* sp.,*Zamites* sp. (似查米亚),*Sphenopteris* sp.(楔羊齿),*Todites* sp.(似托第蕨) 124.3m
28. 上部为灰色绢云母千枚板岩,中部为灰色中厚层状细粒石英砂岩与深灰色粉砂质千枚板岩互层,下部为灰绿色含粉砂绿泥绢云母千枚板岩、灰色粉砂质绢云母千枚板岩夹淡灰绿色中薄层状粉砂岩 192.59m
27. 灰色中薄层状细粒岩屑石英杂砂岩夹灰黑色含粉砂绢云母千枚板岩,深灰色含粉砂绢云母千枚板岩夹灰色薄层状细粒岩屑石英杂砂岩 222.09m
26. 灰色薄层状细粒岩屑石英杂砂岩夹深灰色粉砂质绢云母千枚板岩 236.66m
25. 深灰色粉砂质绢云母千枚板岩夹灰色薄层状细粉砂石英砂岩,灰绿色绢云母千枚板岩,浅灰色中薄层细粒石英砂岩夹深灰色粉砂质绢云母千枚板岩 208.28m
24. 灰绿色细砂粉砂质板岩,黑色绢云母千枚板岩 37.25m
23. 灰色中薄层硅质岩(细粒电气石石英岩) 10.80m
22. 深灰色炭质泥岩 23.91m
21. 灰色中薄层细粒石英岩夹浅灰色泥质细砂粉砂岩 36.24m
20. 灰黑色绢云母千枚岩 98.32m
19. 灰绿色中薄层状泥质细砂粉砂岩 54.81m
18. 灰黑色绢云母千枚板岩,灰绿色绿泥绢云母千枚板岩,灰绿色含粉砂绢云母千枚板岩,深灰色绿泥绢云母千枚板岩,灰绿色泥质粉砂岩夹灰色电气石岩透镜体,深灰色含粉砂绢云母绿泥千枚板岩,深灰色粉砂质绢云母千枚板岩 114.40m
17. 灰绿色泥质粉砂岩夹灰绿色凝灰质粉砂细砂岩,灰绿色泥质粉砂岩,深灰色含粉砂绿泥绢云母千枚板岩,浅灰绿色石英细砂粉砂岩 181.76m
16. 深灰色绢云母千枚板岩,浅灰绿色粉砂质绿泥绢云母板岩,紫红含铁绢云母板岩,灰绿色千枚岩化流纹质晶屑凝灰岩,灰绿色绿泥绢云母板岩,深灰色粉砂质绢云母千枚板岩夹细砂粉砂岩 170.36m

———— 侵入接触 ————

浅灰色斑状二长花岗岩

——————— 侵入接触 ———————

15. 灰色中薄层细粒石英砂岩夹灰色薄层状泥质粉砂岩　　　　　　　　　　　　　　　　226.47m
14. 深灰色粉砂质绢云母千枚板岩夹细砂粉砂岩　　　　　　　　　　　　　　　　　　171.67m
13. 暗灰色中薄层状泥质粉砂岩夹深灰色粉砂质绢云母千枚板岩　　　　　　　　　　　281.00m
12. 灰色中薄层细粒岩屑石英砂岩　　　　　　　　　　　　　　　　　　　　　　　　97.49m
11. 深灰色粉砂质绢云母千枚板岩　　　　　　　　　　　　　　　　　　　　　　　　48.70m
10. 灰色薄层细粒岩屑石英砂岩与深灰色粉砂质绢云母千枚板岩互层,灰色中薄层状细粒岩屑石
　　英砂岩夹深灰色薄层状泥质粉砂岩　　　　　　　　　　　　　　　　　　　　　464.58m
9. 浅灰色薄层泥质粉砂岩,深灰色绢云母板岩夹中厚层泥质粉砂岩。产植物化石:*Zamites* sp.
　　(似查米亚);*Zamiophyllum buchianum*(Ett) Nath. emend Ôish(布契查米羽叶),*Otozamites* sp.
　　(耳羽叶)　　　　　　　　　　　　　　　　　　　　　　　　　　　　　　　　 45.24m
8. 浅灰绿色厚层细粒石英砂岩,灰色薄层细粒石英砂岩夹暗灰色薄层状泥质粉砂岩,灰绿色
　　中薄层细粒石英砂岩,灰色薄层细粒岩屑石英砂岩夹灰色薄层含砾岩屑石英砂岩及深灰色
　　粉砂质绢云板岩　　　　　　　　　　　　　　　　　　　　　　　　　　　　　 258.46m
7. 暗灰色粉砂质红柱石绢云千枚板岩夹粉砂岩,浅灰绿色中厚层状细砂粉砂岩,暗灰色含粉砂
　　质红柱石绢云千枚板岩(红柱石绢云母角岩)　　　　　　　　　　　　　　　　　 76.31m
6. 灰色中薄层状细粒岩屑石英砂岩夹深灰色薄层泥质粉砂岩　　　　　　　　　　　 246.93m
5. 灰色中薄层状细粒岩屑石英砂岩夹深灰色薄层粉砂质绢云板岩,浅灰绿色中薄层状细粒岩屑
　　石英砂岩,暗绿色石英安山岩,浅灰绿色中厚层状凝灰细粒石英砂岩,暗灰色中薄层状泥质细
　　砂粉砂岩　　　　　　　　　　　　　　　　　　　　　　　　　　　　　　　　 128.34m
4. 浅灰绿色中薄层状细粒石英砂岩夹暗绿色中薄层状红柱石千枚板岩　　　　　　　 145.38m
3. 暗灰色红柱石千枚板岩(红柱石角岩),灰绿色绢云母绿泥石细粒石英岩(细粒岩屑石英砂岩),
　　暗灰色炭质红柱石角岩(红柱石炭质千枚板岩)　　　　　　　　　　　　　　　　212.94m
2. 浅灰绿色红柱石绿泥石绢云母千枚板岩　　　　　　　　　　　　　　　　　　　 335.46m
1. 浅灰色红柱石绿泥石绢云母千枚板岩夹红柱石角岩。产植物化石:? *Phlebopteris* sp.(异脉蕨),
　　Zamiophyllum buchianum(Ett) Nath. emend Ôish(布契查米羽叶),*Ptilophyllum* cf. *boreale*
　　(Heer) Seward(北方毛羽叶,相似种)　　　　　　　　　　　　　　　　　　　　 8.6m

——————— 整　　合 ———————

下伏地层:拉贡塘组($J_{2-3}l$)浅灰绿色中薄层—中厚层状细粒石英砂岩　　　　　　>283.70m

3. 边坝县拉孜早白垩世多尼组(K_1d)、边坝组(K_1b)剖面

西藏地质局大队(1977)测制,本次工作进行了重新观察,现将原剖面修改后选作多尼组辅助剖面。

上覆地层:晚白垩世宗给组(K_2z)紫红色含砾长石石英砂岩

～～～～～～～ 角度不整合 ～～～～～～～

早白垩世边坝组(K_1b)　　　　　　　　　　　　　　　　　　　　　　　　　**厚度240m**

12. 灰黄色钙质页岩夹灰色钙质粉砂岩　　　　　　　　　　　　　　　　　　　　　 33 m
11. 黄灰色钙质页岩与粉砂岩互层。页岩中含腕足类、双壳类化石碎片,粉砂岩中含炭化植物化石碎片　 61 m
10. 灰黑色页岩夹薄层粉砂岩　　　　　　　　　　　　　　　　　　　　　　　　　 39 m
9. 杂色页岩夹粉砂岩　　　　　　　　　　　　　　　　　　　　　　　　　　　　 77 m
8. 灰黑色粉砂岩与粉砂质泥岩互层　　　　　　　　　　　　　　　　　　　　　　 30m

——————— 整　　合 ———————

早白垩世多尼组(K_1d)

二段（K_1d^2） 厚度 1 329m

7. 黄绿色薄层粉砂岩夹黄绿色薄层细粒石英砂岩及黑色页岩,顶部夹一层透镜状炭质页岩　　205m
6. 暗灰色薄层粉砂岩与灰黑色页岩互层　　385m
5. 灰黑色页岩夹粉砂岩及灰绿色细粒石英砂岩　　221m
4. 暗灰色粉砂岩与灰黑色页岩互层　　174m
3. 灰色中厚层石英砂岩、具大型楔状交错层理,夹灰黑色粉砂岩和黑色页岩　　244m

——————整　合——————

一段（K_1d^1） 厚度 985m

2. 灰黑色细粒长石石英砂岩,粉砂岩和黑色页岩互层,产植物化石：*Weichselia reticulata*
   (Stokes et Webb), *Zamiophyllum buchianum*(Ett), *Ptilophyllum* ? sp.　　816m
1. 灰黑色细粒长石石英砂岩夹黑色页岩　　169m

——————整　合——————

下伏地层：中晚侏罗世拉贡塘组（$J_{2-3}l$）灰黑色页岩

4. 洛隆县江珠弄-旺多早白垩世多尼组（K_1d）实测剖面（图 2-32）

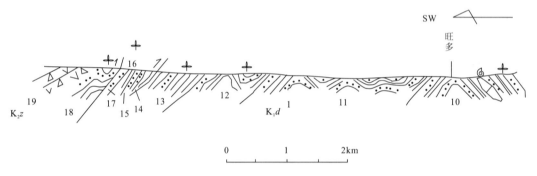

图 2-32　洛隆县江珠弄-旺多早白垩世多尼组（K_1d）剖面图

晚白垩世宗给组（K_2z）

10. 安山岩及安山质角砾熔岩　　>680m

～～～～～角度不整合～～～～～

早白垩世多尼组一段（K_1d^1）

9. 灰色—深灰色板状粉砂岩、板岩夹长石石英砂岩。粉砂岩中产古植物 *Sphenopteris* sp.,
   Gleichenites(*Cladophlebis*) sp.,及遗迹化石　　389.3m
8. 灰色—深灰色长石岩屑细砂岩　　21.0m
7. 灰色—深灰色石英岩屑砂岩与板岩及粉砂质板岩互层,偶夹薄层凝灰岩。板岩中产植物化石
   Sphenopteris sp., *Taeniopteris* sp. 和 *Pterophyllum* sp. 等　　44.0m
6. 灰色—深灰色长石岩屑细砂岩夹少量板岩　　6.7m
5. 灰色—深灰色细粒石英杂砂岩与板岩互层　　7m
4. 灰色—深灰色板岩、板状粉砂岩夹长石石英砂岩,产丰富的植物化石及遗迹化石。植物化石出现在
   板岩中,主要有三个层位,计有 *Gleichenites*(*Cladophlebis*) sp., *Weichselia reticulata*(Stokes et Webb)
   Ward, *Pterophyllum* sp., *Otoyamites* sp. 和 *Zamites niumagouensis* Wu 等　　257.2m
3. 深灰色—灰黑色板岩夹岩屑石英细砂岩。板岩中产大量植物化石 *Cladophlebis browniana*
   (Dunker), *Otoyamites* sp. 和 *Sphenopteris* sp. 等　　168.3m
2. 灰黑色板岩与岩屑石英砂岩互层　　250.4m
1. 黑色板岩与灰色-杂色中粒岩屑石英砂岩、粉砂岩,夹泥灰岩透镜体或薄层。其中,板岩及粉砂岩
   内产大量植物化石 *Equisetites* sp., *Gleichenites*(*Cladophlebis*) sp. 和 *Zamites niumagouensis* Wu 等,
   泥灰岩中产菊石 *Berriasella* sp.　　315.9m

5. 洛隆县紫陀镇格斗北早白垩世多尼组(K_1d)、边坝组(K_1b)实测剖面(图 2-33)

位于洛隆县城东南 7km 格斗北山。多尼组底界、顶界清楚。

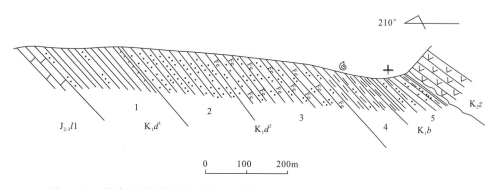

图 2-33 洛隆县紫陀镇格斗北早白垩世多尼组(K_1d)、边坝组(K_1b)实测剖面图

上覆地层:晚白垩世宗给组(K_2z)灰紫色安山岩

———————— 整　　合 ————————

早白垩世边坝组(K_1b)　　　　　　　　　　　　　　　　　　　　　　　厚度 150.94 m

5. 黄绿色页岩、粉砂质页岩夹黄色薄层状、透镜状粉砂岩。产植物化石:*Zamiophyllum buchianum*(Ett),*Podozamites* sp.,*Cladophlebis lhorongensis* Lee　　　　127.94m

4. 灰色泥岩、粉砂质泥岩。产双壳:*Trigonioides*(*Diversitrigonioides*) *naquensis* Gu, *Cuneopsis sakaii* (Suzuki)　　　　　　　　　　　　　　　　　　　　　　　　　　　　　　　　　23m

———————— 整　　合 ————————

早白垩世多尼组二段(K_1d^2)　　　　　　　　　　　　　　　　　　　　厚度 273.59m

3. 灰白色厚层中粒含铁质石英砂岩　　　　　　　　　　　　　　　　　　　230.1m

2. 灰褐色中薄层细粒石英砂岩与灰色粉砂岩互层　　　　　　　　　　　　　43.49m

———————— 整　　合 ————————

多尼组一段(K_1d^1)　　　　　　　　　　　　　　　　　　　　　　　　厚度 345.9m

1. 灰黑色页岩夹灰紫色粉砂岩　　　　　　　　　　　　　　　　　　　　　345.9m

———————— 整　　合 ————————

下伏地层:中晚侏罗世拉贡塘组($J_{2-3}l$)灰色微晶灰岩

6. 边坝县边坝镇擦则纳晚白垩世宗给组(K_2z)实测剖面(P19,图 2-34)

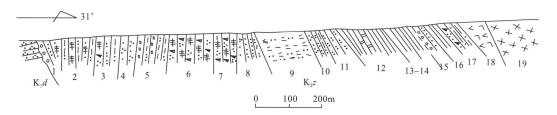

图 2-34 边坝县边坝镇擦则纳晚白垩世宗给组(K_2z)实测剖面图

剖面位于边坝县边坝镇擦则纳一带。由南向北沿擦则纳沟测制。地理坐标:起点(GPS)为

94°47′87″E,30°52′80″N。高程4 215 m。终点(GPS)为94°48′41″E,30°53′98″N。高程4 517 m。该剖面露头较为连续、地质构造较简单,总体为向北东倾斜的单斜地层。

晚白垩世宗给组(K₂z)   **总厚度 2 020.04 m**

流纹岩与玄武岩岩层(λαβb)
   19. 流纹岩   68.72 m
   18. 深灰色安山玄武岩(或玄武岩)   118.65 m
   17. 灰色中厚层状细粒岩屑石英砂岩与灰色粉砂质页岩互层   82.72 m
   16. 杂色页岩夹紫红色薄层粉砂岩,具水平层理   50.28 m
   15. 紫红色中厚层-厚层状砾岩与紫红色砂岩互层   49.14 m

―――――――――――― 平行不整合 ――――――――――――

   14. 紫红色页岩夹紫红色薄层粉砂岩   30.92 m
   13. 紫红色页岩,水平层理及纹层理发育   470.56 m
   12. 杂色页岩夹灰色薄层微晶白云岩   97.56 m
   11. 紫红色厚层粉砂岩   75.38 m
   10. 浅灰色中厚层石英细砂岩与紫红色厚层粉砂岩及紫红色含铁粉砂质泥岩组成韵律层   246.99 m

流纹岩层(λb)
   9. 浅灰紫色晶屑凝灰质石泡流纹岩,局部夹浅灰紫色含火山角砾晶屑凝灰质石泡流纹岩   61.02 m
   8. 深紫色钙质胶结砾质砾岩与深紫色含砾粗砂岩、紫红色细砂岩、紫红色厚层粉砂岩组成韵律层   77.66 m
   7. 灰绿色含砾细粒岩屑石英杂砂岩   217.22 m
   6. 紫红色厚层状中粒—细粒岩屑石英杂砂岩   148.33 m
   5. 灰绿色砾岩与灰绿色粉砂页(泥)岩组成韵律层   37.88 m
   4. 灰绿色厚层细粒石英砂岩   50.97 m
   3. 猪肝色中薄层中细粒岩屑石英杂砂岩与粉砂岩及粉砂质泥岩   61.17 m
   2. 灰绿色细粒钙质胶结岩屑石英杂砂岩与灰绿色粉砂质泥岩互层   36.25 m
   1. 灰绿色砾岩夹含砾粗粒砂岩及浅灰绿色厚层状细粒石英杂砂岩,具平行层理、斜层理   38.60 m

～～～～～～～ 角度不整合 ～～～～～～～

下伏地层:拉贡塘组($J_{2-3}l$)
   0. 浅灰色中厚层状变质细粒石英砂岩

7. 边坝县草卡镇甬落晚白垩世宗给组(K_2z)实测剖面(P20,图2–35)

剖面位于边坝县草卡镇甬落一带。沿洛隆-边坝公路旁侧测制。地理坐标:起点(GPS)为94°59′31″E,30°40′11″N;终点(GPS)为94°58′56″E,30°46′17″N。

剖面露头良好,交通方便,是本区晚白垩世宗给组(K_2z)的代表剖面。

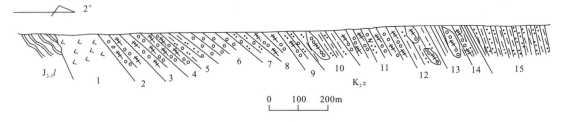

图2-35 边坝县草卡镇甬落晚白垩世宗给组(K_2z)实测剖面图

宗给组(K_2z) 总厚度 977.03 m

　15.紫红色中薄层状粉砂质泥岩夹紫红色薄层状粉砂岩　　　　　　　　　26.32m
　14.紫红色中厚层—厚层状复成分砾岩夹紫红色页岩及薄层粉砂岩　　　　18.50m
　13.紫红色页岩夹紫红色中厚层复成分砾岩　　　　　　　　　　　　　　103.02m
　12.紫红色薄层状粉砂质泥岩夹紫红色中厚层复成分砾岩　　　　　　　　40.58m
　11.紫红色中厚层状复成分砾岩夹紫红色含砾细粒长石砂岩　　　　　　　160.57m
　10.紫红色中厚层状粉砂质泥岩夹紫红色中薄层状复成分砾岩　　　　　　159.22m
　 9.紫红色厚层状复成分砾岩夹紫红色中层含砾粉砂岩及紫红色中薄层状粉砂质泥岩　95.76m
　 8.紫红色厚层块状复成分砾岩　　　　　　　　　　　　　　　　　　　80.25m
　 7.紫红色中薄层状含砾屑不等粒粉砂岩　　　　　　　　　　　　　　　29.87m
　 6.紫红色中厚层状中砾岩　　　　　　　　　　　　　　　　　　　　　115.70m
　 5.紫红色中薄层—中厚层状含砾粉砂质泥岩夹紫红色薄层状粉砂质泥岩　44.09m
　 4.紫红色中厚层状复成分细砾岩　　　　　　　　　　　　　　　　　　46.51m
　 3.紫红色中厚层状复成分砾岩　　　　　　　　　　　　　　　　　　　27.83m
　 2.灰色中厚层状复成分砾岩　　　　　　　　　　　　　　　　　　　　28.81m
　 1.灰绿色安山岩

～～～～～～～～角度不整合～～～～～～～～

下伏地层：拉贡塘组($J_{2-3}l$)深灰色粉砂质板岩

8.洛隆县紫陀镇阿谢同晚白垩世宗给组(K_2z)实测剖面(图 2-36)

剖面位于洛隆县城南5km处，西藏地矿局综合队(1974)发现并草测，河南省区调队1995年重测。该剖面为宗给组代表性剖面之一。

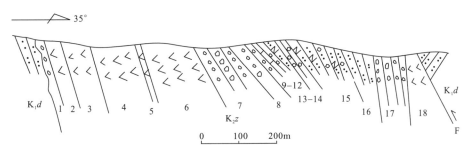

图 2-36　洛隆县紫陀镇阿谢同晚白垩世宗给组(K_2z)实测剖面图

晚白垩世宗给组(K_2z)

　18.灰紫色安山岩　　　　　　　　　　　　　　　　　　　　　　　　　43.54m
　17.灰色厚层复成分砾岩　　　　　　　　　　　　　　　　　　　　　　99.26m
　16.灰色厚层质细粒石英砂岩　　　　　　　　　　　　　　　　　　　　66.28m
　15.紫红色薄层细粒长石石英砂岩，含砾长石石英砂岩，砖红色粉砂岩旋回式互层　79.22m
　14.紫红色厚层复成分砾岩　　　　　　　　　　　　　　　　　　　　　7.32m
　13.灰紫色厚层灰岩砾岩　　　　　　　　　　　　　　　　　　　　　　7.53m
　12.砖红色中厚层细粒长石岩屑砂岩　　　　　　　　　　　　　　　　　54.37m
　11.紫红色厚层灰岩砾岩　　　　　　　　　　　　　　　　　　　　　　3.33m
　10.灰色碎裂化砂屑泥晶灰岩　　　　　　　　　　　　　　　　　　　　17.06m
　 9.紫红色复成分砾岩　　　　　　　　　　　　　　　　　　　　　　　17.06m
　 8.灰色厚层复成分砾岩　　　　　　　　　　　　　　　　　　　　　　39.77m
　 7.紫红色厚层复成分砾岩　　　　　　　　　　　　　　　　　　　　　83.27m

6. 灰紫色安山岩	153.42m
5. 灰色安山岩	7.14m
4. 灰紫色安山岩	111.07m
3. 灰色安山岩	112.68m
2. 灰紫色安山岩	12m
1. 灰色厚层复成分砾岩	6.22m

～～～～～～～ 角度不整合 ～～～～～～～

下伏地层：早白垩世多尼组二段（K_1d^2）灰色石英岩状砂岩

（三）岩石地层特征

1. 多尼组（K_1d）

（1）定义及其特征

测区内多尼组（K_1d）与下伏拉贡塘组（$J_{2-3}l$）、上覆边坝组（K_1b）均呈整合接触。该组为一套深灰色泥岩、暗色绢云母千枚板岩、浅灰色细碎屑岩夹煤线岩性组合。根据岩性特征可进一步分为上、下两段。

一段（K_1d^1）：底界以含植物化石的浅灰色红柱石绿泥石绢云母千枚板岩为标志。下部以浅灰绿色红柱石绿泥石绢云母千枚板岩（红柱石角岩）、浅灰绿色中薄层状细粒石英砂岩为特征，局部夹暗绿色石英安山岩。产植物化石。中部为灰色薄层状细粒岩屑石英砂岩夹灰色薄层状含砾细粒岩屑石英砂岩及深灰色粉砂质绢云板岩、浅灰色薄层状泥质粉砂岩、深灰色粉砂质绢云母千枚板岩。产植物化石。上部以灰黑色绢云母千枚板岩、深灰色绿泥绢云母千枚板岩、深灰色粉砂质绢云母千枚板岩夹灰色薄层状细粉砂石英砂岩或灰色薄层细粒岩屑石英杂砂岩为主，产丰富植物化石。局部地区下部泥灰岩中产菊石化石。厚度985m。

二段（K_1d^2）：下部以灰色、灰白色中薄层—中厚层细粒岩屑石英砂岩为主；上部以灰色中厚层细粒岩屑石英砂岩与灰色薄层泥质粉砂岩及灰黑色含粉砂绢云母千枚板岩韵律式互层为特征。垂向上呈不等厚重复出现。具低角度斜层理、平行层理、脉状层理，砂岩层面具波痕。板岩中产植物化石。厚度801m。

（2）基本层序及沉积特征

据P18剖面初步分析，多尼组的基本层序可分四种类型（图2-37）。

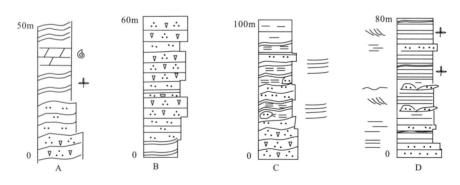

图2-37 多尼组的基本层序

基本层序A：在边坝县东拉山口—向阳日至洛隆江珠弄—旺多一带，多尼组一段基本层序为黑色板岩→粉砂岩→岩屑石英砂岩。夹泥灰岩薄层或透镜体。板岩及粉砂岩中产丰富的植物化石。

泥灰岩中产菊石化石,代表了海陆交替相沉积。黑色板岩富含有机质,可出现薄煤层或煤线,植物叶片保存较完整,多属就地或近距离迅速埋藏产物。这些板岩以泥质成分为主,夹有粉砂,应属近海泻湖沼泽相沉积。岩屑石英砂岩多为细—中砂粒级,成分与结构成熟度较高,显示高能环境产物,属隔离泻湖沼泽与外海的海岸洲堤相或滨海砂岩相沉积。含菊石泥灰岩的产出代表较深水沉积特征,显示曾有明显海侵,构成退积型层序。

基本层序 B:分布于边坝县一带多尼组一段,岩性由灰色中薄层细粒岩屑石英砂岩、深灰色薄层粉砂岩、深灰色砂质绢云母千枚板岩、深灰色泥岩组成。板岩中含粉砂质结核或灰岩结核,具水平层理及纹层理。总体反映了前三角洲沉积。

基本层序 C:见于多尼组二段下部,主要由不纯的"砂体"组成。岩性由灰色中厚层—中薄层细粒岩屑石英砂岩、灰色薄层泥质粉砂岩夹灰黑色含粉砂绢云母千枚板岩组成。垂向结构具下细上粗结构,该类层序反映了三角洲前缘远砂坝沉积。

基本层序 D:见于多尼组二段上部,灰黑色粉砂质千枚板岩夹灰色纹层状细砂粉砂岩。灰色中厚层细粒石英杂砂岩夹灰黑色绢云母千枚板岩。具平行层理、低角度斜层理,波痕发育。灰黑色绢云母千枚板岩中产植物化石,总体反映了三角洲前缘远砂坝与三角洲平原沼泽粉砂泥质相交互沉积。

从区域上看,早白垩世怒江海床向南消减并最终关闭。在这一时期,测区北部开始抬升,海水逐渐撤离,由海相沉积环境过渡为海陆交互相环境,成为以滨海沼泽为主的古地理背景。由于温暖潮湿的古气候条件,真蕨类植物在沼泽地带大量繁盛,沉积物中保存了丰富的植物化石,并可形成煤层和煤线。

多尼组下部含菊石泥灰岩的出现,反映早白垩世早期仍有短暂海侵,到早白垩末期,随地壳抬升,海水是逐步撤离的。多尼组上部偶夹酸性火山凝灰岩,表明早白垩世晚期仍有微弱的火山活动。

(3)地层对比

在边坝县—江珠弄—旺多地区,该组岩石普遍发生(轻微)变质。地层对比见图 2-38。

在边坝县地区,多尼组一段岩性主要为灰色中薄层细粒岩屑石英砂岩,深灰色砂质绢云母千枚板岩夹灰色薄层粉砂岩,深灰色薄层粉砂岩夹灰黑色砂质绢云母千枚板岩,深灰色泥岩。板岩中含粉砂质结核;二段以灰色、灰白色中薄层中厚层细粒岩屑石英砂岩为主,以灰色中厚层细粒岩屑石英砂岩与灰色薄层泥质粉砂岩及灰黑色含粉砂绢云母千枚板岩韵律式互层为特征。垂向上呈不等厚重复出现。具低角度斜层理、平行层理、脉状层理,砂岩层面具波痕。中上部产植物化石:*Gleichenites*(*Cladophlebis*) sp., *Cladophlebis* cf. *browniana*(Dunker)Seward, *Cladophlebis browniana*(Dunker)。*Sphenopteris* sp., *Cl* sp., *Scleropteris* cf. *tibetica* Tuan et Chen, *Zamites niumagouensis* Wu, *Otozamites* sp., *Pterophyllum* sp., *Desmiophyllum* sp.,? *Gleichenites* sp, *Zamiophyllum buchianum*(Ett)Nath. emend Ôish, *Z*. sp., *Ptilophyllum* cf. *boreale*(Heer)Seward, *Zamites* sp., *Sphenopteris* sp., *Todites* sp., *Otozamites* sp.,? *Phlebopteris* sp., *Equisetites* sp., *Taeniopteris* sp. 等。厚度大于 1 786m。

在边坝县拉孜一带,多尼组一段为灰黑色细粒长石石英砂岩,粉砂岩和黑色页岩互层产植物化石。二段下部以灰色中厚层石英砂岩夹灰黑色粉砂岩和黑色页岩为特征。

东拉山口—向阳日一带,多尼组主要由深灰色粉砂质板岩夹岩屑石英砂岩、粉砂岩,偶见泥灰岩透镜体。板岩中产植物化石 *Gleichenites*(*Cladophlebis*) sp.,厚度大于 630m。

江珠弄—旺多地区,多尼组一段为深灰色黑色板岩与灰色杂色岩屑石英砂岩互层,最下部夹有粉砂岩和泥灰岩透镜体或薄层。其中,板岩和粉砂岩中产植物化石,泥灰岩中产菊石等化石。其中产植物化石:*Weichelia reticulata*(Stokes et Weeb)Ward, *Gleichenites*(*Cladophlebis*) sp., *Cladophlebis browniana*(Dunker), *Sphenopteris* sp., *Scleropteris* cf. *tibetica* Tuan et Chen, *Zamites niumagouensis* Wu, *Otozamites* sp., *Pterophyllum* sp., *Ptilophyllum* sp., *Zamites* sp.,

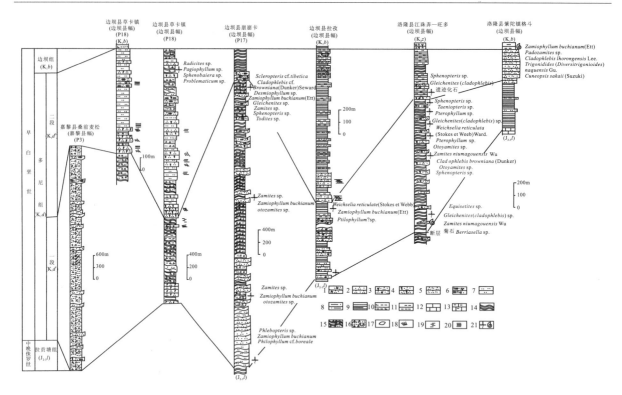

图 2-38 多尼组柱状对比图

1.含砾长石石英砂岩;2.石英砂岩;3.长石石英砂岩;4.岩屑石英砂岩;5.含铁石英砂岩;6.岩屑长石杂砂岩;7.粉砂岩;8.粉砂质页岩;9.页岩;10.钙质页岩;11.泥岩;12.灰岩;13.泥质灰岩;14.板岩;15.粉砂质绢云母板岩;16.粉砂质绢云母千枚岩;17.结核或透镜体;18.斜层理;19.平行层理;20.水平层理及纹层理;21.动物化石(左)、植物化石(右)

Sphenopteris sp.,*Otozamites* sp.,*Equisetites* sp.,*Taeniopteris* sp.等。厚度大于1 460m。

2. 边坝组(K_1b)

(1)定义及其特征

边坝组(K_1b)是本次工作建立的一个新的岩石地层单位。建组剖面位于边坝县城一带。其底部以紫红色粉砂质钙质泥岩为标志与下伏多尼组(K_1d)分界;与上覆宗给组(K_2z)呈角度不整合接触。岩性主要为紫红色、灰绿色粉砂质钙质泥岩,灰色中厚层细粒石英砂岩与紫红色薄层状细粒石英杂砂岩互层,深灰色—灰绿色粉砂质泥岩夹灰黄色中薄层泥晶铁白云岩。灰白色薄层细粒石英砂岩与深灰色粉砂质绢云母千枚板岩互层,灰黑色粉砂质绢云母千枚板岩夹灰色薄层状粉砂岩。产丰富双壳类化石。厚度1 233.86m。

(2)基本层序及沉积特征

边坝组可识别出两种基本层序类型(图2-39)。

基本层序A:见于边坝组下部,由灰色中厚层细粒石英砂岩、紫红色粉砂质钙质泥岩、深灰色灰绿色粉砂质泥岩夹灰黄色中薄层泥晶铁白云岩组成。反映了滨岸洲堤隔离的近海泻湖沉积。

基本层序B:灰绿色粉砂质泥岩,产丰富双壳类化石。灰色薄层状粉砂岩与深灰色粉砂质绢云母千枚板岩互层,灰白色薄层细粒石英砂岩与深灰色粉砂质绢云母千枚板岩互层;该层序类型反映了砂泥质潮坪沉积。

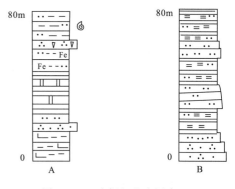

图 2-39 边坝组基本层序

(3)地层对比(图 2-40)

在边坝县拉孜一带,该组底部以杂色灰黑色页岩夹粉砂岩与下伏多尼组呈整合接触。岩性主要为灰黄色钙质页岩夹灰色钙质粉砂岩、黄灰色钙质页岩与粉砂岩互层。页岩中含腕足类、双壳类化石碎片,粉砂岩中含炭化植物化石碎片、灰黑色页岩夹薄层粉砂岩、杂色页岩夹粉砂岩。厚度240m。

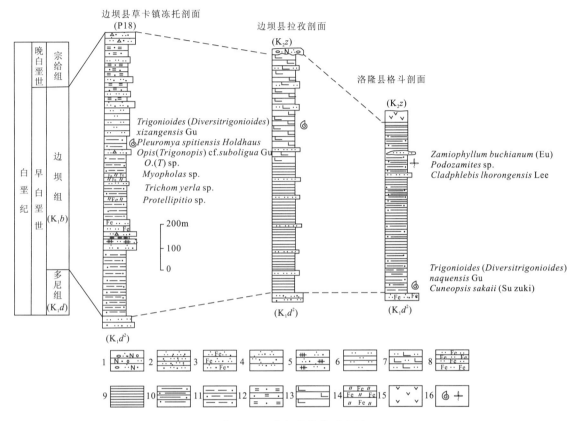

图 2-40 边坝县柱状对比图

1.含砾长石石英砂岩;2.石英砂岩;3.含铁石英砂岩;4.岩屑石英砂岩;5.石英杂砂岩;6.粉砂岩;7.钙质粉砂岩;8.铁质粉砂岩;9.杂色页岩;10.粉砂质页岩;11.紫红色粉砂质泥岩;12.含砂质绢云千枚状板岩;13.钙质页岩;14.铁质白云岩;15.安山岩;16.双壳及植物化石产出层位

向东在洛隆格斗一带。该组以灰色泥岩、粉砂质泥岩、黄绿色页岩、粉砂质页岩夹黄色薄层状、透镜状粉砂岩为特征。产双壳类:*Trigonioides*(*Diversitrigonioides*) *naquensis* Gu,*Cuneopsis sakaii* (Suzuki);植物化石:*Zamiophyllum buchianum* (Ett),*Podozamites* sp.,*Cladophlebis lhorongensis* Lee。厚度150.94 m。

(4)边坝组建组的意义

按照地层指南建组的原则,岩石地层单位从典型地区逐渐向外延伸是有一定范围的。它是通过层型和次层型剖面的对比而确定的。延伸一个岩石地层单位的关键条件是两个标志层之间的岩石地层特征,必须和典型地层一致或基本一致。否则,当一个岩石地层单位在侧向上变为另一种岩石或岩石组合时,应建立新的地层单位,而且应通过填图查明其延伸情况及其相互关系。通过填图已查明边坝组与郎山组二者层位虽然相当,但是,二者在岩性岩相特征及生物组合特征确存在明显差异。早白垩世早中期,措勤盆地郎山组为一套较稳定的碳酸盐岩沉积,夹少量碎屑岩。产圆笠虫、腹足类和固着蛤等化石;它连续于多尼组之上,厚度西段最大4 300m以上;向东减薄为1 000～1 600m;到纳木错仅厚300m。且碎屑物质增多(碳酸盐岩仅占6%)。该组是冈底斯地区白垩纪中期一次较大规模海侵的产物,同时反映了沉积盆地具边缘相特点。该组的特点和分布说明,其沉积场所为一东窄西宽的楔形盆地。而本区(边坝-洛隆盆地)边坝组也连续于多尼组之上,早白垩世早期多尼组主要为三角洲沉积,偶含菊石灰岩,反映早白垩世早期仍有短暂海侵;到早白垩世中期,冈底斯地区白垩纪中期(郎山组)发生一次较大规模海侵,向东未涉及到本区,与此同时,本区边坝组主要为红色粉砂质钙质泥岩、紫红色粉砂质铁质泥岩、深灰色灰绿色粉砂质泥岩夹灰黄色中薄层泥晶铁白云岩。产淡水双壳类化石,代表了泻湖-砂泥质潮坪沉积环境。因此,边坝组与郎山组对比,二者具有等时(同时)异相的特点。反映了冈底斯地区在早白垩晚期东西地壳差异升降的变化规律。

3. 宗给组(K_2z)

(1)定义及其特征

本书所称宗给组与1:20万丁青县幅、洛隆县幅区域地质调查报告一致(河南省区调队,1995)。测区内宗给组不整合于侏罗系拉贡塘组或下白垩统多尼组之上,其岩性下部以紫红色、灰紫色安山岩,上部以紫红色粗碎屑岩及砖红色杂色页岩(泥岩)夹灰色薄层微晶白云岩为特征。根据邻区丁青协雄乡下普宗给组发现有孔虫 Nonion cf. sichuanensis Li,介形虫 Cyclocypris sp., Cyprois sp., Eucypris sp. Physocypria spp.(李玉文,1985)。将其时代归属于上白垩统。本组厚度 2 020.02 m。

(2)基本层序及沉积特征

宗给组可识别出三种基本层序类型(图 2-41)。

基本层序 A:见于边坝县甬落一带,由紫红色中厚层状复成分砾岩,紫红色中薄层—中厚层状含砾粉砂质泥岩夹紫红色薄层状粉砂质泥岩组成。该类层序代表了冲积扇沉积。

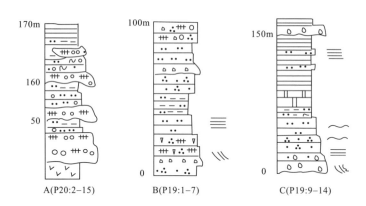

图 2-41 宗给组基本层序

基本层序 B:由紫红色厚层状质细粒—中粒岩屑石英杂砂岩,深紫色钙质胶结砂质砾岩与深紫色含砾粗砂岩、紫红色细砂岩、紫红色厚层粉砂岩组成正粒序韵律层。该类层序代表了辫状河流体系特征。

基本层序 C:见于宗给组中上部,由紫红色、杂色页岩夹灰色薄层微晶白云岩组成。该类层序反映了泻湖沉积。

在洛隆格斗剖面、边坝县草卡镇麦曲剖面上,宗给组主要为冲积扇、扇三角洲沉积。基本层序叠置十分有规律。下部基本层序主要由紫红色厚层复成分砾岩、紫红色中薄层—中厚层状含砾粉砂质泥岩夹紫红色薄层状粉砂质泥岩或灰色碎裂化砂屑泥晶灰岩组成,具有向上变细和变薄的退积型结构特征。反映了前扇三角洲沉积。中部基本层序为紫红色厚层灰岩砾岩夹砖红色中厚层细粒长石岩屑砂岩,紫红色厚层复成分砾岩。该类层序反映了扇三角洲前缘沉积。上部由紫红色薄

第二章 地层及沉积岩

层细粒长石石英砂岩、含砾长石石英砂岩、砖红色粉砂岩组成。该类层序反映了前扇三角洲沉积。

(3) 地层对比

宗给组出露于测区北部地区,在洛隆江珠弄—旺多一带,宗给组呈角度不整合覆盖在下白垩统多尼组之上。以陆上中酸性火山喷溢熔岩为特征,主要由灰绿色块状石英安山岩和安山质角砾熔岩及紫红色砾岩和石英砂岩组成。厚度大于680m。

在洛隆县格斗、日许一带,宗给组不整合在多尼组或桑卡拉拥组之上,下部为紫红色、灰紫色安山岩,上部为紫红色、灰绿色厚层砾岩、岩屑长石石英砂岩及砖红色粉砂岩,巴里郎以东出露不全,阿谢同厚461m,阿里897m。

在边坝县边坝镇擦则纳一带。该组与下伏多尼组(K_1d)呈角度不整合接触。其顶部为流纹岩。岩性为灰绿色含砾粗粒砂岩、猪肝色中薄层中细粒岩屑石英杂砂岩、灰绿色含砂砾硅质岩、粉砂岩及砖红色粉砂质泥岩夹灰色薄层微晶白云岩沉积组合。中部和上部夹流纹岩及深灰色玄武岩(或质安山玄武岩)。厚度2 020.02m。

在边坝县草卡镇麦曲一带,该组与下伏拉贡塘组($J_{2-3}l$)呈角度不整合接触。顶部被断层断失。由于多尼组逆冲叠覆而出露不全。本组岩性下部为灰绿色安山岩。中上部为紫红色中厚层状复成分砾岩,紫红色中薄层—中厚层状含砾粉砂质泥岩夹紫红色薄层状粉砂质泥岩,紫红色厚层状复成分砾岩夹紫红色中层含砾粉砂岩及紫红色中薄层状粉砂质泥岩,紫红色页岩(泥岩)夹紫红色中厚层状复成分砾岩。厚度977.03m。宗给组对比见图2-42。

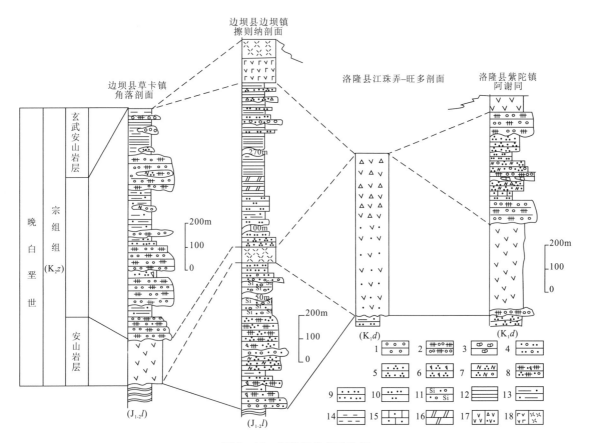

图2-42 宗给组柱状对比图

1.砾岩;2.复成分砾岩;3.灰岩砾岩;4.含砾砂岩;5.中细砾石英砂岩;6.细砾岩屑砾岩;7.含砾长石石英砂岩;8.中细砾岩屑石英杂砂岩;9.细砂岩;10.粉砂岩;11.含砂砾硅质岩;12.页岩;13.粉砂质页岩;14.泥岩;15.砂屑灰岩;16.白云岩;17.左安山岩、、右:石英安山岩及安山质角砾熔岩;18.玄武安山岩(左)、流纹岩(右)

(4) 宗给组沉积环境分析

早白垩世末怒江中游海盆完全关闭。晚白垩世以山间断陷盆地磨拉石堆积为主,沿断裂带出现较大规模的陆上裂隙火山喷溢。因此,形成宗给组中以中酸性熔岩、紫红色砾岩和石英砂岩组合为特征的沉积序列。宗给组与下白垩统多尼组呈不整合接触关系。

4. 八达组(K_2b)

八达组(K_2b)由河南省区调队(1995)创名,标准剖面在丁青县觉恩乡八达。其定义为整合于宗给组之上,不整合在始新世宗白组之下的一套红色细碎屑岩夹灰岩、白云岩。

八达组零星分布于拉孜至巴里朗一带。岩性为紫红色粉砂岩、红色细粒岩屑石英砂岩夹灰黄色中厚层泥晶灰岩。底部以紫红色砾岩与下伏宗给组红色粉砂质页岩分界。未见顶。产有大量腹足类化石,但属种单调。主要分子为 *Physa shandongensis* Pan, *Gyraulus* sp.。

(四)生物地层及年代地层

1. 生物地层

白垩纪地层中的化石主要有植物、淡水双壳类、海生双壳类及菊石类等。大多数产在多尼组及边坝组。其中植物化石24个属、15个种(包括4个相似种)、14个未定种。淡水双壳类8个属5个种(包括1个相似种)、5个未定种。海生双壳类1个属。海百合1个属、1个种。菊石1个属。根据植物群、双壳类组合特征及产出层位,可建立1个植物群组合,1个双壳类组合。

(1) 植物群组合

Scleropteris cf. *tibetica* – *Cladophlebis* cf. *browniana* (Dunker) – *Ptilophyllum* cf. *boreale* 组合相当于 *Weichselia* – *Ptilophyllum boreale* 组合。广泛分布于边坝县边坝镇亚马、拉孜、东拉山口—向阳日。洛隆县江珠弄—旺多、格斗、贡庆拉卡、硕般多、中亦松多及马五乡热曲等地的多尼组见表2-10。

多尼组产丰富植物化石,它们由真蕨类、本内苏铁类、木贼类及分类位置未定的类型组成特征植物群。发育真蕨类马通蕨科的 *Weichelia reticulata* (Stokes et Weeb) Ward (网状魏奇舍尔蕨),里白科的 *Gleichenites* (*Cladophlebis*) sp. 似里白(枝脉蕨亚属,未定种), *Cladophlebis* cf. *browniana* (Dunker) Seward (布朗枝脉蕨,相似种)(图版Ⅰ,3)。枝脉蕨类: *Cladophlebis browniana* (Dunker)(似仙棕枝脉蕨), *Sphenopteris* sp.(楔羊齿未定种), *Cl* sp.。主要化石:本内苏铁类 *Scleropteris* cf. *tibetica* Tuan et chen(西藏英羊齿,相似种)(图版Ⅰ,1), *Zamites niumagouensis* Wu(骝马沟腹羽叶), *Otozamites* sp.(耳羽叶,未定种)和 *Pterophyllum* sp.(侧羽叶,未定种)。 *Desmiophyllum* sp.(带状叶,未定种)(图版Ⅰ,5), ? *Gleichenites* sp.(? 似里白,未定种), *Zamiophyllum buchianum* (Ett) Nath. emend Ôish(布契查米羽叶)(图版Ⅰ,2;图版Ⅰ,4;图版Ⅰ,6), *Z.* sp., *Ptilophyllum* cf. *boreale* (Heer) Seward (北方毛羽叶,相似种)(图版Ⅱ,1), *Zamites* sp.(似查米亚,未定种)(图版Ⅱ,2;图版Ⅱ,3), *Sphenopteris* sp.(楔羊齿,未定种), *Todites* sp.(似托第蕨,未定种), *Otozamites* sp.(耳羽叶,未定种)(图版Ⅰ,8), ? *Phlebopteris* sp.(异脉蕨,未定种)(图版Ⅰ,7), *Radicites* sp.(似根属,未定种)(图版Ⅱ,4), *Ctenis*?(? 蓖羽叶)(图版Ⅱ,5), ? *Pagiophyllum* sp.(? 坚叶杉,未定种)(图版Ⅱ,6),木贼类有 *Equisetites* sp.(似木贼未定种)。分类位置未定的有 *Taeniopteris* sp.(带羊齿,未定种)等。

表 2-10 测区下白垩统植物群特征及分布简表

年代地层		岩石地层		植物群特征	产地及层位						
统	阶				边坝县城北	边坝镇亚马	边坝拉孜东拉山	硕般多中亦松多	洛隆江珠弄旺多	洛隆格斗贡庆拉卡	马五乡热曲
下白垩统		边坝组		*Zamiophyllum buchiqnum*（Ett）Nath. emend Ōish						○	
				Podozamites sp.						○	
				Cladophlebis. lhorongensis Lee						○	
		多尼组	二段	*Radicites* sp.	○						
				R. sp.	○						
				? *Pagiophyllum* sp.	○						
				? *Sphenobaiera* sp.	○						
				Problematicum{? *Ctenis*、? *Phlebopteris*}	○						
				Sphenopteris sp.				○			
				Gleichenites(*Cladophlebis*) sp.				○			
				Taeniopteris sp.				○			
				Pterophyllum sp.				○			
			一段	*Scleropteris* cf. *tibetica*, Tuan et Chen	○						
				Cladophlebis browniana（Dunker）					○		
				C. cf. *browniana*（Dunker）Seward	○						
				C. lhorongensis Lee	○			○		○	
				C..exiliformis Oishi	○			○			
				C.(*Klukia?*) *koraiensis* Yabe, *C.* sp.	○			○			
				Desmiophyllum sp.	○						
				? *Gleichenites* sp.	○						
				Zamites niumagouensis Wu				○			
				Z. sp.		○					
				Zamiophyllum buchiqnum（Ett）	○	○				○	
				Z. reticulata（Stokos et Webb）				○			
				Z. sp.							
				Sphenopteris cretacea Lee				○			
				S. sp.					○		
				Todites sp.							
				Otoyamites sp.					○		
				? *Phlebopteris* sp.							
				Ptilophyllum cf. *boreale*（Heer）Seward				○			
				P. sp.		○					
				Podozamites sp.				○		○	
				Onychiopsis elongata(Geyler)				○			○
				Klukia xizangensis Lee				○			
				K. cf. *browniana*（Dunker）				○			
				Werchselina retiulata(Stokos et Webb)		○	○	○			
				Perophyllum sp.					○		
				Gleichenites cf. *giesekiana* Heer				○			
				Gleichenites(*Cladophlebis*) sp.			○	○			
				Equisetites sp.				○			
				Frenelopsis hoheneggeri（Ett.）				○			
				Podozamites sp.		○					
				Carpolithus sp.							
				Ptilophyllum cf. *borealis*（Heer）				○			
				Zamiostrobus? sp.				○			

以上植物群中，*Scleropteris* cf. *tibetica* Tuan et Chen, *Cladophlebis* cf. *browniana*（Dunker）

Seward, *Zamiophyllum buchianum* (Ett) Nath. emend Ôish 最为繁盛,化石保存完整,数量较多,具有小而厚的小羽叶片,叶脉通常较简单,显示中生代晚期演化特点。大量苏铁类出现,反映植物群产生于湿热的热带或亚热带古气候条件。木贼类已由早期种类繁多、茎干粗大退化为单调而细小的似木贼。

Scleropteris cf. *tibetica* - *Cladophlebis* cf. *browniana* (Dunker) - *Ptilophyllum* cf. *boreale* 组合(与 *Weichselia* - *Ptilophyllum boreale* 组合相当)广泛分布于浙江、黑龙江、甘肃、西藏、西伯利亚和英国等地区,其中,*Cladophlebis browniana* (Dunker) 和 *Otozamites* 见于甘肃新民堡群;*Cladophlebis browniana* (Dunker), *Weichselia reticulata* (Stokes et Weeb) 产于浙江寿昌组和磨石山组。黑龙江鸡西群及远东地区与测区多尼组植物群共同具有的种有:*Cladophlebis browniana* (Dunker), *Weichselia reticulata* (Stokes et Weeb) 等。

Cladophlebis browniana 是欧洲威尔登期的标准化石,*Zamiophyllum buchianum* 地理分布广泛,地层分布仅限于早白垩世,被视为早白垩世重要植物之一。李佩娟(1982)认为,*Zamiophyllum buchianum* 时代可确定为早白垩世早期(尼欧克姆世)。

多尼组植物群以真蕨类、苏铁类占主要地位,缺乏银杏类,与西欧早白垩世威尔登期性质相同,*Weichselia reticulate* 是世界性早白垩世标准分子。综合分析,认为本区多尼组归下白垩统(尼欧克姆阶)。

(2)双壳

Trigonioides (*Diversitrigonioides*) *xizangensis* - *Pleuromya spitiensis* 组合主要产于边坝组。该组合主要分子有:*Trigonioides* (*Diversitrigonioides*) *xizangensis* Gu(西藏类三角蚌异饰蚌)(图版Ⅲ,1),*T.* (*D.*) *naquensis* Gu, *Pleuromya spitiensis* Hoidhaus(斯匹梯肋海螂)(图版Ⅲ,2),*Opis* (*Trigonopis*) cf. *suboligua* Gou(近斜三角钩顶蛤,相似种)(图版Ⅲ,4),*O.* (*T.*) sp.,*Pleuromya* sp.(肋海螂)(图版Ⅲ,7),*Myopholas* sp.(螂海笋)(图版Ⅲ,5,6;图版Ⅲ,9,15),*Trichomyerla* sp.(图版Ⅲ,8),*Protelliptio* sp.(图版Ⅲ,3),*Cuneopsis sakaii* (Suzuki),*Weyla* (*Weyla*) sp.。

此外,在洛隆江珠弄-旺多剖面中多尼组下部泥灰岩类层中尚产菊石 *Berriasella* sp.(贝利亚斯,未定种)等,在格斗、贡庆拉卡产海百合 *Cyclocyclicus lhorongensis* Mu et Lin。

本组所产双壳类 *Trigonioides* (*Diversitrigonioides*) 属早白垩世中期 T.P.N (*Trigonioides* - *Plicatounio* - *Nippononaia*) 动物群的成员。*T.* (*D.*) *naquensis* 原产于藏北那曲地区的多尼组。综合分析,边坝组归早白垩世(阿普特期—阿尔布期)。

2. 年代地层

根据古生物组合面貌、区域对比及层位关系,测区白垩系可划为下白垩统和上白垩统。

下白垩统包括多尼组、边坝组的层序。多尼组内以植物群 *Scleropteris* cf. *tibetica* - *Cladophlebis* cf. *browniana* (Dunker) - *Ptilophyllum* cf. *boreale* 组合带为特征。其中 *Weichselia reticulata*, *Cladophlebis browniana* 等是欧洲威尔登期的标准化石。*Zamiophyllum buchianum* 地理分布广泛,地层分布仅限于下白垩统,被视为早白垩世重要植物之一。李佩娟(1982)认为 *Zamiophyllum buchianum* 时代可确定为早白垩世早期(尼欧克姆亚世)。

此外,测区多尼组尚产出 *Berriasella* 等菊石。该种菊石已在西藏江孜地区下白垩统甲不拉组发现(刘桂芳,1983)。在欧洲,*Berriasella* 是贝利阿斯阶(*Berriasian*)的典型化石分子,因此,进一步证明测区多尼组属早白垩世地层。

综合分析认为多尼组时代可确定为早白垩世早期(尼欧克姆亚世)。

边坝组产双壳类 *Trigonioides* (*Diversitrigonioides*) *xizangensis* - *Pleuromya spitiensis* 组合。其中 *Trigonioides* (*Diversitrigonioides*) 属早白垩世中期 T.P.N (*Trigonioides* - *Plicatounio*

-Nippononaia)动物群的成员。T.(D.)naquensis 原产于藏北那曲地区的多尼组。因此,边坝组归下白垩统(阿普特阶—阿尔布阶)。

上白垩统包括宗给组、八达组。宗给组不整合于下白垩统多尼组之上,其层位大致与拉萨地区的普奴火山岩组相当。普奴组产 Hippuritidae(马尾蛤科)化石,王乃文(1983)将其归属晚白垩世末期沉积(坎潘阶至康尼亚克阶),李玉文(1985)曾在测区北部邻区的丁青协雄乡下普宗给组上发现有孔虫 Nonion cf. sichuanensis Li,介形虫 Cyclocypris sp., Cyprois sp., Eucypris sp., Physocypria spp.,时代为晚白垩世至始新世。八达组产 Physa shandongensis Pan,Gyraulus sp.。结合前人资料分析,将本区宗给组、八达组划为上白垩统,并可能大致相当于康尼亚克阶到坎潘阶(表2-11)。

表2-11 测区白垩系生物组合特征简表

年代地层			岩石地层		生物地层		
系	统	阶			植物组合	双壳	其他
白垩系	上统	坎潘阶↑康尼亚克阶	八达组			Hippuritidae(马尾蛤科)	腹足 Physa shandongensis Pan, Gyraulus sp.
			宗给组	流纹岩层			
				安山岩层			有孔虫 Nonion cf. sichuanensis Li 介形虫 Cyclocypris sp.,Cyprois sp., Eucypris sp.,Physocypria spp.
	下统	阿普特阶↑贝利阿斯阶	边坝组		Scleropteris cf. tibetica - Cladophlebis cf. browniana (Dunker)- Ptilophyllum cf. boreale Ass.	Trigonioides (Diversitrigonioides) xizangensis - Pleuromya spitiensis Ass. (T.P.N 组合)	
			多尼组	二段			
				一段			海百合 Cyclocyclicus lhorongensis Mu et Lin; 菊石 Berriasella

(五)白垩纪沉积相及层序地层分析

1.沉积相类型及沉积环境分析

通过以上四条实测剖面岩性组合及生物特征分析,初步确定白垩纪地层有四种沉积相。

(1)三角洲相

可进一步分为前三角洲、三角洲前缘远砂坝及三角洲平原三个亚相。

①前三角洲

见于洛隆县江珠弄-旺多剖面及边坝县剖面多尼组一段(K_1d^1),岩性为黑色板岩-粉砂岩-岩屑石英砂岩构成互层,夹泥灰岩薄层或透镜体。板岩及粉砂岩中产丰富的植物化石。泥灰岩中产菊石化石,代表一套海陆交替相沉积。黑色板岩富含有机质,可出现薄煤层或煤线,植物叶片保存较完整,多属就地或近距离迅速埋藏产物。这些板岩以泥质成分为主,夹有粉砂,应属近海滨岸沼泽相沉积。岩屑石英砂岩多为细—中砂粒级,成分与结构成熟度较高,显示高能环境产物,应是隔离滨岸沼泽与外海的海岸洲堤相或滨海砂岩相沉积。含菊石泥灰岩的产出代表较深水沉积特征,显示曾有明显海侵,构成退积型层序(图2-37A、B)。

②三角洲前缘远砂坝

见于边坝县P18剖面多尼组二段(K_1d^2)上部、镇擦则纳P19剖面宗给组(K_2z),主要由灰色薄层泥质粉砂岩及灰黑色含粉砂绢云母千枚板岩、灰色中厚层—中薄层细粒岩屑石英砂岩组成。粉砂岩具平行层理、砂岩低角度斜层理,波痕发育。砂岩垂向上具有变粗增厚结构特征,反映了三角洲前缘远砂坝沉积(图2-37C)。

③三角洲平原

主要为分流河道砂体和沼泽沉积。前者为灰黄色含砾长石岩屑石英砂岩,正粒序,具板状斜层理。后者为灰黑色粉砂岩,灰色粉砂质泥岩夹煤线。灰色中厚层细粒石英杂砂岩夹灰黑色绢云母千枚板岩。具水平层理,产植物化石(图2-37D)。

(2)泻湖相

见于边坝组及宗给组中上部,边坝组主要由紫红色粉砂质泥岩,深灰色粉砂质泥岩夹灰黄色中薄层泥晶铁白云岩组成。粉砂质泥岩中产丰富双壳类化石。反映了滨岸洲堤隔离的淡化泻湖沉积。宗给组中上部由紫红色、杂色页岩夹灰色薄层微晶白云岩组成(图2-41C)。

(3)河流相

见于边坝镇擦则纳一带,宗给组(K_2z)中下部由紫红色厚层状质细粒—中粒岩屑石英杂砂岩、深紫色钙质胶结砂质砾岩与深紫色含砾粗砂岩、紫红色细砂岩、紫红色厚层粉砂岩组成正粒序韵律层。代表了辫状河沉积特征(图2-41B)。

(4)陆上冲积扇

见于边坝县草卡镇甬落晚白垩世宗给组(K_2z)下部,冲积扇可进一步分为扇根和扇中及扇前缘。扇根由紫红色中厚层状复成分砾岩、紫红色中厚层状复成分细砾岩组成;砾石成分复杂,主要为花岗岩、石英岩、石英砂岩及火山岩等。扇中为紫红色中薄层—中厚层状含砾粉砂质泥岩夹紫红色薄层状粉砂质泥岩、紫红色中薄层状含砾屑不等粒粉砂岩。扇前缘为紫红色薄层状粉砂质泥岩,偶夹紫红色中厚层状复成分砾岩。在剖面上三者呈不等厚韵律式互层。反映了山麓冲洪积堆积特征(图2-41A)

(5)沉积环境分析

测区为冈底斯北缘弧背盆地(弧后陆盆地)的一部分,海盆性质属残余海盆地。早白垩世怒江海盆向南消减并最终关闭。在这一时期,测区北部开始抬升,海水逐渐撤离,海相沉积环境过渡为海陆交互相环境,成为以滨海沼泽为主的古地理背景。由于温暖潮湿的古气侯条件,真蕨类植物在沼泽地带大量繁盛,沉积物中保存了丰富的植物化石。多尼组下部含菊石泥灰岩的出现,反映早白垩早期仍有短暂海侵。在边坝县城、拉孜及洛隆一带,早白垩世中期边坝组出现一套紫红色粉砂质泥岩及灰黄色中薄层泥晶铁白云岩,产丰富双壳类化石,反映了早白垩世中期气候炎热的滨岸洲堤隔离的泻湖环境。早白垩末期,随地壳抬升,海水是逐步撤离的。早白垩世末,怒江中游海盆完全关闭。晚白垩世以冲积扇为主,并发育河流-泻湖环境。沿断裂带出现较大规模的陆上裂隙火山喷溢。

2. 层序划分及其特征

根据以上剖面研究,按照岩相叠置关系,初步将本区白垩纪残余海盆地划分为3个三级旋回,其中早白垩世2个,晚白垩世1个。现就三级旋回层序特征分别简述如下。

① 层序1(sq_1)

该层序形成于早白垩世早期多尼组。层序的顶、底界面的性质为Ⅱ型界面类型,属于岩相转换面。该层序内可分为海侵体系域(TST)和高水位体系域(HST)。

海侵体系域(TST)由前三角洲亚相构成。岩性为黑色板岩-粉砂岩-岩屑石英砂岩构成互层；夹泥灰岩薄层或透镜体。板岩及粉砂岩中产丰富的植物化石。植物叶片保存较完整，多属就地或近距离迅速埋藏产物。黑色板岩富含有机质，可出现薄煤层或煤线，这些板岩以泥质成分为主，夹有粉砂，应属近海滨岸沼泽相沉积。泥灰岩中产菊石化石，岩屑石英砂岩多为细—中砂粒级，成分与结构成熟度较高，显示高能环境产物，应是隔离滨岸沼泽与外海的海岸洲堤相或滨海砂岩相沉积。含菊石泥灰岩的产出代表较深水沉积特征，显示曾有明显海侵，构成退积型层序。总体表现为向上变深的向岸上超。

高水位体系域(HST)见于多尼组二段上部，由三角洲前缘远砂坝-三角洲平原亚相构成。前者主要由不纯的"砂体"组成。岩性由灰色薄层泥质粉砂岩及灰黑色含粉砂绢云母千枚板岩、灰色中厚层—中薄层细粒岩屑石英砂岩组成。粉砂岩具平行层理、砂岩低角度斜层理，波痕发育。砂岩垂向上具有变粗增厚结构特征，反映了三角洲前缘远砂坝沉积。后者主要为分流河道砂体和沼泽沉积。前者为灰黄色含砾长石岩屑石英砂岩，正粒序，具板状斜层理。后者为灰黑色粉砂岩，灰色粉砂质泥岩夹煤线。灰色中厚层细粒石英杂砂岩夹灰黑色绢云母千枚板岩。具水平层理，产植物化石。反映了三角洲平原沉积。高水位体系域(HST)从近岸灰岩至三角洲，形成向上变浅的盆地下超。

② 层序 2(sq_2)

该层序形成于早白垩世中期边坝组。层序的底界面为Ⅱ型界面类型。顶界在区域上为区域角度不整合，属Ⅰ型界面类型。层序内可分为海侵体系域(TST)和高水位体系域(HST)。

海侵体系域(TST)由灰色中厚层细粒石英砂岩夹紫红色粉砂质泥岩，深灰色灰绿色粉砂质泥岩夹灰黄色中薄层泥晶铁白云岩组成。TST 表现为向上变深的向岸上超。高水位体系域(HST)由紫红色粉砂质泥岩，灰绿色粉砂质泥岩，产丰富双壳类化石。灰色薄层状粉砂岩与深灰色粉砂质绢云母千枚板岩互层，灰白色薄层细粒石英砂岩与深灰色粉砂质绢云母千枚板岩互层；HST 反映了由泻湖—砂泥质潮坪沉积。垂向上具向变浅的盆地下超的特征。

③ 层序 3（sq_3）

该层序形成于晚白垩世宗给组。层序的底界面为Ⅰ型界面类型。顶界为Ⅱ型界面类型。晚白垩世海平面升降受构造沉降、沉积物供给速率和气候等多种因素控制。因此，本区晚白垩世残余海盆可识别出 1 个三级旋回层序。该层序由低水位体系域(LST)、海侵体系域(TST)和高水位体系域(HST)组成。

低水位体系域(LST)见于宗给组下部，由陆上冲积扇扇根和扇中及扇前缘构成。扇根堆积体为紫红色中厚层复成分砾岩、紫红色中厚层状复成分细砾岩；砾石成分复杂，主要为花岗岩、石英岩及火山岩等。扇中为紫红色中薄层—中厚层状含砾粉砂质泥岩夹紫红色薄层状粉砂质泥岩，紫红色中厚层状中砾岩，紫红色中薄层状含砾屑不等粒粉砂岩，紫红色厚层块状复成分砾岩。扇前缘为紫红色薄层状粉砂质泥岩夹紫红色中厚层状复成分砾岩。

海侵体系域(TST)为辫状河流体系。下部为灰绿色含砾粗粒砂岩、浅灰绿色厚层状细粒石英杂砂岩、猪肝色中薄层中细粒岩屑石英杂砂岩与粉砂岩、紫红色粉砂质泥岩，发育水平层理。构成了一个完整的正粒层序。反映了辫状河流体系特征。中部由紫红色厚层状细粒—中粒岩屑石英杂砂岩、灰绿色含砂砾硅质岩组成。上部为由深紫色钙质胶结砂质砾岩与深紫色含砾粗砂岩、紫红色细砂岩、紫红色厚层粉砂岩组成的正粒序韵律层。总体反映了向上变深的退积型结构。

高水位体系域(HST)由紫红色、杂色页岩夹灰色薄层微晶白云岩，紫红色中厚—厚层砾岩与紫红色砂岩，杂色页岩夹紫红色薄层粉砂岩，灰色中厚层细粒岩屑石英砂岩等组成。反映了泻湖夹砂坝沉积。该层序中部和上部有火山喷发活动，发育流纹岩和安山玄武岩。

综上所述,可以初步建立本区白垩纪残余海盆地层格架(图 2-43)。

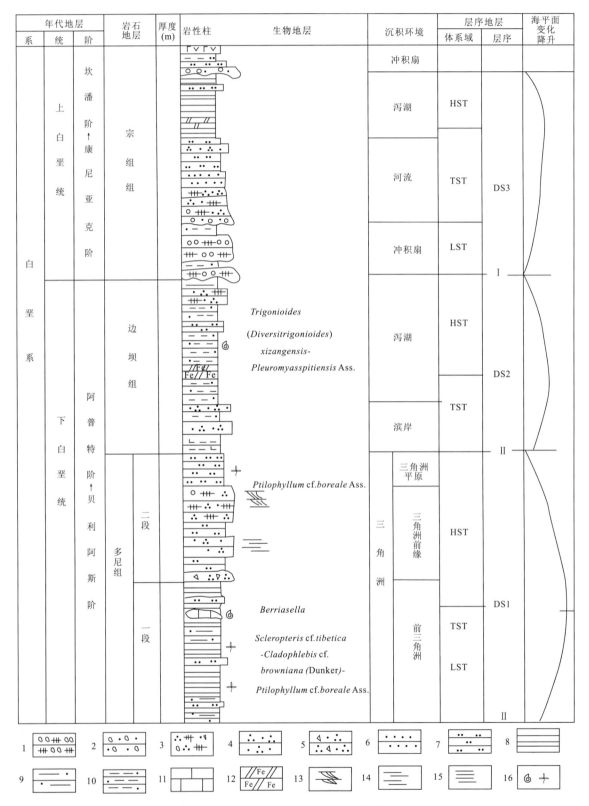

图 2-43 测区白垩纪地层沉积相及层序地层

1.复成分砾岩;2.含砾粗砂岩;3.岩屑石英杂砂岩;4.石英砂岩;5.岩屑石英砂岩;6.细砂岩;7.粉砂岩;8.页岩;9.粉砂质页岩;10.粉砂质泥岩;11.灰岩;12.含铁白云岩;13.斜层理;14.平行层理;15.水平层理;16.双壳、菊石及植物化石产出层位

四、雅鲁藏布江蛇绿混杂岩群（JKoψm）

雅鲁藏布江地层区主要由一套蛇绿混杂岩群（JKoψm）构成，属雅鲁藏布江结合带产物。主要分布于测区南部拉月、迫龙一带。呈连续的弧形条带夹于中新元古代南迦巴瓦岩群和念青唐古拉岩群之间。其南北宽2km，东西长约20km。出露面积约40km²。

对于该蛇绿混杂岩（JKoψm）的确定，《1：20万波密幅、通麦幅区域地质矿产调报告》（甘肃省区调队，1995）曾将其划为南迦巴瓦岩群阿尼桥（AnZa）片岩组。本次工作，通过对《1：25万墨脱幅区域地质报告》（成矿所，2003）资料分析、追索对比，认为该套岩石组合属于墨脱幅图幅北部边界大拐弯的雅鲁藏布江蛇绿混杂岩群的延伸。现根据本次区调并结合前人资料对雅鲁藏布江蛇绿混杂岩群（JKoψm）特征简述如下。

（一）主要岩石类型

雅鲁藏布江蛇绿混杂岩群在测区内主要由强糜棱岩化的石英岩和白云母石英片岩、变质超镁铁质岩石组成，夹有大理岩岩块，局部地段也有来自两侧的元古代南迦巴瓦岩群和念青唐古拉岩群的外来岩块卷入。混杂带的岩石从岩石组合、内部结构、变质变形特征和产状上可分为岩片（块）和基质两部分。

1. 岩片（块）

（1）石英岩和白云石英片岩岩片

该岩片在测区的雅鲁藏布蛇绿混杂带中出露最广泛。岩石类型主要为一套绢云石英片岩、绢云石英岩、二云石英片岩类。其矿物成分以石英为主，一般含数量不等的斜长石、钾长石、白云母、黑云母、石榴子石等。部分岩石发生强烈韧性剪切现象，形成糜棱岩。它们是含泥质硅质岩、泥质长石石英砂岩等岩石的变质产物。

（2）碳酸盐岩块

碳酸盐岩在混杂带中的产状比较复杂。有些是岩块，与围岩有清楚的边界，夹在绿片岩、角闪岩和石英片岩中。岩块呈不规则状、大小悬殊。还有些碳酸盐岩在露头上也呈块体形状，出露规模也较大，但与围岩之间未见清楚的边界，甚至有逐渐过渡的关系（八玉至扎曲之间的加达拉附近）。碳酸盐中除主要矿物方解石外（少量样品以白云石为主），一般含有镁橄榄石、金云母、尖晶石、透辉石、磷灰石、白云母、斜长石、石英、黑云母、黄铁矿、方柱石、透闪石等，构成各种类型的大理岩。变质条件相当于低角闪岩相，中高压环境。碳酸盐岩石一般呈纯净的白色，中粗晶粒状镶嵌结构，块状构造。

上述情况说明，结合带中的碳酸盐岩主要是多成因的大理岩。有些是两侧老基地的岩块，有些是海盆中的变沉积岩，与变玄武岩、重结晶的硅质岩等共生。

（3）基底岩片

基底岩片是造山作用过程中混杂带两侧的南迦巴瓦岩群和念青唐古拉岩群经过破碎、混杂、变形拉长形成的。基底岩片露头尺寸大小悬殊，一般为狭长的透镜状。从1m大小到长度25km、宽2km。其与围岩呈清楚的接触关系。包含基底岩片的基质部分在接近这些岩片的部位一般见强烈的变形，发育揉皱、紧闭褶皱等，在扎曲—排龙等地可见这种现象。

基底岩片的岩石类型以各类片麻岩、变粒岩、片岩为主，如具混合岩化特征的黑云斜长片麻岩、含黑云二长变粒岩、含黑云透辉石变粒岩、蓝晶石榴云母石英片岩等。由这些岩石组合构成的岩片可能主要来自南迦巴瓦岩群，少量来自念青唐古拉岩群。

2. 蛇绿混杂带中的基质部分

混杂带中的基质是指存在于各类岩片之间的一套岩石组合,它们与岩片或岩块之间具清楚的构造界限。基质的变形程度比岩片或岩块大得多,普遍具有塑性变形现象,常见糜棱岩化、小揉皱、紧闭叠加褶皱等,表明基质岩石的能干性较岩片、岩块的要低得多。

基质部分岩石类型相对较复杂,露头上岩性变化大,往往呈各种岩性互层的现象,但这种层理不代表原始层理。常见的岩石类型有含黑云母斜长角闪(片)岩、二云石英片岩、绢云石英片岩、含白云母石英岩、含石榴二云石英片岩、含白云母钾长石英岩、绿泥绿帘阳起钠长片岩等。岩性大体可分两大类,即绿片岩类和石英(片)岩类。

综上所述,雅鲁藏布江蛇绿混杂带主要由经历了低角闪岩相变质作用改造过的含粘土的硅质岩、玄武岩、辉绿岩、辉长岩、超镁铁质侵入岩和少量的灰岩构成。后期的构造变动和混杂作用使两侧的基底岩石也被卷入。

(二)雅鲁藏布江蛇绿混杂岩群的产状特征

雅鲁藏布江蛇绿混杂岩群的岩石经历了强烈的韧性剪切变形。普遍发育细小揉皱,中、小型紧闭褶皱(A型)。在混杂带的顶端部位出现叠加褶皱(排龙乡附近),显示两期褶皱的轴面都近直立,枢纽互相垂直,说明此处可能受到两次近水平的构造作用,早期近南北向、晚期近东西向。前者可能形成于陆内碰撞阶段,后者可能与20Ma以来本地区的快速隆升阶段所造成的伸展拆离作用有关。结合带中岩石的面理上一组垂直于走向的拉伸线理普遍发育,具伸展拆离作用的形成机制。糜棱岩化最强烈的部分一般分布在结合带边界断层附近,使两侧南迦巴瓦岩群和念青唐古拉岩群中的长英质片麻岩出现不均匀的细粒化、眼球状碎斑(强烈的糜棱岩化作用可形成对称的眼球状碎斑)、拔丝构造、云母鱼等。在结合带内部,可能由于其岩石类型主要是石英片岩类和绿片岩类,糜棱岩化的迹象不易显现,除发育拉伸线理外,其他的糜棱岩化现象却没有边界断层附近发育。

边界断层围绕南迦巴瓦岩群楔入体呈弧形展布,产状较陡。结合带边界断层的位置确定在糜棱岩化最强烈的部位。断层可以恰好位于蛇绿混杂岩和两侧老基底的岩性分界处,也可以位于老基底之中,靠近结合带的部位。在有些地段,糜棱岩化带与后期的脆性断层叠加,发育断层角砾岩、破碎带。脆性断层显然是后期隆升、伸展作用的结果。边界断层附近岩石产状较陡,结合带内部产状则较为紊乱。

(三)雅鲁藏布江蛇绿混杂岩群的时代

1. 雅鲁藏布江洋的形成时代

据前人资料,在米尼沟测得雅江缝合带中玄武岩年龄值为218.63±3.63Ma、背崩-马尼翁南角闪石为147.70±2.46Ma;在泽当蛇绿岩获得两组Rb-Sr年龄,一组为215.86±4.00Ma,另一组为168.04±3.73Ma,分别相当于晚三叠世和中侏罗世,并发现了相应时代的放射虫化石。在旁幸辉石橄榄岩中测得辉石年龄为218±4Ma。从以上同位素年龄结果看,蛇绿混杂岩所代表的古雅鲁藏布江洋至少在晚三叠世已有洋壳出现。因此,认为古雅鲁藏布江盆地从早石炭世开始强烈拉张并在晚三叠世之前出现洋壳。

2. 雅鲁藏布江洋的俯冲、闭合时代

据《1∶25万墨脱幅区域地质报告》(成矿所,2003),在靠近雅鲁藏布江蛇绿混杂岩群东翼的德兴岩体旁的闪长岩中获得了94.32±1.07Ma的冷却年龄;在马尼翁—背崩的花岗闪长岩中获得了

79.43±0.46Ma 的冷却年龄。这些岩体为具陆缘弧特征的Ⅰ型花岗闪长岩,是雅鲁藏布江向欧亚板块下面俯冲的产物。根据对南迦巴瓦岩群中高压麻粒岩的矿物学、同位素年代学的研究,推测测区陆-陆碰撞的时间大约为75Ma。因此,雅鲁藏布江洋的俯冲时代相当于晚白垩世土仑期,洋盆闭合及陆-陆碰撞的时间大约为晚白垩世坎潘期。

综上所述,推断雅鲁藏布江蛇绿混杂岩群应是一套侏罗纪至白垩纪的混杂堆积(JKoφm)。

第五节 新生界

区内新生界仅见第四系,缺少古近系和新近系,第四纪地层也仅零星分布。其成因类型主要有洪冲积、冰碛和冰水堆积等,主要分布在雅鲁藏布江和怒江支流的河谷和现代冰川前端,因测区强烈的下蚀作用,部分河谷地段第四纪沉积厚度较大,岩相、岩性随地形变化大,地形地貌各异。根据地质调查和实测剖面资料将测区第四纪地层按成因类型划分(表2-12)。

表2-12 边坝县地区第四纪地层划分表

地质年代单位	年代地层单位	代号	成因类型	主要岩性组合	典型地形、地貌	地层分布	年龄(ka)
全新世	全新统	Qh^{gl}	冰碛	含泥砂质砾石、卵石、漂砾,分选磨圆差,无层理。	现代冰川前端U形谷中呈终碛、侧碛垄或底碛丘陵。	大型现代冰川U形谷下端。	
全新世	全新统	Qh^{fgl}	冰水沉积	砂砾石层至砂层,砾石大小混杂,分选性较差,磨圆度为次棱-尖棱角状,中小砾石扁平面常见向上游倾斜。	现代冰川下端冰碛垄前缘冰水冲积平缓台地或现代河流河床、河漫滩及T_1、T_2阶地。	大型现代冰川U形谷下端。	
晚更新世	上更新统	Qp_3-h^{pal}	洪冲积	总体以卵石和砾石为主,局部以砾石和砂为主。卵石和砾石成分与物源有关,分选性差,磨圆性较好。松散。	现代河流河床、河漫滩及T_1-T_7阶地。	测区主要河流均有分布。	T3:20.3±1.7(OSL) T4:29.4±2.5(OSL) T5:30.8±2.5(OSL) T6:59.5±4.9(OSL)
晚更新世	上更新统	Qp_3^{gl}	冰碛	含泥砂质砾石、卵石、漂砾,分选磨圆差,无层理。	保存于较好的U形谷中,呈残破的侧碛垄或底碛丘陵。	大型现代冰川U形谷下端及部分无现代冰川的U形谷中。	<80.5±6.5(OSL)
中更新世	中更新统	Qp_2^{gl}	冰碛	灰黄色、土黄色泥质砂砾石、卵石、漂砾层,分选磨圆极差,无层理。	残留的高位冰碛平台及终碛垄等。	零星出露于4 500m以上的山脊或山坡上。	705(ESR)

现由老至新简述如下。

一、中更新统

仅出露中更新世冰碛冰碛(Qp_2^{gl})。零星出露于拉孜等地4 500m以上的山脊或山坡上(图版Ⅳ,1)。地貌上常表现为底碛丘陵、终碛垄等垄岗状地形,岩性主要为灰黄色、土黄色泥质砂砾石、卵石、漂砾层,分选性极差,磨圆度以尖棱角状为主,无层理(图版Ⅳ,1)。厚度不详。在拉孜北次级分水岭山脊上测得 ESR 年龄为 705ka(中国地质调查局海洋地质实验测试中心测试,样品号 P17ESR001),时代应为中更新世。

二、上更新统

(一)晚更新世冰碛(Qp_3^{gl})

主要分布于大型现代冰川 U 形谷下端及部分无现代冰川的 U 形谷中。地貌上为在保存完好的 U 形谷中呈侧碛垄、中碛垄或底碛丘陵,主要为灰黄色、土黄色泥质砂砾石、卵石、漂砾层(图版Ⅳ,3),漂砾上可见到冰川擦痕,分选性极差,磨圆度以尖棱角状为主,无层理。厚度不详。前人将倾多一带河谷两侧高阶地的冰碛物划为中更新世,本次区调在倾多冰碛物之下的冲积物测得,冰碛物应小于此年龄。时代应为晚更新世。

(二)晚更新世至全新世洪冲积(Qh^{pal})

晚更新世至全新世洪冲积是测区出露面积最大的第四纪地层,多分布于河流两岸及沟口,组成河流阶地及洪冲积扇(图版Ⅳ,4)。以砾石层为主,局部夹粉砂层,分选性较差,磨圆度中等,较松散,砾石扁平面定向排列明显,并向上游方向倾斜(图版Ⅳ,5),常具平行层理。测区两大水系的支流阶地均很发育,虽然各支流或同一河流的不同地段的阶地发育不尽相同,或者同一级别阶地海拔高度也不一样,但总体来看两大水系的阶地特点基本一致,通过光释光年龄测定高阶地 OSL 年龄显示均为晚更新世,其中在倾多相当于 T6 阶地洪冲积物(图版Ⅳ,6)中测得 OSL 年龄为 59.5±4.9ka(中国地震局新年代学开放实验室测试,样品号 OSL558-1),本次区调选择了两条剖面进行了实测,各剖面阶地沉积层序如下。

1. 边坝县金岭乡卡徐第四纪河流阶地实测剖面(P10)(图2-44)

该剖面位于边坝县金岭乡卡徐,起点(GPS):94°22′05″E,30°44′38″N,高程 4 050m;终点(GPS):94°22′52″E,30°44′03″N,高程 4 026m。

本剖面交通较方便。阶地出露较齐全,露头良好。现简述如下。

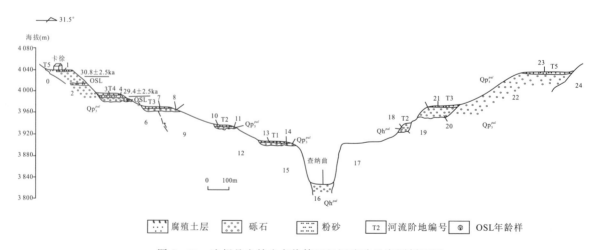

图2-44 边坝县金岭乡卡徐第四纪河流阶地实测剖面图

全新世洪冲积：

T0 阶地：

    16. 现代河床粗砾石层，砾石成分复杂，分选性差，磨圆次圆—圆状。厚度不详

———————— 侵蚀接触 ————————

T1 阶地：

    14. 灰色中—粗砾石层，砾石成分以花岗岩、砂岩、板岩为主，磨圆度为次圆—次棱角状。   7.18m

———————— 侵蚀接触 ————————

T2 阶地：

    18. 灰色中砾石层，砾石成分以砂岩、板岩为主，花岗岩次之，磨圆度为次圆—次棱角状   12.71m

———————— 侵蚀接触 ————————

晚更新世洪冲积：

T3 阶地：

    20. 灰色中—粗砾石层，砾石成分花岗岩占 50%，砂岩占 20%，板岩占 20%，磨圆度次圆—圆状，
        砾石扁平面向 NE 倾斜，局部夹少量透镜状粉砂   19.93m

———————— 侵蚀接触 ————————

T4 阶地：

    4. 灰黄色粉砂，发育水平层理。OSL 年龄 29.4±2.5ka。   2.11m

    5. 灰色中—粗砾石层，砾石成分以花岗岩、砂岩和板岩为主，磨圆度圆—次圆状，砾石扁定向明显   10.57m

———————— 侵蚀接触 ————————

T5 阶地：

    2. 灰色中—粗砾石层，砾石成分以砂岩、板岩、花岗岩为主，红柱石角岩、脉石英次之，磨圆度次圆—圆状，
        球度较高，中下部夹厚约 2m 粉砂，发育水平层理，OSL 年龄 30.8±2.5ka。   >43.15m

2. 边坝县草卡镇上卡第四纪河流阶地实测剖面（P11）（图 2-45；图版 Ⅳ,7）

本剖面位置是麦青曲阶地最为发育地段，不但阶地级数多，且层次非常清楚，阶地海拔高度较大，有利于研究测区构造发育史。剖面起点（GPS）：94°39′56″E，30°51′54″N，高程 3 970m；终点（GPS）：94°40′07″E，30°51′74″N，高程 3 913m。

本剖面交通较方便。阶地出露较齐全，露头良好。现简述如下。

全新世洪冲积：

T0 阶地：

    17. 现代河床中—粗砾石层

———————— 侵蚀接触 ————————

T1 阶地：

    16. 浅灰色中—粗砾石层，砾石成分以花岗岩、砂岩为主   >5.25m

———————— 侵蚀接触 ————————

T2 阶地：

    15. 黄灰色粗—巨砾石层，砾石成分花岗岩占 50%，砂岩占 40%   >6.69m

———————— 侵蚀接触 ————————

晚更新世洪冲积：

T3 阶地：

    11. 灰黄色粉砂与砂砾石互层，粉砂中具水平层理。OSL 年龄 20.3±1.7ka   2.94m

    12. 灰黄色中—粗砾石层，砾石成分花岗岩占 30%，砂岩 40%，板岩、脉石英等占 30%，
        磨圆度次棱角—次圆状   14.11m

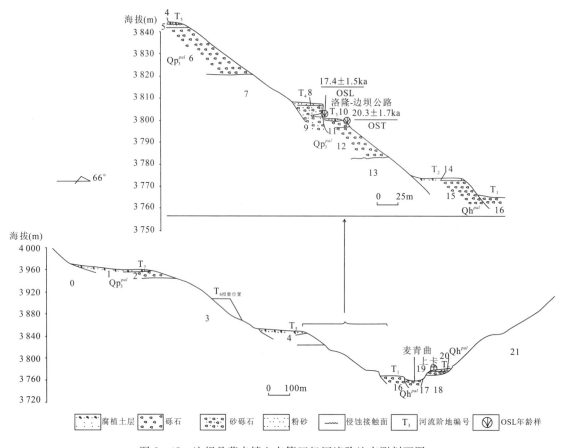

图 2-45 边坝县草卡镇上卡第四纪河流阶地实测剖面图

——— 侵蚀接触 ———

T4 阶地：

9. 灰色砂砾石层夹透镜状粉砂，砾石成分以花岗岩、砂岩为主。OSL 年龄 17.4±1.5ka　　　　＞6.40m

——— 侵蚀接触 ———

T5 阶地：

5. 黄灰色粉砂层，水平层理发育。OSL 年龄＞120Ma　　　　1.63m
6. 灰色中—粗砾石层，砾石成分花岗岩占 30%，砂岩占 20%，板岩占 20%，脉石英、角岩等占 20%，
   磨圆度为次棱角—圆状，砾石扁平面呈叠瓦状排列且向 SE 倾斜　　　　22.33m

——— 侵蚀接触 ———

T6 阶地：剖面线未经过

T7 阶地：

2. 灰色巨砾石层，砾石成分以花岗岩、砂岩为主，磨圆度为圆—浑圆状，最大粒径 1 000mm，
   大于 256mm 占 50%，64～256mm 占 30%，小于 64mm 占 20%　　　　22.70m

三、全新统

（一）全新世冰水沉积（Qh^{gfl}）

主要分布于现代冰川 U 形谷下端。地貌上常为冰川下端冰碛垄前缘冰水冲积平缓台地或现代河流河床、河漫滩及 T_1、T_2 阶地。主要为砂砾石层至砂层，砾石大小混杂，分选性较差，磨圆度

为次棱—尖棱角状,中小砾石扁平面常见向上游倾斜。厚度一般小于20m。

(二)全新世冰碛(Qh^{gl})

主要分布于现代冰川U形谷下端,地貌上呈终碛、侧碛垄或底碛丘陵(图版Ⅳ,8)。主要岩性为泥砂质砾石、卵石、漂砾,分选磨圆差,无层理。

第三章 岩浆岩

测区构造位置处于班公错-怒江缝合带与雅鲁藏布江结合带之间的冈底斯-念青唐古拉板片内。岩浆活动频繁而剧烈,自海西—喜山期均有规模不等的出现,岩体分布和活动受构造控制明显,宏观上属于冈底斯-念青唐古拉复式构造岩浆岩带,根据构造控制规律,由北而南分别划分出鲁公拉、扎西则、洛庆拉-阿扎贡拉三个次级构造岩浆带,各构造岩浆带分布特点基本呈近东西向带状展布,与主体区域构造线方向一致的趋势较为明显(图3-1),出露面积约4 274.9km²,占图幅总面积的26.76%。

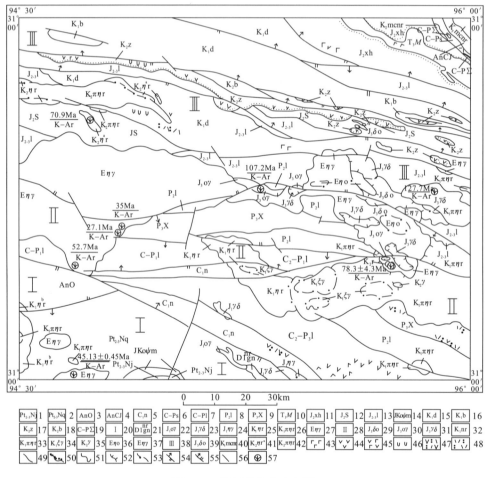

图3-1 测区岩浆岩分布图

1.中新元古代南迦巴瓦岩群;2.中新元古代念青唐古拉岩群;3.前奥陶纪地层;4.前石炭纪嘉玉桥岩群;5.早石炭世诺错组;6.石炭—二迭纪苏如卡组;7.石炭—二叠纪来姑组;8.中二叠世洛巴堆组;9.晚二叠世西马组;10.晚三叠世孟阿雄群;11.中侏罗世希湖组;12.中侏罗世桑卡拉佣组;13.中晚侏罗纪贡觉组;14.侏罗—白垩纪雅鲁藏布江蛇绿混杂岩群;15.早白垩世多尼组;16.早白垩世边坝组;17.晚白垩世宗给组;18.晚白垩世八达组;19.石炭—二叠纪蛇绿岩;20.洛庆拉-阿扎贡拉构造岩浆带;21.早泥盆世索通独立侵入体;22.早侏罗世加龙坝侵入体;23.早侏罗世白仁目岩体;24.早侏罗世下果崩日侵入体;25.早白垩世冲果错岩体;26.早白垩世洛穷拉岩体;27.古近纪温固日岩体;28.扎西则构造岩浆带;29.晚侏罗世倾多拉侵入体;30.晚侏罗世向阳日岩体;31.晚侏罗世安扎拉岩体;32.早白垩世育仁侵入体;33.早白垩世灯杂朴打岩体;34.早白垩世通心本尼岩体;35.晚白垩世曲拉马岩体;36.古近纪布次岩体;37.古近纪错青拉廖岩体;38.鲁公拉构造岩浆带;39.晚侏罗世格列岩体;40.早白垩世达荣岩体;41.晚白垩世卡步清岩体;42.晚白垩世边坝区岩体;43.玄武岩;44.安山岩;45.安山玄武岩;46.流纹岩;47.安山质凝灰岩;48.凝灰岩;49.地质界线;50.角度不整合界线;51.侵入界线;52.超动型侵入界线;53.脉动型侵入界线;54.实测逆断层;55.实测正断层;56.性质不明断层;57.同位素测试成果

岩浆侵入与火山喷溢关系密切。空间上侵入岩与火山岩伴生,时间上侵入岩稍晚于火山岩,一般见侵入岩与火山岩呈侵入接触。侵入岩的形成与火山活动有明显的对应关系,二者岩石特征十分相似。在时空上受板块构造运动的发生、发展和消亡的严格控制,构成区内岩浆活动的多期性。特殊的构造位置和活动方式控制了有序分布的岩浆活动和岩浆组合,这是本区岩浆岩的主要特色。

区内岩浆岩岩类齐全,以其中酸—酸性侵入岩分布最广,成为岩浆活动的主体。次为基性—中酸性—酸性喷出岩夹于不同时代的地层之中。构造侵位的超镁铁质岩零星产于怒江结合带内,其他岩类出露稀少或基本不见。

第一节 蛇绿岩

区内怒江蛇绿岩均以不同形态的块体零星分布在图幅东北隅摩梭一带,是班公湖-怒江缝合带的一个重要组成部分,研究历史颇长。本次修测采用综合分析前人成果及邻区资料和与构造岩石单位填图相结合的方法,对该结合带蛇绿岩岩块进行了划分,把与之相伴的深海相硅质岩、硅质泥岩、火山碎屑岩岩块,作为顶部构造混杂岩块对待。详细划分见表3-1。

表3-1 测区怒江蛇绿岩划分表

岩块名称	岩石类型	代号	岩石组合	结构构造	次生变化	形成环境	形成时代	侵位时代
摩梭蛇绿岩块	深水沉积物	CPsi	硅质岩、泥质岩、碳酸盐岩	隐晶结构、微晶结构、板状构造	绢云母化、绿泥石化	洋盆开裂初期	P_1—C	J_1
	凝灰岩	CPtf	晶屑凝灰岩	凝灰结构,块状构造	绢云母化、脱玻化			
	变质橄榄岩	CPΣ	蛇纹岩、方辉橄榄岩、二辉橄榄岩	次生纤维状、次生鳞片状、网状、假斑状、碎斑状结构,块状、定向及片状构造	绢云母化、蛇纹石化			

关于超镁铁质岩的分类和命名采用国际地科联1972年通过的分类方案(P. W. La mnite 等.1989)。

一、地质特征

测区怒江蛇绿岩位于怒江蛇绿岩带的北延部分中偏南的一分支,空间分布明显受区域性断裂构造控制,呈北西—南东向串状展布于图区东北角的龚通—摩梭—卡龙等地。宏观上,邻区发育的索县蛇绿岩、丁青蛇绿岩和多伦蛇绿岩以及本区摩梭蛇绿岩构成了区域上班公错-怒江蛇绿岩带由北西西转为南东东向的转折端部位。在出露的4个岩块中以东图边卡龙块体露布面积最大,且岩类也较复杂,地表形态为一北西收敛、向南东散开沿怒江南下的楔状体,龚通-摩梭等3个残块规模小,岩性相对单一,总体呈透镜状,豆荚状产出,与之相伴的围岩为石炭—二叠纪苏如卡岩组。岩块边部尚无冷凝边,外接触带岩石均不具淬火边,以不同的变质矿物组合指示着与区域一致的变质环境,充分显示了该蛇绿岩具有"冷"侵位特点。龚通小块体南侧被后期二长花岗岩所蚕食呈超动型关系侵入其中,东图边卡龙岩块南侧逆冲于中侏罗世希湖组之上,并延入八宿县幅,蛇绿岩块出露总面积约0.3km²。

二、岩石及矿物特征

由于构造的肢解、破坏,各岩块之间或同一岩块中表现的岩石类型复杂多变。宏观上,怒江蛇绿岩岩石组合自下而上依次为变质橄榄岩→堆晶岩(包括单斜辉长岩、方辉辉石岩)→喷出岩(包括枕状玄武岩、晶屑凝灰岩)→深海沉积岩等,本区内仅见变质橄榄岩、晶屑凝灰岩和深海沉积岩。其中堆晶岩、喷出岩类的枕状熔岩则发育于北邻丁青县幅东南隅的桑多乡几拉北侧一带,有关岩石学特征详见《1∶20万丁青县幅、洛隆县(硕般多)幅区调报告》(河南省区调队,1995)。

1. 变质橄榄岩

变质橄榄岩是怒江蛇绿岩的主要成员之一,原《1∶20万丁青县幅、洛隆县(硕般多)幅区调报告》(河南省区调队,1995)将其置于堆晶岩之下,测区内多呈凸镜状、楔状,延伸不远即将圈闭,宏观上为"无根"构造岩片。其边界与围岩呈断层接触,形成宽度不等的构造混杂岩带和糜棱岩(具低温高压特征),个别露头见有厘米级的硅质岩被包裹混杂,显示构造就位特点。

镜下观察到的结构、构造有:次生纤维状、次生鳞片状、网状、假斑状、碎屑结构,块状、定向及片状构造。次生纤维状、次生鳞片状及网状结构由纤维状蛇纹石、鳞片蛇纹石构成,微观表现为具一定的定向性排列分布。在构造作用相对较弱部位,表现为不具定向性的网状分布。往往保留短柱状外形。具辉石解理的绢石化辉石及其假斑。碎斑及假斑结构中的斑晶多为斜长石,少量橄榄石,呈次棱角状或圆状外形,波形消光较明显,表现出岩石经过较强的韧性变形。

变质橄榄岩的主要矿物有:橄榄石,斜方辉石和尖晶石。橄榄石一般具有较强的蛇纹石化,根据镜下观察有三种类型产出:一种呈碎斑状、假斑状,仍保留橄榄石外形轮廓;另一种呈不规则粒状,粒度一般为1~2mm,常呈网格状蛇纹石化,中心部位有橄榄石残留,切面较浑浊,为均匀消光或波状消光;第三种是较小的橄榄石,这种橄榄石经较强的蛇纹石化,全部变为蛇纹石或滑石,呈细小的纤维状或鳞片状,常具定向性分布于前两种橄榄石之间,它可能是岩石发生构造肢解碎粒化的一种结果。斜方辉石含量较少,一种呈假斑状或碎斑状;另一种呈细粒的不规则粒状。假斑、碎斑粒径可达2~5mm,蛇纹石化后变为绢石,保留粒状、柱粒状外形及辉石式解理,无定向性且不均匀分布在变质橄榄岩中,晶面有弯曲,具波状消光。不规则粒状辉石蛇纹石化变为绢石,受构造作用,具定向性分布,晶面弯曲,波状消光。尖晶石为棕红色,属铬尖晶石,呈不规则状,有撕裂、拉长、压扁现象,粒度变化大(0.1~1mm),呈单晶零散分布于变质橄榄岩中。铁质矿物呈尖状较均匀分布于岩石中,为橄榄石在发生蛇纹石化、滑石化及菱镁矿化时析出。

2. 晶屑凝灰岩

仅出露于修测图幅东北角的东图边卡龙北侧局部地段,它是怒江蛇绿岩中的一个组成部分。呈夹层产于石炭—二叠纪苏如卡岩组之中,野外地质填图观察出露厚约50m,韵律不甚明显。但靠近火山喷发中心(底部层位)部位,晶屑含量较多较粗,远离喷发中心,晶屑含量具有变少趋势,且逐渐变细,并向粉砂岩过渡。凝灰岩中晶屑含量为40%~30%,主要为石英、斜长石、钾长石。晶屑形态各异,呈浑圆状、港湾状、棱角状、楔状、撕裂状等,凝灰质脱玻化变为微粒状绢云母及长英质矿物。

3. 深海沉积岩

图区内怒江蛇绿岩中的深海沉积岩主要是一套浅变质的泥质粉砂岩及碳酸盐岩构成的复理石建造夹硅质岩及晶屑凝灰岩夹层。由于构造作用,存在不同等级的韧性剪切带及高压变质带,根据路线资料,深水沉积主要有以下岩石类型。

硅质岩:呈灰色、灰白色,隐晶—微晶质结构,定向—板状构造,成分中硅质含量可达95%,重结晶,粒径0.01~0.05mm,泥质含量约5%,变为细小的鳞片状绢云母,具定向排列,有少量不规则斜长石、钾长石细屑,粒径0.5mm。

泥质岩:颜色较深,为灰黑色,经低级变质作用变为各种板岩。主要为绢云母硅质板岩及粉砂质板岩,次为绿泥板岩。具鳞片粒状变晶结构,板状构造,变质新生矿物有绢云母、绿泥石等。碎屑物以各种不同粒径的石英为主,含量60%~75%,少量斜长石及钾长石。

碳酸盐岩:主要为结晶程度不同的各种灰岩、白云岩。含有不等量的石英等碎屑物,与硅质岩呈宽窄不一的条带状或薄板状分布。

综上所述,图区内怒江蛇绿岩具有上下层序不明,岩石组合不全,构造混杂堆积,缺失堆晶杂岩及枕状熔岩,未见基性岩墙群等特点,这可能与局限性出露有关。

三、岩石化学特征

表3-2中反映,测试后的变质橄榄岩岩石化学成分变化都局限于一个较窄的范围内,主要氧化物含量及特征数值显示:SiO_2、K_2O、Na_2O属枯竭的氧化物,CaO、Al_2O_3、TiO_2丰度较低。在$Mg/(Fe)-[(Fe)+Mg]/Si$直方图解(图3-2)上,两个落点均投影于II区的镁质区域之中,从图3-3的$Al_2O_3-SiO_2$关系图解中可以看出,所有样品投影点无一例外地落在IV区偏底线一个较窄范围内。因此,我们认为本区变质橄榄岩以富镁、贫铝、钙、钛的特征同特罗多斯方辉橄榄岩基本相似,MgO含量高达37.66~39.85,m/f比值均大于10。CaO变化于0.19~0.24之间,属强亏损型地幔岩,据FMC三角图解反映,本区怒江蛇绿岩两件样品均投入钙特贫的镁质区,如图3-4所示。CIPW标准矿物中均出现高含量的橄榄石和紫苏辉石,一件样品见有低度含量的透辉石,而另一件样品则以含刚玉分子为特征。

表3-2 摩梭蛇绿岩块化学成分、CIPW标准矿物特征表★★

样号	岩石名称	氧化物含量($\omega\beta/10^{-2}$)											
		SiO_2	TiO_2	Al_2O_3	Fe_2O_3	FeO	MnO	MgO	CaO	Na_2O	K_2O	P_2O_5	LOS	总量
3377/1	蛇纹岩	39.94	0.05	0.95	5.03	1.2	0.03	39.85	0.19		0.15	0.02	12.67	100.08
3377/3-1	蛇纹岩	41.24	0.05	1.18	2.6	4.15	0.07	37.66	0.24	0.62	0.09	0.03	11.47	99.4
平均值		40.59	0.05	1.07	3.82	2.68	0.05	38.76	0.22	0.31	0.12	0.03	12.07	99.74
样号	岩石名称	CIPW标准矿物($\omega\beta/10^{-2}$)												
		or	ab	an	c	wo	cn	fs	en'	fs'	fo	fa	Di	Hy	ol	DI	An
3377/1	蛇纹岩	0.89		0.81	0.49				26.13	1.37	51.24	2.95		27.5	54.1	1	100
3377/3-1	蛇纹岩	0.53	5.25	0.71		0.34	0.28	0.02	23.33	1.66	49.18	3.85	0.65	24.99	53.3	6.6	3
平均值		0.71	2.63	0.76	0.25	0.17	0.14	0.01	24.73	1.52	50.21	3.40	0.33	26.25	53.70	3.80	51.50
备注	★★《1:20万丁青县幅、洛隆县(硕般多)幅区调报告》(河南省区调队,1995)资料,下同													

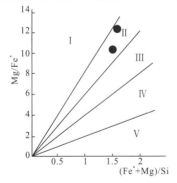

图3-2 摩梭蛇绿岩块 $Mg/Fe^*-(Fe^*+Mg)/Si$ 关系图解
(据张雯华等,1976)
I.超镁质区;II.镁质区;III.镁铁质区;
IV.铁镁质区;V.铁质区;● 蛇纹岩

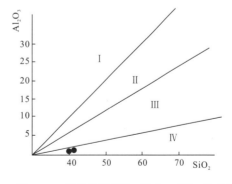

图3-3 摩梭蛇绿岩块 $Al_2O_3-SiO_2$ 关系图
(据张雯华等,1976)
I.高铝质区;II.铝质区;III.低铝质区;
IV.贫铝质区;● 蛇纹岩

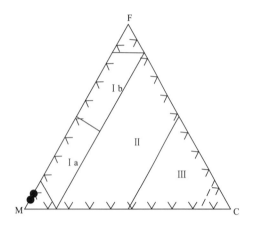

图 3-4 摩梭蛇绿岩块 FMC 图解

Ⅰa.贫钙的镁铁质区；Ⅰb.贫钙的铁镁质区；
Ⅱ.低钙质区；Ⅲ.适度钙质区；●蛇纹岩

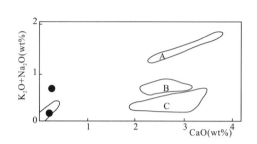

图 3-5 摩梭蛇绿岩块(K_2O+Na_2O)-CaO 相关图

(据 P. J. Wyllie,1971)

A、B、C 原始地幔范围：A.据陨石估算；B.据玄武岩及阿尔卑斯超镁铁岩估算；C.据超镁铁岩及地幔包体估算；
D.残留地幔范围；●蛇纹岩

据 P. H. Nixon 等(1981)和 P. J. Wyllie(1971)有关数据及相应图解表明，残留地幔中的 Mg 高，K_2O+Na_2O、CaO、Al_2O_3、TiO_2 低，其中 Mg/[Mg+(Fe)]多大于 91，一般为 91.5～93.5，测区内几个地幔岩样品测试数据与此吻合。从图 3-5 的(K_2O+Na_2O)-CaO 相关图中的投影点看，一件样品投入残余地幔岩范围内，另一个成分点偏差于 D 区外侧，本区地幔橄榄岩的 Al_2O_3-CaO-MgO 图解(图 3-6)中表明其成分未显示出明显的变化势态，暗示了区内怒江蛇绿岩经历了一个较高的部分熔融过程。固结指数 SI＝86.94～83.70，分异指数 DI＝1.0～6.6，说明该岩石分异程度较弱，成岩固结较完全。Los 挥发组分含量高，说明该蛇绿岩块就位后较长时期处于封闭环境中。

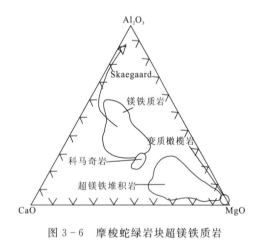

图 3-6 摩梭蛇绿岩块超镁铁质岩
Al_2O_3-CaO-MgO 图解

据(Collman,R. C. 1977) ●蛇纹岩

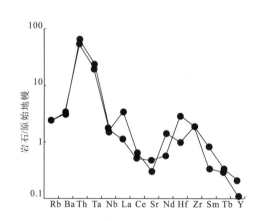

图 3-7 摩梭蛇绿岩块微量元素蛛网图

四、岩石地球化学特征

1. 微量元素特征

二件样品的定量分析结果见表 3-3。本区变质橄榄岩与原始地幔相比较，总体特征是富相容

元素 Cr、Ni 和 Co,贫不相容元素。V、Sc、Ti、Mn 丰度低,他们相应的 Ti/Sc＝0.79～1.22,Ti/V＝0.21～0.38,Ti/Cr＝0.002～0.003 比值也低,进一步表明具亏损的方辉橄榄岩型特征。从原始地幔标准化比值及蛛网图 3-7 中可以看出,蛇纹岩微量元素 Rb、Ba、Th、Ta、Nb、La 均不同程度地富集,且更加富集 Th 和 Ta 元素,Ce 右侧元素除 Zr、Hf 较富集外,其他元素均具亏损表现,比值多小于 1,分布型式呈单隆起的右倾斜式。反映区内变质橄榄岩为部分熔融的岩浆结晶产物,部分熔融时,活动性较强的组分进入岩浆中易较富集,而不活动的元素则留在部分熔融的残余物中而使岩浆中该组分浓度较低。

表 3-3 摩梭蛇绿岩块微量元素特征表★★

样号	岩石名称	变质橄榄岩微量元素组合及含量($\omega_B/10^{-6}$)																
		Rb	Th	Ta	Nb	Ba	Sr	Hf	Zr	P	Ti	Sc	V	Mn	Cr	Co	Ni	Ti/Sc	Ti/V	Ti/Cr
3377/1	蛇纹岩	1.50	4.50	0.78	1.2	23.0	10	0.90	21	98.0	6	7.60	29.0	4	2500	91.4	2052	0.79	0.21	0.002
3377/3-1		1.50	5.40	0.98	1.0	22.0	6	0.28	21	131.0	6	4.91	16.0	10	2170	83.6	1884	1.22	0.38	0.003
平均值		1.50	4.95	0.88	1.1	22.5	8	0.59	21	114.5	6	6.26	22.5	7	2335	87.5	1968	1.01	0.30	0.003

样号	岩石名称	原始地幔标准化值												
		Rb	Ba	Th	Ta	Nb	La	Ce	Sr	Nd	Hf	Zr	Sm	Tb	Y
3377/1	蛇纹岩	2.36	3.3	53.57	19.0	1.68	1.12	0.50	0.47	0.55	2.91	1.88	0.32	0.28	0.10
3377/3-1		2.36	3.1	64.29	23.90	1.40	3.38	0.62	0.28	1.42	0.91	1.88	0.81	0.31	0.20
平均值		2.36	3.2	58.93	21.46	1.54	2.25	0.56	0.38	0.98	1.91	1.88	0.56	0.29	0.15

2. 稀土元素特征

变质橄榄岩中稀土元素分析结果及特征参数列于表 3-4 中,标准化分配型式如图 3-8。从表和图中可知,其中一件样品稀土 ΣREE 十分接近于黎彤(1976)总结的下地幔平均丰度(4.33)值,而另一件样品 ΣREE 比 4.33 要高出二倍之多。LREE/HREE 比值较大,属轻稀土富集重稀土亏损型地幔岩。稀土模式配分型式为右倾斜式曲线,δEu 值＞1,δCe 值接近或略大于 1,反映铕为弱正异常,铈无异常。Ce/Yb 比值大,表明岩浆部分熔融程度较高,分离结晶程度较低的特点。

表 3-4 摩梭蛇绿岩块稀土元素含量及特征参数★★

样号	岩石名称	变质橄榄岩稀土元素($\omega_B/10^{-6}$)														
		La	Ce	Pr	Nd	Sm	Eu	Gd	Tb	Dy	Ho	Er	Tm	Yb	Lu	Y
3377/1	蛇纹岩	0.79	1.4	0.22	0.75	0.14	0.05	0.16	0.03	0.14	0.03	0.09	0.01	0.07	0.01	0.56
3377/3-1		2.39	5.01	0.65	1.94	0.36	0.14	0.24	0.033	0.182	0.03	0.08	0.015	0.063	0.006	1.09
平均值		1.59	3.21	0.44	1.35	0.25	0.10	0.20	0.03	0.16	0.03	0.09	0.01	0.07	0.01	0.83

样号	岩石名称	特征参数值											
		ΣREE	LREE	HREE	LREE/HREE	Σce	ΣSm	ΣYb	δCe	δEu	Sm/Nb	La/Yb	La/Sm	Ce/Yb
3377/1	蛇纹岩	4.45	3.35	1.1	3.05	3.16	0.55	0.74	0.91	1.03	0.19	11.29	5.64	20.00
3377/3-1		12.23	10.94	1.74	6.03	9.99	0.98	1.25	1.13	1.39	0.19	37.94	6.64	79.52
平均值		8.34	7.15	1.42	4.54	6.58	0.77	1.00	1.02	1.21	0.19	24.62	6.14	49.76

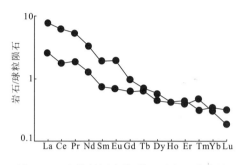

图 3-8 摩梭蛇绿岩块稀土元素配分曲线

五、形成环境及时代讨论

1. 形成环境

20 世纪 60 年代以来，随着板块构造学说的兴起，蛇绿岩被视为古大洋岩石圈的残片，认为它是板块的扩张边界（洋中脊）生成，而在板块的消减边界（俯冲带）向大陆造山带侵位。目前，一般认为在多种构造环境下都可以形成蛇绿岩。

修测区内怒江蛇绿岩残留橄榄岩为方辉橄榄岩，CIPW 标准矿物中透辉石含量低或不出现，橄榄石和紫苏辉石含量高，Mg 值高。全岩岩石化学成分以富 Mg 贫 Al、Ca、V、Sc、Ti 及 ΣREE 为特征，代表了中强度亏损的残留地幔。根据《1∶20 万丁青县幅、洛隆县（硕般多）幅区调报告》（河南省区调队，1995）研究的堆晶岩、基性熔岩等岩石学、岩石化学及岩石地球化学特征表明怒江蛇绿岩形成于洋中脊环境。

综合前人及邻区资料，结合区域构造特征，我们认为怒江蛇绿岩的形成环境很可能为洋盆开裂初期阶段的产物。在丁青县觉恩一带同丁青蛇绿岩相连接，构成了三岔裂谷分布形态。本带为三联裂谷早期夭折的南分支。

2. 时代讨论

作为洋壳的形成时代一般根据与蛇绿岩相伴的沉积物中化石以及上覆沉积盖层来确定或用同位素测年法直接测定，本次修测均未获得可靠的年龄资料。《1∶20 万丁青县幅、洛隆县（硕般多）幅区调报告》（河南省区调队，1995）在北邻丁青县幅东南隅瓦夫弄及苏如卡等地段出露的怒江蛇绿岩被中侏罗世希湖组沉积不整合覆盖，并在与之相伴的苏如卡岩组黑色板岩（深水沉积岩）中获得 *Leiotrile es* sp.，*Punctyatisporites* sp.，*Leerigatosporites minutus*，*Florinites* sp.，*Granlatisporites* sp. 等孢子化石，时代属早二叠世。区域上二者同属班公错-怒江缝合带内，所产出的岩块形态、岩石类型以及常量、微量等特征均较为相似，因此他们的地质年龄也相当。综合上述孢子化石特征并结合区域地质构造背景，将区内怒江蛇绿岩的形成时代置于石炭—二叠纪较为适宜，就位时代应在早侏罗世。

第二节　侵入岩

测区内中酸性侵入岩发育，尤以酸性岩分布广泛，分属洛庆拉-阿扎贡拉、扎西则、鲁公拉构造岩浆带。共圈出 46 个大小不等的侵入体，建立了 20 个填图单位，归并 6 个复式岩体和 4 个岩体及

1个独立侵入体,总面积约 4 170.9km²,约占岩浆岩出露总面积的 97.57%。

本报告参照中国地调局有关侵入岩划分建议方案,结合区内侵入岩的产出特征、岩石和组合特征,综合研究岩石学、岩石化学、岩石地球化学、同位素测试成果及前人资料,调研同源岩浆的亲缘性以及相互之间的穿插关系,拟采用复式岩体下分侵入体方法进行。图面上侵入体之间接触界线仍沿用超动、脉动、涌动表示,代号采用时代+岩性(表 3-5)。

表 3-5 测区侵入岩填图单位划分一览表

构造单元	地质年代	复式岩体	岩体	代号	岩石类型	侵入体个数	接触关系	同位素年龄(Ma)
鲁公拉构造岩浆带构造								
那曲-沙丁中生代弧后盆地	晚白垩世	汤目拉	边坝区	$K_2\pi\gamma$	浅灰色斑状黑云二长花岗岩	2	脉动未见	$\dfrac{70.9}{K-Ar}$
			卡步清	$K_2\eta\gamma a$	灰色中细粒黑云二长花岗岩	5		
	早白垩世	达荣		$K_1mc\eta\gamma$	浅灰色细粒二云二长花岗岩	2	未见	$\dfrac{92.5,111.1}{K-Ar}$ (1/20 万洛隆幅)
	晚侏罗世	格		$J_3\delta o$	灰色细粒角闪石英闪长岩	2		
扎西则构造岩浆带								
构造单元	地质年代	复式岩体	岩体	代号	岩石类型	侵入体个数	接触关系	同位素年龄(Ma)
隆格尔-工布江达中生代断隆	古近纪	基日	错青拉拉廖	$E\eta\gamma$	灰色中细粒黑云二长花岗岩	2	脉动未见脉动未见脉动脉动未见脉动未见	$\dfrac{52.7,35,27.1}{K-Ar}$
			布次拉	$E\eta o$	灰色细粒角闪石英二长岩	3		
	晚白垩世	曲拉马		$K_2\gamma$	灰绿色中细粒霓石花岗岩	2		$\dfrac{73.3\pm4.3}{K-Ar}$
	早白垩世	林珠藏布	通心本尼	$K_1\xi\gamma$	灰红—肉红色中粗粒钾长花岗岩	4		$\dfrac{127.7}{K-Ar}$
			灯杂朴打	$K_1\pi\gamma$	浅灰色斑状黑云二长花岗岩	4		
			育仁侵入体	$K_1\gamma$	灰色中粒黑云二长花岗岩	1		
	晚侏罗世	郎脚马	安扎拉	$J\gamma\delta$	浅灰色中细粒黑云角闪花岗闪长岩	5		$\dfrac{153.9}{Rb-Sr}$
			向阳日	$J_3 o\gamma$	灰色中细粒英云闪长岩	3		
			倾多拉侵入体	$J_3\delta o$	灰色中细粒黑云角闪石英闪长岩	1		
隆格尔-工布江达中生代断隆	古近纪	温固日		$E\eta\gamma$	灰色中粗粒角闪黑云二长花岗岩	2	脉动未见脉动未见脉动脉动未见脉动未见	$\dfrac{45.13\pm0.45}{K-Ar}$
	早白垩世	洛庆拉	洛穷拉	$K_1\pi\eta\gamma$	灰—浅灰色斑状黑云二长花岗岩	2		$\dfrac{113\pm11}{U-Pb}$ (1/25 万嘉黎县幅)
			冲果错	$K_1\eta\gamma b$	灰色中细粒黑云二长花岗岩	1		
	早侏罗世	加写陀补	下果崩日侵入体	$J\eta\gamma$	浅灰色中细粒黑云二长花岗岩	1		$\dfrac{195.3\pm7}{Rb-Sr}$ (1/20 万波密幅)
			白仁目	$J_1\gamma\delta$	灰色中细粒黑云花岗闪长岩	2		
			加龙坝侵入体	$J_1 o\gamma$	灰色细粒英云闪长岩	1		
	早泥盆世	索通独立侵入体		$D_1\eta\gamma$	灰色片麻状黑云二长花岗岩	1		$\dfrac{403.2\pm687}{Rb-Sr}$ (1/20 万波密幅)

侵入岩分类和命名采用了国际地科联(IUGS)火成岩分类学分委会(1980)所推荐的深成岩实际矿物定量分类Q-A-P三角图,所有的岩石化学成分计算均是在除去H_2O和烧失量,将小于99%大于101%者进行平差后进行分析和研究的。

现按照从南到北的顺序,分别将各构造岩浆带中酸性侵入岩之岩体、复式岩体的基本特征叙述如下。

一、洛庆拉-阿扎贡拉构造岩浆带

分布于嘉黎-易贡藏布断裂带以南,雅鲁藏布江结合带之北,统称洛庆拉-阿扎贡拉构造岩浆带。西与嘉黎县幅毗邻衔接,向南延入墨脱县幅,共圈出10个侵入体,展布面积约249.42km²,占区内花岗岩类总面积的5.99%,按岩浆形成先后序次可分为四个侵入阶段。

(一)早泥盆世索通独立侵入体

1. 地质特征

该独立侵入体岩性为灰色片麻状黑云二长花岗岩($D_1\eta\gamma$),局限出露于加龙坝—索通一带的川藏公路边北侧,为区内最古老的一个侵入体,面积约8.2km²。岩体呈北西-南东向展布,明显受NW-SE向构造控制。可见该变质侵入体以岩株状形式产于中、新元古代念青唐古拉岩群之中,北侧部分地段仍然保存了较清晰的弯曲状侵入界线,外接触带常出现宽1.2m左右的含石榴石带平行岩体分布。石榴石呈暗红色,粒径0.3~0.5cm,接触面内倾,产状195°∠63°。南侧岩体与围岩之间均以中深部构造层次韧性剪切带相接触,未能反映原始侵入接触关系的痕迹。北西端被晚期侵入体超动型侵入,往南东向与墨脱县幅对接,主体在图外,图幅内仅见西延的一少部分。片麻岩体内可见有一定数量、规模大小不一的二云斜长石英片岩、大理岩、石英岩及斜长角闪岩包体被压扁拉长定向排列,多呈长透镜状产出,部分透镜体清晰地保留了棱角状外形,显示出捕虏体的原始产状特征,另一方面反映了岩体变形应在侵位以后发生。综合上述特征表明索通独立侵入体属浅剥蚀程度,结合地质背景及区域构造分析认为该变质侵入体侵位深度较大。

2. 岩石学特征

索通侵入体由于受后期构造热事件和多期变质变形作用的改造,侵入岩岩石已形成强烈的片麻理,变质成黑云母二长片麻岩,野外露头上岩性均匀,镜下观察仍显岩浆成因的矿物特征,反映出变质侵入体的岩石面貌。岩石色调皆为灰色,片麻状构造,鳞片花岗变晶结构,中细粒残余半自形粒状结构,粒径0.05~1.2mm、1~2.5mm。矿物成分中奥长石<40%,石英>20%,钾长石30%,黑云母<9%,锆石、磷灰石、黄铁矿等副矿物含量极少,白云母微量。斜长石呈自形板状,具轻度绢云化,部分具环带状构造,为中奥长石。钾长石他形粒状,N<树胶,为具格子状构造双晶的微斜长石。石英他形粒状,或拉长分布在长石间隙内。黑云母呈自形褐绿色片状,集中定向,使岩石具片麻状构造。岩石具有发育的蠕虫,形成蠕虫结构。局部岩石中可含有<5%的角闪石和钾长石斑晶,斑晶分布不均匀,为3~5%,粒度0.8mm×0.4mm,显定向性。在Q-A-P分类图解中,所有样品均落入二长花岗岩域内。

3. 微量元素特征

该侵入体微量元素组合及含量见表3-6。与世界花岗岩类平均值相比较,Pb、Sn、Ti、Cr、V、Cu、Zr、Sr、Y、La、Yb等元素含量相对较富集,其中Pb、Cu两元素高于丰度值的3倍多。Be、Ba、Mn、Ga、Ni、Zn、Co、Nb诸元素含量略低于维氏(1962)平均值。

表 3-6 早泥盆世索通独立侵入体微量元素特征表★

岩体名称	样品编号	微量元素组合及含量(wβ/10⁻⁶)																	
		Be	Ba	Pb	Sn	Ti	Mn	Ga	Cr	Ni	V	Cu	Zr	Zn	Co	Sr	Y	La	Nb	Yb
索通	Dy748	1	500	50	10	3000	300	20	30	5	50	70	500	20	5	200	50	30	30	20
	Dy783	1	500	50	2	3 000	300	20	50	3	70	10	300	10	5	300	10	30	10	3
	Dy740	2	700	80	10	8 000	300	20	10	3	50	100	500	30	5	500	70	200	10	10
	平均值	1	600	60	7	4 700	300	20	30	4	57	60	433	20	5	333	43	87	13	8
备注	★引自《1:20万通麦、波密幅区域地质矿产调查报告》(甘肃省区调队,1995)资料,下同																			

4. 包体测温

包体测温分析结果见表 3-7。从测试成果可以看出,索通变质侵入体岩石形成的温度在812~818℃之间,由此反映该岩体形成的深度较大。

表 3-7 早泥盆世索通独立侵入体包体测温样成果★

岩体名称	岩性	样号	测试矿物	包体类型	包体大小(mm)	包体形状	均一温度(℃)	相数	颜色
索通独立侵入体	黑云母二长花岗岩	Bt-4	石英	熔融	0.044	棱形	813	二相	褐色
		Bt-15	石英	熔融	0.024	不规则形	818	二相	无色

5. 时代归属

宏观上,索通侵入体地质特征及岩石学等方面特征与南部邻区《1:20万通麦、波密幅区域地质矿产调查报告》(甘肃省区调队,1995)岗乡序列中之泥马德沙单元和《1:25万墨脱县幅区域地质调查报告》(成矿所,2003)古乡片麻岩套中的错日花岗质片麻岩体均可对比,实际上各项目组先后命名的岩体名称皆属同一侵入体的异名,只是被图廓线分隔而已。原《1:20万通麦、波密幅区域地质矿产调查报告》(甘肃省区调队,1995)在岗乡序列中的角弄单元片麻状花岗闪长岩内获得Rb-Sr等时线全岩年龄值403.2±68.7Ma。区内该侵入体均为前人所划岗乡序列、古乡片麻岩套中的一个重要组成部分,所以它们的成岩年龄也应相当,因此我们将索通侵入体形成时代厘定为早泥盆世是可行的。

(二)早侏罗世加写陀补复式岩体

该复式岩体共有 4 个侵入体出露,零星展布在嘉黎-易贡藏布断裂带内及其北侧的通都农巴-下果崩日一带,面积约 56.94km²。由加龙坝 1 个侵入体($J_1o\gamma$)、白仁目 2 个侵入体($J_1\gamma\delta$)、下果崩日($J_1\eta\gamma$)1 个侵入体组成,岩性依次对应为细粒英云闪长岩、中细粒黑云花岗闪长岩、中细粒黑云二长花岗岩,构成一成分和结构双重演化序列。

1. 地质特征

各深成岩体受北西-南东向构造控制,呈北西-南东向串状展布,侵入体均以扁豆状或枝岔状岩株形式产出。下果崩日侵入体由两种不同的岩性组成一个复式岩体,即自北往南由酸(相对而言)→基,南延邻幅。白仁目、加龙坝两地均呈小规模孤立岩体出露。常见该时代岩体侵入中新元古代念青唐古拉岩群、早石炭世诺错组、石炭—二叠纪来姑组地层及早泥盆世岩体之中,围岩普遍遭受接触热交代变质作用,发育 50~100 余米宽的透闪大理岩、斜长-石英角岩、斑点状角岩化板岩等。接触界线弯曲不平,界面均倾向外,倾角为 45°~70° 不等。各侵入体内均含有细粒石英闪长岩和细粒闪长质暗色包体,一般多呈椭圆状,个体大小均在 10cm×15cm 至 10cm×(20~30)cm 之间,包体走向常定向于寄主岩 NW-SE 向。内接触带岩石侵位变形明显,发育糜棱叶理构造和围岩浅源捕房体定向平行于接触面。空间上各侵入体群居性较差,仅见下果崩日岩体中的二长花岗岩与花岗闪长岩呈脉动型侵入关系外,其余各侵入体间均未见直接接触。综上诸多迹象反映该时代花岗岩形成深度较大、剥蚀程度较浅的中—深成岩相。

2. 岩石学特征

英云闪长岩为该时代最早一次岩浆活动的产物。岩石为灰色中细粒半自形粒状结构,块状构造,粒径 0.75~1mm 及 0.3~0.8mm、0.25~0.6mm。斜长石板条状—不完全的板状,具环带结构和弱绢云母化,N>树胶,属中长石,含量>62%。石英他形粒状,充填于其他矿物间隙内,含量<22%。钾长石他形,具格子双晶,条纹构造,N<树胶,属微纹长石,含量<4%。黑云母自形片状,含量 10%。角闪石柱状,$Ng'\wedge C=30°$,含量 1%。副矿物由磷灰石、锆石、绿泥石等组成,含量较微。

花岗闪长岩:岩石呈灰色,块状构造,中细粒半自形花岗结构,粒径 0.6~1.5mm,0.8~2.3mm 及 1~2.8mm。斜长石板状—不规则状,具环带结构,N>树胶,为中长石,含量>46%。石英他形粒状,充填于长石粒间空隙,含量 23%。钾长石具条纹构造,格子双晶,N<树胶,属微纹长石,含量>20%。黑云母片状,含量 10%。磷灰石、磁铁矿、锆石、榍石、磷钇矿等副矿物微量。

二长花岗岩:岩石新鲜,均为浅灰色,块状构造。中细粒半自形花岗结构,二长结构,粒径 0.85~1.8mm,1.27~2.5mm 及 1.5~3.2mm,块状构造。斜长石具环带结构,N>树胶,为奥长石,含量 34%,钾长石具条纹构造,格子双晶,N<树胶,为微纹长石,含量 30%。石英他形粒状,充填于其他矿物的间隙中,羽波状消光,含量>25%。黑云母片状,具轻微的绿泥石化,含量 9%。自形的斜长石常被包裹于他形的钾长石晶体中,构成了岩石的二长结构。副矿物为磷灰石、磁铁矿、锆石、榍石等,含量较微。

综上岩石学特征反映,各侵入体共同特点主要表现在矿物种类相同,矿物特征大致相近,但岩石结构、矿物含量明显不同,从较早到较晚侵入体,岩石色率降低,矿物颗粒增粗,钾长石、石英含量依次递进,斜长石含量逐渐减少,黑云母含量呈减少趋势,岩石类型由英云闪长岩—花岗闪长岩—二长花岗岩,指示岩浆演化双重特征。

3. 岩石化学特征

各侵入体岩石化学成分、CIPW 标准矿物及特征参数见表 3-8。

从表 3-8 中可以看出,同一岩体不同的侵入体,多数氧化物含量基本相近,表明它们是同一演化阶段岩浆多次脉动的产物。与中国同类岩石平均值相比较,英云闪长岩、花岗闪长岩 SiO_2 含量明显偏高,其他各氧化物含量多偏低,二长花岗岩 SiO_2 含量略低,并以富 $MgO+CaO$、Na_2O、FeO、Al_2O_3、TiO_2,贫 K_2O、Fe_2O_3、MnO 为特征,分属偏酸的中酸性和酸性岩范畴。Na_2O+K_2O 表明岩石中富钠而贫钾,里特曼指数除 Gs-50 号样品等于 2.08,属钙碱性花岗岩以外,其余皆<1.8,反映为钙性花岗岩系,这与 A. Rittrnann(1957) 的硅-碱与组合关系指数图解分类中的结果(图3-9)一致。绝大多数样品属 $Al_2O_3>CaO+Na_2O+K_2O$ 铝过饱和岩石化学类型,仅 2 件 Gs-46、Gs-50 标本为 $CaO+Na_2O+K_2O>Al_2O_3>Na_2O+K_2O$ 次铝型岩石化学类型,AR 值较底,A/NCK 值多小于 1.1,个别样品略大于 1.1,在 A/NK-ACNK 直方图解(图3-10)中,成分点均投影于过铝质花岗岩边界线内侧附近,另有2件样品进入准铝质区内,由此说明该复式岩体以过铝质为主兼有次铝型的花岗岩,CIPW标准矿物计算出过饱和矿物石英和饱和矿物钠长石含量均较高。早期两岩体中既有刚玉出现,又见透辉石,晚期岩体刚玉含量较高。最主要金属矿物 mt＞il＞ap,分异指数偏大,SI 值较小,反映岩浆分异程度较好,成岩固结性差。

表3-8 早侏罗世加写陀补复式岩体岩石化学成分、CIPW标准矿物及特征参数表★

岩体名称	样品编号	氧化物含量(wβ/10⁻²)													
		SiO₂	TiO₂	Al₂O₃	Fe₂O₃	FeO	MnO	MgO	CaO	Na₂O	K₂O	P₂O₅	CO₂	H₂O⁻	H₂O⁺	Σ
下果崩日	Gs-137	71.13	0.4	14.56	1.16	1.78	0.05	1.25	2.88	3.98	1.87	0.07	0.21	0.59	0.1	100.03
白仁目	Gs-22	70.49	0.48	14.36	1.92	1.57	0.09	1.22	2.87	3.64	2.54	0.11	0.18	0.2	0.07	99.74
	Gs-24	70.42	0.5	14.36	2.2	1.55	0.09	1.25	3.12	3.64	1	0.14	0.1	0.42	0.02	98.81
	Gs-50	70.32	0.38	14.37	0.6	2.16	0.07	0.91	2.65	4.56	2.99	0.07	0.63	0.42	0.08	100.21
	平均值	70.41	0.45	14.36	1.57	1.76	0.08	1.13	2.88	3.95	2.18	0.11	0.3	0.35	0.06	99.59
加龙坝	Gs-46	69	0.44	14.08	0.48	4.09	0.07	1.58	3.44	3.42	3.12	0.14	0.34	0.64	0.13	100.97
	Gs-141	70.99	0.38	14.16	1.06	1.94	0.06	1.46	2.92	3.62	2.14	0.07	0.4	0.54	0.18	99.92
	平均值	70	0.41	14.12	0.77	3.02	0.07	1.52	3.18	3.52	2.63	0.11	0.44	0.59	0.16	100.45

岩体名称	样品编号	CIPW 标准矿物(wβ/10⁻²)									特征参数值				
		ap	il	mt	Or	ab	an	Q	C	Di	Hy	DI	SI	A/CNK	σ	AR
下果崩日	Gs-137	0.15	0.77	1.7	11.15	33.97	14	32.46	0.91		4.9	77.58	12.45	1.05	1.21	2.01
白仁目	Gs-22	0.24	0.92	2.8	15.12	31.02	13.69	31.83	0.65		3.74	77.97	11.2	1.03	1.38	2.12
	Gs-24	0.31	0.97	3.25	6.01	31.34	14.91	37.71	1.95		3.54	75.07	12.97	1.13	0.78	1.72
	Gs-50	0.15	0.73	0.88	17.83	38.94	10	24.99		2.38	4.1	81.76	8.11	0.92	2.08	2.59
	平均值	0.23	0.87	2.31	12.99	37.77	12.87	31.51	0.87	0.79	3.79	78.27	10.76	1.03	1.41	2.14
加龙坝	Gs-46	0.31	0.84	0.7	18.46	28.98	13.87	25.38		2.01	9.45	72.82	12.45	0.92	1.64	2.19
	Gs-141	0.15	0.75	1.63	12.5	32.48	14.12	32.68	0.82		5.39	76.7	14.29	1.04	1.18	2.02
	平均值	0.23	0.80	1.17	15.63	30.73	14.00	29.03	0.41	1.01	7.42	74.76	13.37	0.98	1.41	2.11

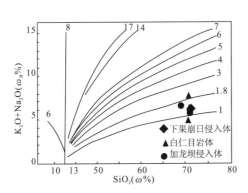

图3-9 早侏罗世加写陀补复式岩体硅-碱与组合指数关系图
(据 A. Rittmann,1957)

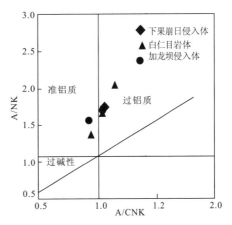

图3-10 早侏罗世加写陀补复式岩体 A/NK-A/CNK 图解
(据 Maninar,Piccli,1989)

该复式岩体从早到晚,岩石化学主要表现为 SiO_2、Al_2O_3、Na_2O 平均含量依次递增,CaO、K_2O、P_2O_5 平均值逐渐递减,岩石化学类型具有次铝和过铝两种不同的岩石类型向铝过饱和类型演化。CIPW 标准矿物中 Q、ab、C 由贫→富,Or、Di、ap 则从富→贫,标准物组合经历了这样一个 or+ab+an+Q+Di 或 C+Hy→or+ab+an+Q+C+Hy 变化过程。A/CNK 和 σ 特征值分别增大与减小。这些变化反映了同源岩浆演化的规律,显示了 I 型花岗岩的特殊性。

4. 岩石地球化学特征

(1)微量元素特征

各侵入体微量元素组合及含量见表 3-9。

表 3-9 早侏罗世加写陀补复式岩体微量元素特征表★

岩体名称	样品编号	微量元素组合及含量($w\beta/10^{-6}$)															
		Be	Ba	Pb	Sn	Ti	Mn	Ga	Cr	Ni	V	Cu	Zr	Zn	Co	Sr	Y	La	Nb
下果崩日	Dy629	2	500	20	5	2 000	500	10	10	5	50	30	200	30	2	200	30	30	100
	Dy698	2	500	20	2	2 000	500	10	30	2	70	10	200	30	5	100	30	30	10
	Dy726	1	700	20	3	1 000	300	10			50	20	300	10	3	200	20	50	20
	平均值	2	567	20	3	1 666	433	10	20	3	56	20	233	23	3	166	26	36	43
白仁目	Dy699	2	300	10	2	7 000		10	50	30	150	50	200	50	10	200	50	30	10
	Dy720	1	300	10	3	5 000		20	20	5	70	5	500	30	10	200	30	30	10
	Dy1015	2	600	100	3	5 000	700	20	10	5	80	60	300	60	10	200	30	30	10
	平均值	2	400	40	3	5 667		17	27	13	100	38	333	47	10	200	37	30	10
加龙坝	Dy697	2	300	20	3	2 000		20	2		50	50	300	50	5	100	30	30	10
	Dy688	2	500	20	3	3 000	700	10	30	10	50	30	200	10	3	300	30	30	30
	Dy716	1	500	10	3	2 000		10	3		50	10	200	20	5	200	10	30	10
	平均值	2	433	17	3	2 333	500	13	23	5	50	30	233	27	4	200	23	30	17

与世界同类岩石平均丰度值相对照,元素的集散特征相似,以富 Pb、Ti、Sn、V、Cu、Zr,贫 Ba、Mn、Ga、Cr、Ni、Zn、Co、Sr、Y、La、Nb、Be 为特征,各侵入体间微量元素变化仅 La 含量从较早到较晚岩体由低变高,Sr、Mn 元素平均含量则由高变低,Be、Ba 平均值始终处于稳定状态。诸多元素含量不稳定变化可能与岩浆上升和定位过程中物化条件不稳定,元素扩散差异和围岩的同化混浆有关。

(2)稀土元素特征

白仁目和下果崩日岩体稀土元素含量及特征值见表 3-10。

稀土模式配分曲线见图 3-11。花岗闪长岩稀土 ΣREE 略高于中性岩平均丰度(130)值,二长花岗岩偏高于地壳背景值 21.45ppm。LREE/HREE 比值均大于 1,皆属轻稀土富集重稀土亏损型,δEu 值均小于 1,具不同程度的铕负异常,δCe 值略≤1,铈呈弱负异常或无异常。Sm/Nd 比值略小于 0.2,显壳层型花岗岩特点,白仁目岩体 Eu/Sm 参数明显大于陈德潜、陈刚(1987)总结的花岗岩比值 0.01~0.17,可能指示与岩浆在就位过程中曾受到大陆玄武质岩浆或围岩的混染有关,晚期侵入体可对比于同类花岗岩的 Eu/Sm 比值参数。Ce/Yb 比值不大,反映岩浆部分熔融程度较低,但分离体结晶程度较高,这就是加写陀补复式岩体规模小且侵入期次多的原因所在。从早到晚本复式岩体稀土元素演化趋势表现为 δEu 亏损依次递进,Ce/Yb 和 La/Sm、Eu/Sm 比值参数分别增大与减小,LREE/HREE、δCe、Sm/Nd 平均值始终处于稳定状态。各岩体模式曲线具有较好的一致性,配分型式皆为平稳的右倾斜式,进一步表明各侵入体物质来源相同,反映同源岩浆连续演化的特殊性,而以区别于其他时代花岗岩为标志。

表 3-10 早侏罗世加写陀补复式岩体稀土元素含量及特征参数表★

岩体名称	样品编号	稀土元素含量($w_B/10^{-6}$)													
		La	Ce	Pr	Nd	Sm	Eu	Gd	Tb	Dy	Ho	Er	Tm	Yb	Lu	Y
下果崩日	XT-59-1	37.70	72.50	7.04	37.20	6.58	1.09	5.31	0.96	6.43	1.24	3.03	0.24	1.44	0.22	24.30
	XT-101	38.50	60.20	6.66	25.50	4.23	0.83	3.35	0.58	3.80	0.80	2.34	0.35	1.89	0.29	19.00
	平均值	38.10	66.35	6.85	31.35	5.41	0.96	4.33	0.77	5.12	1.02	2.69	0.30	1.67	0.26	21.65
白仁目	XT-30	28.35	49.59	5.26	15.21	2.61	0.60	2.17	0.33	2.04	0.43	1.37	0.22	1.71	0.27	13.20
	XT-12	31.80	56.37	6.06	19.11	3.63	0.87	3.35	0.52	3.36	0.68	1.84	0.27	1.72	0.25	17.70
	平均值	30.08	52.98	5.66	17.16	3.12	0.74	2.76	0.43	2.70	0.56	1.61	0.25	1.72	0.26	15.45

岩体名称	样品编号	特征参数值									
		ΣREE	ΣLREE	ΣHREE	ΣL/ΣH	δEu	δCe	Sm/Nd	La/Sm	Ce/Yb	Eu/Sm
下果崩日	XT-59-1	205.28	162.11	43.17	3.76	0.55	1.00	0.18	5.73	50.35	0.17
	XT-101	168.32	135.92	32.40	4.20	0.65	0.83	0.17	9.10	31.85	0.20
	平均值	186.80	149.02	37.79	3.98	0.60	0.92	0.18	7.42	41.10	0.19
白仁目	XT-30	123.36	101.62	21.74	4.67	0.75	0.91	0.17	10.86	29.00	0.23
	XT-12	147.53	117.84	29.69	3.97	0.75	0.92	0.19	8.76	32.77	0.24
	平均值	135.45	109.73	25.72	3.98	0.75	0.92	0.18	9.81	30.89	0.24

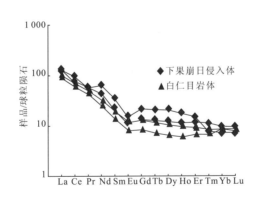

图 3-11 早侏罗世加写陀补复式岩体稀土元素配分曲线

5. 副矿物特征

岩体副矿物含量及锆石晶形图谱见表 3-11。非同侵入体副矿物种类相差较大,但主要副矿物含量变化不大。辉锑矿仅在白仁目侵入体中出露,而白铅矿则为下果崩日侵入体所独有。从早而晚副矿物种类及含量具有规律性变化:锆石含量随着副矿物的种类减少而减少,自然金、金红石、榍石、变种锆石、白铅矿均不同程度地从无到有,黄铁矿呈增加趋势,方铅矿经历了一个从有→无→有的鞍式变化过程。锆石形态及晶棱由复杂向简单方向演变。副矿物组合由加龙坝侵入体黄铁矿+锆石型向白仁目、下果崩日岩体黄铁矿+锆石+榍石型演化,显示同源岩浆具成分和结构双重演化特征。

锆石以浅肉红色为主,少量玫瑰色,金刚光泽,透明为主,个别半透明。正方双锥柱状,个别为板柱状,大小悬殊。长短之比为 1.2∶1,1.5∶1.2,2∶1,粒径长 0.12～0.8mm,宽 0.05～0.35mm。晶体内具熔坑及少量暗色矿物包体。

表 3-11 早侏罗世加写陀补复式岩体副矿物含量及锆石晶形特征

岩体名称	黄铁矿	锆石	变种锆石	白铅矿	方铅矿	自然金	金红石	榍石	辉锑矿
下果崩日	1%	80%	几粒	少量	几粒	5粒	十几粒	几粒	—
白仁目	微量	80%	二十几粒	—	—	1粒		几粒	几粒
加龙坝	少量	85%	—		几粒				

锆石晶形特征					
加龙坝岩体		白仁目岩体		下果崩日岩体	
主要晶形	次要晶形	主要晶形	次要晶形	主要晶形	次要晶形

6. 包体测温

该复式岩体包体测温结果见表 3-12。从分析成果来看,各侵入岩体形成温度大体较为一致,基本上变化于 860～793℃之间的窄范围内,同时反映了岩体形成的温度从早到晚由高→低的演化规律,说明本复式岩体形成深度由深到浅的变化过程,这与侵入岩温压动力学相吻合。

表 3-12 早侏罗世加写陀补复式岩体包体测温样鉴定成果★

岩体名称	岩性	样号	测试矿物	包体类型	包体大小(mm)	包体形状	均一温度(℃)	相数	包体颜色
下果崩日	黑云母二长花岗岩	Bt-13	石英	熔融	0.008～0.012	不规则	793	二相	无色
白仁目	黑云母花岗闪长岩	Bt-2	//	//	0.052	棱形	805	二相	褐色
		Bt-3	//	//	0.18	不规则	805	二相	褐色
		Bt-10	//	//	0.001 5～0.003	//	860	三相	无色
加龙坝	英云闪长岩	Bt-14	//	//	0.004～0.01	//	825	二相	//

7. 形成时代

《1∶20 万通麦、波密幅区域地质矿产调查报告》(甘肃省区调队,1995)根据下果崩日中细粒黑云二长花岗岩侵入体的东延部分之同一岩石单元内获 Rb-Sr 等时线全岩年龄值 195.3±7Ma,将区内该复式岩体的侵位时代置于早侏罗世,本报告予以采纳。因此,目前修测区加写陀补复式岩体的形成时代理应为早侏罗世无疑。

(三)早白垩世洛庆拉复式岩体

该复式岩体主体展布在西邻嘉黎县幅区域内,由于图廊线的分隔,测区为洛庆拉复式岩体的东延部分。零星出露于图幅西南隅八龚—白母者青一带,仅见冲果错中细粒黑云二长花岗岩($K_1\eta\gamma b$)

1个侵入体和洛穷拉斑状黑云二长花岗岩($K_1\pi\eta\gamma$)2个侵入体露布,构成一不完整的结构演化特征。分布面积约103.05km²。

1. 地质特征

各侵入体由于受多组断裂构造交切破坏控制,显不同方向展布,并各自占据自己的空间。其中白云母侵入体以单个的小岩株形式产出,而八龚岩体规模较大,并出现岩石结构分带现象,即中细粒结构在边,相对于较晚的斑状结构居中,二者为脉动型侵入关系,向西延入嘉黎县幅。围岩为中新元古代念青唐古拉岩群和前奥陶纪雷龙库岩组,外围岩石均产生热接触变质带,出现百余米宽的斜长石英角岩、角岩化二云石英片岩。内接触带岩石侵位变形较显著,发育平行于接触面叶理构造,越靠近接触面面理构造越强,部分地段尚见有50cm宽的细粒冷凝边组构。各侵入体中均含少量的闪长质暗色包体,围岩浅源包体多发育于岩体的边部,岩性随围岩变化而变化,无序分布。地貌上侵入体多组成山脊,局部较高位置偶见有围岩残留顶盖。综合野外及室内资料表明洛庆拉复式岩体侵位深度不大,浅剥蚀程度。

据本次2幅联测在西邻嘉黎县幅东图边(《1:25万嘉黎县幅区域地质调查报告》,西藏地调院,2005)的同一个八龚岩体斑状黑云二长花岗岩石中获锆石U-Pb同位素年龄值113±11Ma,将其形成时代归属为早白垩世。

2. 岩石学特征

灰色中细粒黑云二长花岗岩。块状构造,中细粒花岗结构,矿物成分中斜长石38%~30%,石英25%~28%,钾长石30%~34%,黑云母3%~7%,副矿物2%,粒径一般为1.3~2.5mm,少数为0.5~1.5mm,个别达3mm。斜长石为更长石,半自形板状,聚片双晶,轻度绢云母化、高岭石化。石英不规则粒状、他形粒状,有裂纹,具弱波状消光。钾长石半自形板状—不规则粒状,具简单双晶和条纹结构,为正长条纹长石,轻度高岭石化。黑云母不规则片状,暗褐色、黑褐—淡褐色,部分已绿泥石化、绿帘石化。副矿物为磁铁矿、榍石、褐帘石、磷灰石等,锆石多包含于黑云母之中。

斑状黑云二长花岗岩。以灰-浅灰色为主体,局部地段见有浅肉红色,块状构造,似斑状结构,基质中细粒花岗结构。斑晶粒径3.6~4.3mm、3.2~6.5mm、1.8~3.2mm,基质粒径1~1.8mm、0.5~2.5mm。矿物成分中斜长石斑晶10%、基质21%,钾长石斑晶9%、基质26%,石英斑晶约占6%、基质含量22%,黑云母斑晶4%、基质1%。斜长石半自形板状,见聚片双晶,为更长石。石英不规则粒状,部分颗粒较好,充填于其他矿物之间。钾长石板状,具格子双晶和少量条纹,为微斜条纹长石,轻度高岭石化。黑云母暗褐—淡褐色多色性,吸收性明显,部分具绿泥石、绿帘石化,同时析出铁质矿物。副矿物为磁铁矿、榍石、磷灰石等,含量较微。

上述岩石学特征表明,各侵入体共同特点主要表现在矿物种类相同,矿物特征基本相似,但岩石色率、岩石结构显著不同,矿物含量略有差距,并具以下变化规律:从较早到晚次侵入体岩石色调由深变浅,矿物粒径依次增大,斜长石和黑云母含量逐渐递减,石英、钾长石含量具增加趋势,从而构成结构演化特征,反映了同源岩浆的亲缘性。

3. 岩石化学特征

各侵入体岩石化学成分、CIPW标准矿物及有关参数见表3-13。

与同类岩石相比,SiO_2含量明显偏高,TiO_2稍高,Al_2O_3、Fe_2O_3、MnO、K_2O+N_2O略有偏低。FeO、MgO、CaO、P_2O_5在冲果错侵入体中以其较低含量为特征,而洛穷拉岩体则相对较高于中国花岗岩平均值。皆属酸性岩范畴,早期岩体为$Al_2O_3>CaO+K_2O+Na_2O$铝过饱和岩石化学类型,落穷拉岩体则属$CaO+K_2O+Na_2O>Al_2O_3>K_2O+Na_2O$次铝型岩石化学类型,$K_2O>Na_2O$

＞CaO，表明岩石中富钾贫钠、钙。里特曼指数小于或略大于1.8，在硅-碱与组合指数关系图解中（图3-12）投影点落入1.8界限两侧附近，说明其岩石属钙-钙碱性类型。A/CNK值均小于1.1，据Maninar Piccli二元图解投点解释出该类岩石具有过铝-次铝质双重特征（图3-13）。CIPW计算中透辉石分子仅在较晚岩体内出现，而刚玉分子则为较早侵入体所独有，过饱和矿物石英含量高，饱和矿物or＞ab＞an。DI值均大于桑汤(1960)花岗岩(80)平均值，接近或略大于塔塔尔流纹岩(88)分异指数，SI＝4.54～7.16，反映岩石分异程度较完全，成岩固结性较差。从早期到晚次侵入体演化规律主要表现在以下方面。SiO_2、Al_2O_3、Fe_2O_3、MnO、Na_2O含量逐渐递减，其余各氧化物含量依次递增，岩石化学类型由过铝型向次铝型演变，CIPW标准矿物中ap、il、or、an、Hy分子含量由贫→富，C、Di分别从有到无和由无到有，其他标准矿物则从富到贫，标准矿物组合自or＋ab＋an＋Q＋C＋Hy向着or＋ab＋an＋Q＋Di＋Hy方向演化，AR、SI、σ特征值从小→大，DI、A/CNK特征参数由大变小。由此表明两侵入体的岩石化学特征基本相同，其侵入体仅是结构上有别，因此它们为同源岩浆先后侵位之产物，其岩浆具有一定分异性。结合联测图幅西邻嘉黎县幅该复式岩体的地质特征、岩石学、岩石化学、岩石地球化学等方面资料显示具钙-钙碱性I-S型花岗岩特征。

表3-13　早白垩世洛庆拉复式岩体岩石化学成分、CIPW标准矿物及特征参数表★★★★

岩体名称	样品编号	氧化物含量($w_B/10^{-2}$)												
		SiO_2	TiO_2	Al_2O_3	Fe_2O_3	FeO	MnO	MgO	CaO	Na_2O	K_2O	P_2O_5	CO_2	H_2O^+	Σ
洛穷拉	Gs0079-1	72.75	0.61	12.33	0.52	2.88	0.05	0.84	1.99	2.41	5.08	0.16	0.15	0.58	100.35
冲果错	Gs0092-1	74.7	0.26	12.83	0.62	1.18	0.07	0.44	1.55	2.91	4.55	0.07	0.09	0.56	99.83
岩体名称	样品编号	CIPW标准矿物($w_B/10^{-2}$)							特征参数值					
		ap	il	mt	Or	ab	an	Q	C	Hy	Di	DI	SI	A/CNK	σ	AR
洛穷拉	Gs0079-1	0.35	1.16	0.76	30.13	20.47	7.85	32.75		5.58	0.94	83.35	7.16	0.94	1.88	3.19
冲果错	Gs0092-1	0.15	0.50	0.91	27.11	24.83	7.34	36.24	0.45	2.47		88.18	4.54	1.02	1.75	3.16
备注		★★★★引自《1∶25万嘉黎县幅区调报告》(2006)资料，下同														

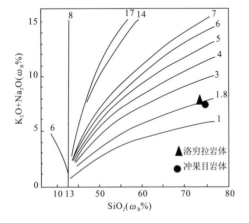

图3-12　早白垩世洛庆拉复式岩体硅-碱
与组合指数关系图

（据A. Rittmann，1957）

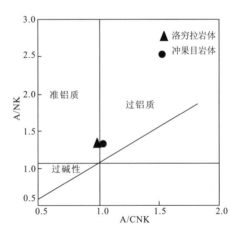

图3-13　早白垩世洛庆拉复式岩体
A/NK-A/CNK图解

（据Maninar，Piccli，1989）

4. 岩石地球化学特征

(1) 微量元素特征

该复式岩体微量元素组合及含量见表 3-14。

表 3-14　早白垩世洛庆拉复式岩体微量元素特征表★★★★

岩体名称	样品编号	微量元素组合及含量($w_B/10^{-6}$)										
		Rb	Ba	Th	Ta	Nb	Hf	Zr	Sn	Ni	Sr	Sc
洛穷拉	Dy0079-1	278	377	53.7	1.3	15.6	8.3	321	3.9	9.4	90	7.5
冲果错	Dy0092-1	280	322	35.9	2.5	18.1	4.9	121	2.9	4.6	158	4
岩体名称	样品编号	MORB 标准化值										
		K_2O	Rb	Ba	Th	Ta	Nb	Ce	Hf	Zr	Sm	Y	Yb
洛穷拉	Dy0079-1	12.70	69.50	7.54	67.13	1.86	1.56	3.61	0.92	0.94	1.08	0.48	0.05
冲果错	Dy0092-1	11.38	70.00	6.44	44.88	3.57	1.81	1.96	0.54	0.36	0.64	0.31	0.03

非同侵入体绝大多数微量元素含量相近或相差较小，说明该阶段各侵入体物质来源相同。与世界花岗岩类平均值相比较，总体富 Rb、Th、Nb、Hf、Ni、Sc，而贫 Ba、Ta、Zr、Sn、Sr。从冲果错-洛穷拉侵入体 Ba、Th、Hf、Zr、Sn、Ni、Sc 含量逐渐递增，Rb、Ta、Nb、Sr 依次减少。与洋中脊花岗岩标准值对照，区内洛庆拉复式岩体微量元素表现出极富 Rb 和 Th，而 K_2O、Ba、Ta、Nb、Ce 元素均不同程度地大于洋中脊花岗岩标准值，Hf、Zr、Sm、Y 等元素≤1，Yb 元素具强烈亏损，仅为 0.03 倍。在蛛网图中（图 3-14）显示拖尾的大"M"形，与 Pearce et al(1984)同碰撞花岗岩的蛛网图形相似。

(2) 稀土元素特征

测区洛庆拉复式岩体稀土元素含量及特征值见表 3-15，稀土配分模式见图 3-15。两侵入体稀土元素含量变化范围较宽，冲果错侵入体稀土 ΣREE 高于黎彤(1976)地壳

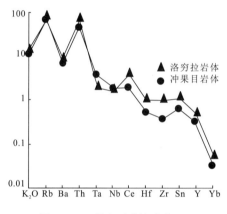

图 3-14　早白垩世洛庆拉复式岩体微量元素蛛网图

中花岗岩平均含量(165.35)的 21.42ppm 值，而洛穷拉岩体稀土 ΣREE 明显大于赫尔曼(1970)同类花岗岩(250)丰度值的 83.89ppm。LREE/HREE 比值皆大于 1，同属轻稀土富集重稀土亏损型特征。δEu 值均小于 1，反映铕具负异常，δCe 值均为 0.91，且略小于 1，说明铈弱亏损。Sm/Nd 特征参数与王中刚、于学元壳层型花岗比值较为接近，Eu/Sm 介于陈德潜、陈刚统计的花岗岩 Eu/Sm 比值(0.01~0.17)范围内。Ce/Yb 比值在 26.03~34.19 之间，表明岩浆部分熔融程度较高，但分离结晶程度较一般花岗岩要低。

从较早到晚次侵入体稀土元素演化特点主要表现为：稀土 ΣREE 递增，LREE/HREE、La/Sm、Ce/Yb 比值增大，Sm/Nd、Eu/Sm 比值和 δEu 值减小。配分模式曲线一致为右倾斜式，随着时间的推移，铕处"V"形谷愈来愈显著，铕亏损越来越明显。这与岩浆的分异演化一致，符合地球化学特征。

表 3-15 早白垩世洛庆拉复式岩体稀土元素含量及特征参数表★★★★

岩体名称	样品编号	稀土元素含量($w_B/10^{-6}$)													
		La	Ce	Pr	Nd	Sm	Eu	Gd	Tb	Dy	Ho	Er	Tm	Yb	Lu	Y
洛穷拉	XT0079-1	66.52	126.5	15.58	54.8	9.7	1.03	8.03	1.27	6.98	1.39	3.68	0.6	3.7	0.52	33.59
冲果错	XT0092-1	36.86	68.72	8.26	28.72	5.8	0.76	4.61	0.73	4.1	0.81	2.36	0.4	2.64	0.42	21.59
岩体名称	样品编号	特征参数值									
		ΣREE	ΣLREE	ΣHREE	ΣL/ΣH	δEu	δCe	Sm/Nd	La/Sm	Ce/Yb	Eu/Sm
洛穷拉	XT0079-1	333.89	274.13	59.76	4.59	0.35	0.91	0.18	6.86	34.19	0.11
冲果错	XT0092-1	186.78	149.12	37.66	3.96	0.43	0.91	0.20	6.36	26.03	0.13

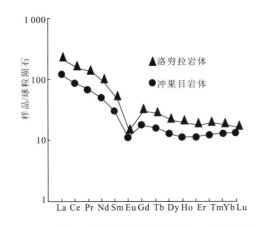

图 3-15 早白垩世洛庆拉复式岩体稀土元素配分曲线

(四) 古近纪温固日岩体

零星分布在图幅西南隅，仅见于洛木曲下游及其北支沟上段两地。共圈出侵入体 2 个，岩性皆为中粗粒角闪黑云二长花岗岩($E\eta\gamma$)，面积约 81.23km²。

1. 地质特征

两岩体呈北东-南西向分布。其中兵不桂所日侵入体明显受 NE-SW 向构造控制，温固日侵入体北东端被后期断裂切割而出露不全，南西端延入墨脱县幅，均以小岩株形式侵入中—新元古代念青唐古拉岩群变质地层之中，产生百余米宽的角岩化带。侵入体内常见一些透辉大理岩、二云母斜长石英片岩捕虏体，其大小不一，但一般为 NE-SW 向展布，同时后期节理及断裂构造亦较发育。推测该岩体浅剥蚀程度、侵位深度不大。本次调研在温固日侵入体岩石中获 K-Ar 全岩同位素年龄值 45.13±0.45Ma 数据，故将该岩体形成时代置于古近纪。

2. 岩石学特征

综合野外观察记录表明，出露在不同地理位置上的各侵入体岩石均为较统一的灰色，结构变化无明显差异，总体反映岩浆分异的均匀性，结果与显微观察一致为中粗粒角闪黑云二长花岗岩。块状构造，中粗粒花岗结构、文象结构。矿物成分为斜长石 27%～30%、石英 25%～28%、钾长石 34%～36%、黑云母 10%～5%、角闪石 2%～1%、副矿物 2%～1%，粒径一般为 2.9～4mm、2.1～3.0mm，少数为 2～6mm，个别达 4.6～6mm。斜长石半自形板状—不规则状，见细密聚片双晶。石英不规则粒状，充填于其他矿物之间，有时见多个颗粒连成一片，显得粒度较大。钾长石半自形不规则状,仅见简单双晶,多数不见双晶,常与少量石英形成文象结构,为正长石。黑云母不规则片状,暗褐—淡褐色多色性,少数具轻度绿泥石化、绿帘石化。角闪石不规则柱状,绿色多色性,为普通角闪石。副矿物仅见褐帘石、榍石,常分布在黑云母旁侧。

3. 岩石化学特征

对一件样品岩石化学、CIPW 标准矿物及特征参数值见表 3-16。

表 3-16 古近纪温固日岩体岩石化学成分、CIPW 标准矿物及特征参数表

岩体名称	样品编号	氧化物含量($w_B/10^{-2}$)												
		SiO_2	TiO_2	Al_2O_3	Fe_2O_3	FeO	MnO	MgO	CaO	Na_2O	K_2O	P_2O_5	CO_2	H_2O^+	Σ
温固日	Gs0874-1	73.63	0.21	14.12	0.34	1.10	0.04	0.48	1.91	3.28	4.33	0.06	0.06	0.27	99.83
岩体名称	样品编号	CIPW 标准矿物($w_B/10^{-2}$)								特征参数值				
		ap	il	mt	Or	ab	an	Q	C	Hy	DI	SI	A/CNK	σ	AR
温固日	Gs0874-1	0.14	0.4	0.5	25.71	27.88	9.26	32.76	0.66	2.67	95.62	5.04	1.04	1.89	2.81

由表 3-16 可以看出,该侵入体岩石化学成分与中国同类花岗岩平均化学成分相比,SiO_2 含量和 Na_2O+K_2O 值明显偏高,其他组分含量均较低,说明岩石贫镁铁富硅碱,$Al_2O_3>CaO+Na_2O+K_2O$,属铝过饱和岩石化学类型。里特曼指数<3.3,略大于1.8,与在硅-碱与组合指数图解(见图 3-16)中投影点落入 1.8~3 之间是一致的,属钙碱性类型岩石。岩石中 A/NKC 值为 1.04,显示 I 型花岗岩特征,在 A/NK-A/NCK 图解中投影点位于过铝质区边界(图 3-17),为过铝质花岗岩。CIPW 计算中出现刚玉,却未见透辉石分子,表现为硅铝过饱和型岩石,过饱和矿物石英含量较高,饱和矿物 ab>or>an,主要铁矿物 mt>il>ap,标准矿物组合为 Q+or+ab+an+Hy+C。岩石分异指数高达 95.62,固结指数极低,反映岩石具有较好分异性,但成岩固结性差。

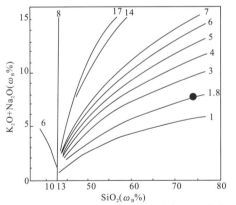

图 3-16 古近纪温固日岩体硅-碱与组合指数关系图
(据 A. Rittmann,1957)

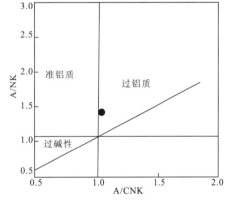

图 3-17 古近纪温固日岩体 A/NK-A/CNK 图解
(据 Maninar,Piccli,1989)

4. 岩石地球化学特征

(1)微量元素特征

该岩石之微量元素组合及含量见表 3-17。

以 Rb、Th、Ta、Nb、Zr、Sn、Ni、Sr、Sc 等元素贫化,唯 Hf 元素富集为特征。诸多元素含量偏低,可能与岩浆上升和定位过程中岩浆快速结晶,从而使绝大多数元素扩散不易吸附有关,这在镜下观察到的文象结构得到旁证。用洋中脊花岗岩做标准值,标准化分布型式见图 3-18。其中 MORB 标准化值的 Rb 元素为 30.5 倍,Th、K_2O、Ba 分别为 18.63、10.83 和 7.2 倍,Ta、Ce 元素略大于 1,其他各元素均小于 1,地球化学分布型式相似于中国西藏、云南同碰撞花岗岩的蛛网图谱模式。

表 3-17 古近系温固日岩体微量元素特征表

岩体名称	样品编号	微量元素组合及含量($w\beta/10^{-6}$)									
		Rb	Ba	Th	Ta	Nb	Hf	Zr	Sn	Ni	Sr	Sc
温固日	GS0874-1	122	360	14.9	0.79	6.3	3.3	90	1.1	4.4	244	2.3
岩体名称	样品编号	MORB 标准化值									
		K_2O	Rb	Ba	Th	Ta	Nb	Ce	Hf	Zr	Sm	Y	Yb
温固日	GS0874-1	10.83	30.50	7.20	18.63	1.13	0.63	1.06	0.37	0.26	0.26	0.08	0.01

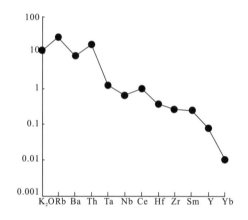

图 3-18 古近纪温固日岩体微量元素蛛网图

(2)稀土元素特征

温固日岩体稀土元素含量及特征值见表 3-18。稀土 ΣREE 明显低于同类岩石平均值,LREE/HREE 比值较大,为轻稀土富集重稀土亏损型,稀土配分模式为右倾坡降式平稳曲线(图 3-19),说明轻重稀土具滚动式分馏特点,δEu 值小于 1,δCe 值大于 1,表明铕亏损呈负异常,铈基本无异常。Sm/Nd 比值小,反映具地壳物质部分熔融的特点,Eu/Sm 比值偏大,有可能暗示了与大陆偏基性岩浆分离结晶有关的缘故。Ce/Yb 比值为 64.02,显示岩浆部分熔融程度较低,而分离结晶程度较高。

表 3-18 古近系温固日岩体稀土元素含量及特征参数表

岩体名称	样品编号	稀土元素含量($w\beta/10^{-6}$)													
		La	Ce	Pr	Nd	Sm	Eu	Gd	Tb	Dy	Ho	Er	Tm	Yb	Lu	Y
温固日	Gs0874-1	22.69	37.13	4.20	14.08	2.34	0.62	1.67	0.23	1.19	0.22	0.58	0.09	0.58	0.09	5.42
岩体名称	样品编号	特征参数值								
		ΣREE	ΣLREE	ΣHREE	$\Sigma L/\Sigma H$	δEu	δCe	Sm/Nd	La/Sm	Ce/Yb	Eu/Sm
温固日	Gs0874-1	91.1	81.06	10.07	8.05	0.31	2.76	0.17	39.12	64.02	0.26

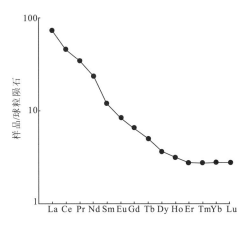

图 3-19 古近纪温固日岩体稀土元素配分曲线

二、扎西则构造岩浆带

展布于怒江结合带与雅鲁藏布江结合带之间的中央部位,南北两侧分别被嘉黎-易贡藏布和恰青-向阳日-倾多拉区域性大断裂所制约。侵入活动规模宏大,空间上往往组合成巨大的复式岩基,东西横亘测区。共圈定侵入体 25 个。出露面积约 3 644.37km²,占图区花岗岩类总面积的87.38%。根据岩石类型和与围岩的接触关系及同位素资料进一步划分为晚侏罗世、早白垩世、晚白垩世及古近纪四个侵入阶段。

(一)晚侏罗世郎脚马复式岩体

出露于恰青-倾多拉和则普-郎脚马近东西向断裂挟持地区,空间分布零星,群居性差,展布面积约 241.02km²。由倾多拉中细粒黑云角闪石英闪长岩($J_3\delta o$)1 个侵入体,向阳日中细粒英云闪长岩($J_3 or$)3 个侵入体,安扎拉中细粒黑云角闪花岗闪长岩($J_3\gamma\delta$)5 个侵入体构成一成分演化的复式岩体。

1. 地质特征

诸深成侵入体受近东西向构造控制,近东西向串状分布。错青玛、路玛各月、宗日则三个侵入体出露岩石类型相对较齐,向阳日、穹播列侵入体均呈单个的孤立岩体。由于后期岩体蚕蚀和断裂构造破坏,各侵入体保存不完整,均以岩株形式侵入于中二叠世洛巴堆组、晚二叠世西马组及中—晚侏罗世拉贡塘组或以残留体形式存在于后期侵入体之中,局部地段与上述围岩呈断层接触。岩体与地层接触处,围岩产生 1 000 余米宽的热接触变质带,由内向外分别出现红柱石角岩、堇青石角岩、角闪石及斑点状角岩。接触界线呈舒缓的港湾状,界面较陡,一般外倾,倾角介于 60°~80°之间,内接触带可见宽不过 50cm 的细粒冷凝边,岩体内部安扎拉岩体脉动型侵入倾多拉和向阳日岩体之中,向阳日岩体与倾多拉侵入体未见直接接触。各侵入体均不同程度地遭受韧性剪切变形,局部出现面理面或流劈理。围岩包体稀疏分布于岩体的边部,往内依次减弱变小乃至消失逐渐被暗色闪长质包体所替代。个别侵入体较高位置尚记录有围岩残留层,指示岩体属浅剥蚀程度,推断岩浆侵位深度较大。

依据《1∶20 万通麦、波密幅区域地质矿产调查报告》(甘肃省区调队,1995)前人在向阳日侵入体岩石中获 K-Ar 全岩年龄值 107.2Ma,安扎拉岩体内获 Rb-Sr 等时线年龄值 153.9Ma。根据岩体间的接触关系,结合地质背景分析,我们认为钾-氩年龄偏新,可能与黑云母变质有关,故以铷-锶等时线年龄作为该复式岩体的形成时代,相当于晚侏罗世。仍沿用前人命名的岩体名称。

2. 岩石学特征

黑云母角闪石英闪长岩仅见一个侵入体,呈不规则的条块于北西西-南东东向逆冲于后期岩体之上,局部地段被该时代安扎拉侵入体所脉动或断层接触,或者被后期岩体超动于其中。岩石皆为灰色,中细粒半自形粒状结构,块状构造。矿物成分中斜长石＜68％,石英16％,钾长石＜4％,黑云母5％,角闪石＞5％,矿物粒径0.9～1.5mm及2～3.5mm、0.4～0.6mm。斜长石半自形宽板状,表面蚀变分布有许多绢云母、绿帘石等,双晶发育。石英他形粒状,表面干净,裂纹发育。钾长石他形,充填在其他矿物间隙中,N＜树胶,内镶嵌一些小的斜长石,角闪石晶体。角闪石柱状或不完整的菱形晶,多色性为绿—黄色,偶见双晶,$Ng'\wedge C=72°$。黑云母层状,多已被绿泥石交代,仅保存其原形。副矿物磷灰石、磁铁矿、锆石、褐帘石含量微,多呈包体分布于暗色矿物中或其附近。

英云闪长岩多残留在后期岩体中,部分地段被该时代最晚一次岩浆所脉动。岩石呈灰色,块状构造,中细粒花岗结构,粒度0.2～0.5mm、0.9～1mm及2～4mm。矿物成分中斜(奥)长石＜54％,石英24％,钾长石＜6％,黑云母＞10％,角闪石＜5％。副矿物磷灰石、磁铁矿、锆石含量较微。斜长石自形板状,具聚片双晶,环带构造,N＞树胶,近于石英,属奥长石。部分晶体具不同程度的绢云母化。石英他形粒状,表面干净,具波状消光及少量裂纹,充填于其他矿物的间隙中。钾长石呈不规则他形粒状晶,为微斜长石,格子双晶可见,黑云母自形片状,多色性为深褐—浅黄色,平行消光。角闪石自形长柱状,横切面菱形六边形,具闪石式解理,多色性显著,为深绿—浅黄绿色,斜消光,$Ng'\wedge C=26°$,属普通角闪石。

黑云角闪花岗闪长岩多呈残留体形式存于后期岩体内。岩石色调以浅灰色为主,灰色次之,块状构造,中细粒花岗结构、包含结构。矿物成分斜(奥)长石40％,石英＜25％,钾长石＞15％,黑云母10％,角闪石9％,磷灰石、磁铁矿、榍石、锆石、褐帘石等副矿物微量。矿物粒径0.5～1.5mm、1～2.5mm及3～4mm。斜长石半自形板柱状,可见环带构造,双晶发育,N＞树胶,近于石英,属奥长石。石英他形粒状,充填于其他矿物间隙,表面干净,裂纹发育。钾长石他形,其中包含有斜长石、角闪石晶体,属微斜长石,分布于斜长石粒间空隙。黑云母层状,多被绿泥石交代,仅保存其假象。角闪石柱状或不完整的菱形晶,多色性为绿-黄色,偶见双晶,$Ng'\wedge C=70°$。副矿物多呈包体存在于暗色矿物之中。

综上所述,各侵入体矿物组合相同,矿物特征大致相近,副矿物种类基本相似,均具中细粒结构,但岩石颜色不同,矿物含量截然有别。从早到晚,岩石色调趋浅,斜长石含量依次减少,石英、钾长石、黑云母、角闪石逐渐增加,岩体组构演化以中性—中酸性—弱酸性为特征,进一步反映了成分演化性质显著。

3. 岩石化学特征

郎脚马复式岩体岩石化学成分、CIPW标准矿物及有关参数见表3-19,与中国同类岩石相对照,各岩体基本化学成分含量大体一致,SiO_2含量介于60～63.26～66.10之间,分属中性、中酸性岩。岩石化学类型除向阳日岩体属$Al_2O_3>CaO+Na_2O+K_2O$过铝型外,其余各岩体均为$CaO+Na_2O+K_2O>Al_2O_3>Na_2O+K_2O$次铝型。早期两岩体$CaO>Na_2O>K_2O$(平均值)安扎拉岩体$CaO>K_2O>Na_2O$,$\sigma$值均小于1.8,皆属钙性花岗岩系列,在$SiO_2$-$[Na_2O+K_2O]$图解(图3-20)中,成分点均投影于1～1.8所挟持的区间内,AR值普遍较低,A/CNK值均小于1.1,显Ⅰ型花岗岩特征,据A/NK-A/NCK直方图解(图3-21)中,向阳日岩体位于过铝质花岗岩区,而倾多拉和安扎拉岩体均落入准铝质花岗岩区域,与上述分析结果完全一致。CIPW标准矿物计算出刚玉分子为向阳日岩体所独有,透辉石则在另外两岩体中均有出现,过饱和矿物石英分子含量高,饱和矿物an、ab、or含量相对较低,次要标准矿物mt＞il＞ap。DI＞SI,表明岩浆分异程度较好,成岩固结性较差。

第三章 岩浆岩

表 3-19 晚侏罗世郎脚马复式岩体岩石化学成分、CIPW 标准矿物及特征参数表★

岩体名称	样品编号	氧化物含量(wβ/10^{-2})													
		SiO_2	TiO_2	Al_2O_3	Fe_2O_3	FeO	MnO	MgO	CaO	Na_2O	K_2O	P_2O_5	CO_2	H_2O^-	H_2O^+	Σ
安扎拉	Gs-10	67.59	0.39	15.16	0.64	2.21	0.05	0.87	5.32	2.25	3.25	0.06	0.72	1.14	0.09	99.74
	Gs-12	64.61	0.65	14.87	1.7	2.79	0.14	1.79	4.99	2.13	4	0.12	0.8	0.96	0.34	99.89
	平均值	66.10	0.52	15.02	1.17	2.50	0.10	1.33	5.16	2.19	3.63	0.09	0.76	1.05	0.22	99.82
向阳日	Gs-132	64.26	0.51	16.41	2.71	2.05	0.11	2.54	4.59	2.58	2.63	0.1	0.09	1.3	0.03	99.91
	Gs-133	62.26	0.56	16.6	2.01	3.1	0.09	2.99	4.73	2.58	2.36	0.13	0.2	1.86	0.04	99.51
	平均值	63.26	0.54	16.51	2.36	2.58	0.10	2.77	4.66	2.58	2.50	0.50	0.15	1.58	0.04	99.17
倾多拉	Gs-	60	0.64	15.77	3.37	4.25	3.11	0.12	5.9	2.85	1.75			2.39		100.15

岩体名称	样品编号	CIPW 标准矿物(wβ/10^{-2})									特征参数值				
		ap	il	mt	Or	ab	an	Q	C	Di	Hy	DI	SI	A/CNK	σ	AR
安扎拉	Gs-10	0.13	0.76	0.95	19.64	19.47	22.16	29.77		3.74	3.39	68.88	9.44	0.90	1.21	1.73
	Gs-12	0.27	1.26	2.52	24.17	18.43	19.63	24.12		4.05	5.55	66.72	14.42	0.88	1.7	1.89
	平均值	0.20	1.01	1.74	21.91	18.95	20.90	26.95		3.90	4.47	67.80	11.93	0.89	1.95	1.81
向阳日	Gs-132	0.22	0.98	3.99	15.78	22.16	22.52	25.81	1.21		7.32	63.75	20.30	1.06	1.26	1.66
	Gs-133	0.29	1.09	2.99	14.32	22.41	23.30	23.07	1.52		11.01	59.79	22.93	1.08	1.23	1.60
	平均值	0.26	1.04	3.49	15.05	22.29	22.91	24.44	1.37		9.17	61.77	21.62	1.07	1.25	1.63
倾多拉	Gs-	0.02	1.24	5.00	10.58	24.66	25.64	20.85		3.76	8.28	56.09	0.97	0.91	1.21	1.54

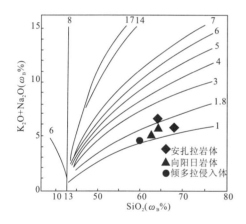

图 3-20 晚侏罗世郎脚马复式岩体硅-碱
与组合指数关系图
(据 A. Rittmann,1957)

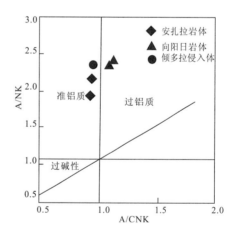

图 3-21 晚侏罗世郎脚马复式岩体
A/NK - A/CNK 图解
(据 Maninar, Piccli,1989)

由石英闪长岩→英云闪长岩→花岗闪长岩,岩石化学表现出较明显的演化规律,即:随着 SiO_2、K_2O 含量的增加,TiO_2、Fe_2O_3、FeO、MnO、Na_2O 平均值依次递减,岩石化学类型由正常型向具有铝过饱和类型至次铝型演化,CIPW 标准矿物中 ab、an、mt、il 分子随着 Q、Or 含量的增加而增加,C、Di 分子互为消长,标准矿物组合经过了 or+ab+an+Q+Di+Hy→Or+ab+an+Q+C+Hy→Or+ab+an+Q+Di+Hy 这样一个变化过程,分异指数、里特曼指数、碱度率从早到晚由小到大。指示岩浆向酸性增强,富碱方向演变。

4. 岩石地球化学特征

(1)微量元素特征

各侵入体微量元素组合及含量见表 3-20。

表 3-20 晚侏罗世郎脚马复式岩体微量元素特征表 ★

岩体名称	样品编号	微量元素组合及含量(wβ/10⁻⁶)																
		Be	Ba	Pb	Sn	Ti	Mn	Ga	Cr	Ni	V	Cu	Zr	Zn	Co	Sr	Y	La	Nb
安扎拉	Dy489	2	500	20	5	1 000	300	5	30	2	50	10	100	10	5	200	20	50	10
	Dy866	2	700	150	5	2 000	800	20	10	4	80	50	300	30	10	300	20	30	
	Dy3418	2	600	60	7	3 000	700	15	10		60	50	300	10	5	500	20	30	10
	平均值	2	600	77	6	2 000	600	13	17	3	63	37	233	17	7	333	20	34	10
向阳日	Dy453	2	500	30	5	4 000	700	20	20	5	100	20	200	50	20	200	30		20
	Dy951	2	400	30	4	2 000	600	8	20	7	50	70	100	10	5	200	20		
	Dy513	2	500	20	7	1 000	500	5	30		30	10	100	10	3	200	20	100	20
	平均值	2	470	27	5	2 300	600	14	27	5	60	33	133	23	9	200	23	75	20
倾多拉	Dy522	2	500	20	5	2 000	500	20	50	10	70	20	100	20	10	200	20	50	10
	Dy526	2	500	30	7	2 000	700	20	50	10	200	50	200	50	10	200	30	30	10
	Dy885	2	700	300	5	2 000	700		10	2	60	60	300	10	7	300	20	50	10
	平均值	2	570	117	6	2 000	633	13	37	7	143	47	200	27	9	233	23	43	10

不同岩体或同一侵入体,绝大多数微量元素平均值变化不大,反映它们是同一演化阶段岩浆多次脉动的产物。与地壳背景值相比较,Pb、Sn、Mn、Cr、V、Cu、Zr、Co 等元素含量富集,Be、Ba、Ti、Ga、Ni、Zn、Sr、Y、La、Nb 诸元素含量趋于贫化。从较早到晚次岩体具以下规律性变化,即 Mn、Cr、Zn、Co、Y、Ni 元素平均值依次减少,仅 Cu 元素含量不断增加。Be、Ga 元素丰度值始终处于稳定状态,Ba、Pb、Sn、V 元素则由高→低→高,La、Nb、Ti 元素含量经历了由贫→富→贫的变化过程,反映同源岩浆演化特点。

(2)稀土元素特征

向阳日岩体稀土元素含量及特征值见表 3-21,稀土配分模式见图 3-22。稀土 ∑REE=187.27,略高于同类岩石平均丰度值,LREE/HREE 比值大,为轻稀土富集重稀土亏损型,δEu 值小于 1,具明显的铕负异常,δCe 值变化范围宽,反映铈不同程度亏损,模式曲线为右倾斜式,其中有件样品重稀土含量较低,形成不协调的急斜式右倾曲线。Sm/Nd 比值小,具上地壳部分熔融特征,Ce/Yb 比值大,表明岩浆部分熔融程度较高,但分离结晶程度较低。Eu/Sm 平均值为 0.17,基本上相近于同类岩石比值参数。

表 3-21 晚侏罗世郎脚马复式岩体稀土元素含量及特征参数表 ★

岩体名称	样品编号	稀土元素含量(wβ/10⁻⁶)													
		La	Ce	Pr	Nd	Sm	Eu	Gd	Tb	Dy	Ho	Er	Tm	Yb	Lu	Y
向阳日	XT-4	41.2	64.40	7.37	28.00	4.51	0.68	2.15	0.32	1.18	0.19	0.36	0.06	0.31	0.04	2.80
	XT-58	71.4	67.60	7.08	28.50	5.31	0.99	4.39	0.69	4.68	1.03	2.97	0.45	2.87	0.40	22.60
	平均值	56.30	66.00	7.23	28.25	4.91	0.84	3.27	0.51	2.93	0.61	1.67	0.26	1.59	0.22	12.70
岩体名称	样品编号	特征参数值													
		∑REE	∑LREE	∑HREE	∑L/∑H	δEu	δCe	Sm/Nd	La/Sm	Ce/Yb	Eu/Sm				
向阳日	XT-4	153.57	146.16	7.41	19.72	0.59	0.82	0.16	9.14	207.74	0.15				
	XT-58	220.96	180.88	40.08	4.51	0.61	0.58	0.19	13.45	23.55	0.19				
	平均值	187.27	163.52	23.75	12.12	0.60	0.70	0.17	11.29	115.65	0.17				

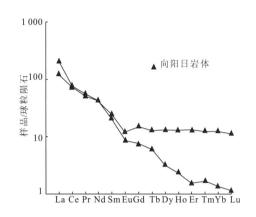

图 3-22 晚侏罗世郎脚马复式岩体稀土元素配分曲线

5. 副矿物特征

向阳日岩体副矿物含量及锆石晶形见表 3-22。副矿物种类仅有 9 种,其含量普遍较低。副矿物组合为锆石+磷灰石+榍石,锆石近于无色或略显黄色。正方双锥状,金刚光泽,透明。长宽比以 1.5∶1、2.5∶1 为主,次为 3∶1。粒径长 0.08~0.25mm,宽 0.25~0.1mm。

表 3-22 晚侏罗世郎脚马复式岩体副矿物含量及锆石晶形特征

岩体名称	黄铜矿	黄铁矿	锆石	变种锆石	磷灰石	方铅矿	榍石	钍石	毒砂
向阳日英云闪长岩	十几粒	5%	80%	十几粒	10%	微量	1粒	十几粒	几粒

锆石晶形特征	
主要晶形	次要晶形

(二)早白垩世林珠藏布复式岩体

广布于玉仁区—曲拉马大部地区,另在查喀一带及藏布日等地亦有零星出露,岩体的延长方向与区域性构造线方向一致呈近东西向串状展布,总面积约 1 238.03km²。根据岩石组合类型及结构特征划分出育仁中粒黑云母二长花岗岩($K_1\eta\gamma$)、灯杂朴打斑状黑云二长花岗岩($K_1\pi\eta\gamma$)、通心本尼中粗粒钾长花岗岩($K_1\xi\gamma$)三个填图单位,依次圈出侵入体 1 个、4 个、4 个,构成一结构加成分双重岩浆演化的复式岩体。

1. 地质特征

该复式岩体群居性较强,空间上各侵入体常密切共生在一起,总体以岩基形式产出。其中林珠藏布深成侵入体面积最大,由 6 个岩体构成一较典型的复式岩基,出露岩石类型齐全,东延八宿县幅,向西至则普曲一带封闭,查喀侵入体规模相对次之,以岩枝形式东延邻幅,格弄曲、藏布日等岩体分布零星,均以小岩株形式产出。上述这些侵入体与石炭—二叠纪来姑组、中二叠世洛巴堆组、晚二叠世西马组、中上侏罗纪拉贡塘组及早期侵入体皆呈明显的侵入(局部断层)接触,或被后期侵入体所超动。岩体与围岩接触面不规整,产状变化大,界面一般外倾,倾角变化于 45°～75°之间。围岩热接触变质作用较明显,可形成数百米宽的红柱石角岩、含红柱石斑点状板岩、角岩化玄武岩、透闪石大理岩等蚀变带,局部伴有边缘混合片麻岩,片岩产出。内接触带岩石矿物颗粒变细,黑云母常集中分布,多数围绕侵入体边缘定向排列,最大宽度不足 60cm。复式岩体内部各侵入体呈链状或同心圆状套叠式空间格局,灯杂朴打岩体与育仁岩体、通心本尼岩体与灯杂朴打岩体之间均呈清楚的脉动型侵入关系,可见接触面附近晚次侵入体一侧发育 15～20cm 宽的暗色矿物脉动带。各侵入体内均含少量的围岩包体并平行于岩体边部,深源包体稀疏做无序分布,另在斑状二长花岗岩侵入体中较高位置见有规模较大的地层残留体,由此推知岩浆形成深度较大,属浅剥蚀程度。

2. 岩石学特征

中粒黑云二长花岗岩展布于复式岩体的西端,呈北西-南东向与古生代地层接触,东端被灯杂朴打侵入体所脉动。岩石均为单调的灰色色调,块状构造,岩体边部粒度皆为均匀的中粒半自形花岗结构,中心部位有时见似斑状结构混生,可能与岩浆分异不均所致。粒径 0.6～1.2mm 及 1.5～3.5mm,局部斑状结构,斑晶 4～6mm,基质 0.3～0.9mm。矿物成分中斜长石 30%～37%,石英 25%～23%,钾长石 35%～28%,黑云母 8%～10%。副矿物锆石、磁铁矿、磷灰石、黄铁矿等含量微,斜长石属更长石,半自形晶,双晶不发育,环带构造常见。石英他形粒状,分布于斜长石粒间空隙,具波状消光。钾长石呈较粗或大小不等的他形粒状晶,为微斜长石,常见含有石英、斜长石、黑云母等矿物,格子双晶较发育,偶见卡氏双晶。黑云母褐红色,多色性,呈不规则片状晶,局部破碎呈弯曲现象。

斑状黑云母二长花岗岩以其面积最大,发育长石斑晶为特征。岩石为浅灰色,呈似斑状结构,基质为中细粒花岗结构。斑晶粒径为 5～8mm,约占 25%,基质粒径 1～3mm 及 0.5～4mm,由斜长石、石英、黑云母构成。矿物成分中斜长石 28%～34%,石英 28%～25%,钾长石 35%～38%,黑云母 8%～2%。副矿物锆石、榍石、磷灰石、磁铁矿、褐帘石等含量少。斜长石为更长石,半自形-自形柱状,环带结构明显且发育,有时尚见净边。石英他形填隙状,内部发育小裂纹,弱波状消光。钾长石宽板状,具条纹构造,发育格子双晶,属微斜条纹长石,其内常嵌有斜长石、黑云母小晶体。黑云母半自形柱状,深棕红—黄色多色性,吸收性明显,常析出锆石、榍石、磷灰石、磁铁矿等。

中粗粒钾长花岗岩分布在相对较早侵入体的中心部位,为该时代最晚一次岩浆侵入。岩石以肉红色为主体,灰红色次之,块状构造,中粗粒花岗结构。矿物成分中斜长石 16%～24%、石英 28%～26%、钾长石 50%～45%、黑云母 5%～4%。粒径 2～4mm 及 6～7.5mm。斜长石半自形柱状晶,环带构造发育,聚片双晶细而密,属更长石。石英他形粒状晶,分布于长石粒间空隙,具带状消光现象。钾长石呈粗大的他形晶粒状,为微斜长石,格子双晶发育,常见斜长石半自形细粒被包裹。黑云母呈不规则片状晶,褐色多色性,吸收性明显,常析出锆石、榍石、磷灰石、磁铁矿等。

由上可知,非同侵入体岩石的矿物组合相同,除长英质外,均出现黑云母,矿物特征基本相似,反映出岩浆的同源特点。从较早到晚次侵入体,颜色变浅,色率降低,粒度依次加粗,斜长石、黑云母含量呈落差式减少,钾长石、石英含量具阶梯式增加,指示岩体组构双重演化性质明显。

3. 岩石化学特征

各侵入体岩石化学成分、CIPW 标准矿物及有关参数见表 3-23。不同岩体或同一侵入体常量分析结果与中国同类花岗岩相比较,早期侵入体 SiO_2 含量明显偏低,Na_2O、MnO、P_2O_5 略低,其余各氧化物含量均不同程度的高于背景值。晚期岩体则以富 SiO_2、K_2O 为特征,唯灯杂朴打岩体基本化学成分含量大体较为接近。岩石化学类型既有 $Al_2O_3>K_2O+Na_2O+CaO$ 为主体,又有 $CaO+Na_2O+K_2O>Al_2O_3>Na_2O+K_2O$ 占次要,$K_2O>Na_2O>CaO$,表明岩石中均富钾贫纳、钙,里特曼化学指数变化范围宽,所有的样品均投影在硅-碱与组合指数关系图中1.8~3区间内或其边界线(图3-23)附近,表明该岩石属钙性-钙碱性岩系。碱度率变化于2.07~4.37之间,A/CNK值>1.1或≤1.1皆有之,在A/CNK-A/NK图解(图3-24)上,成分点落入准铝质与过铝区分界线上或其附近,指示本复式岩体为过铝-次铝型岩石化学类型。CIPW标准矿物计算中既有刚玉分子出现,又见透辉石,过饱和矿物石英含量较高。饱和矿物总体上or>ab>an,次要分子mt>il>ap,少数样品出现赤铁矿分子。DI值多大于80,少数大于90,SI值普遍较低,表明岩浆分异程度高,成岩固结性较差。

表 3-23 早白垩世林珠藏布复式岩体岩石化学成分、CIPW标准矿物及特征参数表 ★

岩体名称	样品编号	氧化物含量($w_B/10^{-2}$)													
		SiO_2	TiO_2	Al_2O_3	Fe_2O_3	FeO	MnO	MgO	CaO	Na_2O	K_2O	P_2O_5	CO_2	H_2O^-	H_2O^+	Σ
通心本尼	Gs-123	72.60	0.08	15.28	0.41	0.8	0.05	0.3	2.02	4.05	3.18	0.13	0.09	0.64	0.12	99.75
	Gs-119	73.72	0.19	12.91	1.51	1.06	0.05	0.44	1.02	3.2	5.54	0.02	0.25	0.18	0.03	100.12
	Gs-47	74.88	0.16	12.96	1.07	0.59	0.01	0.26	0.6	2.93	5.46	0.05	0.1	0.58	0.28	99.93
	Gs-48	75.62	0.18	12.41	1.07	1.19	0	0.54	0.85	3.93	3.75	0.05	0.02	0.08	0.14	99.83
	平均	74.21	0.15	13.39	1.02	0.91	0.03	0.39	1.12	3.53	4.48	0.06	0.12	0.37	0.14	99.91
灯杂朴打	Gs-38	73.70	0.14	13.15	1.94	0.77	0.05	0.31	1.18	3.33	5.1	0.04	0.01	0.2	0.02	99.94
	Gs-14	69.08	0.69	15.45	0.19	2.21	0.11	0.96	3.91	3	3.75	0.16	0.76	0.06	0.15	100.48
	Gs-128	69.59	0.39	14.27	1.22	2.26	0.03	0.86	1.98	3.51	4.82	0.11	0.24	0.5	0	99.78
	Gs-120	72.42	0.23	14	0.12	1.98	0.06	0.89	1.74	3.51	4.08	0.04	0.31	0.1	0.04	99.52
	Gs-124	70.93	0.42	13.93	1.53	1.67	0.07	1.52	2.12	2.74	3.56	0.07	0.3	0.65	0.1	99.61
	平均	71.14	0.37	14.16	1.00	1.78	0.06	0.91	2.19	3.22	4.26	0.08	0.32	0.30	0.06	99.87
育仁	Gs-126	68.48	0.69	14.82	1.65	1.98	0.09	1.17	2.24	3.59	4.26	0.22	0.24	0.66	0.11	100.2
	Gs-127	68.98	0.39	15.1	1.22	1.98	0.04	0.66	1.68	3.54	5.74	0.08	0.49	0.56	0.08	100.54
	平均	68.73	0.54	14.96	1.44	1.98	0.07	0.92	1.96	3.57	5.00	0.15	0.37	0.61	0.10	100.37

岩体名称	样品编号	CIPW标准矿物($w_B/10^{-2}$)										特征参数值				
		ap	il	mt	Hm	Or	ab	an	Q	C	Di	Hy	DI	SI	A/CNK	σ	AR
通心本尼	Gs-123	0.29	0.15	0.60		19.00	34.65	9.36	32.29	1.80		1.86	85.94	3.43	1.11	1.76	2.44
	Gs-119	0.04	0.36	2.20		32.85	27.17	4.52	31.10		0.36	1.41	91.12	3.74	0.98	2.48	4.37
	Gs-47	0.11	0.31	1.49	0.06	32.60	25.05	2.71	35.77	1.26		0.65	93.42	2.52	1.10	2.2	4.25
	Gs-48	0.11	0.34	1.56		22.25	33.39	3.94	35.60	0.45		2.36	91.68	5.15	1.03	1.81	3.75
	平均	0.14	0.29	1.46	0.02	26.68	30.07	5.13	33.69	0.88	0.09	1.57	90.43	3.71	1.06	2.06	3.70
灯杂朴打	Gs-38	0.09	0.27	2.25	0.40	30.22	28.26	5.63	32.02	0.09		0.77	90.50	2.71	1.00	2.31	3.86
	Gs-14	0.35	1.32	0.28		22.27	25.51	17.7	26.84		0.70	5.03	74.62	9.50	0.96	1.74	2.07
	Gs-128	0.24	0.75	1.79		28.76	29.99	9.03	24.61		0.19	4.65	83.35	6.79	0.98	2.59	3.10
	Gs-120	0.09	0.44	0.18		24.34	29.98	8.48	30.23	0.74		5.54	84.54	8.41	1.05	1.95	2.86
	Gs-124	0.16	0.81	2.25		21.34	23.52	10.25	34.68	1.89		5.10	79.54	13.79	1.14	1.41	2.29
	平均	0.19	0.72	1.35	0.08	25.39	27.45	10.22	29.68	0.54	0.18	4.22	82.51	8.24	1.03	2.00	2.84
育仁	Gs-126	0.48	1.32	2.41		25.38	30.62	9.90	24.92	0.71		4.25	80.92	9.25	1.02	2.41	2.70
	Gs-127	0.18	0.75	1.78		34.12	30.13	7.91	21.23	0.18		3.72	85.48	5.02	1.00	3.3	3.47
	平均	0.33	1.04	2.10		29.75	30.38	8.91	23.08	0.45		3.99	83.20	7.14	1.01	2.86	3.09

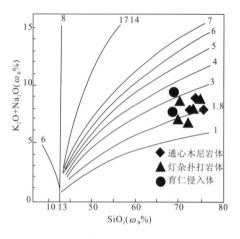

图 3-23 早白垩世林珠藏布复式岩体硅-碱
与组合指数关系图

（据 A. Rittmann,1957）

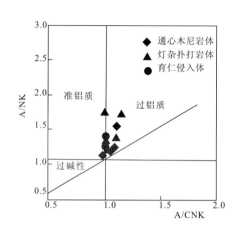

图 3-24 早白垩世林珠藏布复式岩体
A/NK - A/CNK 图解

（据 Maninar,Piccli,1989）

从二长花岗岩—斑状二长花岗岩—钾长花岗岩均属酸性岩石范畴，SiO_2 平均含量依次递进，TiO_2、Al_2O_3、FeO、MgO、MnO 逐渐递减，岩石化学类型由铝过饱和型向具有次铝和过铝两种不同的岩石类型演化，CIPW 系统中，Q 分子呈阶梯状增加，an 和 or、ab 含量互为消长，ap、il、Hm 从富→贫，标准矿物组合由 or+ab+an+Q+C+Hy→or+ab+an+Q+C 或 Di+Hy 演变，A/CNK 值由小变大，σ 值明显减小，SI 和 DI 互为消长，AR 值由大→小→大。上述变化规律，反映了 I-S 型花岗岩的同源特点。

4. 岩石地球化学特征

（1）微量元素特征

各岩体微量元素组合及含量见表 3-24。

表 3-24 早白垩世林珠藏布复式岩体微量元素特征表★

岩体名称	样品编号	微量元素组合及含量（wβ/10^{-6}）																
		Be	Ba	Pb	Sn	Ti	Mn	Ga	Cr	Ni	V	Cu	Zr	Zn	Co	Sr	Y	La	Nb
通心木尼	Dy3320	2	600	50	8	3 000	600	30	20	10	40	80	300	100	10	200	30	70	10
	Dy3413	2	600	100	8	5 000	500	20	20	5	10	80	300	30	7	800	70	150	10
	平均值	2	600	75	8	4 000	550	25	20	8	25	80	300	65	9	500	50	110	10
灯杂朴打	Dy475	2	500	50	2	3 000	700	20	30	5		20	200	20	5	100	30	30	20
	Dy908	2	400	80	2	1 000	600	15			50	100	200		2	200	20	30	10
	Dy3307	2	300	40	5	7 000	600	20	50	50	70	70	300	70	20	200	50	40	10
	平均值	2	400	57	4	3 667	630	18	27	27	57	63	233	30	9	167	33	33	13
育仁	Dy3189	3	500	40	15	2 000	400	20	10	7	70	60	200	65	5	300	30	50	10
	Dy3325	2	400	30	3	2 000	300	15	10		40	20	200	20	3	300	20	30	10
	Dy3330	1	400	30	6	3 000	500	10	20		50	100	300	40	10	100	30	30	10
	平均值	2	433	33	9	2 333	400	15	13	9	53	60	233	38	6	233	27	37	10

测试结果表明，诸侵入体微量元素的赋存基本相近，反映岩体间是同一演化阶段的岩浆多次脉

动的产物。皆以 Pb、Sn、Ti、Ni、V、Cu、Zr、Co、Y 元素含量明显富集,Be、Mn、Ca、Cr、Zn、Sr、La、Nb 诸元素贫化为其特征。由较早到晚次侵入体 Pb、Ti、Ca、Cu、Zr、Co、Y 元素依次增加的趋势较为显著,Ba、Sn、Zn、Sr、La 元素值经历了由富→贫→富的变化过程,而 Mn、Cr、Ni、V、Nb 各元素从低→高→低,唯 Be 元素均在各岩石中处于稳定状态。

(2)稀土元素特征

林珠藏布复式岩体稀土元素含量及特征值见表 3-25,稀土模式配分曲线见图 3-25。育仁侵入体稀土 ΣREE 十分接近于黎彤(1976)总结的地壳花岗岩平均丰度(165.35)值,晚次两岩体稀土 ΣREE 明显高于赫尔曼(1970)统计的花岗岩背景值(250)一倍之多。LREE/HREE 值较大,均属轻稀土富集重稀土亏损型,δEu 值变化范围宽,具不同程度的铕负异常,δCe 值略小于或大于1,铈基本无异常或弱正异常。Sm/Nd 比值参数大于或小于等于 0.2,表示岩浆侵位较深,Eu/Sm 比值变化于同类花岗岩 0.01~0.17 范围内,Ce/Y 比值较大,反映岩浆部分熔融程度较高,但分离结晶程度较低。

表 3-25 早白垩世林珠藏布复式岩体稀土元素含量及特征参数表★

岩体名称	样品编号	稀土元素含量($w_B/10^{-6}$)													
		La	Ce	Pr	Nd	Sm	Eu	Gd	Tb	Dy	Ho	Er	Tm	Yb	Lu	Y
通心本尼	XT-56	95.30	190.00	19.30	87.20	17.80	1.29	10.60	1.33	7.95	1.74	3.87	0.41	2.46	0.38	31.70
灯杂朴打	XT87-94	69.75	134.66	16.82	54.05	10.52	1.02	7.84	1.32	6.57	1.36	3.76	0.59	3.47	0.47	35.66
	XT-60	49.20	130.00	9.16	35.50	7.95	0.40	5.92	1.04	6.48	1.37	3.82	0.58	3.73	0.46	29.10
	XT87-8	84.85	158.74	18.80	58.94	9.54	1.52	6.02	0.94	3.90	0.78	2.03	0.35	1.82	0.25	20.36
育仁	XT-2	37.60	65.50	6.88	28.50	6.41	0.74	4.27	0.60	3.56	0.52	1.20	0.12	0.63	0.09	7.51

岩体名称	样品编号	特征参数值									
		ΣREE	ΣLREE	ΣHREE	ΣL/ΣH	δEu	δCe	Sm/Nd	La/Sm	Ce/Yb	Eu/Sm
通心本尼	XT-56	471.33	410.89	60.44	6.80	0.27	1.01	0.20	5.35	77.24	0.07
灯杂朴打	XT87-94	347.86	286.82	61.04	4.7	0.33	0.92	0.19	6.63	38.81	0.1
	XT-60	284.71	232.21	52.50	4.42	0.17	1.38	0.22	6.19	34.85	0.05
	XT-87-8	368.84	332.39	36.45	9.12	0.57	0.92	0.16	8.89	87.22	0.16
	平均值	333.80	283.81	50.00	6.08	0.36	1.07	0.19	7.24	53.63	0.10
育仁	XT-2	164.23	145.73	18.50	7.88	0.41	0.91	0.22	5.87	104.13	0.12

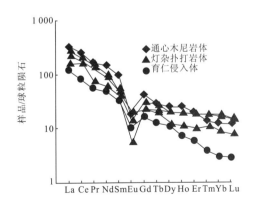

图 3-25 早白垩世林珠藏布复式岩体稀土元素配分曲线

从早到晚稀土元素演化特点表现为ΣREE、LREE、HREE依次递增，δEu特征值、Eu/Sm比值逐渐递减，显示岩浆侵位由深入浅。配分曲线均为平稳的右倾斜式，随着时间的推进，Eu处"V"型谷越来越显著，铈亏损具减弱趋势，参数La/Sm与LREE/HREE、Sm/Nd、Ce/Yb比值互为消长。这些变化规律与岩浆的分异演化结果一致。

5. 副矿物特征

诸岩体副矿物含量及锆石晶形图谱见表3-26。由表可以看出，不同岩体副矿物种类及含量变化不大，主要副矿物也大同小异，反映出岩浆的同源特点。自然铅、磁铁矿在晚期岩体中未见出露，而自然金、辉锑矿为通心本尼岩体所独有。黄铜矿、钍锆石仅在育仁侵入体中分布，唯独该岩体未见变种锆石之成员。从育仁—灯杂朴打—通心本尼岩体副矿物特征变化规律有：副矿物种类由多变少，自然金、自然铅、磁铁矿具递增趋势，黄铜矿、锆石、变种锆石、榍石、钍锆石相对递减，黄铁矿和磷灰石都经历了由富→贫→富的变化过程，锆石几何形态变得简单，晶棱减少。副矿物组合均为黄铁矿＋锆石＋磷灰石＋榍石＋磁铁矿。

锆石为浅棕褐色，个别浅褐黄色，正方双锥柱状，金刚光泽，透明为主，部分晶面有熔坑、纹象。晶体内有气泡，个别含黑云母包体。长宽之比以2∶1、2.5∶1居多，偶有1.5∶1、3∶1，粒径长0.1～0.25mm，宽0.05～0.1mm。

表3-26　早白垩世林珠藏布复式岩体副矿物含量及锆石特征

矿物名称 岩体名称	黄铜矿	黄铁矿	锆石	变种锆石	磷灰石	自然金	自然铅	榍石	磁铁矿	辉锑矿	钍锆石
通心本尼 钾长花岗岩	—	12%	60%	几粒	20%	1粒	—	几粒	—	几粒	—
灯杂朴打斑状 二长花岗岩	—	3%	74%	几粒	3%	—	15%	—	几粒	—	—
育仁二长 花岗岩	2粒	十几粒	75%	—	7%	—	2粒	十几粒	1粒	—	4%
锆石晶形特征											
通心本尼											
灯杂朴打											
育仁											

6. 包体测温

包体测温成果见表 3-27。从分析结果可看出,育仁侵入体岩石形成温度在 800℃ 以上,反映了该类岩体形成的深度较大。

表 3-27 早白垩世林珠藏布复式岩体包体测温样分析成果★

岩体名称	岩性	样号	测试矿物	包体类型	包体大小(mm)	包体形状	均一温度(℃)	相数	包体颜色
育仁	黑云母二长花岗岩	Bt-1	石英	熔融	0.0015～0.003	不规则状	890	三相	无色

7. 时代归属

该类岩体侵入最新地层为中—晚侏罗世拉贡塘组,并被晚白垩世霓石花岗岩所超动,由此推断其形成时代当属早白垩世无疑。根据《1:20 万通麦、波密幅区域地质矿产调查报告》(甘肃省区调队,1995)前人在斑状二长花岗岩中获 K-Ar 年龄值 127.7Ma,以及灯杂朴打岩体东延部分的同一岩石中《1:20 万八宿县、松宗区域地质矿产调查报告》(河南省区调队,1994)获 K-Ar 法同位素年龄值 108.7Ma,127.2±5.5Ma,故将其定位时代确定为早白垩世。需要指出的是,前人建立的查喏序列中五个单元经本次调研查证实属两个时代不同的复式岩体,因此本报告依据岩石学、岩石化学、岩石地球化学和侵入体间接触关系及同位素等方面资料予以拆分为二,解体为两个不同地质世代的花岗岩体,仍沿用前人命名的岩体名称。

(三)晚白垩世曲拉马岩体

该侵入体野外直观特征十分醒目,零星分布在图幅东南对隅的宗日则及曲拉马等地,圈出侵入体 2 个,面积仅 2.67km²。岩性为中细粒霓石花岗岩($K_2\gamma$),在岩石化学成分、矿物成分尚有别于其他花岗岩类。

1. 地质特征

侵入体长轴方向极其密切地与区域构造线方向相协调,令其呈近东西向展布,2 个侵入体均以岩株形式产出,宗日则侵入体被晚期岩体所超动残留在古近纪二长花岗岩之中,曲拉马侵入体与早白垩世斑状二长花岗岩呈明显的超动型侵入接触。围岩热接触变质作用不显著,内接触带尚见角闪石定向排列平行于岩体走向,与围岩接触面多为平坦的弧形,界面外倾,产状变化大,倾角高达 75°～85°。内部构造简单,基本未遭受韧性变形,围岩、同源包体极其罕见,说明该岩体侵位深度较浅,剥蚀较深,现出露部分为侵入体根部。

根据《1:20 万通麦、波密 2 幅联测区调报告》(1995)前人获取 K-Ar 全岩年龄值 78.3±4.3Ma,同时结合该岩体侵入早白垩世斑状二长花岗岩中,以及被古近纪侵入体所超动,将其形成时代置于晚白垩世无可非议。

2. 岩石学特征

中细粒霓石花岗岩为灰绿色,局部夹有肉红色,中细粒半自形粒状花岗结构,块状构造。矿物成分中斜长石<10%,石英 30%～20%,钾长石 50%～58%,霓石 5%,角闪石 5%。粒径 0.1～1.3mm 及 2～5mm。斜长石具细而密的钠长石双晶,属钠长石。石英他形粒状,逐步交代钾长石,在接触处蚀变形成绿泥石-褐铁矿-残留霓石集合体。钾长石呈卡氏双晶,局部钠黝帘石化,表面布满磁铁矿碎片。霓石长柱状、粒状,黄绿—淡黄绿色,横切面六—八边形,解理夹角 87°,晚于钾长石

而生于石英中,已逐步形成羽毛状、放射状无色纤闪石集合体或进一步变成绿泥石、碳酸盐。角闪石他形—半自形,粒柱状,柱面一组解理,横切面两组解理,呈锐角交切,斜消光。磁铁矿、磷灰石、氟碳铈矿、独居石、晶质铀矿、赤铁矿等副矿物含量微。

3. 岩石化学特征

该岩体岩石化学成分、CIPW 标准矿物及特征值见表 3-28。霓石花岗岩的 SiO_2 含量为 67.78%, Na_2O 含量为测区各时代花岗岩类之最,高达 7.18%,其余各氧化物含量均相对较低。$K_2O+Na_2O+CaO>Al_2O_3>K_2O+Na_2O$,具正常岩石化学类型特征,$Na_2O>CaO>K_2O$,表明岩石中富钠贫钙、钾,里特曼指数介于 1.8～3.3 之间,在 $SiO_2-K_2O+Na_2O$ 图解(图 3-26)上,成分点落入 1.8～3 区内,表明属钙碱性岩系。AR 值较高,A/CNK<1.1,据 A/NK-A/CNK 图解(图 3-27)反映该岩石为准铝质花岗岩,显 I 型花岗岩特征。CIPW 标准矿物计算中钠长石含量最大,石英分子相对较低,an>or,未见刚玉,仅出现 Di 分子,mt>il>ap,标准矿物组合为 Or+ab+an+Q+Di+Hy。DI 值较大,SI 值相对较低,说明岩浆分异程度较完全,成岩固结性差。

表 3-28 晚白垩世曲拉马岩体岩石化学成分、CIPW 标准矿物及特征参数表 ★

岩体名称	样品编号	氧化物含量($w\beta/10^{-2}$)													
		SiO_2	TiO_2	Al_2O_3	Fe_2O_3	FeO	MnO	MgO	CaO	Na_2O	K_2O	P_2O_5	CO_2	H_2O^-	H_2O^+	Σ
曲拉马	Gs86-92	67.78	0.29	16.39	1.65	1.23	0.04	0.19	2.05	7.18	1.04				3.15	10.99
岩体名称	样品编号	CIPW 标准矿物($w\beta/10^{-2}$)								特征参数值					
		ap	il	mt	Or	ab	an	Q	Di	Hy	DI	SI	A/CNK	σ	AR	
曲拉马	Gs86-92	0.02	0.56	2.44	6.28	62.09	9.63	17.70	0.58	0.70	86.06	1.68	0.98	2.69	2.61	

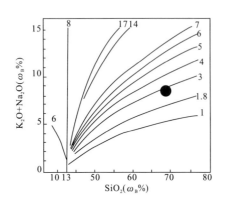

图 3-26 晚白垩世曲拉马岩体硅-碱与组合指数关系图

(据 A. Rittmann,1957)

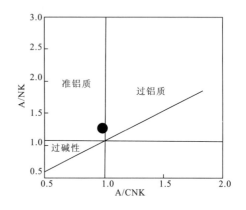

图 3-27 晚白垩世曲拉马岩体 A/NK-A/CNK 图解

(据 Maninar,Piccli,1989)

4. 稀土元素特征

样品的稀土元素含量及特征值见表 3-29,稀土配分曲线如图 3-28 所示,稀土 ΣREE 明显大于赫尔曼(1970)总结的花岗岩平均丰度(250)值 1.61 倍之多,LREE/HREE>1,为轻稀土富集重稀土亏损型。δEu<1,δCe 值<1,反映铕、铈均不同程度亏损呈负异常,稀土模式配分型式为右倾斜式平稳曲线,Eu 处 V 型谷极明显,具铕强烈亏损型的表现,Sm/Nd 和 Eu/Sm 值均小于 0.2,表示壳层花岗岩特点,Ce/Yb 比值较大,指示岩浆部分熔融程度较高,但分离结晶程度较低。

表 3‐29　晚白垩世曲拉马岩体稀土元素含量及特征参数表★

岩体名称	样品编号	稀土元素含量($w_B/10^{-6}$)													
		La	Ce	Pr	Nd	Sm	Eu	Gd	Tb	Dy	Ho	Er	Tm	Yb	Lu	Y
曲拉马	XT86‐92	88.02	162.11	21.02	66.74	12.02	0.85	8.01	1.26	5.70	1.15	3.09	0.49	2.78	0.40	29.58

岩体名称	样品编号	特征参数值								
		ΣREE	ΣLREE	ΣHREE	ΣL/ΣH	δEu	δCe	Sm/Nd	La/Sm	Ce/Yb	Eu/Sm
曲拉马	XT86‐92	403.22	350.76	52.46	6.69	0.25	0.88	0.18	7.32	58.31	0.07

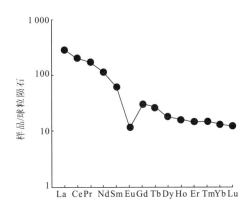

图 3‐28　晚白垩世曲拉马岩体稀土元素分配图

(四)古近纪基日复式岩体

该复式岩体是本次区调填图中从原《1∶20万通麦、波密幅区域地质矿产调查报告》(甘肃省区调队,1995)查喏序列中解体出来的一个岩浆序次。大面积展布在恰青冰川的西图边,向东经遊阿衣塔—超阿来—错青拉拉廖—倾多拉—郎脚马一带圈闭。两次岩浆侵入过程分别形成了两个岩石类型不同的岩体,即布次拉细粒角闪石英二长岩($E\eta o$)、错青拉拉廖中细粒黑云二长花岗岩($E\eta\gamma$),构成了一结构加成分双重演化的复式岩体,依次圈出侵入体3个和2个。总面积约2 162.65 km²,为测区之最。

1. 地质特征

本复式岩体群居性最强,各侵入体在空间上分布密切共生,组成一气势磅礴的巨大型复式岩基,波姆白松侵入体呈岩株形式产出,岩体延长方向与近东西向构造线方向基本一致。地貌上多构成高大的山脊或现代冰川。与早石炭世诺错组、石炭—二叠纪来姑组、二叠纪洛巴堆组和西马组、侏罗纪桑卡拉佣组及拉贡塘组、早白垩世多尼组以及早期岩体皆呈侵入(局部断层)接触。岩体南侧与古生代地层接触时,围岩出现宽百余米透闪石大理岩、角岩化变质砂岩、板岩等,局部伴有边缘混合岩化的片麻岩、片岩,北侧与中生代地层接触处形成了上千米宽的热接触变质带,即由内向外分别产生红柱石、堇青石斑点状角岩,侵入到早期岩体中热变质作用不明显。内接触带岩石颗粒变细,局部地段可见5~10 m宽的冷凝边,界面多为外倾,倾角变化于40°~70°之间。巨大型复式岩基内部各侵入体之间关系明确,中细粒黑云母二长花岗岩与细粒角闪石英二长岩呈清楚的脉动型侵入接触。细粒闪长质暗色包体多稀疏分布在岩体的中心部位,作无序状不均匀分布,就体积而言超不过寄主岩的0.1%。围岩包体常在岩体边部出露,复式岩基内多处见有地层残留体。综上所述包体性质以及围岩热蚀变特征表明基日复式巨型岩基侵位深度较大,而后剥蚀程度较浅。

根据本次调研在错青拉拉廖岩体中细粒黑云二长花岗岩中获K‐Ar法同位素全岩年龄值

27.1Ma,以及前人《1∶100万拉萨幅区调报告》(西藏地质局综合普查大队,1979)在中细粒黑云二长花岗岩同一侵入体内获 K-Ar 法同位素年龄值 52.7Ma、35Ma,同时结合该岩基与晚白垩世霓石花岗岩呈超动型侵入接触关系,故将其就位时代厘定为古近纪较为适宜。并沿用前人命名的岩体名称。

2. 岩石学特征

细粒角闪石英二长岩多分布在岩基的边缘地带,或被错青拉拉廖侵入体所包容。岩石均为灰色,块状构造,细粒半自形粒状结构,矿物成分中斜长石 30%～42%,石英 17%～13%,钾长石 32%～25%,角闪石 10%～15%,黑云母 10%～4%,榍石、磁铁矿、磷灰石、绿帘石等副矿物小于 1%,粒径 0.7～1.5mm,0.2～1.65mm 及 0.2～2.5mm。矿物特征斜长石呈自形长板状,聚片双晶,N>树胶,属条纹长石,在宽大的条纹长石晶体中常嵌有细小的斜长石、角闪石晶体,构成二长结构。角闪石自形长柱状,横切面菱形,六边形,具闪石式解理,多色性明显,为深绿—浅黄色,斜消光,$N_g' \wedge C = 24°$ ±,属普通角闪石。黑云母片状,褐色—棕色多色性,部分具绿泥石、绿帘石化,同时析出铁质矿物。

中细粒黑云二长花岗岩为该时代之主体岩性,呈不规则的条带刺破早期侵入体直接与地层接触。岩石呈灰色,中细粒花岗结构、二长结构,块状构造。矿物成分中斜长石 34%～30%,石英 26%～22%,钾长石 32%～38%,黑云母 2%～4%,角闪石 5%～2%,矿物粒径 1.5～4.32mm 及 0.2～0.5mm、2～5mm。斜长石半自形板状晶体,环带构造,聚片双晶发育,双晶细密,属更长石。石英他形粒状,弱波状消光,表面干净,充填在其他矿物间隙间。钾长石半自形板状,具格子双晶,可见条纹构造,其内常包裹有细小的斜长石、角闪石晶体,构成二长结构。黑云母片状、板状,多已被绿泥石、绿帘石取代并析出细粒榍石、铁质。角闪石自形粒柱状,具深绿—黄绿色多色性,解理完全,为普通角闪石。副矿物小于 1%,由锆石、榍石、磷灰石、褐帘石等组成,多散布于暗色矿物附近或其中。

综上所述,各侵入体相同特点主要表现在岩石色调均为灰色,矿物种类相同,矿物特征基本相近,但岩石结构、矿物含量明显不同。从较早到较晚侵入体粒度变粗,石英、钾长石含量逐渐递进,斜长石含量依次减少,黑云母和角闪石含量由富到贫,斜长石属性由中长石向更长石演变。反映了巨型复式岩基结构加成分双重演化性质突出。

3. 岩石化学特征

各侵入体岩石化学成分、CIPW 标准矿物及有关特征参数值列于表 3-30。不同岩体或同一侵入体绝大多数氧化物含量无差异性变化,说明各侵入体物质来源相同,其岩石基本化学成分含量十分接近于中国同类花岗岩平均值,分属中偏酸性岩、酸性岩范畴,$Al_2O_3>CaO+Na_2O+K_2O$ 为晚期岩体所独有,布次拉岩体多为 $CaO+Na_2O+K_2O>Al_2O_3>Na_2O+K_2O$ 正常类型硅过饱和的岩石化学类型,只有一件 GS-131 样品属铝过饱和型,$K_2O>Na_2O$,表明该岩石具有富钾贫钠的特征。里特曼指数大于或小于 1.8 皆有之,指示该复式岩体具钙性-钙碱性双重岩系,与 A. Rittmann (1957)硅-碱与组合指数关系图解投点结果(图 3-29)基本一致。AR 值多偏低,A/CNK 略小于 1.1,显 I 型花岗岩特点,在 A/NK-A/CNK 直方图解(图 3-30)上,成分点分别落入准铝质与过铝质分界线两侧,反映该岩石具有次铝-过铝两重特性。

CIPW 标准矿物计算中既见刚玉分子又出现透辉石,过饱和矿物石英含量普遍较饱和矿物高,个别样品出现赤铁矿分子,DI 值、SI 值变化范围宽,表明岩浆分异程度较好,成岩固结性较一般。

从石英二长岩—二长花岗岩化学成分变化具明显的演化规律,即 SiO_2、MnO、Na_2O、K_2O 算术平均值具阶梯状增加,其他各氧化物呈落差式减少,岩石化学类型由具有正常型和铝过饱和型两种不同的岩石化学类型向铝过饱和型演变,CIPW 系统中 or、ab、Q、C、Hm 和 an、Di、Hy、mt、il、ap 分别增大与减少,标准矿物组合从 or+ab+an+Q+C 或 Di+Hy 到 or+ab+an+Q+C+Hy,特征值 DI、A/CNK、AR、σ 依次递进,SI 值逐渐递减,标志着岩浆向酸性方向演化。

表 3-30 古近纪基日复式岩体岩石化学成分 CIPW、标准矿物及特征参数表

岩体名称	样品编号	氧化物含量(wβ/10⁻²)													
		SiO_2	TiO_2	Al_2O_3	Fe_2O_3	FeO	MnO	MgO	CaO	Na_2O	K_2O	P_2O_5	CO_2	H_2O^-	H_2O^+	Σ
错青拉拉廖	Gs0544-1	73.21	0.26	13.36	0.83	1.67	0.11	0.46	1.64	3.36	4.23	0.09	0.18	0	0.43	99.83
	Gs0533-1	75.36	0.16	12.91	0.28	1.15	0.07	0.29	1.25	3.15	4.52	0.05	0.1	0	0.58	99.87
	Gs-6	70.62	0.24	14.47	0.17	1.70	0.09	1.37	2.66	2.38	4.88	0.25	0.66	0.1	0.14	99.73
	Gs-42	68.36	0.3	15.56	2.53	1.11	0.08	2.31	3.51	2.76	3.75	0.1	0.01	0.2	0.06	100.64
	Gs-37	70.29	0.23	14.5	2.12	0.96	0.7	1.24	2.7	2.57	3.93	0.06	0.21	0.85	0.22	100.58
	平均	71.57	0.24	14.16	1.19	1.32	0.21	1.13	2.35	2.84	4.26	0.11	0.23	0.23	0.29	100.13
布次拉	Gs-131	67.41	0.39	15.41	1.48	2.45	0.07	1.62	4.1	2.52	2.56	0.12	0.28	1.16	0.08	99.65
	Gs-39	68.12	0.36	14.26	1.53	2.42	0.07	2.52	2.83	2.43	5.1	0.07	0.22	0.58	0.19	100.7
	Gs-15	62.38	0.26	15.35	2.39	3.11	0.17	3.4	5.4	2.25	3.25	0.28	0.92	1.18	0.1	100.44
	平均	65.97	0.34	15.01	1.80	2.66	0.10	2.51	4.11	2.40	3.64	0.16	0.47	0.97	0.12	100.26

岩体名称	样品编号	CIPW 标准矿物(wβ/10⁻²)										特征参数值				
		ap	il	mt	Hm	Or	ab	an	Q	C	Di	Hy	DI	SI	A/CNK	σ	AR
错青拉拉廖	Gs0544-1	0.20	0.50	1.21		25.19	28.65	7.67	32.78	0.47		3.33	86.63	4.36	1.02	1.9	3.05
	Gs0533-1	0.11	0.31	0.41		26.93	26.87	5.96	36.26	0.68		2.49	90.05	3.09	1.05	1.81	3.36
	Gs-6	0.55	0.46	0.25		29.18	20.38	11.86	30.10	0.99		6.24	79.65	13.05	1.03	1.9	2.47
	Gs-42	0.22	0.57	2.96	0.48	22.08	23.27	16.76	27.15	0.79		5.73	72.49	18.54	1.04	1.68	2.04
	Gs-37	0.13	0.44	3.10		23.39	21.90	13.13	32.63	1.25		4.05	77.91	11.46	1.08	1.54	2.21
	平均	0.24	0.46	1.50	0.10	25.35	24.21	11.08	31.78	0.84		4.37	81.35	10.10	1.04	1.77	2.63
布次拉	Gs-131	0.27	0.75	2.19		15.42	21.73	20.01	31.39	1.32		6.93	68.53	15.24	1.07	1.04	1.70
	Gs-39	0.15	0.69	2.22		30.22	20.63	12.98	23.81		0.56	8.75	74.65	18.00	0.97	2.25	2.58
	Gs-15	0.62	0.50	3.53		19.55	19.38	22.58	20.27		2.43	11.14	59.20	23.61	0.90	1.53	1.72
	平均	0.35	0.65	2.65		21.73	20.58	18.52	25.16	0.44	1.00	8.94	67.46	18.95	0.98	1.61	2.00

Gs 0544-1、Gs 0533-1 样品为本次所测,其余均收集《1:20 万通麦、波密幅区域地质矿产调查报告》(甘肃省区调队,1995)资料

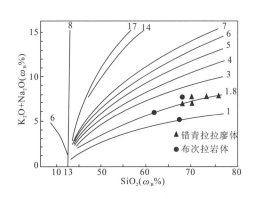

图 3-29 古近纪基日复式岩体硅-碱
与组合指数关系图
(据 A. Rittmann,1957)

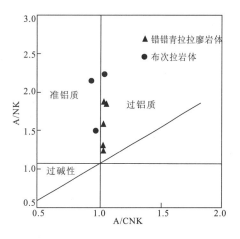

图 3-30 古近纪基日复式岩体
A/NK-A/CNK 图解
(据 Maninar,Piccli,1989)

4. 岩石地球化学特征

(1)微量元素特征

各岩体微量元素组合及含量见表 3-31。非同侵入体微量元素含量变化不大,均表现为 Be、

Ba、La、Ga、Cr、Zn、Sr、Y、Nb、Sc、Ni、Ta 元素贫化,Rb、Th、Pb、Sn、Ti、Mn、Hf、V、Cu、Zr、Co 诸元素富集。从较早到晚次岩体微量元素 Be、Ba、Sn、Ga、Cr、Ni、V、Cu、Zn、Co、Sr、Y、La、Nb、Hf、Sc 含量有序度减弱,Rb、Th、Ta、Pb、Ti、Mn、Zr 元素相应增加,反映岩浆分异演化特点。

表3-31 古近纪基日复式岩体微量元素特征表

岩体名称	样品编号	微量元素组合及含量($w\beta/10^{-6}$)									
		Rb	Ba	Th	Ta	Nb	Hf	Zr	Sn	Ni	Sr	Sc
错青拉拉廖	Dy0544-1	196	353	30	2.1	17.5	5.8	175	3.1	6.2	159	2.2
	Dy0533-1	273	209	29.6	2.9	16.1	3.2	99	6.3	3.4	79.3	2.7
	平均值	234.5	281	29.8	2.5	16.8	4.5	137	4.7	4.8	119.15	2.45

岩体名称	样品编号	微量元素组合及含量($w\beta/10^{-6}$)									
		Be	Ba	Sn	Ti	Cr	Ni	V	Zr	Co	Sr	Nb
错青拉拉廖	Dy889	2	700	3	2 000	10	2	70	300	10	300	
	Dy942	2	500	4	2 000	10	3	60	700	7	200	
	Dy3370	2	500	20	3 000	40	10	60	300	10	300	10
	平均值	2	567	9	2 333	20	5	63	433	9	267	10
布次拉	Dy896	3	500	10	2 000	20	10	100	200	10	300	
	Dy910	2	500	4	2 000	20	10	70	100	10	300	
	Dy3373	3	600	20	2 000	70	10	80	200	10	400	10
	平均值	3	533	11	2 000	37	10	83	170	10	330	10

岩体名称	样品编号	MORB 标准化值										
		K_2O	Rb	Ba	Th	Ta	Nb	Ce	Hf	Zr	Sm	Y	Yb
错青拉拉廖	Dy0544-1	10.58	49.00	7.06	37.50	3.00	1.75	1.74	0.64	0.51	0.49	0.34	0.04
	Dy0533-1	11.30	68.25	4.18	37.00	4.14	1.61	1.54	0.36	0.29	0.50	0.40	0.04
	平均值	10.94	58.63	5.62	37.25	3.57	1.68	1.64	0.50	0.40	0.50	0.37	0.04

Dy0544-1、Dy0533-1 两件样品为本次所测,其余样品均收集《1∶20万通麦、波密区域地质矿产调查报告》(甘肃省区调队,1995)资料

对两件样品微量元素 MORB 标准化值作蛛网图(图3-31),错青拉拉廖岩体显示出右倾斜式曲线,其中的 Rb、Th 分别为标准值的 49～68.25 和 37.5～37 倍,构成了该曲线的峰点,而 K_2O、Ba、Ta 具不同程度地高于洋中脊花岗岩标准值的 10 倍左右,Nb、Ce 均大于1,Hf、Zr、Sm、Y、Yb 元素皆小于1,整个蛛网图形呈拖尾状的"M"型。这样的型式与同碰撞花岗岩的蛛网图极其相似,暗示本构造岩浆带中的古近纪基日复式岩体花岗岩的形成可能与碰撞作用有关。

(2)稀土元素特征

两岩体稀土元素组合及含量见表3-32,稀土模式配分曲线见图3-32。布次拉岩体稀土 ΣREE 略高于地壳花岗岩类平均丰度值14.3ppm,与 K·图尔基安(1961)总结的碱性花岗岩平均值(210)相对照,晚期侵入体稀土 ΣREE 略高。LREE/HREE 均大于1,δEu 皆小于1,δCe≤1,Sm/Nd=0.18～0.19,与王中刚、于学元划分的壳层花岗岩比值参数十分接近,La/Sm 变化区间窄。参数 Ce/Yb、Eu/Sm 比值在晚期岩体中均偏低,与岩浆侵位由深趋浅的一般规律相吻合。

稀土元素演化特征有:两岩体均属轻稀富集重稀土亏损型,配分模式皆为右倾斜式曲线,显示明显的铕负异常,铈弱亏损。从早期到晚期岩体稀土 ΣREE、LREE、HREE 逐渐递增,LREE/HREE 比值递减,铕亏损增大,铈亏损减小,Eu 处"V"型谷愈来愈显著,Sm/La 与 La/Sm、Ce/Yb、Eu/Sm 比值参数分别增大和减小,与岩浆演化规律一致。

表 3-32 古近纪基日复式岩体稀土元素含量及特征参数表

岩体名称	样品编号	稀土元素含量($w_B/10^{-6}$)													
		La	Ce	Pr	Nd	Sm	Eu	Gd	Tb	Dy	Ho	Er	Tm	Yb	Lu	Y
错青拉拉廖	XT0544-1	36.82	61.07	6.82	23.52	4.40	0.73	3.97	0.68	4.20	0.88	2.65	0.47	3.28	0.50	23.70
	XT0533-1	30.75	53.82	6.42	21.47	4.49	0.50	4.20	0.77	4.88	0.98	3.00	0.51	3.39	0.52	27.88
	XT-55	44.90	86.10	8.39	40.40	7.36	1.14	5.48	0.73	4.94	1.09	2.92	0.25	1.50	0.23	23.70
	XT-51	71.40	128.00	12.60	56.10	10.50	1.01	6.58	0.95	6.30	1.31	3.54	0.40	2.40	0.37	27.10
	平均值	45.97	82.25	8.56	35.37	6.69	0.85	5.06	0.78	5.08	1.07	3.03	0.41	2.64	0.41	25.60
布次拉	XT-3	32.90	49.30	6.66	22.80	3.73	0.69	2.01	0.28	1.14	0.16	0.32	0.03	0.20	0.03	2.59
	XT-123	45.70	76.70	8.58	34.70	6.20	1.01	4.86	0.88	5.97	1.20	3.17	0.44	2.35	0.36	24.10
	XT-54	39.80	78.20	7.27	35.00	6.73	1.27	5.06	0.55	3.55	0.75	1.91	0.19	1.14	0.17	18.30
	平均值	39.47	68.07	7.50	30.83	7.77	0.92	5.53	0.57	3.55	0.70	1.80	0.22	1.23	0.19	15.00

岩体名称	样品编号	特征参数值									
		ΣREE	ΣLREE	ΣHREE	ΣL/ΣH	δEu	δCe	Sm/Nd	La/Sm	Ce/Yb	Eu/Sm
错青拉拉廖	XT0544-1	173.69	133.36	40.33	3.31	0.52	0.87	0.19	8.37	18.62	0.17
	XT0533-1	163.58	117.45	46.13	2.55	0.35	0.88	0.21	6.85	15.88	0.11
	XT-55	229.13	188.29	40.84	4.61	0.53	1.00	0.18	6.10	57.40	0.15
	XT-51	328.56	279.61	48.95	5.71	0.35	0.95	0.19	6.80	53.33	0.10
	平均值	223.74	179.68	44.06	4.05	0.44	0.93	0.19	7.03	36.31	0.13
布次拉	XT-3	122.84	116.08	6.76	17.17	0.70	0.76	0.16	8.82	246.50	0.18
	XT-123	216.22	172.89	43.33	3.99	0.54	0.87	0.18	7.37	32.64	0.16
	XT-54	199.89	168.27	31.62	5.32	0.64	1.03	0.19	5.91	68.60	0.19
	平均值	179.65	152.41	27.24	8.83	0.63	0.89	0.18	7.37	115.91	0.18

除 XT0544-1、XT0533-1 样品为本次所测外,其余均收集《1:20 万通麦、波密区域地质矿产调查报告》(甘肃省区调队,1995)资料

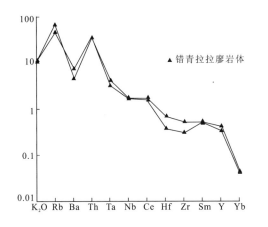

图 3-31 古近纪基日复式岩体微量元素蛛网图

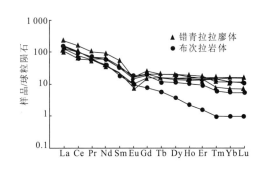

图 3-32 古近纪基日复式岩体稀土元素配分曲线

5. 副矿物特征

基日复式岩体副矿物含量及锆石晶形图谱列表 3-33。不同侵入体副矿物种类及含量变化较大,但主要副矿物差异性变化却小。白钨矿、自然金、方铅矿、榍石、辉锑矿、独居石、毒砂、锐钛矿仅在较早岩体内出现,而黄铜矿、变种锆石、辰砂、孔雀石为错青拉拉廖岩体所独有。从早期到晚期岩体副矿物具以下变化规律:副矿物种类明显减少,黄铜矿、黄铁矿、变种锆石、磷灰石、辰砂、孔雀石

逐渐递增,其余副矿物依次减少,锆石始终处于稳定状态,但其形态变得简单,晶棱亦有减少,副矿物组合由布次拉岩体黄铁矿+锆石+磷灰石+榍石型向错青拉拉廖岩体黄铁矿+锆石+磷灰石型演变。反映岩浆具结构和成分双重演化特点。

表 3-33 古近纪基日复式岩体副矿物含量及锆石特征★

矿物名称 岩体名称	黄铜矿	白钨矿	黄铁矿	锆石	变种锆石	磷灰石	自然金	方铅矿	榍石	辉锑矿	辰砂	独居石	毒砂	锐钛矿	孔雀石
错青拉拉廖二长花岗岩	几粒	—	2%	80%	微量	10%	—	—	—	2粒	—	—	—	1粒
布次拉石英二长岩	—	1粒	少量	80%	—	5%	1粒	2粒	少量	几粒	—	1粒	1粒	2粒	—

锆石晶形特征		
布次拉岩体		错青拉拉廖岩体

6. 包体测温

包体测温成果列于表 3-34。从测试结果可看出,错青拉拉廖侵入体岩石形成的温度在 840℃左右,由此说明基日复式岩体形成的深度较大。

表 3-34 古近纪基日复式岩体包体测温样分析成果★

岩体名称	岩性	样号	测试矿物	包体类型	包体大小(mm)	包体形状	均一温度(℃)	相数	包体颜色
错青拉拉廖	黑云母二长花岗岩	Bt-8	石英	熔融	0.0015~0.004	不规则状	850	二相	无色
		Bt-9	//	//	0.0015~0.003	//	840	三相	//

三、鲁公拉构造岩浆带

本构造岩浆带位于怒江结合带南侧和恰青-向阳日-倾多拉区域性大断裂以北的那曲-沙丁中生代弧后盆地内。北延丁青县幅,东西分别与八宿和嘉黎县幅接壤。总面积约 277.11km², 占测区侵入岩面积的 6.64%。11 个侵入体各自占据自己的空间,时间上可分为晚侏罗世、早白垩世、晚白垩世三个侵入阶段。

(一)晚侏罗世格岩体

较为集中地出露在洛隆县硕般多乡茸兄曲南侧一带,由两个小型岩株构成,其中格岩体出露面积最大,故冠以岩体名称,嘎陆岩体相对较小。岩体延长方向与 NWW-SEE 区域构造线密切协调一致,岩性皆为细粒角闪石英闪长岩($J_3\delta\sigma$),总面积仅 2.9km²。

1. 地质特征

各侵入体均以小岩株形式并列产于中侏罗世桑卡拉佣组地层之中(图3-33),围岩热接触变质现象较明显,产生宽25~30m的蚀变绿泥绢云母角岩化带,且绿泥石、绢云母等矿物定向排列平行于接触面边界。内接触带岩石普遍具细粒冷凝边,黑云母、角闪石暗色矿物常集中分布,多数环绕并定向于侵入体边缘。侵入体与围岩接触界线呈港湾状及波状,或小角度斜切地层走向,界面外倾多弯曲,倾角中等,同时还见小岩枝或同期岩脉顺层伸入围岩之中。岩体内未见同源、异源包体,推测其侵位深度较大,剥蚀较深。

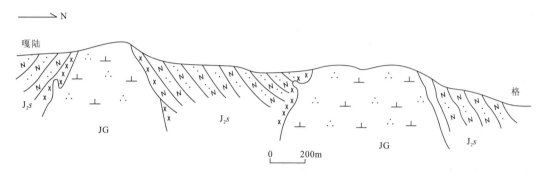

图3-33 晚侏罗世格岩体侵入桑卡拉佣组信手剖面图

2. 岩石学特征

该岩石为灰色细粒角闪石英闪长岩,风化面较新鲜面略浅,细粒半自形粒状结构,块状构造。斜长石60%~70%,半自形板条状晶体,粒径0.15mm×0.5mm~0.8mm×1mm,最大1.6mm×2.4mm,An=36,属中长石,晶面浑浊,双晶模糊,有聚片双晶,环带结构。钾长石约5%,属条纹长石和正长石,他形不规则粒状晶体,粒径0.6~1mm,卡氏双晶发育,条纹状结构,充填斜长石间隙。石英5%~15%,他形不规则粒状晶体,大小不等,0.15~0.6mm,分布于斜长石粒间空隙。角闪石约15%,绿色,半自形粒状、柱粒状晶体,粒径1~2.6mm。黑云母3%~5%,褐色,片状晶体。副矿物组合为磁铁矿、磷灰石、榍石、锆石。

3. 时代讨论

岩体侵入最新地层为中侏罗世桑卡拉佣组,故其形成时代应晚于中侏罗世无疑。前人《1:20万丁青县、洛隆县(硕般多)区域地质矿产调查报告》(1994)主要依据同一岩浆演化序列以及处在同一构造岩浆带内的巴登英云闪长岩体中所获得的K-Ar法同位素年龄值157.1Ma,将其定位时代笼统地归属为侏罗纪。因此,本报告予以修正为晚侏罗世较为适宜,仍沿用格岩体这一名称。

(二)早白垩世达荣岩体

各岩体明显受北西-南东向断裂构造控制,显北西-南东向零星分布在测区东北隅,属"藏志"中所划冈底斯-念青唐古拉北岩带中的一部分。岩性为细粒二云二长花岗岩($K_1mc\eta\gamma$),出露面积约16.8km²。

1. 地质特征

共圈出侵入体2个。当汪拉卡岩体面积最大,形态呈椭圆状展布,主体分别在北邻丁青县幅和东邻八宿县幅内,测区仅见其少部分,朗日岩体以扁豆状的小岩株形式产出,南缘被中侏罗世希湖组所逆冲。与前石炭纪嘉玉桥岩群、石炭—二叠纪苏如卡组及怒江蛇绿岩块均呈侵入接触,岩体与围岩界线多呈波状弯曲或小角度斜切地层走向,界面外倾,倾角多在40°～68°不等。外接触带常形成红柱石堇青石角岩及角岩化斜长—石英片岩沿岩体边部呈环状分布,宽约1km,局部产生轻微的混合岩化现象,或边缘大理岩。岩体内部有希湖组黑色板岩及各类片岩捕房体,暗色闪长质包体稀疏可见,显示该类岩体侵位深度较大,剥蚀程度较浅。

2. 岩石学特征

两岩体皆为浅灰色细粒二云二长花岗岩,细粒花岗结构、交代结构发育,粒径0.4～0.85mm、0.6～1.05mm,块状构造。斜长石32%～30%,自形—半自形长柱状、板状晶体,An=25,属更长石,聚片双晶、卡钠复合双晶、肖钠复合双晶,近环带结构,被钾长石交代,包裹残蚀。钾长石33%～37%,半自形板条状及他形不规则粒状,主要为正长石、微斜长石,条纹长石及微斜条纹长石次之,卡斯巴双晶、格子双晶发育,有钠长石条纹。石英26%～23%,他形不规则粒状,边缘较规则,充填斜长石间隙。黑云母3%～5%,为黄褐色,板条状晶体,具绿泥石化。锆石、磷灰石、磁铁矿、红柱石、电气石、石榴石、矽线石等副矿物含量较微。

3. 岩石化学特征

分析后的岩石化学、CIPW标准矿物特征及有关参数见表3-35。

表3-35 早白垩世达荣岩体化学成分、CIPW标准矿物及特征参数表★★★

岩体名称	样品编号	氧化物含量($w_B/10^{-2}$)											
		SiO_2	TiO_2	Al_2O_3	Fe_2O_3	FeO	MnO	MgO	CaO	Na_2O	K_2O	P_2O_5	LOS	Σ
达荣	Gs5331	73.21	0.05	14.88	0.36	0.44	0.03	0.95	1.10	3.72	4.3	0.15	0.81	100.00

岩体名称	样品编号	CIPW标准矿物($w_B/10^{-2}$)									特征参数值			
		ap	il	mt	Or	ab	an	Q	C	Hy	DI	SI	A/CNK	σ	AR
达荣	Gs5331	0.35	0.1	0.53	25.62	31.73	4.51	31.8	2.49	2.87	93.67	9.72	1.17	2.12	3.02
备注		★★★引自《1:20万洛隆、昌都区域地质矿产调查报告》(四川省区调队,1990)资料,下同													

与中国同类岩石相对照,SiO_2含量十分接近,Al_2O_3、K_2O百分含量略有偏高,其余各氧化物含量稍有偏低,属酸性岩范畴。$Al_2O_3>CaO+Na_2O+K_2O$,表明该岩石为铝过饱和岩石化学类型,$K_2O>Na_2O>CaO$,显示岩石中富钾贫钠、钙。里特曼指数大于1.8,小于3.3,属钙碱性岩系,在$SiO_2-(Na_2O+CaO)$图解(图3-34)中,成分点落入1.8～3区间域内。AR特征值较高,A/CNK值大于1.1,显S花岗岩特征,据A/NK-A/CNK作图投点,一个样品落入过铝质区域(图3-35),说明达荣岩体为过铝质花岗岩类。CIPW标准矿物计算中仅见刚玉分子,过饱和矿物石英含量高,ab>or>am,次要分子mt>ap>il,标准矿物组合为or+ab+an+Q+C+Hy,属硅铝过饱和型花岗岩。DI值高达93.67,SI指数明显偏低,说明岩浆分异作用较完全,成岩固结性较差。

4. 岩石地球化学特征

(1)微量元素特征

岩石微量元素组合及含量见表3-36。与世界花岗岩类平均值相比,Sn、Pb、Be、Sc、Y、Pb诸元素含量相对较富集,其中Sn和Pb元素高出平均值2倍以上。Mo、Zr、F、B、Pb、Ba、Sr、Li、Tb、La、Ce、Yb、Cu、Zn、Cr、Ni、V、Co等多数元素含量略低于维氏(1962)平均值。

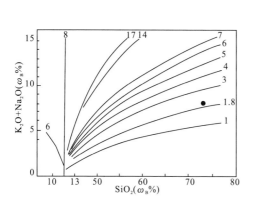

图 3-34 早白垩世达荣岩体硅-碱
与组合指数关系图
（据 A. Rittmann,1957）

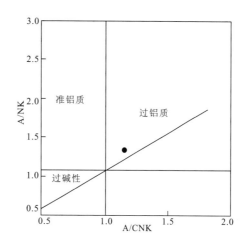

图 3-35 早白垩世达荣岩体
A/NK-A/CNK 图解
（据 Maninar,Piccli,1989）

表 3-36 早白垩世达荣岩体微量元素特征表★★★

岩体名称	样品编号	微量元素组合及含量($w_B/10^{-6}$)											
		Be	Ba	Pb	Sn	Mo	F	B	Cr	Ni	V	Cu	Zr
达荣	Dy5331	7.3	391	40	7.1	0.24	369	14.5	7.3	3	14.8	12.9	67.1
岩体名称	样品编号	微量元素组合及含量($w_B/10^{-6}$)											
		Li	Th	Sc	La	Ce	Yb	Zn	Co	Sr	Y	P	Rb
达荣	Dy5331	23.7	10.5	3.6	15.63	32.31	3.49	399.9	2.4	69.2	34.33	386	246.4

（2）稀土元素特征

侵入体稀土元素含量及特征值见表 3-37,稀土模式配分曲线见图 3-36。与世界花岗岩类相对照,稀土ΣREE 明显偏低,LREE/HREE 比值大于 1,为轻稀土富集重稀土亏损型,配分曲线总体向右缓倾,曲线的重稀土部分显示左倾的特征。反映了在轻稀土相对于重稀土富集的同时,并有向着重稀土富集的演化趋势。δEu 值<1,δCe 值>1,反映铕亏损较明显,铈呈弱正异常。Sm/Nd=0.26,与王中刚、于学元总结的地幔比值(0.26～0.375)较为接近,显示岩浆侵位较深。Eu/Sm 值亦较大,可能指示岩体在就位过程中与大陆玄武质岩浆和围岩混染有关。Ce/Yb=9.26,表明岩浆部分熔融程度较低,但分离结晶程度较高。

表 3-37 早白垩世达荣岩体稀土元素含量及特征参数表★

岩体名称	样品编号	稀土元素含量($w_B/10^{-6}$)													
		La	Ce	Pr	Nd	Sm	Eu	Gd	Tb	Dy	Ho	Er	Tm	Yb	Lu	Y
达荣	XT5331	15.63	32.31	3.47	12.46	3.25	0.72	3.21	0.72	5.16	1.07	3.20	0.54	3.49	0.50	34.33
岩体名称	样品编号	特征参数值													
		ΣREE	ΣLREE	ΣHREE	ΣL/ΣH	δEu	δCe	Sm/Nd	La/Sm	Ce/Yb	Eu/Sm				
达荣	XT5331	120.07	67.84	52.2	1.3	0.7	1.15	0.26	4.81	9.26	0.22				

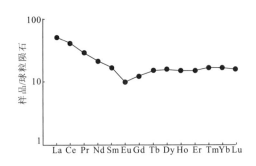

图 3-36 早白垩世达荣岩体稀土元素配分曲线

5. 形成时代

两岩体均侵位于班公湖-怒江结合带内,其中朗日侵入体北侧与结合带中蛇绿岩岩块为清楚的侵入接触关系,南侧虽与中侏罗世希湖组呈断层接触,但在其边部仍有希湖组的黑色板岩捕虏体产出,说明岩体形成时代明显晚于希湖组和班怒结合带的闭合时间,即晚于侏罗纪,根据来自北邻《1:20万丁青县、洛隆县(硕般多)区域地质矿产调查报告》(河南省区调队,1994)记载,前人在同一班-怒结合带上的冈青果复式岩体中获黑云母 K-Ar 法同位素年龄值 92.5~111.1Ma,且二者相邻,岩石类型及常量、微量元素等特征十分相似,因此,它们的地质年代也相当。根据以上证据显示:镶嵌于班公错-怒江结合带内的达荣岩体成岩年龄为早白垩世较为可靠。

(三)晚白垩世汤目拉复式岩体

该复式岩体共有 7 个侵入体露布,集中分布在图幅西北部的东龙日—支吾吗—崩崩卡一带圈闭,向西延入嘉黎县幅,展布面积约 257.41km²。由卡步清中细粒黑云二长花岗岩($K_2\eta\gamma^a$)5 个侵入体和边坝区斑状黑云母二长花岗岩($K_2\pi\eta\gamma$)2 个侵入体组成一结构演化的复式岩基。

1. 地质特征

各侵入体受近东西向构造控制,呈近东西向带状分布。边坝区岩体位居复式岩基的中心部位,旁侧的卡多侵入体呈小岩株状形式产出。嘎余吐、卡步清和东龙日、康清、郎木东果果等侵入体常呈不连续的狭长条带出露在边坝区岩体的南北两侧,构成了该复式岩体从内向外由粗变细的空间分布格局。与中侏罗世马里组、桑卡拉佣组,中晚侏罗世拉贡塘组、早白垩世多尼组皆呈侵入(局部断层)接触关系,平面图上呈波状弯曲,接触界面总体向外陡倾。岩体内,特别是接触带附近含有较多的大小不等、形态各异的围岩捕虏体。这些捕虏体岩石类型有角岩化炭质板岩、红柱石斜长角岩等。围岩具热接触变质,形成 0.5~9km 宽的红柱石斑点板岩、红柱石角岩蚀变带,似乎表明其下有隐伏岩体存在。局部地段较高位置,可见有地层残留体坐落于斑状黑云母二长花岗岩之上,故认为该复式岩体为浅剥蚀之中深成岩相。

根据本次调研,在卡步清岩体中细粒黑云二长花岗岩中获 K-Ar 法同位素全岩年龄值 70.9Ma,并结合该复式岩体内部各侵入体之间的接触关系以及侵入最新地层早白垩世多尼组之中,故将其定位时代置于晚白垩世较为适宜。

2. 岩石学特征

卡步清岩体断续分布于汤目拉复式岩体的南北两侧,岩性为灰色中细粒黑云二长花岗岩,变余中细粒花岗结构,块状构造。矿物成分中斜长石 35%~38%、石英 20%~24%、钾长石 29%~

25%、黑云母13%~10%、副矿物3%。粒径0.9~1.3mm、1.3~4.5mm、0.7~2.4mm。斜长石呈不规则自形板状，细密聚片双晶发育，属更长石。石英不规则粒状，充填于长石间隙，内部波状消光明显。钾长石不规则—半自形板状，发育卡氏巴双晶和条纹结构，属正长条纹长石。黑云母不规则片状，暗褐绿—淡褐绿色多色性，吸收明显。副矿物以榍石为主，磁铁矿、磷灰石、褐帘石、锆石次之，常被黑云母所包裹。

边坝区岩体出露于汤目拉复式岩体的中央地带，常刺破中细粒黑云母二长花岗岩直接与地层接触并脉动型侵入于卡步清岩体之中，岩性为斑状黑云母二长花岗岩构成了该复式岩体之主体岩性，岩石色调均为浅灰色，块状构造，似斑状结构，基质为中细粒花岗结构。斑晶粒径为10~15mm、6~8mm，基质粒径0.8~1.1mm及1~3mm。矿物成分斜长石斑晶10%~12%、基质25%~26%，钾长石斑晶15%~10%、基质18%~19%，石英斑晶9%~12%、基质19%~13%，黑云母斑晶0.5%~1.5%、基质2.5%~5%。斜长石为更长石，不规则—半自形板状，聚片双晶发育，环带可见，基质板条状自形晶，多数颗粒可见聚片双晶，具轻微的高岭石化、绢云母、帘石化少数可见。石英不规则粒状，部分颗粒较好，表面干净，可见裂纹。钾长石板状，见简单双晶，格子双晶和条纹结构，为正长条纹长石，黑云母片状，斑晶大小3mm，具棕褐—黄绿色多色性，多已蚀变成绿泥石而产生退色，并保留了黑云母外形，磁铁矿、磷灰石、榍石、锆石等副矿物含量微。黑云母中偶见金红石包裹体。

综上所述岩石学特征表明该复式岩体均属一期结构类型，矿物种类相同，矿物特征基本相近，但岩石色率、矿物粒度显著不同，矿物含量略有差异，并具以下变化规律：从卡步清—边坝区岩体钾长石、石英含量逐渐增加，斜长石、黑云母含量依次递减，岩石色调变浅，矿物粒度明显加粗，从而构成具结构演化特征，反映同源岩浆的亲缘性。

3. 岩石化学特征

各侵入体岩石化学成分、CIPW标准矿物及有关参数见表3-38。SiO_2含量均大于70%，皆属酸性岩范畴，与中国同类花岗岩平均值相对照，卡步清岩体FeO、TiO_2、CaO、K_2O含量较高，其余各氧化物含量略低。晚次岩体则以富SiO_2、TiO_2、Fe_2O_3+FeO、CaO贫Al_2O_3、$NaO+K_2O$、MnO、MgO、P_2O_5为特征。里特曼指数卡步清岩体大于1.8，边坝区岩体却小于1.8，属钙碱性-钙性花岗岩系，A/CNK比值略小于1.1，显示I型花岗岩特征。在Rittmann(1957)的$SiO_2-(Na_2O+K_2O)$二元图解上，该复式岩体的投影点(图3-37)落入1.8的界线两侧，从图3-38图解中可解释出该复式岩体的样品落点均投入在过铝质花岗岩区的边界，CIPW计算结果表明，汤目拉复式岩体均含有过饱和矿物石英标准分子及饱和矿物长石、紫苏辉石、刚玉标准分子，表明该花岗岩均为硅铝过饱和岩石。DI值>80，SI值<6，说明岩浆分异程度高，成岩固结性差。

表3-38 晚白垩世汤目拉复式岩体岩石化学成分、CIPW标准矿物及特征参数

岩体名称	样品编号	氧化物含量($w\beta/10^{-2}$)												
		SiO_2	TiO_2	Al_2O_3	Fe_2O_3	FeO	MnO	MgO	CaO	Na_2O	K_2O	P_2O_5	CO_2	H_2O^+	Σ
边坝区	Gs0911-1	71.68	0.42	13.63	0.6	2.57	0.06	0.6	2.47	2.85	3.96	0.14	0.1	0.77	99.85
卡步清	Gs0907-2	70.26	0.54	14.18	0.55	2.5	0.05	0.65	2.39	2.57	5.01	0.15	0.18	0.76	99.79

岩体名称	样品编号	CIPW标准矿物($w\beta/10^{-2}$)									特征参数值				
		ap	il	mt	Or	ab	an	Q	C	Hy	DI	SI	A/CNK	σ	AR
边坝区	Gs0911-1	0.31	0.81	0.88	23.64	24.36	11.55	32.80	0.47	5.19	80.8	5.67	1.01	1.61	2.47
卡步清	Gs0907-2	0.33	1.04	0.81	29.95	22.00	11.1	29.25	0.51	5.01	81.20	5.76	1.01	2.09	2.69

由卡步清—边坝区岩体,岩石化学成分主要表现为 SiO_2、Fe_2O_3＋FeO、MnO、CaO、K_2O 含量依次递增,其他各氧化物含量逐渐递减。CIPW 标准矿物中 ab、Q、Hy、mt 分子由贫→富,其余标准矿物分子从大→小,DI、SI、σ、AR 特征值呈减小趋势较为明显。共同特征反映在各岩石均属酸性岩范畴的过铝质花岗岩,皆为 Al_2O_3＞NaO＋K_2O＋CaO 铝过饱和岩石化学类型,CIPW 系统均以硅铝过饱和型的 or＋ab＋an＋Hy＋c＋Q 标准矿物组合为特征,参数 A/CNK 比值始终处于稳定状态,指示岩浆的同源特点。

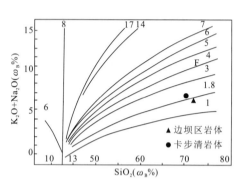

图 3-37　晚白垩世汤目拉复式岩体硅-碱
与组合指数关系图

(据 A. Rittmann,1957)

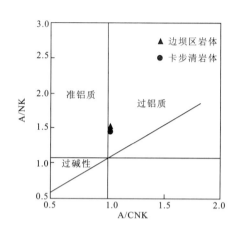

图 3-38　晚白垩世汤目拉复式岩体
A/NK－A/CNK 图解

(据 Maninar,Piccli,1989)

4. 岩石地球化学特征

(1) 微量元素特征

本复式岩体微量元素组合及含量见表 3-39。各侵入体多数元素含量比较接近,富集与贫化元素基本相似,说明该复式岩体物质来源相同,与世界同类岩石相比较,Rb、Th、Hf、Sn、Sc、Zr 等元素趋于富集,其中 Hf 元素含量大于维氏值 6 倍之多,Ba、Ta、Nb、Ni、Sr 元素相对贫化。两侵入体之间微量元素变化有:Rb、Th、Nb、Hf、Zr、Zn 元素含量从中细粒黑云二长花岗岩到斑状黑云二长花岗岩由高变低,Ni、Sr、Sc 三元素算术平均值逐渐递增,反映岩浆分异演化特点。与 Pearce et al(1984) MORB 花岗岩标准值相比,汤目拉复式岩体以其 Rb、Th 居高和 K_2O、Ba 较次为特征。Ta、Ce、Nb 元素均呈不均匀状,Hf、Zr、Sm、Y、Yb 元素皆小于 1。由于 Rb、Th 的强烈富集和 Hf、Zr、Sm、Y、Yb 的极度亏损,使整个蛛网图谱构成一向右倾斜的拖尾状"M"型,这一分布型式相似于中国西藏、云南同碰撞花岗岩曲线,更接近于英格兰西南部同碰撞花岗岩微量元素蛛网图形(图 3-39)。

表 3-39　晚白垩世汤目拉复式岩体微量元素特征表

岩体名称	样品编号	微量元素组合及含量($wβ/10^{-6}$)										
		Rb	Ba	Th	Ta	Nb	Hf	Zr	Sn	Ni	Sr	Sc
边坝区	Dy0911-1	233	268	28.7	1.6	13.1	6	187	7.8	6.2	117	9.4
卡步清	Dy0907-2	246	633	31.2	1.3	15.6	8	295	3.4	5.4	194	6
岩体名称	样品编号	MORB 标准化值										
		K_2O	Rb	Ba	Th	Ta	Nb	Ce	Hf	Zr	Sm	Y	Yb
边坝区	Dy0911-1	9.90	58.25	5.36	35.88	2.29	1.31	2.52	0.67	0.55	0.96	0.57	0.05
卡步清	Dy0907-2	12.53	61.50	12.66	39.00	1.86	1.56	3.40	0.89	0.87	1.03	0.34	0.03

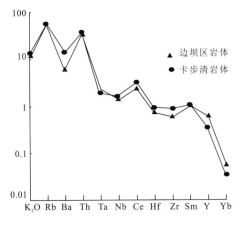 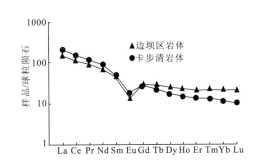

图 3-39 晚白垩世汤目拉复式岩体微量元素蛛网图　　图 3-40 晚白垩世汤目拉复式岩体稀土元素配分曲线

(2) 稀土元素特征

该复式岩体稀土元素含量及特征值见表 3-40,稀土配分模式见图 3-40。各侵入体稀土元素含量变化范围窄,稀土 ΣREE 明显大于地壳背景值,LREE/HREE 比值大于 1,δEu 值小于 1,铕具不同程度亏损,δCe 值略小于 1,反映铈弱亏损。Sm/Nd 比值参数接近或略大于 0.2,显壳层型花岗岩特征,Eu/Sm 比值与同类花岗岩特征参数吻合一致。较早岩体 Ce/Yb 比值明显大于晚期岩体 1 倍之多,反映早期岩浆部分熔融程度比晚期高,但分离结晶程度比斑状黑云二长花岗岩低。该复式岩体从早到晚稀土 ΣREE、LREE/HREE 依次递减,较一般规律相反。均属轻稀土富集重稀土亏损型,δEu、δCe 值亏损逐渐增大,La/Sm、Ce/Yb、Eu/Sm 比值由大变小,Sm/Nd 特征值从小到大。随着时间的推进,"V"谷相应变窄,配分曲线皆为平稳的右倾斜式,总体显示地壳中部分熔融岩浆连续演化。

表 3-40　晚白垩世汤目拉复式岩体稀土元素含量及特征参数表★

岩体名称	样品编号	稀土元素含量($w\beta/10^{-6}$)														
		La	Ce	Pr	Nd	Sm	Eu	Gd	Tb	Dy	Ho	Er	Tm	Yb	Lu	Y
边坝区	XT0911-1	46.01	88.14	11.07	40.74	8.68	1.00	7.71	1.30	7.87	1.56	4.32	0.70	4.33	0.65	39.82
卡步清	XT0907-2	62.07	119.0	14.28	52.10	9.28	1.29	7.02	1.05	5.46	1.03	2.77	0.41	2.37	0.32	23.9
岩体名称	样品编号	特征参数值														
		ΣREE	$\Sigma LREE$	$\Sigma HREE$	$\Sigma L/\Sigma H$	δEu	δCe	Sm/Nd	La/Sm	Ce/Yb	Eu/Sm					
边坝区	XT0911-1	263.9	195.64	68.26	2.87	0.37	0.91	0.21	5.30	20.36	0.12					
卡步清	XT0907-2	302.35	285.02	44.33	5.82	0.47	0.93	0.18	6.69	50.21	0.14					

四、各构造岩浆带侵入活动特点及其演化趋势

花岗岩类是图区内主要侵入岩,分布面积广,分属不同构造岩浆带。由于侵入岩的形成受控于区域构造发展演化,不同构造岩浆带中酸性侵入岩之岩性、岩石组合、岩石化学、岩石地球化学具有各自特点。同样,地质构造发展的阶段性和连续性导致不同构造岩浆带之岩浆活动和其形成之岩石呈现出阶段性和继承性。

(一) 岩浆侵入活动规模及岩石类型组合

测区各构造岩浆带侵入活动规模及岩性主要表现见表 3-41,图 3-41。

表 3-41　测区侵入岩出露面积表

构造单元	地质年代	复式岩体	岩体	代号	岩石类型	出露面积（km²）		占侵入岩总面积(%)
鲁公拉构造岩浆带								
那曲-沙丁中生代弧后盆地	晚白垩世	汤目拉	边坝区	$K_2\eta\gamma$	斑状黑云二长花岗岩花岗岩	227.85	257.41	6.2
			卡步清	$K_2\eta\gamma a$	中细粒黑云二长花岗岩	29.56		
	早白垩世	达荣		$K_1mc\eta\gamma$	细粒二云二长花岗岩	16.80		0.4
	晚侏罗世	格		$J_3\delta o$	细粒角闪石英闪长岩	2.90		0.07
扎西则构造岩浆带								
构造单元	地质年代	复式岩体	岩体	代号	岩石类型	出露面积（km²）		占侵入岩总面积(%)
隆格尔-工布江达中生代断隆带	古近纪	基日	错青拉拉廖	$E\eta\gamma$	中细粒黑云二长花岗岩	2066.33	2162.65	51.9
			布次拉	$E\eta o$	细粒角闪石英二长岩	96.32		
	晚白垩世	曲拉马		$K_2\gamma$	中细粒霓石花岗岩	2.67		0.06
	早白垩世	林珠藏布	通心本尼	$K_1\xi\gamma$	中粗粒钾长花岗岩	141.23	1238.03	29.7
			灯杂朴打	$K_1\pi\eta\gamma$	斑状黑云二长花岗岩	840.40		
			育仁侵入体	$K_1\eta\gamma$	中粒黑云二长花岗岩	256.40		
	晚侏罗世	郎脚马	安扎拉	$J_3\delta$	中细粒黑云角闪花岗闪长岩	140.57	241.02	5.8
			向阳日	$J_3 o\gamma$	中细粒英云闪长岩	21.92		
			倾多拉侵入体	$J_3\delta o$	中细粒黑云角闪石英闪长岩	78.53		
洛庆拉-阿扎贡拉构造岩浆岩带								
构造单元	地质年代	复式岩体	岩体	代号	岩石类型	出露面积（km²）		占侵入岩总面积(%)
隆格尔-工布江达中生代断隆带	古近纪	温固日		$E\eta\gamma$	中粗粒角闪黑云二长花岗岩	81.23		1.9
	早白垩世	洛庆拉	洛穷拉	$K_1\pi\eta\gamma$	斑状黑云二长花岗岩	4.75	103.05	2.5
			冲果错	$K_1\eta\gamma b$	中细粒黑云二长花岗岩	98.30		
	早侏罗世	加写陀补	下果崩日侵入体	$J_1\eta\gamma$	中细粒黑云二长花岗岩	1.26		
			白仁目	$J_1\gamma\delta$	中细粒黑云花岗闪长岩	41.14		
			加龙坝侵入体	$J_1 o\gamma$	细粒英云闪长岩	14.54		
	早泥盆世	索通独立侵入体		$D_1\eta\gamma gn$	片麻状黑云二长花岗岩	8.20		0.2

1. 洛庆拉-阿扎贡拉构造岩浆带

该构造岩浆带中酸—酸性岩浆,侵入活动在区内规模不大,共有 4 个阶段 7 次侵入。即早泥盆世索通片麻状黑云二长花岗岩独立侵入体代表了区内酸性岩浆侵入活动的初级阶段,其规模较小。早侏罗世岩浆侵入活动强于早泥盆世,三次脉动侵入形成由弱酸性→酸性的加龙坝英云闪长岩、白仁目花岗闪长岩、下果崩日二长花岗岩组成加写陀补复式岩体,活动规模由弱→强→弱。

早白垩世洛庆拉复式岩体侵入活动规模达到高潮,这一阶段两次岩浆脉动侵入,由冲果错中细粒二长花岗岩→洛庆拉斑状二长花岗岩,酸性岩浆分异由细→粗,规模由强→弱。古近纪岩浆侵入活动强于早侏罗世,仅在温固日一带有一次酸性花岗质岩浆侵入,岩性单一,出露面积约为 81.23km²。

综上所述,洛庆拉-阿扎贡拉构造岩浆带各阶段从早到晚,岩浆侵入活动规模表现为从弱→强→弱的巅峰式变化特征。

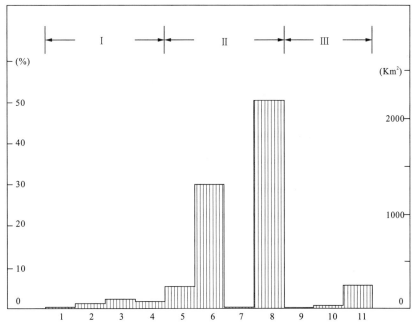

图 3-41 测区各构造岩浆带侵入岩面积比率图

2. 扎西则构造岩浆带

扎西则构造岩浆带出露面积为测区各构造岩浆带之冠,占区内侵入岩总面积的 87.38%。各阶段岩浆侵入具有由活动中心(腹地)向外围扩散的特点,表现有 4 个阶段多次侵入,晚侏罗世郎脚马复式岩体的岩浆侵入活动包括三次脉动侵入,依次由石英闪长石、英云闪长岩、花岗闪长岩侵入,总体特征由强→弱→强,分别构成倾多拉及向阳日和安扎拉岩体。早白垩世林珠藏布复式岩体的岩浆侵入活动相对较强,该阶段有三次岩浆脉动侵入,由育仁中粒二长花岗岩→灯杂朴打斑状二长花岗岩-通心本尼钾长花岗岩构成,岩浆性质从酸性—酸偏碱性,规模由弱—强—弱。晚白垩世岩浆侵入活动为本区最弱的一个阶段,反映一次霓石花岗岩浆侵入形成曲拉马岩体。

古近纪基日复式岩体的岩浆侵入活动是图区最为强烈的一个阶段,分布面积之大,活动规模之强是其他任何岩体或复式岩体不可比拟的,由两次脉动侵入的中偏酸性石英二长岩到酸性二长花岗岩从弱→强,依次构成布次拉和错青拉拉廖岩体。

综上特征表明,该构造岩浆带各阶段岩浆侵入活动经历了由弱→强→弱→强的波浪式发展过程,总体趋势从弱→强。

3. 鲁公拉构造岩浆带

本构造岩浆带的岩浆侵入活动从早期到晚期具有较明显的增强趋势,在 3 个阶段 4 次侵入过程中,早期阶段晚侏罗世只有一次石英闪长岩侵入活动形成格岩体。早白垩世岩浆侵入活动均发生在怒江结合带内,多以孤立的岩株出露,岩浆成分均为单一的二云二长花岗岩,一次岩浆侵入构成达荣岩体。

汤目拉复式岩体酸性二长花岗岩类为晚白垩世产物,该阶段 2 次侵入活动分别构成卡步清和边坝区岩体,岩浆由两次脉动分异产生的中细粒二长花岗岩到斑状二长花岗岩从弱→强,分布面积 $257.41 km^2$,占图幅侵入岩总面积的 6.2%。

(二)岩石矿物演化特征

浅色矿物斜长石、钾长石、石英是花岗岩类主要造岩矿物,只是其含量特征有所变化。从表3-42中可以看出,图区每一个复式岩体内部主要表现由早期→晚期岩体斜长石含量的减少和钾长石的增多,石英含量偏向增多,但明显程度不高。暗色矿物基本上具递减方式,唯郎脚马复式岩体趋增,显示了具成分演化的特殊性。白云母片状矿物仅在达荣岩体内呈现,霓石则为曲拉马岩体所独有。

表3-42 测区侵入岩矿物实际含量统计表

构造单元	地质年代	复式岩体	岩体	斜长石	钾长石	石英	黑云母	角闪石	白云母	副矿物
	鲁公拉构造岩浆带									
那曲-沙丁中生代弧后盆地	晚白垩世	汤目拉	边坝区	36	31	26.5	45			磁铁矿、磷灰石、榍石、锆石、金红石
			卡步清	36.5	27	22	11.5			榍石、磁铁矿、磷灰石、褐帘石、锆石
	早白垩世		达荣	31	35	25	4		3	锆石、磷灰石、磁铁矿、红柱石、电气石、石榴石、矽线石
	晚侏罗世		格	65	5	10	4	15		磁铁矿、磷灰石、榍石、锆石

构造单元	地质年代	复式岩体	岩体	斜长石	钾长石	石英	黑云母	角闪石	霓石	副矿物
	扎西则构造岩浆带									
隆格尔-工布江达中生代断隆带	古近纪	基日	错青拉拉廖	32	35	24	3	3.5		锆石、榍石、磷灰石、褐帘石
			布次拉	36	28.5	15	7	12		榍石、磁铁矿、磷灰石、绿帘石
	晚白垩世		曲拉马	10	54	25		5	5	磁铁矿、磷灰石、氟碳铈矿、独居石、晶质铀矿、赤铁矿
	早白垩世	林珠藏布	通心本尼	20	48	27	4.5			锆石、榍石、磷灰石、磁铁矿
			灯杂朴打	31	36	26	5			锆石、榍石、磷灰石、褐帘石
			育仁侵入体	34	32	24	8			磷铁矿、磷灰石、黄铁矿、锆石
	晚侏罗世	郎脚马	安扎拉	40	15	25	10	9		磷灰石、磁铁矿、锆石、褐帘石
			向阳日	54	6	24	10	5		磷灰石、磁铁矿、锆石
			倾多拉侵入体	68	4	16	5	5		磷灰石、磁铁矿、褐帘石

构造单元	地质年代	复式岩体	岩体	斜长石	钾长石	石英	黑云母	角闪石	副矿物
	洛庆拉-阿扎贡拉构造岩浆带								
隆格尔-工布江达中生代断隆带	古近纪		温固日	28.5	35	26.5	7.5	1.5	褐帘石、榍石
	早白垩世	洛庆拉	洛穷拉	31	35	28	5		磁铁矿、榍石、磷灰石
			冲果错	34	32	26.5	5.5		磁铁矿、榍石、褐帘石、锆石、磷灰石
	早侏罗世	加写陀补	下果崩日侵入体	34	30	25	9		磷灰石、磁铁矿、锆石、榍石
			白仁目	46	20	23	10		磷灰石、磁铁矿、锆石、榍石、磷钇矿
			加龙坝侵入体	62	4	22	10	1	磷灰石、锆石、褐帘石
	早泥盆世		索通独立侵入体	40	30	20	9		锆石、磷灰石、黄铁矿

(三)岩石化学成分演化特征

三个构造岩浆带各地质时期岩石主要化学成分及特征参数变化见表3-43。

表 3-43 各岩体、复式岩体主要岩石化学及特征参数表

构造单元	鲁公拉构造岩浆带															
	那曲-沙丁中生代弧后盆地															
复式岩体	岩体代号	样品数	氧化物平均含量($w_B/10^{-2}$)									特征参数平均值				
			SiO_2	TiO_2	Al_2O_3	Fe_2O_3	FeO	MnO	MgO	CaO	Na_2O	K_2O	DI	SI	A/CNK	σ	AR
汤目拉	$K_2\pi\eta\gamma$	1	71.68	0.42	13.63	0.60	2.57	0.06	0.60	2.47	2.85	3.96	80.80	5.67	1.01	1.61	2.47
	$K_2\eta\gamma^a$	1	70.26	0.54	14.18	0.55	2.5	0.05	0.65	2.39	2.57	5.01	81.20	5.76	1.01	2.09	2.69
	$K_1mc\eta\gamma$	1	73.21	0.05	14.88	0.36	0.44	0.03	0.95	1.10	3.72	4.3	93.67	9.72	1.17	2.12	3.02

构造单元	扎西则构造岩浆带															
	隆格尔-工布江达中生代断隆															
复式岩体	岩体代号	样品数	SiO_2	TiO_2	Al_2O_3	Fe_2O_3	FeO	MnO	MgO	CaO	Na_2O	K_2O	DI	SI	A/CNK	σ	AR
基日	$E\eta\gamma$	5	71.57	0.24	14.16	1.19	1.32	0.21	1.13	2.35	2.84	4.26	81.35	10.10	1.04	1.77	2.63
	$E\eta o$	3	65.97	0.34	15.01	1.80	2.66	0.10	2.51	4.11	2.40	3.64	67.46	18.95	0.98	1.61	2.00
	$K_2\gamma$	1	67.78	0.29	16.39	1.65	1.23	0.04	0.19	2.05	7.18	1.04	86.06	1.68	0.98	2.69	2.61
林珠藏布	$K_1\xi\gamma$	4	74.21	0.15	13.39	1.02	0.91	0.06	0.39	1.12	3.53	4.48	90.43	3.71	1.06	2.06	3.70
	$K_1\pi\eta\gamma$	5	71.14	0.37	14.16	1.00	1.78	0.06	0.91	2.19	3.22	4.26	82.51	8.24	1.03	2.00	2.84
	$K_1\eta\gamma$	2	68.73	0.54	14.96	1.44	1.98	0.06	0.92	1.96	3.57	5.00	83.20	7.14	1.01	2.86	3.09
郎脚马	$J_3\gamma\delta$	2	66.10	0.52	15.02	1.17	2.50	0.10	1.33	5.16	2.19	3.63	67.80	11.93	0.89	1.95	1.81
	$J_3 o\gamma$	2	63.26	0.54	16.51	2.36	2.58	0	2.77	4.66	2.58	2.50	61.77	21.62	1.07	1.25	1.63
	$J_3\delta o$	1	60	0.64	15.77	3.37	4.25	3.11	0.12	5.90	2.85	1.75	56.09	0.97	0.91	1.21	1.54

构造单元	洛庆拉-阿扎贡拉构造岩浆岩带															
	隆格尔-工布江达中生代断隆															
复式岩体	岩体代号	样品数	SiO_2	TiO_2	Al_2O_3	Fe_2O_3	FeO	MnO	MgO	CaO	Na_2O	K_2O	DI	SI	A/CNK	σ	AR
洛庆拉	$E\eta\gamma$	1	73.63	0.21	14.12	0.34	1.10	0.04	0.48	1.91	3.28	4.33	95.62	5.04	1.04	1.89	2.81
	$K_1\pi\eta\gamma$	1	72.45	0.61	12.33	0.52	2.88	0.05	0.84	1.99	2.41	5.08	83.35	7.16	0.94	1.88	3.19
	$K_1\eta\gamma b$	1	74.70	0.26	12.83	0.62	1.18	0.07	0.44	1.55	2.91	4.55	88.18	4.54	1.02	1.75	3.16
加写陀补	$J_1\eta\gamma$	1	71.13	0.4	14.56	1.16	1.78	0.05	1.25	2.88	3.98	1.87	77.58	12.45	1.05	1.21	2.01
	$J_1\gamma\delta$	3	70.41	0.45	14.36	1.57	1.76	0.05	1.13	2.88	3.95	2.18	78.27	10.76	1.03	1.41	2.14
	$J_1 o\gamma$	2	70	0.41	14.12	0.77	3.02	0.07	1.52	3.18	3.52	2.63	74.76	13.37	0.98	1.41	2.11

区内各侵入体均为 SiO_2 饱和—过饱和类型,每个复式岩体基本上从早期到晚次侵入体呈递增趋势,岩浆演化愈好 SiO_2 含量变化愈明显,如基日、郎脚马等复式岩体具较明显的演化规律,而其他复式岩体基本上是 SiO_2 含量在上一个水平线上的钾、钠成分比例变化的演化。各复式岩体 TiO_2、Fe_2O_3+FeO、MgO+CaO 的含量与 SiO_2 含量呈反向演化趋势(图 3-42),而每一个复式岩体内部基本上从早期到晚期侵入体呈递减趋势,K_2O+Na_2O 总体呈递增方式,同时还较明显地反映中性岩类 Na_2O>K_2O。

弱酸性—酸性岩类 K_2O>Na_2O,MgO+CaO 除在郎脚马、洛庆拉、汤目拉复式岩体呈递进外,其余各复式岩体中大体具递减变化。Al_2O_3 在各复式岩体中多由大变小,唯加写陀补和汤目拉两复式岩体趋增。分异指数(DI)是反映岩浆分异演化的重要参数。它的变化规律与 SiO_2 的含量有明显的一致性(图 3-43)。每个复式岩体内部基本上由早期到晚期侵入体呈增大的表现,而固结指

数(SI)具减小的现象，A/CNK 比值参数以变化范围窄为特点。参数 AR 值在各复式岩体内部基本上随着里特曼指数的递进而增加，反之递减而趋小。

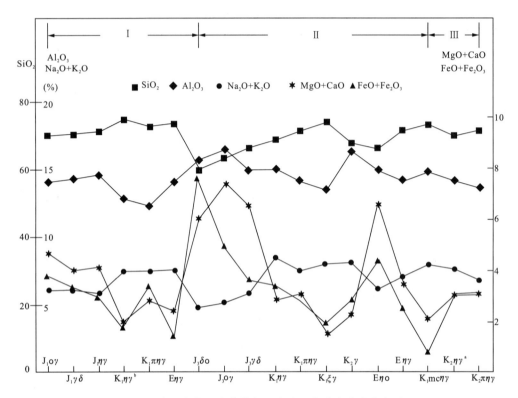

图 3-42 测区各构造岩浆带侵入岩岩石化学成分演化变异图

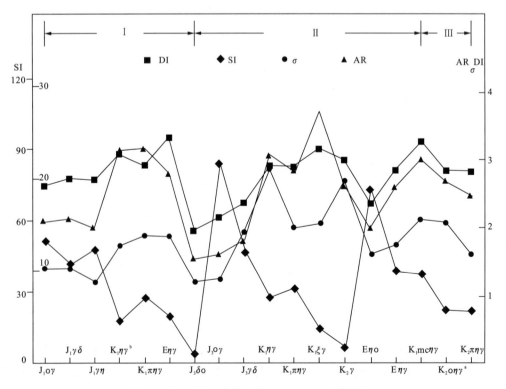

图 3-43 测区各构造岩浆带侵入岩岩石化学参数变异图

(四)岩石地球化学演化特征

1. 微量元素特征

微量元素分析结果,绝大部分收集1:20万资料数据,极少部分样品为本次所测。但由于年代不同,测试的项目不尽相同,致使部分微量元素不易对比,因此我们只作肤浅的探讨,仅供参考。表3-44中反映,三个花岗岩带各期侵入岩多数微量元素在各岩体、复式岩体内不具明显的演化规律,

表3-44 各岩体、复式岩体主要微量元素特征表

构造单元	鲁公拉构造岩浆带											
	那曲-沙丁中生代弧后盆地											
复式岩体	岩体代号	样品数	微量元素组合及平均含量(wβ/10⁻⁶)									
			Rb	Ba	Th	Ta	Nb	Hf	Zr	Sn	Ni	Sr	Sc
汤目拉	K₂πηγ	1	233	268	28.7	1.6	13.1	6	187	7.8	6.2	117	94
	K₂ηγᵃ	1	246	633	31.2	1.3	15..6	8	295	3.4	5.4	194	6
	K₁mcηγ	样品数	微量元素组合及平均含量(wβ/10⁻⁶)									
			Be	Ba	Sn	Cr	Ni	V	Zr	Co	Sr	Ce	Rb
		1	7.3	391	7.1	7.3	3	14.8	67.1	2.4	69.2	32.31	246.4

构造单元	扎西则构造岩浆带											
	复式岩体	岩体代号	样品数	微量元素组合及平均含量(wβ/10⁻⁶)								
				Rb	Ba	Th	Ta	Nb	Hf	Zr	Sn	Ni	Sr	Sc
隆格尔-工布江达中生代断隆带	基日	Eηγ	2	234.5	281	29.8	2.5	16.8	4.50	137	4.7	4.8	119.2	2.45
			样品数	微量元素组合及平均含量(wβ/10⁻⁶)								
				Be	Ba	Sn	Ti	Cr	Ni	V	Zr	Co	Sr	Nb
			3	2	567	9	2 333	20	5	63	433	9	267	10
		Eηo	3	3	533	11	2 000	37	10	83	170	10	330	10
	林珠藏布	K₁ξγ	2	2	600	8	4 000	20	8	25	300	9	500	10
		K₁πηγ	3	2	400	4	3 667	27	27	57	233	9	167	13
		K₁ηγ	3		433	9	2 333	13	9	53	233	9	233	10
	郎脚马	J₃γδ	3	2	600	6	2 000	17	9	63	233	7	333	10
		J₃oγ	3	2	470	5	2 300	27	5	60	133	9	200	20
		J₃δo	3		570	6	2 000	37	7	143	200	9	233	10

构造单元	洛庆拉-阿扎贡拉构造岩浆岩带											
	复式岩体	岩体代号	样品数	微量元素组合及平均含量(wβ/10⁻⁶)								
				Rb	Ba	Th	Ta	Nb	Hf	Zr	Sn	Ni	Sr	Sc
隆格尔-工布江达中生代断隆带	洛庆拉	Eηγ	1	122	360	14.9	0.79	6.3	3.3	90	1.1	4.4	244	2.3
		K₁πηγ	1	278	377	53.7	1.3	15.6	8.3	321	3.9	9.4	90	7.5
		K₁ηγb	1	280	322	35.9	2.5	18.1	4.9	121	2.9	4.6	158	4
		岩体代号	样品数	微量元素组合及平均含量(wβ/10⁻⁶)								
				Be	Ba	Sn	Ti	Cr	Ni	V	Zr	Co	Sr	Nb
	加写陀补	J₁ηγ	3	2	567	3	1 666	20	4	56	233	3	166	43
		J₁γδ	3	2	400	3	5 667	27	13	100	333	10	200	10
		J₁oγ	3	2	433	3	2 333	23	5	50	233	4	200	17
		D₁ηγ	3	1	600	7	4700	30	4	57	433	5	333	13

与岩性的变化有关。与 Pcarce et al(1984)洋中脊花岗岩标准值(表 3-45)及微量元素蛛网图式(图 3-44)相比较,各构造岩浆带不同阶段的岩体、复式岩体均显示出高低相间的右倾斜式曲线,其中的 Rb 和 Th 强烈富集,构成曲线的峰点,而 K_2O、Ba、Ta、Nb、Ce 有不同程度的轻富集,Hf、Zr、Sm、Y、Yb 皆呈亏损状态而小于 1,整个分布样式为一拖尾状的"M"型,类似于同碰撞花岗岩的地球化学分布型式,说明测区侵入岩的形成与碰撞作用有关。

表 3-45　各岩体、复式岩体 MORB 标准化值特征表

鲁公拉构造岩浆带													
构造单元			那曲-沙丁中生代弧后盆地										
复式岩体	岩体代号	样品数	MORB 标准化平均值										
			K_2O	Rb	Ba	Th	Ta	Nb	Ce	Hf	Zr	Sm	Y	Yb
汤目拉	$K_2\pi\eta\gamma$	1	9.90	58.25	5.36	35.88	2.29	1.31	2.52	0.67	0.55	0.96	0.57	0.05
	$K_2\eta\gamma^a$	1	12.53	61.50	12.66	39.00	1.86	1.56	3.4	0.89	0.87	1.03	0.34	0.03
扎西则构造岩浆带														
构造单元			隆格尔-工布江达中生代断隆											
复式岩体	岩体代号	样品数	MORB 标准化平均值											
			K_2O	Rb	Ba	Th	Ta	Nb	Ce	Hf	Zr	Sm	Y	Yb
基日	$E\eta\gamma$	2	10.94	58.63	5.62	37.25	3.57	1.68	1.64	0.50	0.40	0.50	0.37	0.04
洛庆拉-阿扎贡拉构造岩浆岩带														
构造单元			隆格尔-工布江达中生代断隆											
复式岩体	岩体代号	样品数	MORB 标准化平均值											
			K_2O	Rb	Ba	Th	Ta	Nb	Ce	Hf	Zr	Sm	Y	Yb
	$E\eta\gamma$	1	10.83	30.50	7.20	18.63	1.13	0.63	1.06	0.37	0.26	0.26	0.08	0.01
洛庆拉	$K_1\pi\eta\gamma$	1	12.70	69.50	7.54	67.13	1.86	1.56	3.61	0.92	0.94	1.08	0.48	0.05
	$K_1\eta\gamma^b$	1	11.38	70.00	6.44	44.88	3.57	1.81	1.96	0.54	0.36	0.64	0.31	0.03

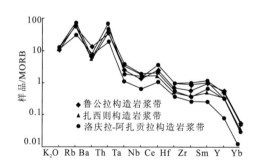

图 3-44　测区各构造岩浆带微量元素蛛网图

2. 稀土元素变化特征

各时期岩体、复式岩体均具轻稀土富集重稀土亏损型,轻稀土含量占稀土 ΣREE 的 75%~87%,稀土总量在时间上变化规律不明显(表 3-46)。与稀土总量相比,δEu 值的变化则较清楚地反映岩浆活动、演化特点,各构造岩浆带内每一个复式岩体内部从较早侵入体到晚次侵入体 δEu 值呈降低趋势,铕负异常增加,而且表现在每个复式岩体 δEu 开始较前一个复式岩体末 δEu 值大,反映岩浆演化具明显的阶段性变化(图 3-45)。各时期侵入体 δCe 值均接近或略大于 1,说明铈基本无异常,同时反映不同时代的侵入体均在弱氧化环境下形成。各岩体、复式岩体稀土配分曲线均向右倾斜式,δEu 处"V"型谷在各复式岩体中由早期侵入体的宽阔型向晚期侵入体的狭窄型逐渐演化,与上述分析岩浆活动的时间差扣合。

表 3-46　各岩体、复式岩体稀土元素特征参数表

鲁公拉构造岩浆带											
构造单元	那曲-沙丁中生代弧后盆地										
复式岩体	岩体代号	样品数	特征参数平均值								
			ΣREE	LREE	HREE	LREE/HREE	δEu	δCe	Sm/Nd	La/Sm	Ce/Yb	Eu/Sm
汤目拉	$K_2\pi\eta\gamma$	1	263.90	195.64	68.26	2.87	0.37	0.91	0.21	5.30	20.36	0.12
	$K_2\eta\gamma^a$	1	302.35	285.02	44.33	5.82	0.47	0.93	0.18	6.69	50.21	0.14
	$K_1 mc\eta\gamma$	1	120.07	67.84	52.20	1.30	0.7	1.15	0.26	4.81	9.26	0.22

扎西则构造岩浆带											
构造单元	隆格尔-工布江达中生代断隆										
复式岩体	岩体代号	样品数	特征参数平均值								
			ΣREE	LREE	HREE	LREE/HREE	δEu	δCe	Sm/Nd	La/Sm	Ce/Yb	Eu/Sm
基日	$E\eta\gamma$	4	223.74	179.68	44.06	4.05	0.44	0.93	0.19	7.03	36.31	0.13
	$E\eta o$	3	179.65	152.41	27.24	8.83	0.63	0.89	0.18	7.37	115.91	0.18
	$K_2\gamma$	1	403.22	350.76	52.46	6.69	0.25	0.88	0.18	7.32	58.31	0.07
林珠藏布	$K_1\xi\gamma$	1	471.33	410.89	60.44	6.8	0.27	1.01	0.20	5.35	77.24	0.07
	$K_1\pi\eta\gamma$	2	333.80	283.81	50.00	6.08	0.36	1.07	0.19	7.24	53.63	0.10
	$K_1\eta\gamma$	1	164.23	145.73	18.50	7.88	0.41	0.91	0.22	5.87	104.13	0.12
郎脚马	$J_3 o\gamma$	2	187.27	163.52	23.75	12.12	0.60	0.70	0.17	11.29	115.65	0.17

洛庆拉-阿扎贡拉构造岩浆岩带											
构造单元	隆格尔-工布江达中生代断隆										
复式岩体	岩体代号	样品数	特征参数平均值								
			ΣREE	LREE	HREE	LREE/HREE	δEu	δCe	Sm/Nd	La/Sm	Ce/Yb	Eu/Sm
	$E\eta\gamma$	1	91.10	81.06	10.07	8.05	0.31	2.76	0.17	39.12	64.02	0.26
洛庆拉	$K_1\pi\eta\gamma$	1	333.89	274.13	59.76	4.59	0.35	0.91	0.18	6.86	34.19	0.11
	$K_1\eta\gamma^b$	1	186.78	149.12	37.66	3.96	0.43	0.91	0.2	6.36	26.03	0.13
加写陀补	$J_1\eta\gamma$	2	186.80	149.02	37.79	3.98	0.6	0.92	0.18	7.42	41.10	0.19
	$J_1\gamma\delta$	2	135.45	109.73	25.72	3.98	0.75	0.92	0.18	9.81	30.89	0.24

(五)副矿组合变化概况

不同构造岩浆带或同一构造岩浆带中不同时期的岩体,复式岩体既有相似之处,又有各自特点和变化规律。具体表现在各岩体、复式岩体副矿物组合基本上为锆石-磷灰石-磁铁矿-榍石-黄铁矿-黄铜矿-方铅矿,锆石多呈锥柱状及板状,晶面均具熔坑、挖坑。金红石为洛庆拉-阿扎贡拉构造岩浆带中的复式岩体所独有,而独居石、钍石、毒砂、辰砂在扎西则构造岩浆带中不同时期的复式岩体内不均匀出现。从洛庆拉-阿扎贡拉构造岩浆带→扎西侧构造岩浆带自南而北由老至新各复式岩体表现出的演化规律有:副矿物种类逐渐增多,锆石颜色由浅入深,锆石粒径具有变大趋势,锆石晶形由多数破碎及半截柱状→相对完整方向过渡。并以副矿物含量变化规律性不强为特征。

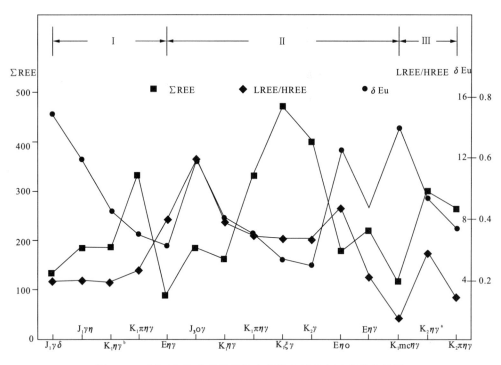

图 3-45 测区各构造岩浆带侵入岩稀土元素主要参数变异图

五、花岗岩类侵入岩体的就位机制探讨

侵入岩(特别是花岗岩)体的定位机制是当代岩浆岩的重要前沿,越来越受到国内外地质学家的重视。通过以上论述,可以反映出测区侵入岩各阶段侵入岩体的产状、分布、物质组分和结构构造等基本特征,而且也为我们认识各阶段岩浆的侵入过程提供了基础。

根据填图过程中所获得各个阶段侵入岩体的构造资料,结合区域构造的分析来讨论岩浆如何从发源地运动到现在所占空间位置的问题。现按构造岩浆带从南往北的顺序就测区各时代侵入岩体的构造特征及就位机制讨论如下。

(一)洛庆拉-阿扎贡拉构造岩浆带侵入岩体就位机制

1. 早泥盆世索通独立侵入体

该侵入体出露于喜黎-易贡藏布断裂带中,平面形态呈一不规则的扁豆体,岩性为片麻状黑云二长花岗岩,产于中—新元古代念青唐古拉岩群老变质地层之中。由于侵入体遭受了后期脆韧性构造运动和多期次变质、变形的强烈改造,岩石普遍发育与区域构造线一致的透入性片麻理、片麻理,产状20°∠75°。在岩体与围岩接触处,部分地段不仅保留了清晰的侵入界线,而且还记录了外接触带岩石具明显的热接触变质晕,并形成百余厘米宽的含石榴子石带定向于岩体边缘外侧分布。据观察点描述,侵入体内部组构十分发育,主要表现为长透镜状、似椭圆形状的围岩包体被压扁拉长定向排列平行于接触面产状,有时呈串珠状沿侵入体边部裸露。$X/Z=2\sim10$。个别大理岩包体被压弯扭曲成麻花状,反映为典型的强S型变形组构特征。据上资料表明索通独立侵入体应为主动的强力就位机制。

早泥盆世,由于板块俯冲和碰撞作用导致地壳进一步增厚,加之区域挤压作用加强,从而促使局部熔融岩浆顺其产生的嘉黎-易贡藏布断裂带上升侵位而成。

2. 早侏罗世加写陀补复式岩体

本复式岩体多产于北西-南东向断裂带上或韧性剪切带中,由加龙坝、白仁目、下果崩日三个侵入体组成,岩性分别为英云闪长岩、花岗闪长岩、二长花岗岩。空间分布零星,群居性较差,各侵入体多以单个的小岩株形式出露,唯下果崩日岩体由花岗闪长岩和二长花岗岩构成一个不完整的复式岩体,二者为脉动关系。各侵入体形态各异,在其平面上表现为不规则的条块状、树丫状及不完全的椭圆状多种几何图形。岩体与围岩有清晰的接触界线,围岩具较明显的硅化、角岩化现象,变质晕平行于侵入体边界,加龙坝侵入体外侧岩石见矽卡岩化大理岩,说明侵入岩浆具有较高的温度,另外在该侵入体旁侧不仅能看到明显的冷凝边,而且尚有同期岩脉沿接触带充填。

各侵入体内部组构较发育,具强—中等强度叶理构造,暗色矿物黑云母片状定向性一致组成较强的片理构造,呈北西走向。复式岩体中断裂、节理较发育,岩石较破碎,暗色闪长质包体及围岩捕虏体具压扁拉长定向排列有序。包体形态有棱角状、次圆状、橄榄状和透镜状等,$X/Z=3\sim7$,岩性随围岩变化而变化,长轴方向与侵入体面理相协调。从上述侵入体组构特征分析,该复式岩体早期岩浆熔融体具被动侵位特点,中晚期岩浆熔融体属强力就位特征,以脉动方式侵位。

该复式岩体成岩年龄为 195.3Ma,比南部邻区新特斯(雅鲁藏布江)洋盆打开的时间要晚 5Ma 左右。而图幅北部地区随着怒江结合带局限洋盆聚敛闭合的过程中,一方面俯冲作用形成了区域性南北向挤压构造应力,另一方面俯冲作用使冈-念板片的北部地区陆缘弧发生碰撞,加上东西向剪切联合作用,从而导致下地壳重熔岩浆顺其产生的一系列北西-南东向断裂上升,在应力作用下,岩浆多次脉动以侧向位移方式强力定位。

3. 早白垩世洛庆拉复式岩体

洛庆拉复式岩体空间上是在同一构造单元中相伴而生,相对较早的冲果错中细粒黑云二长花岗岩分布在复式岩体的周边。洛穷拉斑状黑云二长花岗岩侵入体位居其中,二者呈脉动关系,在平面上组成一典型的不甚规则的同心环状岩体。岩体与围岩或内部侵入体之间的界面多呈平坦弧形,围岩受热接触变质作用产生角岩化,变质晕带严格平行于复式岩体边界。侵入体延长方向大致与区域构造线方向一致,而且在接触带内侧所见到的黑云母暗色矿物组成强叶理构造作环形带状分布。闪长质暗色包体、围岩包体多出露在岩体边部,具扭曲拉长中强程度的变形组构定向性一致,向侵入体中心这种变形特征显然减弱。包体大小不等,其 $X/Z=2\sim12$,形态各异,岩性有各类片岩、变质砂岩、大理岩、板岩等,因烘烤等因素,色率明显高于寄主岩。

根据洛庆拉复式岩体在平面上的环形分布特征,暗色矿物定向排列所显示的环状构造和具环状的岩石结构分带现象,以及侵入体之间接触关系,并发育与就位近同时产生的近东西向、北西向及近南北向,北东向多组断裂构造和同期岩脉的充填可以推论该复式岩体应为强力就位所致。区域资料表明:早白垩世末期,雅鲁藏布江大洋正值退缩、消减时期初级阶段,而测区洛庆拉复式岩体形成时代恰与雅鲁藏布江局限洋盆消减、俯冲作用期一致。在收缩环境中,由于强烈的俯冲、碰撞作用形成了区域性多方位的挤压应力,使地壳物质局部熔融,产生的酸性岩浆多次分异,从而形成同心环状岩体的空间格局,就位形式具热气球膨胀式。

4. 古近纪温固日岩体

该岩体分别产于北东向以及近东西向断裂交会处,岩性为中粗粒角闪黑云二长花岗岩,均以单个小岩株形式出露。两侵入体基本呈北东-南西向展布,其产状多数斜切区域面理产状,形态呈不规则的椭圆形和不完全的长扁豆状,与围岩呈侵入或断层关系。外接触带岩石具较明显的硅化、角岩化等热接触变质作用,局部地段发育有矽卡岩化大理岩,这反映了侵入岩浆具有较高的温度。侵入体内部组构较弱,定向性不十分明显。围岩包体大都呈棱角—次棱角状产出,并作无序分布,由外向内逐渐稀疏,X/Z=3～5。角闪石、黑云母与浅色矿物构成简单的 S 型定向组构,钾长石-石英具显微文象结构,反映岩浆结晶速度较快情况下形成的特征。

古近纪中期,随着板块的持续俯冲,陆陆碰撞造山作用的加强,形成了区域性的挤压应力,从而使局部熔融岩浆沿断裂一系列张性裂隙快速上侵就位,属被动侵位机制。

(二)扎西则构造岩浆带侵入岩体就位机制

1. 晚侏罗世郎脚马复式岩体

郎脚马复式岩体主要分布在近东西向的各深大断裂带上,其中路玛各月岩体平面形态为一残缺不全的 NWW-SEE 向的长椭圆形,岩性自北而南分别为花岗闪长岩和石英闪长岩,而向阳日岩体从早到晚则表现为英云闪长岩出露于该岩体的北侧,安扎拉侵入体分布于其南。各侵入体内部组构发育情况主要表现为暗色矿物组成面理构造,呈条带状分布,产状分别为 $10°\angle 45°$、$245°\angle 80°$,暗色包体压扁拉长作定向排列,走向近东西向,倾向近南,倾角约 70°。外接触带岩石热触变质作用十分明显,产生十余米宽的红柱石-堇青石角岩、角闪石-斑点角岩蚀变带,带内揉皱褶曲十分发育。岩体边部不仅能见到窄的细粒冷凝边,而且另有平行于面理构造压扁拉长的围岩包体,其变形强度 X/Z 为 3～5,形态以次棱角状、不规则形居多,偶见有圆形和透镜状。

晚侏罗世中末期,南部新特提斯(雅鲁藏布江)大洋不断向北扩张、俯冲,而图幅内该区域随着地壳的增厚,导致板块快速俯冲、碰撞,加上区域挤压作用加强,生成岩浆顺其产生的近东西向逆冲大断裂侵位。另从岩体内部组构及其与构造和围岩的关系,郎脚马复式岩体就位机制具有主动-被动之间的过渡型侵位特征。具体表现为较早侵入岩浆固结成刚性侵入体后,与围岩的边界形成滑移的边界线,随着位移的增大,岩体边界与围岩之间出现层间滑移拉开,构成一个虚脱空间,较晚的深部岩浆沿着这个部位多次脉动侵入,固结成岩,反映为侧向位移在较早期岩体边缘分布。

2. 早白垩世林珠藏布复式岩体

该复式岩体分布范围宽,岩体形态复杂多样。林珠藏布复式岩体像一条"巨龙"的后半部分,从早到晚岩性分别为中粒二长花岗岩、斑状二长花岗岩、钾长花岗岩,表现出早期侵入体分布在复式岩体的西端,灯杂朴打侵入体出露于东面并延出图外,晚期通心本尼侵入体位居于较早的两个岩体之中,三者为脉动接触,其就位机制以在 I-S 型花岗岩中较为特殊为特征而引人注目。

各侵入体内面理构造较明显,主要表现为长石斑晶和暗色包体压扁拉长作定向排列并平行于接触面产状,由内向外这种变形强度更加显著,倾角 60°～75°。同时在侵入体中发育两组共轭节理。产状分别为 $15°\angle 50°$、$335°\angle 75°$,由此可知,岩体在就位过程中曾受东西方向剪切和南北向挤压应力的共同作用。受其影响,各侵入体中的围岩包体压扁拉长的应力方向与断裂构造方向一致,为近东西向,包体形态有透镜状、不规整的多边形条块、次椭圆形等,其 X/Z 比值在 3～8 之间,一般为 3.5。外接触带岩石常发生明显的热变质角岩现象。

从上述岩体组构及其与构造和围岩的关系来看,林株藏布复式岩体定位形式类似于侧向位移的底辟式强力就位机制。早白垩世中期,由于南北向挤压构造和东西向剪切应力作用导致板块下插速度不断增大,受其影响,下地壳物质熔融产生"I-S"型花岗质岩浆沿着近东西向深大断裂上侵,在分异演化过程中,后期上升的斑状二长花岗岩遇到较强硬的顶板围岩被阻沿旁侧扩张,在原地发生膨胀现象,与较早岩体接镶。最后一次钾长花岗质岩浆进入早期形成的岩体中心,并将其推挤拓宽,从而形成西老东新、同心环状的迭置式空间格局。

3. 晚白垩世曲拉马岩体

本岩体分布在则普-郎脚马近东西向区域性大断裂的南侧，形态呈不规则的透镜状，出露亦较零散，围岩构造一般未因该岩体的侵入而发生变形。外接触带岩石热蚀变现象不明显，侵入体内部组构不发育，基本未遭受韧性变形，而具动力变形特点，节理、破劈理纵横交切，岩石较为碎裂，围岩、深源暗色包体极为罕见。从岩体变形弱及其岩体产在区域性深大断裂附近且规模小，并结合岩石化学、岩石地球化学资料分析，曲拉马岩体就位应为上部地壳的硅铝层浅熔岩浆沿逆冲断层上盘次一级的张性裂隙直接上侵就位。

该岩体形成时代为晚白垩世中晚期，从侵入体内部组构特征来看，岩浆是在断裂扩张环境下被动侵位的，显示出一定的特殊性，在岩石的物质组分上也反映出这一特点。

4. 古近纪基日复式岩体

由布次拉、错青拉拉廖两岩体组成的基日复式岩体岩性分别为细粒角闪石英二长岩、中细粒黑云二长花岗岩，常见较早侵入体被晚次侵入体所包容，二者为脉动型侵入关系。平面形态总体上呈一东西宽敞、往中间急剧收敛的不规则形"杠铃"，并构成一巨型岩基，长轴方向与区域构造线方向协调一致。

该复式岩体侵位于古生代、中生代及早期岩体之中，由于岩石定位时在塑性流变过程中，岩浆内压力和岩浆由深部向浅部位移时，相对围岩运动而形成的剪切共同作用下，以及受当时区域挤压力场的作用所致，在岩石中出现片麻状构造或眼球状构造，矿物出现压扁、拉长现象，而这种片麻状构造多发育在侵入体边部，向内急剧消失，分带性不显著，片麻理分布方向和围岩所产生的面理平行于岩体的接触带，在镜下反映矿物出现变晶结构。这些现象在超阿来南侧一带表现得淋漓尽致。

各侵入体内部组构较发育，具强—中等强度的面理构造，角闪石、黑云母暗色片状矿物定向排列平行于接触面，显同心环状展布，从内向外由少增多。复式岩体中断裂、节理构造发育，后期中性岩脉纵横穿插，围岩浅源包体长轴方向与侵入体面理产状一致，形态呈透镜状、次圆状、不规则状、橄榄状，X/Z=2~8，暗色闪长质包体小而稀疏作无序分布。

综上特征表明，基日复式岩体为主动的强力就位机制。古近纪中—晚期，强烈的俯冲、陆-陆碰撞造山作用形成了南北向的挤压和近东西向剪切共同应力，从而促使较深源的重熔岩浆沿着区内发生的近东西向大断裂上侵，就位形式类似于热气球膨胀式，则表现为岩浆两次脉动，后来的岩浆进入早一次膨胀的岩浆中心，在推挤拓展的过程中不断将早期熔融体包容，从而形成早期岩体被晚期岩体所包裹的空间格局。

（三）鲁公拉构造岩浆带侵入岩体就位机制

1. 晚侏罗世格岩体

两侵入体皆呈扁豆形的小岩株状产出，岩性为石英闪长岩，与中侏罗世桑卡拉佣组地层呈侵入关系，接触面多呈弧形弯曲。围岩热变质作用较明显，常产生30余米宽的蚀变绿泥绢云母角岩化带定向排列平行于接触面边界。在岩体与围岩接触带上，不仅能看到同期岩脉沿接触带充填，而且还见有明显的细粒冷凝边，黑云母、角闪石暗色矿物常围绕岩体边缘作环状分布。侵入体内部组构较弱，仅在局部地段见无明显的角闪石、黑云母组成的条带与浅色矿物略具定向排列，在垂直面理断面上矿物定向，在平行面理的断面上矿物定向不明显，显示出简单的S组构。根据上述构造形式及围岩构造一般未因该岩体侵入而发生变形现象，说明岩体应为被动的侵位机制。

晚侏罗世早期，随着陆陆碰撞的出现致使地壳进一步加厚，伴随一系列北西西-南东东向断裂构造的形成,迫使地壳物质局部熔融上侵就位,形成了格岩体。

2. 早白垩世达荣岩体

各侵入体零星分布在怒江结合带内,岩性为二云二长花岗岩。长轴方向明显受 NW-SE 向断裂构造控制。两侵入体在其平面上分别为不完整的椭圆形和似扁豆状,与围岩呈侵入或断层关系,接触面多呈弧形弯曲。外接触带岩石常具变形特征,围岩因受岩体影响与区域产状不协调,但远离变质晕带则恢复正常。侵入体外侧岩石常具明显的热接触变质作用,产生 1 000 余米宽的角岩化、角岩蚀变带。岩体内部组构较发育,以其似条带状片状矿物和长条状斜长石、石英定向排列构成强面理构造为特征,表现出来的另有平行于面理构造压扁拉长的围岩捕虏体,越靠近接触带附近面理构造越强烈,向内逐渐减弱。包体大小不一,其 X/Z=2~8 之间,形态以次棱角—次圆状、长透镜状和等轴状椭圆形居多,有时尚见有一些多边形条块,与接触面定向性一致。

综上特征表明,达荣侵入体应为主动-被动的侵位机制。早白垩世晚期由于冈-念板片与唐古拉板片沿怒江结合带俯冲-碰撞,致使地壳物质局部熔融,岩浆顺其产生北西-南东向断裂上升侵位。

3. 晚白垩世汤目拉复式岩体

卡步清、边坝区两岩体群居关系密切,由内到外岩性分别为斑状黑云二长花岗岩和中细粒黑云二长花岗岩,二者之间呈脉动关系,在平面上组成一明显的结构演化的同心环状岩体。围岩热接触变质作用较强烈,形成 0.5~9km 宽的热接触变质带,由外向内依次为红柱石斑点状板岩、红柱石角岩,这反映了侵入岩浆不仅具有较高的温度,而且还有一定的深度。另外在该复式岩体与围岩接触带上亦可看到明显的冷凝边组构,局部地段尚见有近同期的岩脉沿接触带充填。

各侵入体内部组构发育,具强—中等强度的面理构造,由小透镜状黑云母、较明显的条带状黑云母与浅色矿物定向排列组成的强叶理构造作环形分布,节理及断裂构造发育,岩石破碎,围岩捕虏体具压扁拉长严格定向于接触面产状。其形态各异,大小不等,X/Z=6~4 居多,一般呈饼状、次圆状、不规则的条块状。围岩因受岩体侵入的影响,其产状出现揉皱扭曲现象。根据上述特征,该复式岩体应为主动的强力就位机制。

晚白垩世晚期,随着雅鲁藏布江洋盆的消减、闭合,测区北部地区已进入陆内造山初级阶段,由于强烈的挤压构造应力加剧熔融岩浆沿着冈-念板片发生的近东西向断裂上侵,多次分异形成同心环状岩体的空间格局。

综上所述,测区各地质年代侵入岩的定位形式是丰富多采的,受多种因素控制和影响,但起主导作用的是区域构造及演化,随着板块构造的俯冲、碰撞发展,其定位形式由主动向被动方向演变。通过对区内侵入岩定位机制的分析,为各岩体、复式岩体深入研究提供了可靠的资料,也为构造研究提供了素材。

六、侵入岩成因类型及形成环境探讨

花岗岩类是组成大陆地壳的主要岩类之一,研究和探讨其成因早已是地学界所关注的问题,但迄今为止,仍未有统一定论。本报告参照各家论点,结合区内具体情况,综合分析侵入岩地质特征、岩石学和副矿物特征、岩石化学及其岩石地球化学特征,对三个构造岩浆带各时期花岗岩类的成因进行初步探讨。

(一)成因类型

1. 岩浆成因主要依据

区内侵入岩围岩岩性变化较大,变质程度高,侵入岩与围岩呈侵入接触,常见热接触变质带。

侵入岩体边部常见细粒边,侵入岩中一般见有少量深部上来的包体,岩石中斜长石双晶普遍发育,具环带构造。

将测区花岗岩类各岩体、复式岩体岩石的标准矿物成分分别投影在 Q-Ab-Or 三角图解上,从图 3-46 中可以看出,投影点绝大部分落入岩浆低温共结槽内的低共熔点附近,仅一件样品投影点落在低温槽边线附近。在 Na-K-Ca 原子重量百分比图解(图 3-47)中落入岩浆成因区或其附近下部偏 Ca 一侧,由此说明区内各阶段侵入岩均为岩浆成因,但本区一些中性和中酸性侵入岩在上升和就位过程中发生了同化混染和部分交代作用。

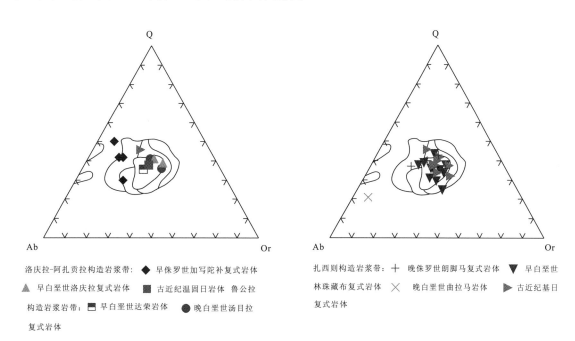

图 3-46 测区各岩体、复式岩体 Ab-Or-Q 系等密曲线图

(据 H.G.F.Winkler 等,1961)

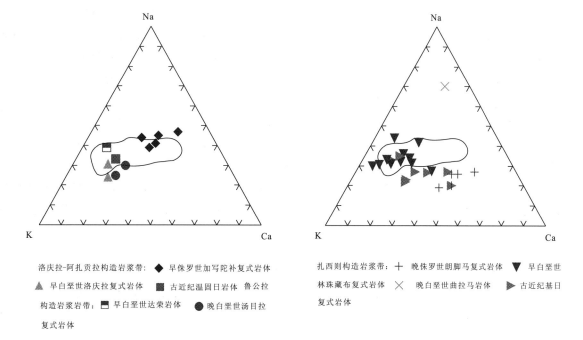

图 3-47 测区各岩体、复式岩体 K-Na-Ca 图解

(据 R.D.Raju 等,1972)

2. 岩浆成因类型

目前国内外对岩浆成因的花岗岩,最常见的分类是划分为Ⅰ型和S型两类,但随着地质学的研究深入,不少地区还划分有Ⅰ-S型的过渡类型。

据中田节也、高桥正树(1977)的方法作A-C-F图解,投影结果如图3-48所示。图区林珠藏布复式岩体成分点分布在Ⅰ型和S型两种不同成因类型的分界线两侧,达荣岩体进入S型花岗岩区,其余各岩体、复式岩体样品点均投影于Ⅰ型花岗岩区内。

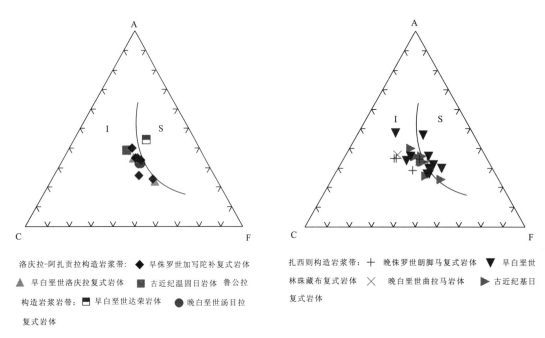

图 3-48 测区各岩体、复式岩体 A-C-F 图解(据中田节也、高桥正树,1977)

从各岩体、复式岩体岩石学、岩石化学、副矿物和地球化学特征也反映出各自的特点。具Ⅰ型花岗岩特征主要表现在岩石类型以石英闪长岩、石英二长岩、英云闪长岩、花岗闪长岩、二长花岗岩为主,岩石化学成分 Al/Na+K+12Ca<1.1,AR 值<3,δ 值多小于 1.8,标准矿物 C 分子<Di 含量。副矿物组合为黄铁矿+锆石+磷灰石,地球化学上 Cr、Rb、Th、Ba、Sr 等元素富集,稀土元素含量低,δEu 值一般在 0.35~0.6 的区间内变化。

具Ⅰ-S型花岗岩特征的岩石类型以斑状二长花岗岩、钾长花岗岩为主,SiO_2 含量变化范围宽,岩石化学参数 AR>3,σ 值>2,标准矿物刚玉含量大于透辉石分子。副矿物中常含磁铁矿。地球化学以富集 Cu、V、Mn、Ni 为特征,稀土 ΣREE 一般大于地壳背景值,δEu 值多小于 0.3。

S型花岗岩岩石类型为二云二长花岗岩,SiO_2 含量高达 73.21,A/CNK=1.17,DI=93.67,标准矿物组合中仅见刚玉,而不见透辉石分子。微量元素 Sn、Pb、Be 含量高,LREE/HREE 比值为本区最低。

(二)成岩温度与压力

将测区侵入岩样品的标准矿物成分投影在 $Ab-Or-Q-H_2O$ 相关图解上,从图3-49看出,区内侵入岩的成岩时温压从老至新由南而北分别如下。

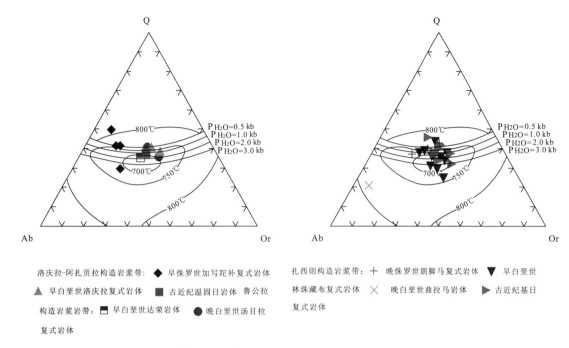

图 3-49 测区各岩体、复式岩体 Ab-Or-Q-H_2O 系相图解(O. F. Tuttle 等,1964)

1. 洛庆拉-阿扎贡拉构造岩浆带

加写陀补复式岩体成岩温度为 750~810℃,成岩压力 2~3kb,形成深度 25~28km。洛庆拉复式岩体成岩温度为 700~750℃,压力 1~2kb,推算其形成深度 20~26km;温固日岩体成岩温度 700℃,压力为 1~1.5kb,其深度大致为 18~23km。

2. 扎西则构造岩浆带

郎脚马复式岩体成岩温度为 700~765℃,压力 2kb,估算形成深度 24~30km。林珠藏布复式岩体成岩温度为 700~760℃,压力 2~3kb,形成深度 23~25km。曲拉马岩体成岩温度为 780℃,压力 2.5~3kb,形成深度 20~23km。基日复式岩体成岩温度为 700~780℃,成岩压力 2~2.5kb,推测其深度 21~27km。

3. 鲁公拉构造岩浆带

达荣岩体成岩温度 700℃,压力 1~2kb,估计形成深度 19~23km。汤目拉复式岩体成岩温度 700~750℃,成岩压力 1.8~2.3kb,其形成深度 22~25km。

(三)侵入岩体形成环境探讨

据以上各方面资料反映,测区三个构造岩浆带岩石类型较复杂,既有 I 型花岗岩,又有 I-S 型花岗岩,另有 S 型花岗岩。所处构造位置为怒江结合带以南与雅鲁藏布江结合带北侧之间的各大区域性断裂带中,与断裂带一样呈近东西向分布,其形成环境可能受其影响较大。测区各时代花岗岩类 Nb、Y、Rb 含量分别投影在 Nb-Y 及 Rb-(Y+Nb) 变异图上,由图 3-50 中可知绝大部分样品投影点集中落入火山弧花岗岩区域内,仅极少数个别投影点位于火山弧和碰撞带临界区,说明本区侵入岩的形成与碰撞作用有关。在 R. A. Batchelor(1985)多阳离子 R_1-R_2 图解(图 3-51)中亦解释到各构造岩浆带不同时代花岗岩构造环境。

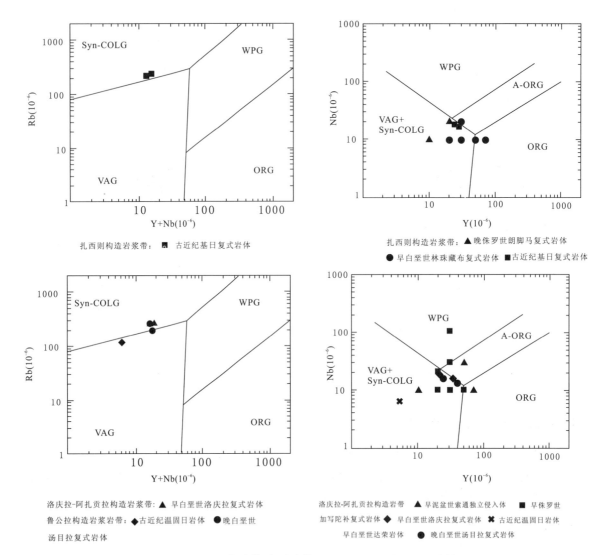

图 3-50 测区各岩体、复式岩体 Rb-(Y+Nb) 及 Nb-Y 图解
(据 Pearce 等,1984)

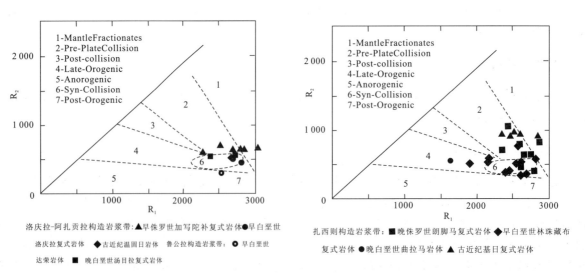

图 3-51 测区各岩体、复式岩体 R_1-R_2 图解
(据 R. A. Batchlor 等,1985)

1. 洛庆拉-阿扎贡拉构造岩浆带

加写陀补复式岩体Ⅰ型花岗岩类投影点分别落入2区及地幔重熔型花岗岩区，这可能暗示本区的早侏罗世花岗岩形成于板块碰撞前的构造环境。早白垩世末，洛庆拉复式岩体Ⅰ型花岗岩的成分点均落入6区或其临界，说明它们的形成与碰撞作用有关。古近纪中期，温固日岩体经作图投点落入6区，反映该阶段Ⅰ型花岗岩的形成与碰撞造山作用有着密切的关系。

2. 扎西则构造岩浆带

晚侏罗世郎脚马复式岩体为Ⅰ型花岗岩，经投点分别落入2区和6区或其边界线附近，个别成分点投影在深熔花岗岩区内，根据本区大地构造发展特点，应属板块碰撞前消减俯冲阶段的产物。早白垩世中期，林珠藏布复式岩体具有Ⅰ-S型花岗岩之特点，通过R_1-R_2作图投点可解释出早—中期侵入体均落入6区或其边界线附近，属同碰撞期花岗岩，晚期通心本尼侵入体投点更靠近造山晚期，反映其形成环境具有二重性。曲拉马岩体形成时代为晚白垩世中晚期，1件样品投影于4区造山晚期的区域内，代表了晚造山阶段的Ⅰ型花岗岩。古近纪中—晚期，基日复式岩体花岗岩类的投影点落入2区和6区交界线处附近两侧，更有一个样品进入深熔花岗岩区域内，似乎说明该时期的Ⅰ型花岗岩具有板块碰撞前花岗岩和同碰撞花岗岩两重性质。从测区实际情况分析，结合岩石地球化学特征，基日复式岩体应形成于碰撞造山阶段。个别样品显示出板内花岗岩特征，可能与当时的地壳较厚和陆内碰撞作用有关。

3. 鲁公拉构造岩浆带

达荣岩体形成时代为早白垩世晚期的S型花岗岩，在R_1-R_2图解上投影点落入7区造山后区域内。晚白垩世汤目拉复式岩体Ⅰ型花岗岩类成分点无一例外的落入同碰撞期的6区，其形成环境与新特提斯洋闭合、碰撞有关。

综上所述，不同时代、不同就位机制、不同类型的岩浆岩组合的形成无不受到区域地质构造发展演化的控制。地质构造活动是一种地质作用过程，而现存的岩浆则是这种作用过程的历史记录之一。空间上测区岩浆岩成带分布，构成了不同的构造岩浆带。时间上各时期岩浆活动从南往北具有更新的趋势，它们均是测区不同地质构造发展阶段岩浆运动的产物。各构造岩浆带从早期到晚期，SiO_2含量具分阶段性变化，没有明显的间断，可推知区内侵入岩形成一个较为连续的成因系列。据彼德罗（Petro. Wl，1979）等人总结，挤压型板块边界在挤压条件下演化有连续变异的特点，测区侵入岩亦是在挤压作用条件为主的情况下侵位的。

第三节　脉　岩

测区脉岩分布较广，类型较多，从深成到浅成，从基性、酸性到碱性均有出露。脉壁整齐，与围岩界线清楚，呈岩墙岩脉产出，脉岩的侵入时代与同类型岩体大致等时或稍晚，表现在侵入相同地层。石英岩脉多分布在构造带中或附近，属热液成因，其他岩脉属岩浆成因。

一、基性岩脉

1. 辉长岩

出露于洛隆县硕般多乡色马，侵入地层为中上侏罗统拉贡塘组。宽约200m，长约700m，走向北东、垂直岩层、产状陡立，呈岩墙产出。岩石呈暗灰色、浅灰色。辉长结构、交代净边结构，块状构造。斜长石约67%，为中长石，绢云母化、绿帘石化。钾长石约3%，交代中长石。透辉石约20%，少量石英，副矿物有磁铁矿、磷灰石。

岩石化学、地球化学分析结果列于表3-47中，稀土元素标准化配分型式见图3-52。

表3-47 辉长岩脉岩石化学及地球化学分析结果★★

氧化物含量($\omega_B/10^{-2}$)												
SiO_2	TiO_2	Al_2O_3	Fe_2O_3	FeO	MnO	MgO	CaO	Na_2O	K_2O	P_2O_5	LOS	总量
51.96	0.80	18.42	1.48	5.60	0.15	2.90	8.19	3.70	3.35	0.38	2.98	99.91
微量元素组合及含量($\omega_B/10^{-6}$)												
Sr	Rb	Ba	Th	Ta	Nb	Zr	Hf	Sc	U	V	Cr	Co	Ni	Sn	Cu
646	164	1373	25	1.4	17	189	4.3	5.5	3.8	79	28	16	10	3.2	25
稀土元素含量($\omega_B/10^{-6}$)												
La	Ce	Pr	Nd	Sm	Eu	Gd	Tb	Dy	Ho	Er	Tm	Yb	Lu	Y	总量
53.1	104.6	12	40.9	8	1.6	5.7	0.88	4.8	0.97	2.8	0.43	2.7	0.42	25.60	264.5

★★引自《1∶20万丁青县、洛隆县(硕般多)区域地质矿产调查报告》(河南省区调队，1994)资料

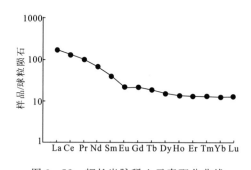

图3-52 辉长岩脉稀土元素配分曲线

2. 辉绿岩

出露于洛隆县孜托镇日拉、甲瓦乡必拿、硕般多乡央、丁青县色扎乡纳沙拉等地。侵入地层为孟阿雄群、拉贡塘组、多尼组。斜切岩层层理，走向与地层走向近一致，呈岩脉、岩墙产出。辉绿岩呈灰绿色、深灰色、斑状结构、次辉绿结构，块状构造。斜长石斑晶为少量～1%，粒径1～1.5mm。基质主要成分：斜长石60%～80%，自形板柱状晶体；普通辉石10%～30%，半自形粒状晶体，充填斜长石间隙，有斜长石包体；普通角闪石为少量～5%，绿泥石化，黑云母为1%～10%。副矿物组合为磁铁矿、黄铁矿、榍石、磷灰石。

3. 斜长岩

出露于洛隆县硕般多乡者补卡北西，侵入地层为下白垩统多尼组、上白垩统宗给组。呈岩株、岩墙产出，走向与岩层近一致，产状陡立。宽100～300m，长500～1 500m。

岩脉呈灰白—灰黄色，中粗粒半自形粒状结构，块状构造。斜长石75%～85%，自形板条状，半自形粒状晶体，粒径(0.35～15)mm×4.2mm。石英为少量～5%，黑云母为2%～10%，黄铁矿10%～20%，另有微量磷灰石、锆石。在断裂带附近与金矿化关系明显，金品位为0.45～0.54g/t。

二、中性—中酸性岩脉

1. 闪长玢岩

主要分布于图区扎西则构造岩浆带及二叠纪地层中，多沿近东西向断裂两侧平行展布，一般长100m，宽1～5m，脉壁平直，具0.5cm宽的细粒冷凝边。

岩石具斑状结构，由斑晶及基质组成，斑晶为10%，基质90%。斑晶有角闪石(60%)，斜长石(40%)，粒径0.5～1mm。角闪石为柱状或六边形、菱形晶，具多色性，黄褐—浅黄色，柱状晶，一组解理发育，斜消光，$Ng \wedge c = 28°±$，一部分被绿泥石交代。斜长石环带构造发育，$Ng° \wedge c = 28°±$，$An = 33$，为中长石，表面绢云母化强烈。

基质为微晶结构，成分有斜长石(>70%)，石英(3%)，角闪石(5%)，帘石、磁铁矿(>5%)。斜长石为板状或粒状，双晶及环带构造发育，具绢云母化，在板条状斜长石组成格架中有石英、斜长石、角闪石、帘石、磁铁矿等充填其中。

$SiO_2 = 58.04\%$，$FeO + FeO = 7.45\%$，$MgO = 3.12\%$，$CaO = 6.25\%$，$Na_2O = 4.03\%$，$K_2O = 1.5\%$。微量元素含量列于表3-48。与同类岩石相比较，以富集Pb、Cu、Co、Be，贫化Ti、V、Cr、Mn、Ni、Ba、Sr、Zr、Zn、Sn、Gd、Y、La、Y+b为特征。

2. 斜长斑岩

出露于洛隆县硕般多乡波得曼、中亦松多乡若曲、巴里朗等地。侵入中侏罗世希湖组，走向与地层走向近一致，产状陡立。宽20～80m，长160～700m。

岩石为灰白色、白灰、浅红色，斑状结构，基质微嵌晶结构，局部球粒结构，块状构造。斑晶含量1%～25%不等，大小0.5～2mm，以斜长石为主，少量钾长石、石英及黑云母。基质含量75%～99%，矿物粒径0.05～0.5mm，以斜长石为主，部分钾长石、石英、黑云母及白云母。

3. 花岗闪长岩

常成群出露于波密县倾多区育仁南侧二叠系及早白垩世林珠藏布复式岩体内。脉长50～80余米，宽2～7m。岩石由斜长石(<50%)、钾长石(10%)、石英(<25%)、角闪石(>5%)、黑云母(<5%)及微量磁铁矿、磷灰石等组成，斜长石半自形板状，环带构造发育，N>树胶；角闪石自形柱状，有绿、褐色两种，为普通角闪石，褐色种属在变为绿色的同时，析出一些楣石，角闪石具轻微绿帘石化。

微量元素组合及含量见表3-48。Co、Zr、Gd与地壳值基本接近，Pb、Cu、Yb趋于富集，其余各元素含量均低于维氏平均值。

表3-48 中—中酸性脉岩微量元素含量表★

样号	岩脉类型	微量元素组合及含量($\omega \beta / 10^{-6}$)															
		Ti	V	Cr	Mn	Pb	Cu	Co	Ni	Be	Ba	Sr	Zr	Zn	Sn	Gd	Y	La	Yb
3332	花岗闪长岩	1000	30	10	400	40	40	10	10	2	600	100	200	10	5	10	10	30	7
947	闪长玢岩	3000	50	10	500	40	50	8	5	2	400	300	200	20	3	10	20	30	10
备注	★引自《1∶20万通麦、波密区域地质矿产调查报告》（甘肃省地调院，1995）资料																		

三、酸性岩脉

1. 斜长花岗斑岩

出露于洛隆县孜托镇中松、长沙,硕般多乡巴娃拉、俄西乡嘎灵多姆、羊村等地,侵入地层有中侏罗世希湖组、中—晚侏罗统拉贡塘组。常成群出现,呈岩墙、岩床产出,斜切岩层,产状陡立。宽 0.5～40m 不等,长几米至几百米。

岩石呈浅肉红色、灰白色,斑状结构、基质花岗结构、微嵌晶结构,块状构造。斑晶含量 20%～60% 不等,大小 0.4mm×0.9mm～1.2mm×2mm,以斜长石为主,少量钾长石、石英、黑云母及白云母,石英有熔蚀。基质含量 40%～80%,矿物粒径 0.02～2mm 不等,斜长石 10%～40%,石英 20%～30%,少量钾长石、白云母、黑云母,副矿物组合为锆石、磷灰石、榍石。

2. 斜长花岗岩

成群分布于洛隆县俄西乡嘎灵多姆一带,呈岩墙、岩床产出,与岩层走向近一致,倾角有陡有缓。宽 5～300m 不等,长几十至几百米。侵入中侏罗世希湖组。呈岩床产出者外接触带有红柱石角岩化。

岩石呈灰白色,花岗结构,块状构造。成分以斜长石为主,钾长石、石英次之,少量黑云母、白云母。副矿物组合为磷灰石、金红石、电气石。

3. 花岗斑岩

边坝县热玉乡穷卡弄一带成群出露。洛隆县瓦贡达、打扰乡相嘎等地零星出露。呈岩株、岩脉产出,走向与岩层大致一致。宽 2～60m,长十余米至数百米不等。侵入中侏罗世希湖组及上三叠世孟阿雄群。

颜色为浅红色、浅灰色,斑状结构,基质为微嵌晶结构、微花岗结构及球粒结构,块状构造。斑晶大小 0.25～1.8mm,含量 5%～20%,以斜长石为主,钾长石、石英次之。基质矿物粒径 0.05～0.17mm,含量 80%～95%,以钾长石为主,斜长石、石英次之,少量黑云母、白云母。副矿物组合为磷灰石、锆石、黄铁矿、磁铁矿。

4. 钾长花岗岩

出露于边坝镇康清北侧一带,侵入早白垩世地层或晚白垩世岩体旁侧,宽 10～90m 不等,长千余米,一般为 80 余米。呈岩墙、岩床产出,走向与地层走向近一致,产状陡立。

岩石呈肉红色、变余花岗结构,块状构造,成分以条纹长石为主,高达 50% 以上,多为不规则状,少许半自形板状。粒径大者为 2.2mm×4mm,包含斜长石、石英。斜长石半自形不规则板状,见聚片双晶,含量约占 20%,具轻度绢云母化。石英含量约 20%,不规则粒状,粒度不均,内部波状消光。黑云母不规则片状,暗褐绿—浅褐绿多色性,吸收明显,含量仅 2%～3%,具强烈绿泥石化。磁铁矿、锆石等副矿物含量较微,常见于黑云母之中。

5. 花岗细晶岩

出露于扎西则构造岩浆带内古近纪以前的各地质体中,可能与二长花岗岩侵入体有关。岩脉多沿裂隙产出,脉体宽度 10～60m,可见长度 100 余米。

肉红色,细晶结构、显微文象结构,粒径 0.1～0.3mm,块状构造。主要矿物中碱性长石 55%～60%、斜长石 20%～25%、石英 20%～25%、黑云母 2%。碱性长石以条纹长石为主,与石英构成文象结构。斜长石有强烈高岭土化、绢云母化。

四、碱性岩脉

出露于洛隆县新荣乡纳西等地。主要为云斜煌斑岩和闪斜煌斑岩。侵入中侏罗世希湖组。宽2～10m,延伸数十米。呈岩墙、岩脉产出,与岩层走向近一致,倾角较陡。

岩石呈黄绿色、深灰色、斑状结构,基质全自形粒状结构,块状构造。斑晶主要为斜长石,粒径1～2mm,含量1％～2％。基质矿物粒径0.5～1mm,含量98％～99％,以斜长石为主,次为角闪石、黑云母,少量白云母、石英。有碳酸岩化、绿帘石化、绿泥石化及绢云母化。副矿物有磷灰石。

第四节 火 山 岩

测区自前石炭纪到白垩纪共有10个火山岩层位,其中石炭—二叠纪苏如卡岩组的凝灰质火山岩属蛇绿岩成员,已在第一节中叙述。其余9个层位的火山岩放在本节讨论。这9个火山岩层位发育概况见表3-49。岩石分类命名主要采用李光弼等(1984)分类方案,并参照国际地科联(IUGS)火山岩分类学分委会推荐(1989)方案。当测不到实际矿物或实际矿物含量与岩石化学成分有较大出入时采用化学定量分类方案。

表 3-49 测区火山活动特征一览表

时代	层位	主要分布地区	典型岩石组合	主要火山喷发类型	火山地层结构类型
中生代	K_2z	边坝县麦青曲北面、东拉曲,洛隆县阿托卡、中亦松多、阿里及打麻拉、尼牙乡	安山玄武岩、安山岩、晶屑岩屑凝灰岩、英安岩、流纹岩、安山质角砾熔岩等	喷发、喷溢	火山熔岩与沉积岩
	K_1d^1	边坝县拉孜区东拉山口以西及其以东等地	玄武岩,英安质、流纹质凝灰岩	喷发、喷溢	火山岩呈夹层
	$J_{2-3}l$	洛隆县旺多乡江珠弄流域	英安质凝灰岩	喷发	火山岩呈夹层
	$J_{1-2}xh^3$	洛隆县俄西乡俄西、西湖	玄武岩-安山岩	喷溢	火山岩呈夹层
	T_3M	洛隆县新荣乡怒江大桥南侧	玄武安山岩	喷溢	火山岩呈夹层
晚古生代	P_3x	波密县倾多区西马、普宗西曲	安山质凝灰岩	喷发	火山岩呈夹层
	C_2-P_1l	波密县倾多区珠西沟-夜同-丁纳卡	变玄武岩、安山岩、英安质岩屑晶屑凝灰岩、流纹英安岩、阳起绿泥片岩	喷发、喷溢	火山岩与沉积岩
	C_1n	波密县林穷乡牧场	变安山岩、英安岩、安山质晶屑凝灰岩	喷发、喷溢	火山岩呈夹层
前石炭纪	$AnOl$	洛隆县打拢乡给扼纳、察贡	钠长片岩、绿泥钠长片岩	推测喷发	变质火山岩与变质地层

一、前石炭纪火山岩

分布于鲁公拉构造岩浆带北部边缘的嘉玉桥岩群之中。具体位置处于怒江结合带临近北侧的给扼、察贡等地,为测区内最古老的火山岩,已经变质为白云钠长片岩、绿泥钠长片岩及含石英碎斑的斜长片岩等。由于变质程度较高,火山岩结构、构造已经消失,将在变质岩一章中论述。根据原岩恢复结果,钠长片岩类为中基性火山岩。

二、石炭纪火山岩

石炭纪火山岩分布于扎西则构造岩浆带南缘,处于嘉黎-易贡藏布断裂带北侧的位置上,诺错组和来姑组有较强的火山活动。

(一)早石炭世诺错组火山岩

诺错组火山岩出露于波密县倾多区林穷乡牧场一带,向 SE 延入墨脱县幅,火山岩与砂岩、粉砂岩、板岩及大理岩等呈夹层的形式出现。前人《1:20 万通麦、波密县幅区域地质矿产调查报告》(甘肃省区调队,1995)资料表明该组以中酸性熔岩及火山碎屑岩为主,厚度 294m。火山指数 11.11%,爆发指数 59.18%。

1. 岩石学特征

变安山玄武岩 岩石由斜长石(>60%)、角闪石(<40%)、绿帘石及黄铁矿组成,岩石具变余斑状结构。斑晶约 10%,现已变为绿帘石和绿泥石集合体,斑晶粒径约 1.5mm。基质 90%,由斜长石、角闪石、绿泥石等矿物组成。

变安山岩 岩石由斜长石(<70%)和暗色矿物(>30%)组成。具变余斑状、基质交织结构。斑晶由暗色矿物和斜长石构成,10%±,粒径 0.8~5mm。暗色矿物斑晶全部被绿泥石和少量碳酸盐代替,多呈不规则状,少数见菱形解理,可能为角闪石的横切面,所以暗色斑晶为角闪石。斜长石斑晶多被细粒石英代替。基质由斜长石、绿泥石等矿物组成。斜长石大多数呈小板条状微晶,其微晶作定向排列,其间分布有绿泥石等。岩石具绢云母及碳酸盐化。

变英安岩 岩石由斜长石(<75%)、石英(20%)、绿泥石(<5%)等组成,具变余斑状结构,基质具似球粒结构。斑晶由斜长石和少量石英组成,斑晶含量 20%±,斑晶大小不等,为 0.5~1.5mm。斜长石斑晶呈自形板状,表面分布有土状物和绢云母小鳞片。基质由斜长石、石英、绿泥石等矿物组成。大部分斜长石和石英交生,形成粒状或 0.2mm 左右的似球状。少量斜长石呈较自形板状,石英粒状。岩石具绢云母、铁白云母化,绢云母相对集中呈定向分布。

安山质晶屑凝灰岩 岩石由碎屑物及胶结物组成。其中碎屑物含量约 95%,主要成分有斜长石晶屑 90%,安山岩等岩屑+暗色矿物晶屑 10%±。碎屑物粒度 0.25~0.5mm。胶结物 5%,为同质火山灰,现已变为帘石等矿物。岩石遭受变质后形成少量纤闪石、帘石等,局部具碳酸盐化现象。

2. 火山喷发韵律及旋回

在卡达桥-倾多剖面中,先后出现有 2 层,构成 2 个(图 3-53)韵律,即从溢流—间歇,喷发—次深海相正常碎屑岩沉积结束了该时期的火山活动。岩石类型为安山岩-安山质晶屑凝灰岩组合。

3. 岩石化学特征

诺错组岩石化学成分、CIPW 标准矿物及有关参数列于表 3-50 中,岩石以富 SiO_2、Al_2O_3、FeO,贫 Fe_2O、MgO、Na_2O 及 K_2O 为特征。CIPW 标准矿物属正常类型硅低度饱和,透辉石分子含量较高,标准矿物组合为 $Q+Or+ab+an+Di+Hy$。$No=45.55$,里特曼指数 $\delta=3.04$,$Na_2O>K_2O$,属钠质(大西洋型)弱碱性系列,与 M·J·Bas 等(1986)的 TAS 图解分类中投影于玄武岩区内(图 3-54)结果一致,据 AFM 图解(图 3-55)反映为钙碱性系列。$SI=28.87$,参数 DI 值低,具弱分异特点。

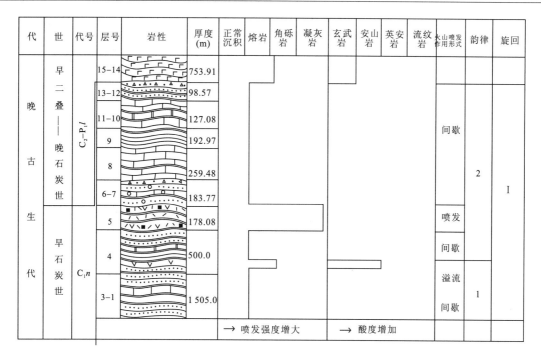

图 3-53 早石炭世诺错组火山岩柱状韵律旋回图 ★

引自《1∶20 万通麦、波密县幅区域地质矿产调查报告》(甘肃省区调队,1995)

表 3-50 早石炭世诺错组火山岩化学成分、CIPW 标准矿物及有关参数 ★

样号	岩石名称	氧化物含量($\omega_B/10^{-2}$)														
		SiO_2	TiO_2	Al_2O_3	Fe_2O_3	FeO	MnO	MgO	CaO	Na_2O	K_2O	P_2O_5	SO_3	H_2O^-	H_2O^+	CO_2	Σ
S-45	安山玄武岩	50.02	0.68	15.74	0.12	7.06	0.16	4.79	7.62	3.24	1.38	0.15	0.02	0.03	3.1	5.5	99.61

样号	岩石名称	CIPW 标准矿物($\omega_B/10^{-2}$)								特征参数值					
		Q	Or	ab	an	Di	Hy	mt	il	ap	No	δ	KI	SI	DI	Na_2O/K_2O	A/NKC
S-45	安山玄武岩	0.04	8.2	27.42	24.33	10.42	18.81	0.17	1.29	0.33	45.55	3.04	38.68	28.87	25.62	2.35	0.76
备注	★引自《1∶20 万通麦、波密区域地质矿产调查报告,(甘肃省区调队,1995》资料,下同															

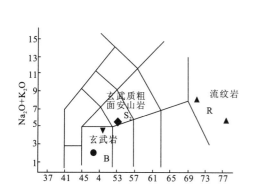

图 3-54 测区石炭纪火山岩 TAS 图解
(据 M. J. Lebas 等,1986)
早石炭世诺错组:●安山玄武岩
晚石炭世—早二叠世来姑组:▲流纹英安岩;
◆变玄武岩;▼阳起绿泥片岩

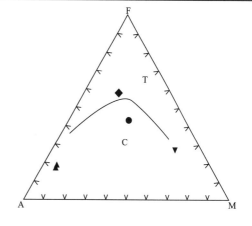

图 3-55 测区石炭纪火山岩 A-F-M 图解
(据 T. N. Irvine 等,1971)
T. 拉斑玄武岩系列区;C. 钙碱性系列区;
早石炭世诺错组:●安山玄武岩
晚石炭世—早二叠世来姑组:▲流纹英安岩;
◆变玄武岩;▼阳起绿泥片岩

4. 岩石地球化学特征

(1)微量元素特征

从表3-51中可以看出,安山岩中 Ti、Ni、V、Cd、Zr、Zn、Y 微量元素丰度值明显高于其他岩类。英安岩只有 Pb、Sn 两元素含量显高值,且 Ti、Cr、Ni、Co 元素含量均低于安山岩和安山质晶屑凝灰岩。而安山质晶屑凝灰岩则以 Cr、Sr 元素较富集,贫化 Pb、Sn、Mn、Cu、Zn 元素为特征。与维氏值相对照,Ba、Sn、V、a、Zr、Ti、Co、Y 等元素含量略高,其余各元素相对低于地壳标准值。Gd、Sr 元素在各岩石中处于稳定状态,一方面反映了该类岩石属同一时代的产物,另一方面暗示了生成环境相似。

表 3-51 早石炭世诺错组火山岩微量元素特征表★

样号	岩石名称	微量元素组合及含量($\omega\beta/10^{-6}$)														
		Ba	Pb	Sn	Ti	Mn	Gd	Cr	Ni	V	Cu	Zr	Zn	Co	Sr	Sc	Y
957	变安山岩	400	30	3	8 000	800	10	150	150	100	80	200	50	20	200	10	30
958	变英安岩	400	40	4	1 000	800	10	20	10	50	60	130	40	10	200	—	25
68	安山质晶屑凝灰岩	200	10	2	4 000	700	10	200	50	50	20	100	20	20	200	20	22

(2)稀土元素特征

一件安山玄武岩样品的稀土元素分析结果见表3-52。稀土$\Sigma REE=401.24$,明显偏高。LREE/HREE=2.58,属轻稀土富集,重稀土亏损型,标准化配分曲线(图3-56)向右缓倾,表现为轻重稀土分馏程度不强。δEu 值为0.54,具铕亏损,呈负异常。Sm/Nd 比值较大,Eu/Sm 值偏小,Eu 处"V"型谷较明显,δCe 值十分接近于1,表明铈基本无异常。

表 3-52 早石炭世诺错组火山岩稀土元素含量及有关参数★

样号	岩石名称	稀土元素含量($\omega\beta/10^{-6}$)												
		La	Ce	Pr	Nd	Sm	Eu	Gd	Tb	Dy	Ho	Er	Tm	Yb	Lu	Y
Xt-59	安山玄武岩	63.2	132	15.2	59.3	16.7	2.84	15.31	2.27	13.8	2.95	7.9	1.3	7.97	1.28	59.4
样号	岩石名称	特征参数值												
		ΣREE	LREE	HREE	LREE/HREE	δEu	δCe	Sm/Nd	La/Sm	Ce/Yb	Eu/Sm	La/Yb	ΣCe	ΣY	$\Sigma Ce/\Sigma Y$
Xt-59	安山玄武岩	401.24	289.24	112.17	2.58	0.54	0.99	0.28	3.78	16.56	0.17	5.2	289	112	2.58

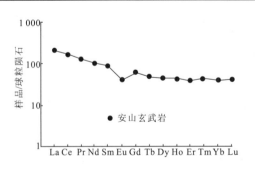

图 3-56 早石炭世诺错组火山岩稀土元素配分曲线

综上所述,早石炭世诺错组火山岩岩石类型为安山岩、英安岩、火山碎屑岩,变安山玄武岩岩石化学属正常类型,A/NKC=0.76,微量元素富 Cr、Sr、Ba、Ti、Zr/Y-Zr 图解(图3-57)显示具板内玄武岩特征。在 $\lg\tau-\lg\sigma$ 及 $\lg\tau-\lg(\sigma25\times100)$ 图解(图3-58、图3-59)中,投点位于消减带火山岩范围。稀土元素配分型式为轻稀土富集型,铕具较明显的亏损。以上资料表明,诺错组是古特提斯洋中近边缘部分的沉积物的消减残留,是古特斯洋的一部分,应形成于板内环境。

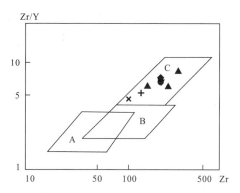

A.岛弧玄武岩；B.洋中脊玄武岩；C.板内玄武岩；
早石炭世诺错组：● 变安山岩；＋ 变英安岩；× 安山质晶屑凝灰岩；
晚石炭—早二叠纪来姑组：▲ 变安山岩；◆ 变流纹英安岩；
▼ 阳起绿泥片岩

图 3-57　测区石炭纪火山岩 Zr/Y-Zr 图解
(据 Pearce and Norry,1979)

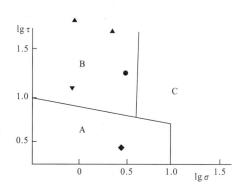

A.板内稳定区火山岩；B.消减带火山岩；C-A、B.派生的碱性火山岩
早石炭世诺错组：● 安山玄武岩
晚石炭—早二叠纪来姑组：▲ 流纹英安岩；◆ 变玄武岩；
▼ 阳起绿泥片岩

图 3-58　测区石炭纪火山岩 lgσ-lgτ 图解
(据 A. Rittmann,1973)

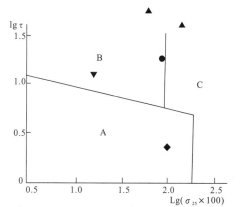

A.板内稳定区火山岩；B.消减带火山岩；C-A、B.派生的碱性火山岩
早石炭世诺错组：● 安山玄武岩
晚石炭—早二叠世来姑组：▲ 流纹英安岩；◆ 变玄武岩；
▼ 阳起绿泥片岩

图 3-59 测区石炭纪火山岩 lg($\sigma 25\times 100$)-lgτ 图解
(据 H. K. Loffler,1979)

(二)晚石炭世—早二叠世来姑组火山岩

该组火山岩主要分布于波密县倾多区珠西沟—夜同—丁纳卡一带,火山岩多呈夹层状产出,中上部与砂岩、粉砂岩及板岩呈不等厚的互层形式出现,出露厚度达 854mm,火山指数 6.98%～67.15%,爆发指数 87.21%,岩性为基性—中性—中酸性熔岩类。区内面积约 31.59km²,往 SE 进入墨脱县幅。

1.岩石类型及其特征

变玄武岩：岩石由斜长石(<58%)、角闪石、黑云母(40%)、磷灰石等矿物组成,具辉绿结构。斜长石呈 $d=0.8$mm± 的板条状晶,N 大于树胶,属较基性的斜长石；角闪石呈柱状,黑云母片状。

从部分黑云母与角闪石的关系看,黑云母为角闪石变的。板条状斜长石呈杂乱分布,构成大棱角状空隙,充填有柱状、不规则状角闪石和黑云母,构成交织结构。

变流纹英安岩:岩石由斜长石(80%±)、石英(>20%)、磷灰石、磁铁矿等组成,具卵斑状结构,基质为变余霏细—微粒结构、鳞片花岗变晶结构。斑晶>30%,主要为卵斑形的斜长石和石英,其中石英斑晶常具变形纹,波状消光,其边缘部分常见有压碎而又重结晶的石英颗粒;斜长石斑晶也常有碎裂现象,其双晶纹有时被错断、错开,有时碎裂成离而不散的碎块。斑晶粒度一般为0.5~1mm。基质大部分已重结晶,由细粒变晶状长石、石英及平行排列的绢云母细小鳞片组成,局部地方见有原基质的变余霏细—微粒结构残余。

绿泥阳起石片岩:岩石由阳起石(>47%)、绿泥石(>10%)、石英(20%)、黑云母(10%)、帘石(10%)、磁铁矿等组成。纤维状阳起石、片状绿泥石、黑云母等彼此平行排列,使岩石具片状构造,而石英及帘石均为变晶粒状。细粒石英变晶集合体经常保持有原岩中板条状斜长石晶形特征及杂乱或半定向分布特征。从而推断,原岩可能为中—基性火山岩。

变安山岩:岩石由斜长石(70%)、绿泥石(包括暗色矿物)(30%)等组成。具变余斑状结构,基质变余交织结构。斑晶已变质,仅少量暗色矿物有所保留,大部分已被碳酸盐和黑云母代替。根据晶形为角闪石(保留菱形晶)。基质由斜长石、绿泥石等矿物组成。斜长石大部分被绢云母细小鳞片代替,仅保留其板条状晶形,绿泥石呈片状和大致显板条状晶形的斜长石作定向分布,其间夹有绿泥石。具变余交织结构。

蚀变英安质岩屑晶屑凝灰岩:岩石具块状构造,变余凝灰结构。岩石中岩屑为英安质(50%),晶屑为绢云母化、碳酸盐化,斜长石(10%)、石英(3%)、胶结物(35%)已分解成绿泥石、绢云母、碳酸盐等。碎屑粒径一般小于0.3mm,部分0.13~1.30m。

2. 火山喷发韵律及旋回

在卡达桥-倾多剖面中,火山岩自下而上出露有7层,可划分为7个韵律,由2个次级旋回构成。夜同-郎脚马剖面中5个韵律组成一个次级旋回,总体上三个次级旋回构成一较完整的旋回(图3-60)。

第Ⅰ次级旋回由4个韵律构成,火山活动持续时间较短,从溢流—间歇溢流,下部玄武岩与诺错组呈断层接触而未见底。岩石类型由变玄武岩—变安山岩—变英安岩。

第Ⅱ亚旋回由3个韵律形成,火山作用由溢流至间歇溢流。主要岩石类型有阳起绿泥石片岩-变流纹英安岩。

第Ⅲ次旋回每个韵律由喷发—溢流或喷发—间歇—喷发组成,岩石类型有安山质岩屑晶屑凝灰岩-安山岩或安山质凝灰岩。熔岩厚500m,碎屑岩厚3 408m,其上被后期构造破坏而出露不全。

3. 岩石化学特征

岩石化学成分、CIPW标准矿物及有关参数见表3-53。由表反映该岩石的SiO_2在47.3%~80.64%之间,变化范围大,说明了岩石类型的复杂。计算的斜长石牌号No=77.36~0.33,里特曼指数(δ)=0.83~2.73,属钙性-钙碱性系列。在TAS图解(图3-54)中,投影点分别落入B、S2和R区,与薄片鉴定结果一致,在AFM图解(图3-55)中,除变玄武岩进入T区,属拉斑玄武岩系列外,绝大部分样品落入C区,为钙碱性系列火山岩。据$\lg\tau-\lg\delta$与$\lg\tau-\lg(\delta_{25}\times100)$图解中(图3-58、图3-59)反映样品的成分点主要投入造山带火山岩范围内,变玄武岩进入板内稳定区。久野固结指数(SI)=38.82~6.18,分异指数(DI)变化于17.54~94.92之间。Na_2O/K_2O比值=0.46~4.91,A/NKC=0.77~1.11。

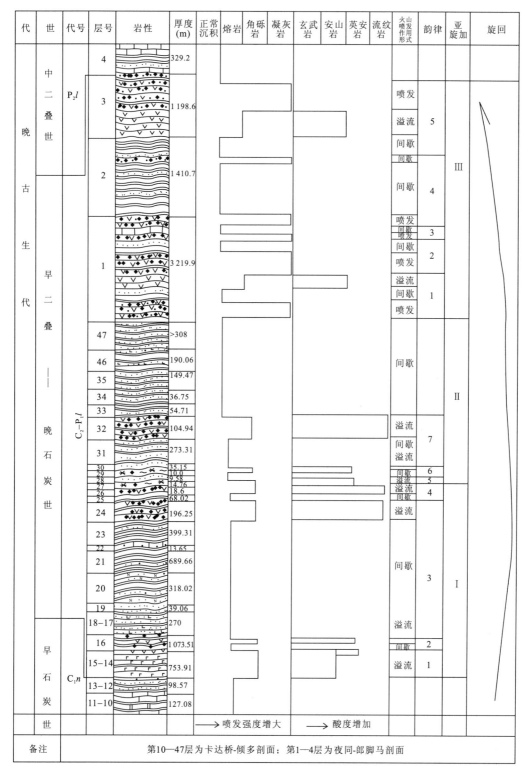

图 3-60　晚石炭—早二叠世来姑组火山岩柱状韵律旋回图★

在该火山岩系列中，仅一件样品出现有刚玉分子标准矿物，均有过饱和矿物石英及饱和矿物长石分子，标准矿物组合多为 Q＋Or＋ab＋an＋Di＋Hy，个别样品属硅铝过饱和型 Q＋Or＋ab＋an＋C＋Hy 组合。从阳起绿泥片岩—变玄武岩—变流纹英安岩具有以下规律性变化特征。SiO_2、Na_2O、K_2O 含量依次递增，Al_2O_3、Fe_2O_3、MnO、MgO、CaO 百分含量逐渐递减，其他氧化物含量规律性变化不强。CIPW 标准矿物计算中 Q 和 Or、ab 百分含量由贫变富,而 il、ap、an、Hy、mt 含量相应变小,主要参数 KI、DI 与 No、SI 分别增大和减小,这与岩性的变化有关。

表 3-53 晚石炭—早二叠纪来姑组火山岩化学成分、CIPW 标准矿物及有关参数

样号	岩石名称	氧化物含量($\omega_B/10^{-2}$)														
		SiO_2	TiO_2	Al_2O_3	Fe_2O_3	FeO	MnO	MgO	CaO	Na_2O	K_2O	P_2O_5	SO_4^{2-}	H_2O^-	H_2O^+	CO_2	Σ
S-4	变流纹英安岩	80.64	0.08	10.92	0.9	0.45	0.04	0.47	0.10	4.81	0.98	0.06	0.03	0.12	0.04	0.49	100.13
S-44		72.26	0.15	10.56	1.88	0.47	—	0.7	0.30	2.58	5.55	0.05	0.02	0.42	0.07	0.04	95.05
S-59	变玄武岩	53.38	3.57	11.71	3.16	9.44	0.16	3.68	6.02	3.29	2.03	0.68	0.06	2.2	0.33	0.86	100.57
S-60	阳起绿泥片岩	47.30	1.16	15.86	4.49	8.15	0.16	9.22	7.45	1.17	0.72	0.14	0.04	3.32	0.1	0.74	100.02

样号	岩石名称	CIPW 标准矿物($\omega_B/10^{-2}$)									特征参数值					
		Q	C	Or	an	ab	Di	Hy	mt	il	ap	No	δ	KI	SI	DI	A/NKC
S-4	变流纹英安岩	48.18	1.94	5.82	0.14	40.92	—	1.67	1.04	0.15	0.13	0.33	0.89	318.13	6.18	94.92	1.11
S-44		40.03	—	32.80	0.84	21.83	0.27	2.05	1.92	0.28	0.11	3.50	1.87	266.56	6.26	94.66	0.99
S-59	变玄武岩	8.83	—	12.00	11.19	27.84	12.14	12.28	4.58	6.78	1.49	27.47	2.73	32.68	17.04	48.67	0.64
S-60	阳起绿泥片岩	3.39	—	4.25	35.9	9.9	0.19	33.96	5.66	2.2	0.31	77.36	0.83	8.65	38.82	17.54	0.77

4. 岩石地球化学特征

(1)微量元素特征

表 3-54 中反映阳起绿泥石片岩中,Ni、V、Cu、Cr、Zn、Co 含量较其他岩类高,在该火山岩中,与维氏标准值相比较,Ba、Ti、Mn、Cr、Ni、Zn、Sr、La 等元素低,其他元素接近或略大于维氏标准值。

从阳起绿泥石片岩—变流纹英安岩—变安山岩,Ba、Ti、Zr、Mn 等元素含量呈明显的增大趋势,唯 Sc 元素算术平均值相对减少。

表 3-54 晚石炭—早二叠世来姑组火山岩微量元素特征表★

样号	岩石名称	微量元素组合及含量($\omega_B/10^{-6}$)															
		Ba	Pb	Sn	Ti	Mn	Gd	Cr	Ni	V	Cu	Zr	Zn	Co	Sr	Sc	Y	La
1156		600	40	3	4 000	600	10	30	30	70	30	300	30	40	200	—	36	40
105	变安山岩	200	10	5	2 000	700	10	30	20	50	10	150	50	5	200	20	25	30
1110		500	40	3	3 000	600	15	30	30	80	50	240	40	10	300	—	40	—
187	变流纹英安岩	300	10	5	1 000	500	20	20	3	30	5	200	20	3	100	10	28	30
1154	阳起绿泥石片岩	100	15	2	1 000	100	10	80	100	100	300	200	100	100	200	20	30	—

表 3-54 反映在阳起绿泥石片岩中,Ni、V、Cu、Cr、Zn、Co 含量较其他岩类高,在该火山岩中,与维氏标准值相比较,Ba、Ti、Mn、Cr、Ni、Zn、Sr、La 等元素低,其他元素近似或略大于维氏标准值。

从阳起绿泥石片岩—变流纹英安岩—变安山岩,Ba、Ti、Zr、Mn 等元素含量呈明显的增大趋势,唯 Sc 元素算术平均值相对减少。

(2)稀土元素特征

来姑组火山岩稀土元素含量及特征值见表 3-55。稀土 ΣREE 明显高于同类岩石平均值,且变流纹英安岩低于阳起绿泥石片岩。LREE/HREE>1,均属轻稀土富集重稀土亏损型,δEu 值<1,铕具不同程度亏损,呈负异常,δCe 值变化于 1.05~1.38 之间,表明铈无异常或弱正异常。Sm/Nd、Ce/Yb 比值不大,且 Eu/Sm 比值更加偏低。稀土配分模式曲线具有较好的一致性,皆为右倾斜式,说明它们在成因上有一定的联系,可能指示流纹英安岩是玄武质岩浆结晶分离的产物。图 3-61 中 Eu 处 V 谷狭窄,反映铕出现高负异常。

表 3-55　晚石炭—早二叠世来姑组火山岩稀土元素含量及有关参数★

样号	岩石名称	稀土元素含量($\omega_B/10^{-6}$)													
		La	Ce	Pr	Nd	Sm	Eu	Gd	Tb	Dy	Ho	Er	Tm	Yb	Lu	Y
xt-58-1	变流纹英安岩	40.5	84.2	8.31	42	8.37	0.85	7.13	0.94	6.37	1.35	3.76	0.57	3.20	0.49	29.3
xt-60	阳起绿泥片岩	49.2	130	9.16	35.5	7.95	0.4	5.92	1.04	6.48	1.37	3.82	0.58	3.73	0.46	29.1

样号	岩石名称	特征参数值												
		ΣREE	LREE	HREE	LREE/HREE	δEu	δCe	Sm/Nd	La/Sm	Ce/Yb	Eu/Sm	ΣCe	ΣY	ΣCe/ΣY	La/Yb
xt-58-1	变流纹英安岩	237.34	184.23	53.11	3.47	0.32	1.05	0.20	2.76	26.31	0.10	184.60	53.11	3.48	8.14
xt-60	阳起绿泥片岩	284.71	232.21	52.50	4.42	0.17	1.38	0.22	3.86	34.85	0.05	184.50	100.12	1.84	8.49

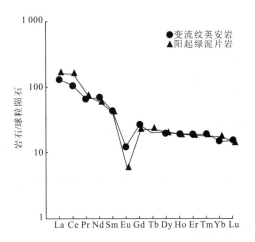

图 3-61　晚石炭至早二叠世来姑组火山岩稀土元素分配曲线

该时代火山岩中，A/NKC＝0.64～1.11，铕强烈亏损，说明它们属于陆壳变沉积岩重熔的产物，在普拿-倾多弧背冲断裂带作用下，陆壳物质重熔经构造作用上升喷出，与深—浅海相沉积物共生。将微量元素 Zr、Y 含量投影在 Pearce（1982）的 Zr/Y-Zr 构造环境判别图解（图 3-57）上，可见来姑组形成于板内环境。

三、晚二叠世西马组火山岩

出露于扎西则构造岩浆带的波密县倾多区西马、普宗西曲两地。岩性仅见安山质凝灰岩，呈透镜状夹于晚二叠世西马组深—浅海相的深色砂板岩中，属水下裂隙式喷发，火山碎屑岩厚150m。

1. 岩石学特征

蚀变安山质凝灰岩：具块状构造，变余凝灰结构。岩石由碎屑、晶屑和胶结物组成。岩屑为中—基性火山岩（40％）、晶屑为斜长石（10％）、石英（4％），胶结物为火山灰，已分解为绢云母（12％），微粒长英质矿物。岩石中碎屑粒径一般为2mm左右，岩石因受力作用裂隙发育，其间充填有白云石脉和石英脉。

2. 火山喷发韵律及旋回

据夜同-郎脚马剖面中反映，西马组火山岩只出现一个韵律，一个旋回，由间歇—喷发—正常沉积。岩性为单调的安山质凝灰岩（图 3-62）。最后以砂板岩沉积而结束了二叠纪的火山活动，火山指数 5.9％，爆发指数 100％。

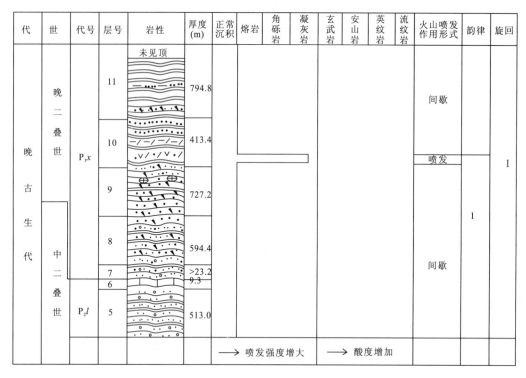

图 3-62 晚二叠世西马组火山岩柱状韵律旋回图

四、晚三叠世孟阿雄群火山岩

仅见于鲁公拉构造岩浆带的洛隆县新荣乡怒江大桥南侧,岩性为玄武安山岩,厚 3.3m。产状向南倾,倾角中等。呈夹层状产于变质粉砂岩和石英岩之间。

玄武安山岩:岩石呈深灰色,具斑状结构,基质具填间结构,残余有杏仁状构造。组成矿物主要为斜长石、角闪石、黑云母及钾长石。斜长石为自形的板条状晶体,含量 80%～90%,具聚片双晶,粒径 0.15mm×0.4mm～0.5mm×2mm,双晶有滑动和挠曲现象,表明岩石具糜棱岩化作用。在斜长石格架中充填着角闪石、黑云母和钾长石。黑云母为自形的片状晶体,含量约 5%。角闪石为半自形柱状,柱粒状晶体,含量 10%。钾长石属条纹长石,为他形不规则粒状,交代斜长石,含量约 5%。岩石次生蚀变主要有绢云母化、方解石化及绿泥石化等。

五、侏罗纪火山岩

在鲁公拉构造岩浆带中分别出露有中侏罗世希湖组和中—晚侏罗世拉贡塘组的火山岩,按形成时代先后顺序叙述如下。

(一)中侏罗世希湖组火山岩

在洛隆县俄西及青龙等地均有出露,火山岩呈夹层状及透镜状分布于希湖组三段黑色含炭质粉砂质板岩中。地层南倾,倾角中等,火山岩与地层产状近一致,出露宽 7～10m,可见延长约 200m。透镜状者为应力作用挤压拉伸的结果,出露厚仅 0.6m。

1. 岩石类型及主要特征

黑云母安山岩:呈夹层状产于希湖组三段中部,见于巴登乡北 2 000m 处,厚 5.6m。岩石呈暗灰色,基质为交织结构的斑状结构,杏仁状构造。斑晶主要为辉石和斜长石,偶有黑云母和石英。辉石为自形柱状晶体,粒径 3mm×6mm,含量少。斜长石 An=27,属更长石,为自形板状晶体,斑晶大小 0.3mm×0.5mm~4mm×7mm,具聚片双晶,大致定向或交织分布,具钠、黝帘石化。黑云母和角闪石充填斜长石间隙,黑云母含量高达 20%,石英早期晶体被熔蚀成圆状或港湾状,粒径最大 5mm,有破碎裂纹,晚期晶体为他形粒状,充填斜长石间隙。副矿物有磷灰石、磁铁矿、黄铁矿。杏仁体中充填物为方解石。

灰色杏仁状玄武岩:见于洛隆县俄西,最大厚度约 10m。组成矿物主要为辉石、斜长石,次为黑云母、石英。具斑状结构,基质为填间结构,杏仁状构造。有辉石、斜长石斑晶。辉石为普通辉石,斑晶大小 0.6mm×0.9mm~1mm×2mm,含量 10%。斜长石为自形板条状晶体,斑晶大小 0.5mm×1.5mm,含量约 2%,在基质中斜长石为中长石(An 为 30),组成格架状,辉石、黑云母和少量石英充填斜长石格架中。杏仁体内充填方解石、石英、绿泥石。

2. 岩石化学特征

从表 3-56 可以看出,黑云母安山岩属铝硅过饱和型,富 MgO。CIPW 标准矿物出现刚玉和石英(含量分别为 2.26% 和 10.86%)。玄武岩属正常类型中硅极不饱和及低度不饱和型,CIPW 标准矿物出现霞石(含量 0~4.17%)。在划分火山岩系的硅-碱图解(图 3-63)中,黑云母安山岩属亚碱性系列,玄武岩属碱性系列。里特曼组合指数表明,黑云母安山岩属钙性岩系(σ=1.14),玄武岩属钠质碱性岩系(σ=4.95~12.81)。在 $\lg\tau - \lg(\delta 25\times 100)$ 图解(图 3-64)中,样品点落入 C 区和 B 区。Loffler(1979)认为,钠质碱性火山岩多与板内有关。看来中侏罗世希湖组钠质碱性火山岩应属与消减带演化有关的板内环境下形成的产物。

表 3-56 中侏罗世希湖组火山岩岩石化学含量及参数★★

样号	岩石名称	氧化物含量($\omega\beta/10^{-2}$)											
		SiO_2	TiO_2	Al_2O_3	Fe_2O_3	FeO	MnO	MgO	CaO	Na_2O	K_2O	P_2O_5	LOS	总量
1335/15-1	黑云母安山岩	55.68	0.9	14.87	1.08	5.80	0.10	8.79	4.24	2.50	1.30	0.26	4.43	99.95
2290/1	杏仁状玄武岩	47.92	1.25	16.68	3.03	5.72	0.23	5.19	5.38	4.35	1.40	0.45	7.84	99.44
0280/1		49.68	1.00	16.98	1.32	6.28	0.16	6.11	7.47	4.20	1.55	0.39	4.66	99.80
0296/22-1	蚀变玄武岩	44.04	0.50	9.27	1.53	4.5	0.15	12.93	10.92	2.35	1.30	0.43	12.12	100.04

样号	岩石名称	CIPW 标准矿物($\omega\beta/10^{-2}$)															
		or	ab	an	c	wo	cn	fs	cn'	fs'	fo	fa	q	Ne	Di	Hy	ol	DI	An
1335/15-1	黑云母安山岩	7.68	21.15	19.34	2.26				21.89	8.46			10.86			30.35		41.5	46
2290/1	杏仁状玄武岩	8.27	36.81	21.85		0.75	0.50	0.25	4.60	2.26	5.49	2.98		1.54	6.85		8.47	49.00	36
0280/1		9.16	33.55	22.90		4.79	2.84	1.70			8.67	5.71		1.08	9.33		14.38	45.9	39
0296/22-1	蚀变玄武岩	7.68	12.18	10.91		16.89	12.67	2.54			13.69	3.02		4.17	32.10		16.71	27.3	46

样号	岩石名称	尼格里岩石化学参数														
		al	fm	c	alk	si	ti	p	h	mg	o	k	t	Oz	类型	σ	SI
1335/15-1	黑云母安山岩	24.76	53.22	12.83	9.19	157.35	1.91	0.31	41.74	0.70	0.04	0.25	2.74	20.6	铝过饱和	1.14	45.15
2290/1	杏仁状玄武岩	27.55	41.99	16.15	14.31	134.32	2.63	0.53	73.26	0.52	0.15	0.17	-2.92	-22.9	正常	6.72	26.36
0280/1		25.98	40.19	20.7	13.13	129.03	1.95	0.43	40.35	0.59	0.06	0.20	-7.85	-23.5	正常	4.95	31.40
0296/22-1	蚀变玄武岩	12.26	54.53	26.25	6.97	98.84	0.84	0.41	90.68	0.79	0.15	0.27	-20.96	-29	正常	12.8	57.19
	备注	★★引自《1:20万丁青县、洛隆县(硕般多)区域地质矿产调查报告》(河南省区调队,1994)资料,下同															

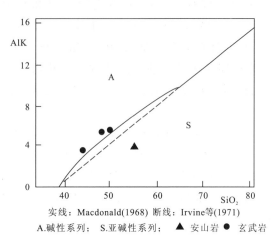
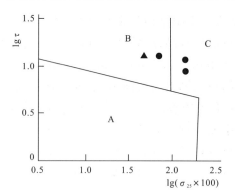

实线：Macdonald(1968) 断线：Irvine等(1971)
A.碱性系列； S.亚碱性系列； ▲ 安山岩 ● 玄武岩

图4-4-12 中下侏罗统稀湖群火山岩 lgτ-Lg(σ₂₅×100)图解
（据H.K.Loffler,1979）
A.板内稳定区火山岩； B.消减带火山岩；
C-A、B.派生的碱性火山岩； ▲ 安山岩 ● 玄武岩

图 3-63 中侏罗世希湖组火山岩 AIK-SiO₂ 图解
（据 T. N. Irvine 等,1971）

图 3-64 中侏罗世希湖组火山岩 lgτ-Lg(σ25×100)图解
（据 H. K. Loffler,1979）

3. 微量元素特征

希湖组火山岩微量元素分析结果列于表 3-57 中。从表中可以看出，灰绿色杏仁状玄武岩富大离子亲石元素 Sr、Ba、Zr、Pb、Nb，贫相容元素 Cr、Co、Ni；而蚀变玄武岩相对富相容元素 Cr、Co、Ni 及金属元素 Cu。在 Rb/30-Hf-Ta 图解（图 3-65）中，杏仁状玄武岩落入板内区，蚀变玄武岩落入碰撞晚期—碰撞后期。在 Zr/Y-Zr 图解（图 3-66）中，两样品均落于板内玄武岩区。

表 3-57 中侏罗世希湖组火山岩微量元素分析结果 ★★

样号	岩石名称	微量元素组合及含量($\omega\beta/10^{-6}$)													
		Sr	Rb	Ba	Th	Ta	Nb	Zr	Hf	Cr	Co	Ni	U	V	Sc	Sn	Cu
0280/1	杏仁状玄武岩	287	71	372	11.1	1.58	13.1	206	4.5	75	19.8	21.4	2.29	116	15.9	2.06	11.6
0296/22-1	蚀变玄武岩	836	83	664	15.7	1.07	8.0	141	3.9	1144	29.7	173.3	2.31	168	26.6	1.86	63.0

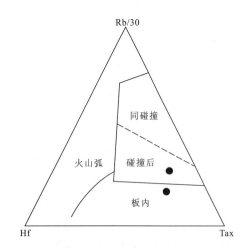
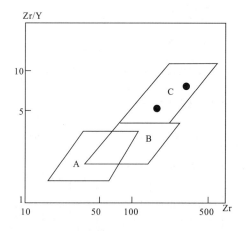

图 3-65 中侏罗世希湖组火山岩 Rb-Hf-Ta 图解
（据 Harris 等,1986）
● 玄武岩

图 3-66 中侏罗世希湖组火山岩 Zr/Y-Zr 图解
（据 Pearce and Norry,1979）
A.岛弧玄武岩；B.洋中脊玄武岩；C.板内玄武岩；● 玄武岩

4. 稀土元素特征

从表3-58和图3-67可以看出,希湖组火山岩稀土元素配分型式为轻稀土强烈富集型,配分曲线向右陡倾。LREE/HREE＝3.072～5.300,La/Yb＝10.681～33.849,Ce/Yb＝23.722～71.976,La/Sm＝4.362～6.458,稀土总量为171.66～336.34ppm,无明显的Eu异常,δEu＝0.830～0.902。稀土元素丰度和配分型式类似碱性玄武岩,与主元素结果一致。

表3-58 中侏罗世希湖组火山岩稀土元素分析结果★★

样号	岩石名称	稀土元素含量($\omega_B/10^{-6}$)													
		La	Ce	Pr	Nd	Sm	Eu	Gd	Tb	Dy	Ho	Er	Tm	Yb	Lu	Y
0280/1	杏仁状玄武岩	45.01	94.69	11.08	40.65	6.97	2.04	6.86	1.04	5.85	1.07	2.97	0.48	2.78	0.42	27.85
2290/1		26.49	58.83	7.43	29.14	5.91	1.70	5.89	0.99	5.02	0.93	2.66	0.42	2.48	0.34	23.44
0296/22-1	蚀变玄武岩	57.62	122.36	17.45	68.99	13.21	3.33	11.04	1.59	6.91	1.11	2.48	0.33	1.70	0.23	28.00

样号	岩石名称	特征参数值											
		ΣREE	LREE	HREE	LREE/HREE	ΣCe	ΣSm	ΣYb	δEu	δCe	Sm/Nd	La/Yb	La/Sm	Ce/Yb
0280/1	杏仁状玄武岩	249.75	200.40	49.32	4.06	191.43	23.83	34.49	0.90	1.09	0.17	16.19	6.46	34.06
2290/1		171.66	129.50	42.15	3.07	121.89	20.42	29.34	0.88	1.08	0.20	10.68	4.48	23.72
0296/22-1	蚀变玄武岩	336.34	282.96	53.39	5.30	266.42	37.19	32.74	0.83	1.00	0.19	33.89	4.36	71.98

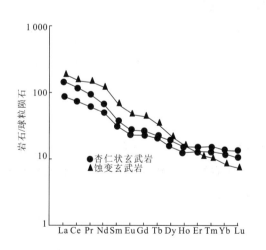

图3-67 中侏罗世希湖组火山岩稀土元素配分曲线

(二)中晚侏罗世拉贡塘组火山岩

该时期火山岩分布于洛隆县城南面旺多乡江珠弄局部地段。在江珠弄-旺多剖面中,见拉贡塘组下部层位有119m厚的中酸性凝灰岩,呈透镜状夹于陆相沉积的岩屑石英砂岩及板岩中(图3-68)。系陆相裂隙式喷发。变英安质凝灰岩岩石呈灰绿色,具斑状结构,组成矿物主要为碎屑物

(40%)和胶结物(60%)。碎屑物主要由长石、石英及少量暗色矿物晶屑构成。斜长石和石英晶屑呈棱角状,表面干净明亮,具熔蚀和破碎现象。暗色矿物被帘石和绿泥石等交代假象。从一些假象看,至少有角闪石等矿物。薄片中还常出现岩屑角砾,其成分亦为石英和长石,胶结物由火山灰组成,并已重结晶成霏细石英及绢云母等,同时夹有许多铁质物,且已氧化成褐铁矿。

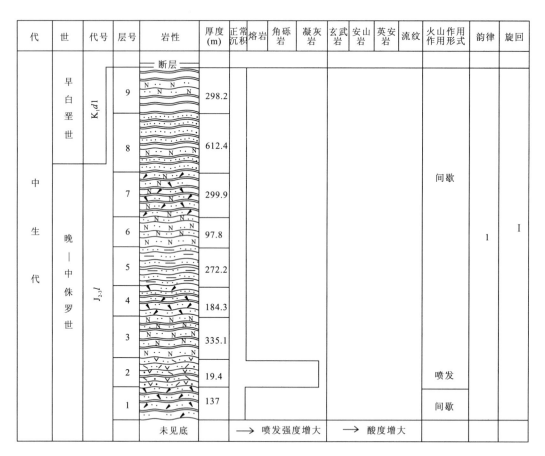

图 3-68　中—晚侏罗世拉贡塘组火山岩柱状韵律旋回图★

六、白垩纪火山岩

测区白垩纪火山活动比较强烈。火山岩主要发育在鲁公拉构造岩浆带的早白垩世多尼组一段和晚白垩世宗给组,火山岩沿走向岩性变化较大,在不同的地域可出现不同的岩石类型,说明该时期的火山活动是由多个火山口喷出的。

(一)早白垩世多尼组一段火山岩

分布于边坝县西青霞腊和洛隆县旺多以南,出露厚度分别为9.61m和44m。均呈夹层状赋存于多尼组一段陆相沉积的碎屑岩及泥质岩中,以喷发的安山质凝灰岩为主。

1. 岩石学特征

变玄武岩仅出现于东拉山口以东的阿拢地区。岩石由斜长石(<60%)、绿泥石(>25%)、绿帘石(<15%)、黄铁矿等组成。具斑状结构,杏仁构造。斑晶5%±,为较自形的板状斜长石,$d=1\sim 2$mm。基质95%,由斜长石、绿泥石、绿帘石、黄铁矿构成。斜长石呈板条状;绿泥石呈不规则片

状,绿帘石不规则粒状。斜长石杂乱分布,其空隙中被绿泥石、绿帘石充填,形成填隙结构。岩石中见有绿泥石、方解石充填的杏仁,边缘为绿泥石,中心为方解石。

蚀变石英安山岩出露于边坝-洛隆公路旁侧的西青霞腊之北。呈扁豆状夹于细粒石英砂岩之中,块状构造,颜色均为暗灰绿色。岩石由斑晶和基质两部分组成,具变余斑状结构。斑晶约20%,由长石(>13%)、石英(2%)及一些暗色矿物角闪石(5%)等组成。斜长石呈宽板状,表面绢云母化、碳酸盐化,有的完全被上述矿物所代替。双晶发育,少量具环带构造,为中长石;石英表面干净,四周被熔蚀,呈岛湾状;暗色矿物斑晶均被绿泥石、方解石等代替,并伴有磁铁矿析出,并集中分布,仅见一些假象呈菱形或六方形。基质80%,部分碳酸盐化。

变球粒流纹岩呈狭长的条带赋存于细粒石英砂岩之中,宽20~100m不等。长达4~6km,具体位置在边坝区雄腊贡—雄吗则一带。岩石呈深灰色、灰色,块状构造,变余斑状结构,粒度1.6mm×2.7mm、0.6mm×0.9mm,基质球粒结构、微粒—霏细结构。斑晶(32%)成分主要为透长石、斜长石、β-石英和少量黑云母。基质以球粒状(50%)、微粒—霏细(10%)长英质为主,次为黑云母(绿泥石化,<4%),绢云母和铁质含量分别为2%及1%。

流纹质晶屑凝灰岩分布在边坝区洛亚马北测,呈透镜状产于绢云母千枚岩之中,可见厚度9.29m,延伸数百米。假流纹构造,变余晶屑凝灰结构、显微粒状鳞片变晶结构。晶屑(70%)成分主要为石英、斜长石,少数石英具六边形切面,长石为自形—半自形板状。填隙物主要为火山灰尘且已分解为绢云母(15%)和绿泥石(10%),次生矿物(5%)有方解石。

英安质凝灰岩分布于洛隆县旺多乡江珠弄北侧,呈不规则的长扁豆状产于碎屑岩中。岩石由火山碎屑及火山灰组成。其中火山碎屑物占95%,有晶屑(主要)、岩屑(少量)、玻屑(微量)。$d=0.1\sim 2mm$。晶屑可见有石英及部分斜长石、角闪石等,均已被绿泥石、碳酸盐、绢云母等交代呈假象。岩屑形态不规则,亦被碳酸盐等交代。少量玻屑被绿泥石交代,保留假象。火山灰5%,已重结晶成细小的绢云母鳞片和一些霏细粒状物。

2. 火山喷发韵律及旋回

崩崩卡剖面出现两个韵律组成一个旋回,火山作用由间歇-喷溢→间歇-喷发到正常沉积而结束(详见地层剖面图),岩性分别为石英安山岩和流纹岩晶屑凝灰岩。在江珠弄-旺多剖面中,仅见一个间歇-喷发-间歇(图3-69)韵律,岩性为安山质凝灰岩,厚44米,构成了一个旋回,夹于岩屑石英砂岩中。火山指数4.11%,爆发指数100%。

3. 岩石化学特征

本组火山岩化学成分、CIPW标准矿物及特征值见表3-59。所列岩石中各氧化物含量变化范围宽,表明其岩石类型较为复杂。玄武岩属正常类型中硅极不饱和型,富Al_2O_3、Na_2O,贫CaO、MgO,CIPW标准矿物计算中出现霞石和橄榄石而无C、Q及Hy分子。其他岩类为硅铝过饱和型,凝灰岩、安山岩见刚玉和石英标准矿物,在TAS图解(图3-70)中,投影点分别落入S2、S3及R、O3区。δ值属玄武岩最高,且A/NKC比值最低,AR值介于1.58~2.2之间,在区分火山岩系的硅-碱图解(图3-71)上,玄武岩位于A区,属碱性系列,其余各样品点均落入S区,表现为亚碱性岩系。在$\lg\tau-\lg(\delta_{25}\times 100)$图解(图3-72)中,多数样品点投影于B区,变玄武岩进入C区,说明其火山岩应属与碰撞造山有关的环境下形成的产物。参数SI值变化区段大,DI值普遍较高。

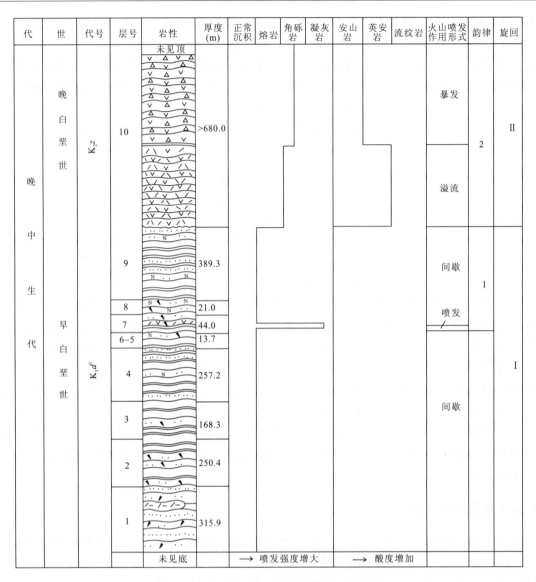

图 3-69 测区白垩纪火山岩柱状韵律旋回图

表 3-59 早白垩世多尼组一段火山岩化学成分、CIPW标准矿物及有关参数

样号	岩石名称	氧化物含量($\omega_B/10^{-2}$)															
		SiO_2	TiO_2	Al_2O_3	Fe_2O_3	FeO	MnO	MgO	CaO	Na_2O	K_2O	P_2O_5	SO_3	H_2O^-	H_2O^+	CO_2	Σ
S-16★	英安质凝灰岩	60.68	0.61	16.33	1.88	4.20	0.19	2.87	2.66	4.00	3.13	0.25	0.20	2.18	0.43	0.88	100.49
P17GS44-1	流纹质凝灰岩	78.52	0.15	11.06	0.25	1.18	0.04	0.55	1.37	2.21	2.08	0.03		1.49	0.15	0.91	99.99
P17GS68-1	变石英安山岩	65.63	0.76	17.63	0.62	5.30	0.13	1.04	0.27	0.83	3.17	0.62		3.55	0.38	0.11	100.04
S-73★	变玄武岩	51.94	1.04	16.93	1.52	6.24	0.12	5.86	4.64	5.30	2.38	0.28	0.14	3.64	0.40		100.43
样号	岩石名称	CIPW标准矿物($\omega_B/10^{-2}$)											特征参数值				
		Q	C	Or	ab	an	DI	Hy	mt	ne	Il	Ol	ap	AR	σ	SI	DI	A/NKC
S-16★	英安质凝灰岩	14.11	2.19	19.11	34.97	11.95		13.07	2.82		1.20		0.60	2.20	2.76	17.85	80.13	1.10
P17GS44-1	流纹质凝灰岩	54.62	2.83	12.61	19.19	6.77		3.24	0.37		0.29		0.07	2.05	0.52	8.77	93.20	1.32
P17GS68-1	变石英安山岩	45.19	13.37	19.51	7.32			11.25	0.94		1.50		1.50	1.58	0.68	9.49	72.02	3.33
S-73★	变玄武岩			14.61	40.08	15.97	4.92		2.29	3.53	2.05	15.87	0.67	2.11	5.81	27.51	74.20	0.86

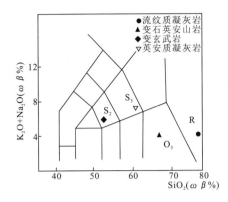

图 3-70 早白垩世多尼组一段火山岩 TAS 图
(据 M.J.Le Bas 等,1986;IUGS,1989)

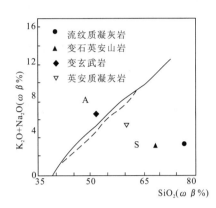

图 3-71 早白垩世多尼组一段火山岩硅-碱图
(据 T.N.Irvine 等,1971)
实线.Macdonald(1968);A.碱性系列;
断线.Irvine 等(1971);S.亚碱性系列

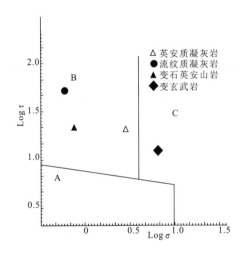

图 3-72 早白垩世多尼组一段火山岩 lgτ-lgσ 图解
A区.稳定板内构造区火山岩;B区.造山带火山岩;
C区.由A、B区派生的火山岩

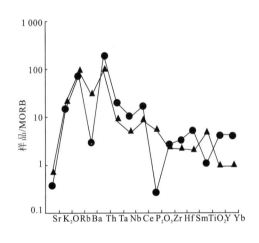

图 3-73 早白垩世多尼组一段火山岩微量元素蛛网图
●流纹质凝灰岩;▲变石英安山岩

4. 岩石地球化学特征

(1)微量元素特征

各岩石微量元素组合及含量列于表 3-60 中。不难看出,Ba、Ti、Co、Sr、La 元素含量在玄武岩中相对富集,其中各元素丰度值则小于中酸性岩的含量。从 MORB 标准化比值结果来看,总体以贫 Sr 及高场强元素 Y、Yb,富不相容元素为特征。地球化学分布型式(图 3-73)具多隆起特征,相似于碰撞后花岗岩蛛网图谱曲线。

(2)稀土元素特征

稀土元素含量及特征值见表 3-61,稀土模式配分曲线如图 3-74。不同岩性稀土 ΣREE 均较高,LREE/HREE>1,皆为轻稀土富集重稀土亏损型,配分模式曲线为右倾斜式。$\delta Eu<1$,δCe 略小于 1,反映铕亏损呈负异常,且流纹质凝灰岩亏损更加强烈,铈在各岩体中基本无异常或弱负异常。Sm/Nd 比值与同类岩石相接近,变石英安山岩 Eu/Sm、Ce/Yb、La/Yb 参数明显大于流纹质凝

灰岩比值,流纹质凝灰岩具有更高度的稀土元素分离。

表 3-60 早白垩世多尼组一段火山岩微量元素含量

样号	岩石名称	微量元素组合及含量($\omega\beta/10^{-6}$)											
		Co	Ni	Cu	Cr	Sr	Rb	Zr	Hf	Nb	Th	Pb	Ta	Ba
P17DY44-1	流纹质凝灰岩	1.66	2.99	3.6	2.7	43.3	159	243	7.4	34.1	41.6	15.8	3.45	52.7
P17DY68-1	变石英安山岩	14.8	30.2	5.85	71.5	82.3	188	199	5.3	15.9	20.6	16.3	1.42	519

样号	岩石名称	微量元素组合及含量($\omega\beta/10^{-6}$)														
		Ba	Pb	Sn	Ti	Mn	Gd	Cr	Ni	V	Cu	Zn	Zr	Co	Sr	Sc	Y	La
622★	凝灰岩	200	20	5	2 000	700	10	50	30	50	30	50	200	5	100	10	20	30
1178★	变玄武岩	600	10	3	6 000	400	10	10	10	100	15	20	200	20	300	10	20	40

样号	岩石名称	MORB 标准化值												
		Sr	K_2O	Rb	Ba	Th	Ta	Nb	Ce	P_2O_5	Zr	Hf	Sm	TiO_2	Y	Yb
P17DY44-1	流纹质凝灰岩	0.36	13.87	79.5	2.64	208	19.17	9.74	17.24	0.25	2.70	3.08	5.34	1.00	4.38	3.97
P17DY68-1	变石英安山岩	0.69	21.13	94	25.95	103	7.89	4.54	8.43	5.17	2.21	2.21	1.99	5.07	0.92	0.94

表 3-61 早白垩世多尼组一段火山岩稀土元素分析结果

样品编号	岩性名称	稀土元素含量($\omega\beta/10^{-6}$)													
		La	Ce	Pr	Nd	Sm	Eu	Gd	Tb	Dy	Ho	Er	Tm	Yb	Lu	Y	总量
P17XTDY44-1	流纹质凝灰岩	81.99	172.40	20.76	79.35	17.63	0.28	20.04	3.37	22.71	4.53	13.74	2.14	13.51	2.07	131.40	585.9
P17XTDY68-1	变石英安山岩	42.53	84.26	9.97	37.24	6.56	1.44	5.42	0.94	5.58	1.15	3.27	0.49	3.19	0.49	27.49	230.0

样品编号	岩性名称	特征参数值								
		ΣREE	ΣL	ΣH	ΣL/ΣH	δEu	δCe	Sm/Nd	La/Sm	Ce/Yb	La/Yb
P17XTDY44-1	流纹质凝灰岩	585.92	372.41	213.51	1.74	0.05	0.98	0.22	4.65	12.76	6.07
P17XTDY68-1	变石英安山岩	230.02	182.00	48.02	3.79	0.72	0.95	0.18	6.48	26.41	13.33

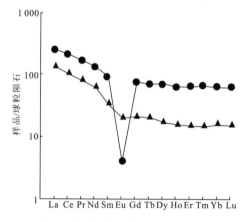

图 3-74 早白垩世多尼组一段火山岩稀土元素分配曲线
●流纹质凝灰岩;▲变石英安山岩

5. 形成环境

该时期火山岩处在边坝区-东拉-旺多乡退化弧带内，火山岩呈北西西-南东东向，在同一走向上，其出现的岩石类型相差较大，而且呈串珠状展布，说明是沿一组断裂带出现多个火山口溢出。岩石化学及地球化学特征显示出碰撞晚期的构造环境，在 Rb-Hf-Ta 三角图解（图 3-75）中，所有的投影点均落入 Group 区范围内，进一步说明形成于碰撞后环境。

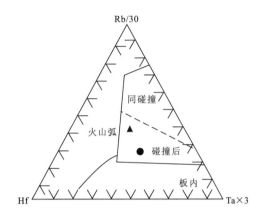

图 3-75 早白垩世多尼组一段火山岩 Rb-Hf-Ta 判别图解
●流纹质凝灰岩；▲变石英安山岩

（二）晚白垩世宗给组火山岩

显近东西向分别展布于边坝县草卡镇甫落、边坝区擦则纳、拉孜区、拉孜乡东拉曲和洛隆县中亦松多、阿里、阿托卡及打麻拉、尼牙乡南侧等地。喷发不整合覆于早白垩世多尼组之上。火山岩多分布于宗给组底部，出露厚度从数米到 1 000m 以上，图幅内共 12 处见到宽 1~10km、长＞50km 的带状展布，东端延出区外。区内出露面积共约 56km²。岩石组合为安山玄武岩、安山岩、英安岩、流纹岩、粗安岩。

1. 岩石类型及主要特征

上白垩统宗给组火山岩岩石类型及主要特征列于表 3-62 中。

安山玄武岩出露于该岩组上部偏下，仅在擦纳则一带出露。变余斑状结构，粒度 1.4mm×2.9mm、0.4mm×0.8mm，斜长石斑晶呈较自形假象，偶见聚片双晶，具强烈绢云母、帘石、碳酸盐、绿泥石化。辉石斑晶为短柱状假象，彻底绿泥石化、碳酸盐化。基质为变余拉斑玄武结构，由斜长石、绿泥石、方解石及钛磁铁矿等组成，其中板条状微晶斜长石发育聚片双晶并组成格架，架间充填钛磁铁矿微粒及绿泥石（原岩为辉石）和方解石等蚀变矿物，大部分碳酸盐由火山玻璃质变质而成。

安山岩为宗给组火山岩的主要岩性，在边坝县江村、拉孜区和洛隆县南阿谢同、中亦松多、尼牙乡等地出露。颜色为浅灰色、灰绿色。基质为交织结构、微嵌晶结构的斑状结构，气孔、杏仁状构造。斑晶成分以斜长石为主，有辉石、黑云母及角闪石，基质成分有斜长石、角闪石、黑云母、绿泥石、石英及钛铁矿等，次生矿物有方解石、绢云母及绿泥石等。

英安岩在测区西部的边坝县拉孜乡革青、东拉曲等地出露。为灰白色、斑状结构，基质为球粒结构、块状构造。斑晶成分有斜长石、钾长石、石英及少量英安岩岩屑。基质中以微粒状长英矿物为主，部分玻璃质。次生矿物有绢云母。

表 3-62 晚白垩世宗给组火山岩岩石特征

样号	岩石名称	颜色	结构、构造	斑晶成分及含量(Vol%)	基质成分及含量(Vol%)
P19Bb18-1	安山玄武岩	深灰	斑状、拉斑玄武结构,块状构造	斜长石20%,辉石5%	斜长石30%,绿泥石20%,方解石20%,钛铁矿5%
P19Bb19-1	流纹岩	灰紫	斑状、霏细结构,块状构造	β-石英15%,透长石5%	长英质65%,黑云母3%,碳酸盐10%,绢云母2%
0292/3-1	粗安岩	灰白	斑状、粗面结构,块状构造	钾长石20%,斜长石5%	钾长石65%,斜长石10%
0292/3-2	粗安岩	灰白	斑状、粗面结构,块状构造	钾长石10%,斜长石5%	钾长石75%,斜长石10%
4224/2	英安岩	灰白	斑状、似球粒结构,块状构造	斜长石10%,石英10%,钾长石3%	长英矿物72%,绢云母5%
4239/3	英安岩	灰白	斑状、似球粒结构,块状构造	斜长石20%,钾长石5%,石英少量	长英矿物30%,玻璃质35%
4225/1	安山岩	灰绿	斑状、微晶结构,块状构造	斜长石40%,黑云母2%	长英矿物58%,绢云母少量
4239/1	安山岩	灰绿	斑状、交织结构,块状构造	斜长石10%,绿泥石2%	斜长石50%,白云石38%
4239/4	安山岩	灰绿	斑状、交织结构,气孔、杏仁构造	斜长石17%,黑云母3%	长英矿物75%,绿泥石5%
0290/1	安山岩	浅灰	斑状、交织结构,杏仁构造	斜长石5%,辉石2%,黑云母2%	斜长石60%,石英5%,方解石25%
0041/3	安山岩	浅灰	斑状、交织结构,杏仁构造	斜长石2%,黑云母8%,辉石2%	斜长石45%,方解石15%,石英3%,绿泥石5%
0041/6	安山岩	浅灰	斑状、交织结构,块状构造	斜长石20%	斜长石70%,绿泥石5%,钛铁质5%
0041/7	安山岩	浅灰	斑状、交织结构,块状构造	斜长石22%,黑云母,辉石少量	斜长石70%,绿泥石3%,钛铁质2%
2210/1	安山岩	灰绿	斑状、交织结构,块状构造	斜长石30%,角闪石15%,黑云母5%	斜长石45%,黑云母5%,角闪石及石英少量
2210/2	安山岩	浅灰	斑状、交织结构,气孔构造	斜长石25%,角闪石15%,黑云母2%	斜长石50%,角闪石5%,绿泥石3%
0041/4	辉石安山岩	深灰	斑状、交织结构,块状构造	斜长石25%,辉石5%,黑云母少量	斜长石50%,绿泥石15%,钛铁质5%
0041/5	辉石安山岩	深灰	斑状、交织结构,块状构造	斜长石15%,辉石10%,黑云母5%	斜长石60%,绿泥石5%,石英2%
4224/1	含晶屑岩屑凝灰岩	紫红	岩屑凝灰结构	安山岩45%,斜长石10%,黑云母5%,石英少量	火山灰39%,铁质1%
4239/2	晶屑岩屑凝灰岩	紫红	岩屑凝灰结构,块状构造	安山岩55%,英安岩10%,石英15%	火山灰15%,钙质5%
4226/3	角砾岩屑凝灰岩	灰绿	角砾岩屑凝灰结构,块状构造	安山岩角砾25%,岩屑30%,英安岩角砾10%	岩屑10%,斜长石2%,火山灰17%,钙质3%
P19Bb9-1	晶屑凝灰质石泡流纹岩	灰紫	晶屑凝灰熔岩结构,熔岩具石泡构造	钾长石15%,更长石10%,石英5%	熔岩:长英质10%,蚀变矿物<5%
P19Bb9-2	含火山角砾晶屑石泡流纹岩	灰紫	晶屑凝灰熔岩结构,熔岩具石泡构造	石英+斜长石+钾长石15%(火山角砾小于10%,晶屑10%)	长英质60%,铁质、蚀变矿物<5%

P19Bb18-1、P19Bb19-1、P19Bb9-1、P19Bb9-2为本次所测,其余均收集《1:20万丁青县、洛隆(硕般多)县区域地质矿产调查报告》(甘肃省区调队,1994)资料

粗安岩在洛隆县硕般多乡南啊罗出露,面积小,约1km²。为灰白色,斑状结构、基质粗面结构,块状构造。成分主要为钾长石和斜长石,为自形—半自形的板柱状,长条状晶体,斑晶粒径为0.6mm×1mm～2mm×4mm,基质中矿物粒径为0.03mm×0.08mm～0.1mm×0.2mm,定向分布。斜长石有绢云母化。

流纹岩仅在擦则纳剖面顶部见之。变余斑状结构,粒度 2.9mm×3.6mm、0.09mm×0.58mm,个别斑晶达 4mm,基质霏细结构。β-石英较自形,具熔蚀结构,见有近六边形切面。透长石斑晶为全自形切面,见简单双晶,条纹隐约可见,轻—中度高岭石化、碳酸盐化。基质成分主要以霏细级斜长石、石英居多,已全部暗化呈假象。蚀变矿物有碳酸盐、绢云母等。

晶屑凝灰质石泡流纹岩,出露擦则纳剖面中部。晶屑粒度 1.5mm×3.1mm 较多,少量 0.03mm,多为棱角状碎片,分选性极差,成分有钾长石、更长石、石英、长石轻度高岭石化。熔岩呈微晶—霏细结构,主要由长英质和极少量火山玻璃组成。在熔岩中见有大小不等的同心圈状石泡,长英质大体垂直圈层分布。各圈层所含微粒褐铁矿化,在单偏光镜下显示清楚的石泡圈层外貌。

含火山角砾晶屑石泡流纹岩夹于晶屑凝灰质石泡流纹岩之中。晶屑凝灰熔岩结构,熔岩具石泡构造。晶屑粒度不等,均具碎屑状,大者与斑晶相当,成分有石英、斜长石、钾长石等。棱角状火山角砾为 3mm×5mm,岩性为流纹晶屑凝灰岩。熔岩呈斑状结构,斑晶粒度达 5mm,由 β-石英、透长石(条纹长石化)、斜长石组成,基质为微晶—霏细结构,含少量铁质和蚀变矿物,主要成分为长英质。在熔岩基质中发育有 0.2～0.7mm 同心圈层状石泡构造,单偏光镜下似珍珠构造,圈层内含铁矿物。

晶屑岩屑凝灰岩在测区边坝县拉孜乡革青,东拉曲出露,位于火山岩系的底部。颜色为紫红色,晶屑岩屑凝灰结构,块状构造。火山碎屑物以安山岩岩屑为主,次为英安岩岩屑,晶屑有斜长石、石英、黑云母。胶结物为尘状火山灰及铁质,尚有次生的钙质物。

角砾岩屑凝灰岩出露于东拉曲近火山口地区,火山角砾为灰绿色,岩屑成分为安山岩和英安岩,有斜长石晶屑,胶结物为尘状的火山灰,部分次生钙质物。

变安山质角砾熔岩分布位置同变石英安山岩。岩石由斑晶、基质、角砾等组成,具斑状结构。其中斑晶 50%,有斜长石(25%)、角闪石、黑云母(20%)、石英(5%)。斜长石呈宽板状,绢云母化强烈,双晶发育,具环带构造,N>树胶,为中—更长石;石英形态不规则;暗色矿物均被绿泥石、铁质矿物交代,仅保留其假象。基质 40%,为脱玻物质,微细粒石英。火山角砾 10%,是一些火山碎屑岩和少量石英。火山碎屑岩由微晶长石、火山灰等物质组成。与熔岩成分截然不同,$d>2mm$,呈角砾状。

2. 火山喷发韵律及旋回

边坝县草卡镇甬落剖面仅在其底部出露一层安山岩,厚 28.81m。一个韵律构成一个旋回。擦则拉剖面中,火山岩先后出现有 2 个韵律组成 1 个旋回,由间歇喷溢-间歇→喷溢结束,未见顶。碎屑岩厚 2 020.04m,火山岩厚 248.57m。岩石类型为石泡流纹岩偶夹含火山角砾晶屑凝灰质石泡流纹岩-安山玄武岩-流纹岩。

边坝县拉孜乡东拉曲火山岩出露 1 220～1 450m,主要为火山颈相的安山岩、英安岩,次为角砾岩屑凝灰岩、含晶屑岩屑凝灰岩,爆发指数为 24%。洛隆县硕般多乡啊罗小面积出露粗安岩。洛隆县紫陀镇阿谢同火山地层厚 910.5m,火山岩厚 439.9m,占火山地层的 48%,火山岩主要为火山颈相的安山岩,由灰紫色到灰色三个喷溢韵律构成(见地层剖面图)。

江珠弄-旺多剖面上,表现由溢流-爆发组成一个韵律,一个旋回。岩性为变英安岩-安山质角砾熔岩,未见顶(图 3-69)。火山岩厚>680m,火山指数 100%。

3. 岩石化学特征

从表 3-63 可以看出,上白垩统宗给组火山岩岩石化学成分以富 SiO_2、Al_2O_3 为特征。安岩玄武岩和岩屑凝灰岩 $SiO_2=53.46\sim47.56$,$Al_2O_3=19.36\sim11.03$,CIPW 标准矿物计算中均出现透辉石分子,属正常类型硅过饱和。粗安岩、英安岩、安山岩、安山质角砾熔岩基本化学成分变化范围窄,唯凝灰石泡流纹岩SiO_2含量高达79.43,Al_2O_3=11.25,CIPW标准矿物除两件S-13★、2210/2★★样品未见刚玉以外,其余各样品中均出现有石英和刚玉标准分子。在TAS图解(图3-76)中,成分点主要投影于S2、S3与O1、O2。O3交界线两侧的附近,岩屑凝灰岩落入玄武岩B区,凝灰石泡流纹岩进入R区内,与镜下结果基本一致。

表3-63 晚白垩世宗给组火山岩岩石化学特征

样号	岩石名称	氧化物含量($\omega\beta/10^{-2}$)											
		SiO_2	TiO_2	Al_2O_3	Fe_2O_3	FeO	MnO	MgO	CaO	Na_2O	K_2O	P_2O_5	LOS	总量
P19GS9-1	凝灰石泡流纹岩	79.43	0.27	11.25	1.05	0.22	0.01	0.25	0.53	5.35	0.41	0.1	0.74	99.61
P19GS18-1	安山玄武岩	53.48	0.84	19.36	2.89	2.85	0.09	2.11	6.87	4.93	1.02	0.17	4.96	99.57
0292/1★★	粗安岩	59.9	0.08	21.06	0.81	0.82	0.08	0.83	2.3	4.45	5.45	0.11	4.07	99.96
1287/1★★	英安岩	61.52	0.55	15.74	4.67	2.00	0.10	2.18	2.59	4.00	2.15	0.13	4.34	99.97
1287/2★★		64.96	0.50	14.98	2.21	2.95	0.90	3.07	2.14	4.7	1.05	0.14	3.15	100.75
4239/3★★		64.50	0.80	18.60	7.13	0.28	0.03	0.25	0.57	0.10	0.55	0.08	6.75	99.64
P20GS1-1	安山岩	62.47	0.79	16.58	1.14	5.05	0.04	4.23	0.35	4.45	0.96	0.16	3.06	99.28
2210/1★★	安山岩	55.76	0.50	15.36	1.65	4.8	0.23	4.86	2.86	2.70	3.4	0.23	7.23	99.58
2210/2★★		59.24	0.58	15.64	2.26	3.78	0.15	3.62	3.09	4.15	4.00	0.3	2.68	99.49
4239/1★★		53.10	0.70	17.76	3.20	5.00	0.18	4.74	4.65	2.45	2.00	0.17	6.08	100.03
4239/4★★		54.16	0.75	17.98	2.81	5.2	0.18	4.82	4.07	2.65	1.65	0.20	5.02	99.49
S-13★		54.08	0.56	15.55	0.10	3.82	0.14	5.13	6.07	2.63	2.88	0.14	9.1	100.2
0290/1★★		58.24	0.63	15.09	2.05	3.33	0.12	2.66	4.51	2.15	2.4	0.30	8.53	100.01
S-11★	安山质角砾熔岩	59.61	0.66	17.02	1.35	5.17	0.08	2.63	4.16	2.63	2.63	0.10	3.92	99.96
4239/2★★	岩屑凝灰岩	47.56	0.38	11.03	3.8	4.84	0.23	6.09	7.56	0.65	0.3	0.14	11.49	94.07

样号	类型	CIPW标准矿物($\omega\beta/10^{-2}$)及参数值												
		or	ab	an	c	Di	Hy	mt	il	q	DI	A/CNK	SI	σ	AR
P19GS9-1	铝、硅过饱和	2.45	45.81	2	1.3		0.73	0.96	0.52	46.01	96.27	1.10	3.45	0.91	2.91
P19GS18-1	正常、硅过饱和	6.37	44.11	29.27		4.54	6.3	3.71	1.69	3.58	83.34	0.89	15.34	2.92	1.59
0292/1★★		33.59	39.27	11.15	4.09		3.05	1.22	0.16	7.21	91.22	1.21	6.72	5.48	2.47
1287/1★★	铝、硅过饱和	13.31	35.45	12.57	2.55		9.03	4.58	1.09	21.1	82.43	1.16	14.7	1.94	2.01
1287/2★★		6.36	40.75	9.94	2.62		12.38	3.28	0.97	23.38	80.43	1.17	21.96	1.47	2.01
4239/3★★		3.52	0.92	2.49	18.39		6	3.87	1.64	62.98	69.91	10.36	3.19	0.02	1.07

样号	类型	CIPW标准矿物($\omega\beta/10^{-2}$)及参数值												
		or	ab	an	c	Di	Hy	mt	il	q	DI	A/CNK	SI	σ	AR
P20GS1-1	铝、硅过饱和	5.9	39.13	0.72	8.28		18.33	1.72	1.56	23.98	69.73	1.843	26.72	1.44	1.94
2210/1★★	铝、硅过饱和	21.76	24.74	13.74	2.8		20.75	2.59	1.03	12.03	72.27	1.153	27.91	2.51	2.01
2210/2★★	正常、硅过饱和	24.42	36.27	12.64		0.95	13.39	3.38	1.14	7.09	80.42	0.93	20.33	3.9	2.54
4239/1★★	铝、硅过饱和	12.58	22.07	23.37	3.74		18.65	4.94	1.42	12.82	70.84	1.21	27.26	1.66	1.5
4239/4★★	铝、硅过饱和	10.32	23.74	19.99	5.2		19.4	4.31	1.51	15.04	69.09	1.33	28.14	1.45	1.48
S-13★	正常、硅过饱和	18.68	24.43	24.28		6.29	17.86	0.16	1.17	6.78	74.17	0.84	35.23	2.24	1.68
0290/1★★		15.5	19.89	22.32	1.61		11.18	3.25	1.31	24.19	81.89	1.05	21.13	1.2	1.6
S-11★	铝、硅过饱和	16.18	23.17	20.81	2.63		14.56	2.04	1.31	19.06	79.22	1.16	18.25	1.57	1.66
4239/2★★	正常、硅过饱和	2.15	6.67	31.89		10.16	24.18	4.35	0.88	19.34	60.05	0.73	39.17	0.09	1.11

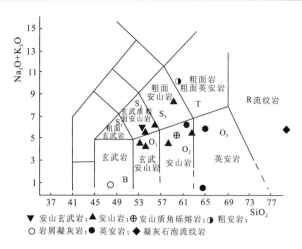

图 3-76　晚白垩世宗给组火山岩 TAS 图解

(据 M. J. Le Bas 等,1986)

据上述特征可知,英安岩 Al_2O_3 饱和程度最强,且主要分布于边坝县拉孜乡革青泥拢曲一带,前人重砂扫面中常有刚玉出现。因此,英安岩在该区应为寻找刚玉矿物的重点对象之一,渴望能找到刚玉(红宝石)矿床。

宗给组粗安岩里特曼指数 $\sigma=5.48$,$K_2O>Na_2O$,属钾质(地中海型)弱碱性系列,安山玄武岩、英安岩、安山岩、安山质角砾熔岩、流纹岩及岩屑凝灰岩里特曼指数 $\sigma=0.02\sim3.9$,属钙碱性系列,A/CNK、AR、DI 值变化区间小。在硅-碱图解(图 3-77)中,粗安岩位于碱性系列区;英安岩、安山岩、安山质角砾熔岩及岩屑凝灰岩等位于亚碱性系列区。可见除粗安岩属碱性系列之外,其余均属钙碱性系列。在 $\lg\sigma-\lg\tau$ 图解(图 3-78)中,粗安岩位于板内与造山带演化的碱性火山岩区 C 区,英安岩、安山岩及岩屑凝灰岩等位于造山带火山岩区 B 区。

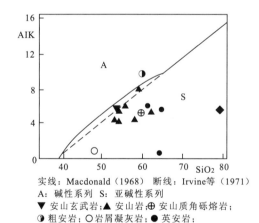

图 3-77　晚白垩世宗给组火山岩 $AIK-SiO_2$ 图解

(据 T. N. Irvine 等,1971)

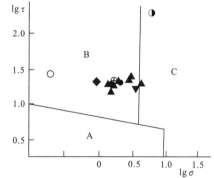

图 3-78　晚白垩世宗给组火山岩 $\lg\tau-\lg\sigma$ 图解

(据 A. Rittmann,1973)

4. 微量元素特征

微量元素丰度列于表 3-64 中,收集的资料由于年代不同,测试的项目不尽相同。在打麻拉—旺多一带火山熔岩中 Ti 含量较高,Mn 低,而火碎屑岩屑中则与熔岩正好相反,低 Ti,高 Mn 等。Ba、Gd、Sr 及 La 普遍低于维氏标准值,Co 和其他元素则略高或相接近。

表 3-64 晚白垩世宗给组火山岩微量元素特征表

样号	岩石名称	微量元素组合及含量($\omega\beta/10^{-6}$)															
		Sr	Rb	Ba	Th	Ta	Nb	Zr	Hf	Cr	Co	Ni	U	V	Sc	Sn	Cu	Pb
P19DY9-1	凝灰石泡流纹岩	231	32.7	67.4	24.7	1.35	11.6	233	7.2	7.9	2.87	3.88					3.82	7.5
P19DY18-1	安山玄武岩	223	50.4	185	12.7	0.97	9.34	143	3.4	16.7	20.1	16.1					14.6	16
0292/1★★	粗安岩	49	140	433	8.2	1.28	15.5	437	10.4	183	13.0	29.8	0.84	75	10.5	2.60	13.1	
0290/1★★	安山岩	171	152	315	14.7	1.02	13.5	199	5.6	81	10.9	9.3	3.28	101	10.5	2.30	4.9	
P20DY1-1		74.2	61.4	98.5	16.3	1.21	11.4	199	6.3	82.1	13.1	19.8					4.15	6.2
2210/1★★		226	137	629	15.9	1.23	10.5	143	3.1	44	13.5	15.8	4.58	162	12.3	2.04	36.5	
2210/2★★		558	137	876	18.2	1.34	10.2	142	4.4	58	14.4	23.6	4.96	160	13.7	1.80	6.7	
样号	岩石名称	微量元素组合及含量($\omega\beta/10^{-6}$)															
		Ba	Pb	Sn	Ti	Mn	Gd	Cr	Ni	V	Cu	Zn	Zr	Co	Sr	So	Y	La
Dy474★	安山岩	500	10		6 000	400	10	10	10	100	15	20	200	20	300	10	38	40
Dy479★	石英安山岩	500	50	5	2 000	700	20	30	10	70	40	50	200	10	200	20	30	100
Dy480★	角砾熔岩	500	10	5	1 000	500		30	5	50		50	10	200	20	20	5	
样号	岩石名称	MORB 标准化值													
		Sr	K_2O	Rb	Ba	Th	Ta	Nb	Ce	P_2O_5	Zr	Hf	Sm	TiO_2	Y	Yb
P19DY9-1	凝灰石泡流纹岩	1.93	2.73	16.35	3.37	123.5	7.50	3.31	14.68	0.83	2.59	3.00	3.22	1.80	1.21	0.90
P19DY18-1	安山玄武岩	1.86	6.80	25.20	9.25	63.50	5.39	2.67	5.74	1.42	1.59	1.42	1.57	5.60	0.84	0.66
0292/1★★	粗安岩	0.41	36.33	70.00	21.65	41.00	7.11	4.43	18.37	0.92	4.86	4.33	0.88	0.53	0.06	0.04
0290/1★★	安山岩	0.62	6.40	30.70	4.93	81.50	6.72	3.26	6.80	1.33	2.21	2.63	1.92	5.27	0.85	0.74
P20DY1-1		1.43	16.00	76.00	15.75	73.50	5.67	3.86	9.16	2.50	2.21	2.33	1.97	4.20	0.76	0.74
2210/1★★		1.88	22.67	68.50	31.45	79.50	6.83	3.00	9.13	1.92	1.59	1.86	3.33	0.66	0.67	
2210/2★★		4.65	26.67	68.50	43.80	91.00	7.44	2.91	8.81	2.50	1.58	1.83	1.80	3.87	0.67	0.67

从 MOBR 标准化值和地球化学分布型式图 3-79 可以看出,分布于草卡镇甫落-边坝区擦纳则及拉孜乡东拉曲-中亦松多-阿里-阿托卡一带的宗给组火山岩以富不相容元素、贫相容元素为特征。地球化学分布型式具多隆起特征,与同碰撞花岗岩相类似,且更加富 Th、Ce。粗安岩除富 Th、Ce 外,还富 Zr、Hf,贫 Ti、Y、Yb。说明它们是冈底斯火山弧的边缘部分。

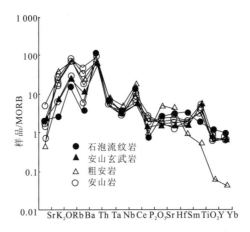

图 3-79 晚白垩世宗给组火山岩微量元素蛛网图

5. 稀土元素特征

稀土元素丰度及特征参数见表3-65，标准化配分型式如图3-80所示。粗安岩和凝灰石泡流纹岩共同特点为轻稀土强烈富集型，标准化分布曲线皆向右陡斜，铕亏损剧烈呈负异常，铈具弱亏损特点。二者不同之处主要表现为粗安岩LREE、δEu、LREE/HREE、La/Sm、Ce/Yb、La/Yb明显高于流纹岩的比值参数，但ΣREE、HREE、Sm/Nd特征值却比流纹岩要低。与此相对照，安山岩、安山玄武岩、岩屑凝灰岩稀土ΣREE显然有些偏低，且变化于168.22~229.6之间，LREE/HREE>1，同样属轻稀土富集重稀土亏损型，配分模式曲线一致向右缓倾。δEu相对略大，且<1，δCe值略大于或等于1，表明铕具弱负异常，铈基本上无异常，Sm/Nd特征值略低于同类岩石比值参数，其余各特征值变化范围窄。与同碰撞花岗岩相比较，宗给组火山岩稀土元素标准化分布型式除负铕异常显得较弱外，基本上较为类似。

表3-65 晚白垩世宗给组火山岩稀土元素及特征参数

样号	岩石名称	稀土元素含量($\omega_B/10^{-6}$)													
		La	Ce	Pr	Nd	Sm	Eu	Gd	Tb	Dy	Ho	Er	Tm	Yb	Lu	Y
P19XT9-1	石泡流纹岩	77.37	146.8	17.43	61.8	10.61	0.73	8.84	1.47	7.99	1.55	3.81	0.53	3.07	0.42	36.35
P19XT18-1	安山玄武岩	30.52	57.4	6.89	25.73	5.19	1.14	4.75	0.8	4.36	0.92	2.4	0.35	2.23	0.33	25.21
0292/1★★	粗安岩	106.9	183.67	17.82	38.39	2.91	0.29	4.51	0.406	0.51	0.121	0.31	0.035	0.14	0.022	1.76
P20XT1-1	安山岩	33.94	68.03	8.65	31.43	6.35	0.78	5.4	0.88	5.26	1.05	2.82	0.41	2.52	0.38	25.4
0290/1★★		39.6	91.58	10.84	37.82	6.51	1.39	5.33	0.794	4.61	0.874	2.59	0.421	2.5	0.381	22.85
2210/1★★		49.21	91.26	10.36	35.76	6.15	1.51	5.04	0.72	3.93	0.76	2.24	0.36	2.29	0.34	19.66
2210/2★★		47.42	88.14	10.28	35.52	5.93	1.54	5.06	0.75	4	0.76	2.22	0.37	2.28	0.33	20.04
4239/1★★		35.22	67.26	7.89	28.68	5.59	1.42	5.1	0.817	4.64	0.908	2.64	0.421	2.49	0.384	25.31
4239/2★★	岩屑凝灰岩	31.32	65.68	7.81	27.17	4.36	1.27	4.35	0.675	3.81	0.874	2.17	0.369	2.22	0.325	19.87

样号	岩石名称	特征参数值									
		ΣREE	LREE	HREE	LREE/HREE	δEu	δCe	Sm/Nd	La/Sm	Ce/Yb	La/Yb
P19XT9-1	石泡流纹岩	378.77	314.74	64.03	4.92	0.22	0.93	0.17	7.29	47.82	25.20
P19XT18-1	安山玄武岩	168.22	126.87	41.35	3.07	0.69	0.92	0.20	5.88	25.74	13.69
0292/1★★	粗安岩	357.79	349.98	7.81	44.79	0.24	0.93	0.08	36.74	1311.93	763.57
P20XT1-1	安山岩	193.30	149.18	44.12	3.38	0.40	0.93	0.20	5.34	27.00	13.47
0290/1★★		228.09	187.74	40.35	4.65	0.70	1.05	0.17	6.08	36.63	15.84
2210/1★★		229.59	194.25	35.34	5.50	0.81	0.93	0.17	8.00	39.85	21.49
2210/2★★		224.64	188.83	35.81	5.27	0.84	0.92	0.17	8.00	38.66	20.80
4239/1★★		188.77	146.06	42.71	3.42	0.80	0.93	0.19	6.30	27.01	14.14
4239/2★★	岩屑凝灰岩	172.27	137.61	34.66	3.97	0.88	0.99	0.16	7.18	29.59	14.11

6. 形成环境讨论

上白垩统宗给组火山岩位于冈-念板片中北部，南有雅鲁藏布江结合带，北有丁青结合带，北侧的丁青结合带在早侏罗世末至中侏罗世初即已碰撞关闭，宗给组安山岩的空间分布和发育时代，同丁青结合带关系不大。而雅鲁藏布江结合带于始新世中期才碰撞关闭，宗给组火山岩分布测区中北部同冈底斯侏罗—白垩纪的火山弧自然连为一体，它本身就是这个陆缘火山弧的一部分。宗给

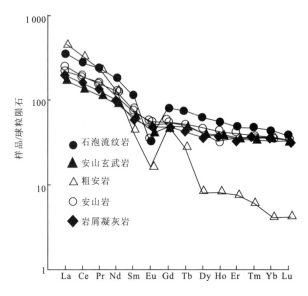

图 3-80 晚白垩世宗给组火山岩稀土元素配分曲线

组火山岩属安山岩-英安岩-粗安岩组合,火山岩的爆发系数大。岩石化学成分属 CA 系列,不相容微量元素的地球化学模式曲线具有多峰式特征,稀土元素具有向右陡倾的配分曲线,这些特征均与岛弧型火山岩或岛弧同碰撞花岗岩的特征相似,看来,上白垩统宗给组火山岩当属在碰撞造山环境中形成。

第四章 变质岩

测区除晚白垩世八达组、宗给组、第四纪地层外,其他各时代地质体分别遭受了不同强度和不同期次的变质作用改造。

本章所用的变质矿物代号如表 4-1 所示

表 4-1 变质矿物代号表

矿物	代号	矿物	代号	矿物	代号	矿物	代号
黑云母	Bi	铁铝榴石	Alm	矽线石	Sil	方解石	Cal
白云母	Ms	蓝晶石	Ky	透辉石	Di	石英	Q
绢云母	Ser	钾长石	Kf	符山石	Vi	单斜辉石	cpx
绿帘石	Ep	斜长石	Pl	绿泥石	Chl	镁铁闪石	Cum
普通角闪石带	Hb	微斜长石	Mi	条纹长石	Pe	斜方辉石	Opx
堇青石	Crd	红柱石	And	硅灰石	Wo	正长石	Or
钙铝榴石	Gro	阳起石	Act	黝帘石	Zo	滑石	Tc

第一节 概述

一、变质单元的划分

根据岩石组合特征、大地构造环境、变质程度差异、变质作用类型及原岩建造的差异性,将测区内划分为四个变质地区,五个变质地带,九个变质带,见图 4-1、表 4-2。其中南迦巴瓦变质带、拉月变质带、波木-长青温池变质带原岩的结构、构造已完全改变,苏如卡变质带、难吉马变质带原岩的结构、构造已基本改变(少数呈变余结构);古生代、中生代地层组成的变质带基本保持原岩的结构、构造。

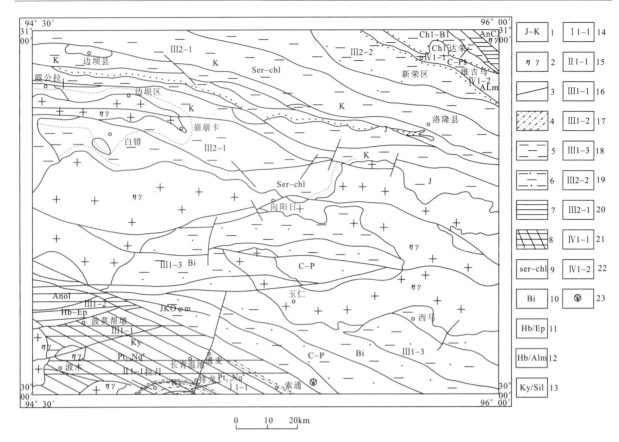

图 4-1 边坝县幅变质地质图

1.地层;2.岩体;3.地层;4.韧性剪切带;5.板岩、千枚岩级低绿片岩相;6.低绿片岩相;7.高绿片岩相;8.低角闪岩;9.绢云母-绿泥石带;10.黑云母带;11.普通角闪石-绿帘石带;12.普通角闪石带/铁铝铝石带;13.蓝晶石带/矽线石带;14.南迦巴瓦变质带;15.拉月变质带;16.波木-长青温池变质带;17.捉舍变质带;18.玉仁-西马变质带;19.边坝县-洛隆县变质带;20.新荣变质带;21.苏如卡变质带;22.维吉玛变质带;23.同位素样品

表 4-2 测区变质单元、变质相带、变质期次划分一览表

变质地区	变质地(变质岩)带		编制地层及岩体	变质作用类型	变质带	变质相	变质相系	变质期次
班公湖—怒江变质地区	怒江结合带变质地带	难吉马变质岩带	$Ancjy$	区域动力热流变质	绿泥石带 铁铝榴石带	低绿片岩相 高绿片岩相	中压	海西期
		苏如卡变质岩带	CPs	区域低温动力变质	绿泥石—黑云母带	低绿片岩相	中高压	印支期
冈底斯—青唐古拉变质地区	班戈-八宿变质地带	新荣变质岩带	$J_{1-2}x$、T_3q	区域低温动力变质	绿泥带	低绿片岩相	中压	燕山期
		边坝县-洛隆县变质带	J_2s、$J_{2-3}l$ K_1d、J_1m	区域低温动力变质	绢云母-绿泥石带	板岩-千枚岩极低绿岩相	低压	燕山期
	拉萨-察隅变质地带	玉仁-西马变质带	C_2P_1l、C_1n P_2l、P_3x	区域低温动力变质	黑云母带	低绿片岩相	中低压	印支期
		捉舍变质带	AOc	区域低温动力变质	普通角闪石-绿帘石带	低绿片岩相	中压	加里东期
		波木-长青温池变质带	$Pt_{2-3}Nq$	区域动力热流变质	蓝晶石带、透辉石带、普通角闪石-绿帘石带	低绿片岩相-低角闪岩相	中压	泛非期
雅鲁藏布江变质地区	雅江结合带变质地带	拉月变质带	$JKo\varphi m$	区域动力变质	蓝晶石带、铁铝榴石带、斜长石-普通角闪石带	低角闪岩相	高压	三叠纪—白垩纪
喜马拉雅变质地区	南迦巴瓦变质地带	南迦巴瓦变质带	$Pt_{2-3}Nj$	区域动力热流变质	硅线石带、普通角闪石带、铁铝榴石带	高角闪岩相	中压	泛非期

二、变质岩类型划分

测区变质岩按成因分类可分为区域变质岩、动力变质岩和接触变质岩三大类。

(一)区域变质岩

根据 Winkler H. G. F(1976)的变质级分类,测区区域变质岩可划为极低级变质岩、低级变质岩、中级变质岩等三个类型。

1. 极低级变质岩

分布于冈底斯-念青唐古拉变质地区的玉仁区-西马变质岩带、边坝县-洛隆县变质带、新荣变质带,均为区域低温动力变质作用的产物。表现为板岩-千枚岩级低绿片岩相。以出现绢云母和绿泥石等变质矿物为特征。常见岩石组合为板岩、千枚岩、变质砂岩、变质粉砂岩、变质中酸性火山岩及凝灰岩、结晶灰岩和变泥质粉砂岩等。

2. 低级变质岩

低级变质岩广泛分布于各变质作用地带和各变质作用类型。表现为绿片岩相,岩石中以出现黑云母、白云母、铁铝石榴石、绿帘石和普通角闪石(呈蓝绿色)等矿物为标志。常见岩石类型有片岩、千枚岩、变质砂岩、变质火山岩及火山碎屑岩、变粒岩、石英岩、结晶灰岩和大理岩等。

3. 中级变质岩

中级变质岩分布于喜马拉雅变质地区的南迦巴瓦变质岩带,雅鲁藏布江变质地区的拉月变质带,冈底斯-念青唐古拉变质地区的波木-长青温池变质带。该类变质岩产生于区域动力热流变质作用,表现为中压相系角闪岩相,岩石中以出现普通角闪石(黄绿色)、蓝晶石、透辉石、矽线石(纤维状和毛发状)为标志,常见岩石类型有片麻岩、片岩、变粒岩、混合质花岗岩、斜长角闪岩和大理岩等。

(二)动力变质岩

动力变质岩根据断层发生的构造层次、岩石变质变形性质和特征,可划分为糜棱岩和碎裂岩类两大类型,介于二者之间常常出现中间过渡的岩石类型。糜棱岩主要分布于雅鲁藏布江结合带,易贡藏布-嘉黎断裂带两侧,其次在南迦巴瓦变质带周边及测区区域性断裂处亦常有出现。发育良好的韧性形成超糜棱岩-糜棱岩-初糜棱岩-糜棱岩化系列。本区糜棱岩化系列岩石具有典型的糜棱结构、流变结构。它受控于韧性断裂,呈线形或带状分布。一般说来,糜棱岩的变质程度低于围岩(退变质),变质矿物以石英、云母、绿泥石、方解石等为主。长石趋于分解,石英细粒化或颗粒化。并具有分集现象及波状消光。岩石内部发育 Ss-Sc 透入性面理、拉伸线理,且发育各种旋转变形、压力影、布丁构造、云母鱼、菱形或鱼鳞状裂面、应变滑劈理、无限褶皱及显微柔皱。碎裂岩区内包括未固结的断层角砾、断层泥和已固结的压碎岩。主要见于较大型的断层中。其中断层角砾岩为变质期后构造岩,多呈棱角状—次棱角状。由于强烈挤压,砾石表面常产生脱玻化而形成次变边,但无流变现象;断层泥是断层角砾相互研磨形成的粉状和泥状物质,多呈不规则状填充于断层角砾之间。

(三)接触变质岩

普遍见于冈底斯-念青唐古拉变质地区的花岗岩岩基内外接触带,主要为角岩类型,其中角岩多为堇青石、红柱石角岩。以特征变质矿物红柱石、堇青石的出现划分为红柱石带、堇青石带,属低压相系的低绿片岩相。测区主要分布于向阳日—布次拉一线、崩崩卡—三色湖—霞公拉一线、新荣区一带,其中在崩崩卡—三色湖—霞公拉一线接触变质岩面积最广。

三、变质相带及变质作用类型划分

依据长春地质学院《变质岩石学》(1980)、董申保《中国变质作用及其与地壳的演化关系》(1986)、《变质岩区1∶5万区域填图方法指南》等结合测区实际划分了绢云母-绿泥石、黑云母、铁铝榴石、普通角闪石、普通角闪石-绿帘石、蓝晶石6种矿物带及红柱石、堇青石两种接触变质矿物带。并将其归并为低绿片岩相、高绿片岩相、低角闪岩相等区域变质相。根据矿物共生组合、特征变质矿物,并结合所处的大地构造单元,可将测区变质作用划分为区域动力热流变质作用、区域低温变质作用、区域接触变质作用、区域混合岩化变质作用。

(一)区域动力热流变质作用

分布在喜马拉雅变质地区的南迦巴瓦变质岩带,冈底斯-念青唐古拉变质地区的波木-长青温池变质带,班公措-怒江变质地区的维吉玛变质带。是测区最主要的变质作用之一,南部以出现递增变质带为特征。这种变质作用形成的岩石,普遍发育片理、片麻理及各种变晶结构。由于测区南部横跨喜马拉雅、冈底斯念青唐古拉造山带,喜马拉雅板片与冈念板片相互碰撞,喜马拉雅板片下插到冈念板片之下,使地壳缩短加剧、构造强烈,并叠加了多期次的韧性剪切作用使区域变质带遭受破坏,因此本区不存在完整的递增变质带,这种变质作用类型的变质带为南迦巴瓦带、拉月带、波木-长青温池带、维吉玛变质带。

(二)区域低温动力变质作用

在本区常形成各种劈理化、片理化和具有带状构造的岩石。分布于古生代—中、新生代变质带,形成低绿片岩相的变质岩石,在岩石中保留有原始的沉积结构和构造特征,岩石类型为变质石英砂岩、板岩等岩石类型。

(三)动力变质作用

由于断层分为韧性断裂和脆性断裂,因而使岩石发生断裂的变质作用相应划分为韧性剪切和碎裂岩化作用两大类型。

1. 韧性剪切变质作用

韧性剪切变质作用以塑性流变和变结晶作用为主,形成机制与构造强应力和岩石高应变速率有关,于主变质期或稍前产生在地壳中深层次(10～15km)。该变质作用使岩石细粒化或近细粒化使之具有典型的糜棱结构、流动构造、碎斑构造等。该类动力变质作用形成的岩石在测区于嘉黎-易贡藏布断裂带、雅鲁藏布江结合带与念青唐古拉岩群、南迦巴瓦岩群古老结晶岩系的接触界线处,怒江结合带变质地带的苏如卡变质岩带中都有不同程度的体现。

2. 脆性断裂

沿测区各组区域性断裂带发生,构成狭窄带状碎裂岩,岩石基本不变质。

(四)接触变质作用

接触变质作用普遍体现在区内侵入体的内外接触带上,由于岩浆侵入,围岩温度急剧升高而发生变质作用,当温度持续升高到一定程度,围岩便可发生重熔,各种重熔岩浆岩间与侵入岩浆间混合常常可以在内外接触带上产生混合岩化作用。接触变质作用产生的岩石多呈规模不等,沿岩体与围岩接触界线呈带状产出。

(五)区域混合岩化变质作用

在测区的南迦巴瓦变质带、波木-长青温池变质带中偶然可见,分布范围极为有限,本报告只作概略描述。由于岩石类型及矿物组合的不同,混合岩化作用强度亦不同。总体上南迦巴瓦岩群中的富大理岩夹层的变粒岩、片麻岩组合中混合岩程度高于念青唐古拉岩群,呈石英细脉贯入,多为条带状混合岩。念青唐古拉岩群中也发育混合岩,多形成条带状、眼球状混合岩。

第二节 区域动力热流变质作用及其岩石

该类岩石为测区中新元古代基底的重要组成部分,分布于喜马拉雅变质地区的南迦巴瓦变质带、冈底斯念青唐古拉变质地区的娘蒲区-长青温池变质带、班公错-怒江变质地区的维吉玛变质带。

一、南迦巴瓦变质带

南迦巴瓦变质带位于雅鲁藏布江结合带以南,受变质地层为中新元古代南迦巴瓦岩群。面积 $10km^2$ 左右,呈"半弧形"展部。岩性为一套富大理岩夹层或透镜的变粒岩、片麻岩组合,构造层次相当于地壳中深部层次,以一系列的尖棱状、相似褶皱为主,且岩石中劈理较为发育。典型的岩石组合为黑云变粒岩、黑云片岩、大理岩、钙硅酸盐岩(透辉斜长变粒岩、透辉方柱石岩等)。经元古期区域动力热流变质作用,区域上表现为中压相系高角闪岩相—麻粒岩相,在测区只表现为高角闪岩相。

(一)变质岩石特征及岩相学特征

主要由大理岩、钙硅酸盐岩、各种变粒岩、片岩、片麻岩等组成,其中大理岩与钙硅岩是这套岩石的主要标志,针对这套岩石中不同岩石类型进行简单总结。

1. 大理岩

主要矿物成分为方解石或白云石(52%),常含有石英透辉石、透闪石、金云母、橄榄石、方柱石等矿物。

2. 钙镁硅酸盐岩类

(1)透辉石岩类:一般为粗粒晶结构,粒度最小约 0.1mm,最大可达 4mm。

(2)斜长透闪透辉石岩:主要由基性斜长石、透辉石组成,含有方柱石、黑云母、透闪石、磁铁矿等矿物。

(3)含钙镁硅酸盐的长英质岩石:透辉二长变粒岩、角闪透辉斜长变粒岩等。主要岩石类型有:方柱透辉石岩、角闪透辉斜长变粒岩、含透闪透辉变粒岩、含方柱透辉斜长变粒岩、含透辉斜长(变粒)岩、绿帘透辉岩、绿帘石榴透辉岩、夕线黑云斜长片麻岩、方柱透辉岩、含石榴矽线黑云二长(钾长)片麻岩、阳起绿帘黝帘石岩、角闪黑云斜长变粒岩、矽线黑云斜长片麻岩。

(二)原岩恢复与原岩建造

《1∶20万通麦、波密幅区域地质矿产调查报告》(甘肃省区调队,1995)、《1∶25万墨脱幅区调报告》(成矿所,2003)进行了较为详细的研究,因此原岩恢复、变质相系的划分主要引用前人资料加以说明。

这套岩石组合中大理岩的原岩为灰岩;钙硅酸盐岩的原岩为不纯的灰岩或是白云质灰岩等;黑云母变粒岩等原岩为长石石英杂砂岩;少量的斜长角闪岩、角闪斜长变粒岩等原岩为火山沉积岩,均表明这套岩石主要表现为沉积岩的特征,并有火山沉积岩的特点,属于碳酸盐+碎屑岩+少量火山岩建造。代表当时的沉积环境为在一段较长的地质时期内构造环境变化不是很强烈的半稳定区,沉积环境为广海浅海。

(三) 变质带、变质相的划分

1. 变质带

根据南迦巴瓦岩群的泥质变质岩中出现堇青石、矽线石、铁铝石榴石,变质基性岩出现普通角闪石、铁铝石榴石,泥质碳酸盐中出现单斜辉石、透辉石等特征变质矿物,变质泥岩、变质基性岩均可划分出矽线石-堇青石带、矽线石-钾长石带和矽线石带。区域上表现为中压相系高角闪岩相—麻粒岩相递增变质带,在测区只表现为高角闪岩相。

2. 变质相

根据岩石中所出现的特征变质矿物和共生矿物组合将南迦巴瓦岩群变质相分为矽线石高角闪岩相、石榴石高(蓝晶石)高角闪岩相。南迦巴瓦岩群中常见岩石类型及矿物共生组合列于表4-3中。

表4-3 变质带、变质相及矿物共生组合表

原岩类型	矽线石高角闪岩相		石榴石(蓝晶石)高角闪岩相
	矽线石-堇青石带	矽线石-钾长石带	矽线石带
基性岩(或白云值泥灰岩)	Pl+Hb+Cpx	Pl+Hb+Cum(±Opx)	Pl(An=30)+Hb+Alm
泥质原岩	Pl+Ms+Bi+Alm+Sil+Crd+Q	Pl(An>30)+Bi+Alm+Sil+Crd+Or(±Q)	Pl(An=30)+Bi+Alm+Sil+Kf+Q
泥质碳酸盐原岩	Cal+Ab+Cpx+Pl(±Wo)(±Q)	Cpx+Wo(±Ab)(±Cal)	Pl(An=90)+Di+Gro+Zo+cal

(1)矽线石高角闪岩相

该相在变质泥质岩、变质基性岩、泥质碳酸盐中为矽线石-堇青石带、矽线石-钾长石带。

(2)石榴石(蓝晶石)高角闪岩相

该相在变质泥质岩、变质基性岩、泥质碳酸盐中均表现为矽线石带。

上述矿物共生组合归纳为高角闪岩相的ACF和A′KF相图(图4-2)。

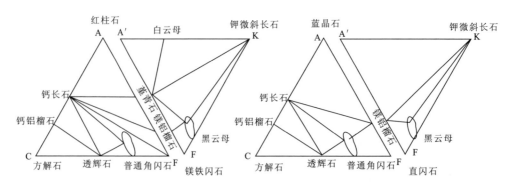

图4-2 高角闪岩相的ACF和A′KF相图

3. 变质作用的温度条件及变质作用类型

(1) 变质作用的温度条件

根据《1:25万墨脱幅区调报告》(成矿所,2003)资料,高角闪岩相岩石组合中共生矿物对所测定温度压力条件为:0.48~0.93Gpa,614~800℃。由于本区出现了典型的中压相系变质矿物蓝晶石、矽线石,表明本区的压力为中压型。

(2) 变质作用类型

南迦巴瓦岩群变质作用类型属区域动力热流变质作用。形成的区域变质岩中普遍发育有片理或片理面,并在后期造山过程中受韧性剪切作用及伸展剥离断层的影响,使岩石普遍发生变形作用。

二、波木-长青温池变质岩带

属冈底斯-念青唐古拉变质地区,拉萨-察隅变质地带。波木-长青温池变质岩带挟持于桑列-布泵格尼断裂、嘉黎-易贡藏布断裂、雅鲁藏布结合带之间,在测区呈向西收敛向东撒开的"帚状"形态。受变质地层为念青唐古拉岩群a岩组,经区域动力热流变质作用,形成绿片岩相、角闪岩相多相变质,并具递增变质带,厚度大于7 639m。主要由片麻岩、片岩、变粒岩、斜长角闪岩及大理岩组成,变质岩系具体特征见表4-4。

表4-4　中新元古代念青唐古拉岩群变质岩系特征表

层号	变质岩石名称	结构构造	特征变质矿物	矿物共生组合	主要变质矿物特征	变质相带
56	透辉石大理岩	柱粒状变晶、花岗变晶结构	透辉石	Di+Cc+Vi+Ep+Q	透辉石呈无色柱粒状高突起 Kf 粒状变晶,Vi 无色粒状	中压相系透辉石带低角闪岩相
54	黑云母角闪斜长片麻岩	鳞片花岗变晶结构,片麻状构造	普通角闪石	Hb+Bi+Pl+Q	Hb 为绿色、Bi 为褐黑色	普通角闪石带低角闪岩相
53	黑云斜长片麻岩	鳞片花岗变晶结构,片麻状构造	普通角闪石	Hb+Bi+Pl+Q		普通角闪石带低角闪岩相
52	黑云二长片麻岩	鳞片花岗变晶结构,条带状构造	普通角闪石	Hb+Bi+Pl+Kf+Q		普通角闪石带低角闪岩相
51	含石榴石黑云母二长片麻岩	鳞片花岗变晶结构,片麻状构造	铁铝石榴石	Alm+Ep+Bi+Pl+Q		铁铝石榴石带低角闪岩相
49	黑云母斜长片麻岩	鳞片花岗变晶结构,片麻状构造	普通角闪石	Hb+Bi+Og+Q	斜长石为奥长石绢云母化	普通角闪石带低角闪岩相
47	黑云母二长片麻岩	鳞片花岗变晶结构,片麻状构造	黑云母	Bi+Pl+Kf+Q		黑云母带低绿片岩相
46	石榴石黑云母斜长片麻岩	斑状变晶结构,片麻状构造	铁铝石榴石	Alm+Bi+Pl+Q		铁铝石榴石带低角闪岩相
45	黑云角闪斜长片麻岩	鳞片花岗变晶结构,片麻状构造	绿帘石角闪石	Hb+Bi+Ep+Pl+Q	角闪石与绿帘石共生	普通角闪石-绿帘石带低角闪岩相
43	蓝晶石石榴黑云钾长片麻岩	鳞片花岗变晶结构,片麻状构造	蓝晶石	Ky+Alm+Bi+Pl+Kf+Ms+Q		蓝晶石带低角闪岩相
40	二云母斜长石英片岩	鳞片花岗变晶结构,片麻状构造	黑云母	Bi+Ms+Pl+Q		黑云母带低绿片岩相
39-38	斜长角闪岩	花岗变晶结构	绿帘石角闪石	Hb+Bi+Ep+Pl+Q		普通角闪石-绿帘石带低角闪岩相

续表 4-4

层号	变质岩石名称	结构构造	特征变质矿物	矿物共生组合	主要变质矿物特征	变质相带
38	角闪黑云斜长片岩	鳞片花岗变晶结构，片状构造	角闪石绿帘石	Hb+Bi+Ep+Pl+Q	角闪石为绿色普通角闪石	普通角闪石-绿帘石带 低角闪岩相
37	石榴石黑云斜长片麻岩	鳞片花岗变晶结构，片状构造	铁铝石榴石	Alm+Bi+Ms+Pl+Q	Alm 淡红色均质性等轴粒状	铁铝石榴石带 低角闪岩相
36	含黑云母角闪斜长片麻岩	鳞片花岗变晶结构，片麻状构造	角闪石绿帘石	Hb+Bi+Ep+Pl+Q	绿色普通角闪石与绿帘石共生	普通角闪石-绿帘石带 低角闪岩相
34	糜棱岩化黑云斜长片岩	鳞片花岗变晶结构，片麻状构造	黑云母	Bi+Ep+Pl+Kf+Q		黑云母带 低绿片岩相
31	含透闪石白云母方解石大理岩	花岗变晶结构	透闪石	Di+Cc+Ms+Q		透闪石带（含白云母）低绿片岩相
30	含石榴石黑云斜长片麻岩	鳞片花岗变晶结构，片麻状构造	铁铝石榴石	Alm+Hb+Bi+Ep+Q		低角闪岩相
29	斜长黑云母角闪片岩	鳞片花岗变晶结构，片状构造	普通角闪石绿帘石	Hb+Bi+Ep+Pl+Q		普通角闪石 低角闪岩相
27	糜棱岩化蓝晶石石榴石斜长石石英岩	斑状变晶结构	蓝晶石	Ky+Alm+Ep+Bi+Ms+Pl+Q		蓝晶石带 低角闪岩相
26	石榴石黑云绿帘斜长变粒岩	鳞片花岗变晶结构	铁铝石榴石	Hb+Aim+Vi+Ep+Bi+Pl+Q	普通角闪石与绿帘石共生	铁铝石榴石带 低角闪岩相
25	糜棱岩化斜长石英片岩	鳞片变晶结构、糜棱结构，片状构造	黑云母	Bi+Ep+Pl+Q	黑云母退变为绿泥石	黑云母带 低绿片岩相
24	石榴石角闪石黑云母斜长片岩	斑状变晶结构，片状构造	普通角闪石	Hb+Alm+Bi+Pl+Q		普通角闪石带 低角闪岩相
22	黑云母斜长片麻岩	鳞片花岗变晶结构，片麻状构造	角闪石绿帘石	Hb+Bi+Ep+Ms+Pl+Kf+Q	角闪石为绿色普通角闪石	普通角闪石-绿帘石带 低角闪岩相
21	斜长角闪片岩与斜长角闪岩	柱粒状变晶结构，片状构造	绿帘石普通角闪石	Hb+Ep+Pl+Q		普通角闪石-绿帘石带 低角闪岩相
20	黑云母二长变粒岩	鳞片花岗变晶结构	黑云母	Bi+Ep+Pl+Kf+Q		黑云母带 低绿片岩相
18	斜长角闪片	花岗变晶结构，片状构造	绿帘石角闪石	Hb+Ep+Pl+Q	角闪石为绿色普通角闪石	普通角闪石-绿帘石带 高绿片岩相
17	黑云母斜长片麻岩	鳞片花岗变晶结构，片麻状构造	黑云母	Bi+Ms+Pl+Kf+Q	岩石中见蠕英构造，可能由花岗岩变质而成	黑云母带 低绿片岩相
16	蓝晶石石榴石二云母片岩	斑状变晶结构，片状构造	蓝晶石	Ky+Aim+Bi+Ms+Pl+Q		蓝晶石带 低角闪岩相
15	黑云母闪斜长片麻岩	鳞片花岗变晶结构，片麻状构造	绿帘石普通角闪石	Hb+Ep+Bi+Pl+Q	Hb 为绿色普通角闪石与绿空石共生	普通角闪石-绿帘石带低角闪岩相
13	角闪石片岩	鳞片变晶结构，片状构造	绿帘石普通角闪石	Hb+Ep+Pl+Q		普通角闪石-绿帘石带 低角闪岩相
12	黑云母钾长斜长片岩	鳞片花岗变晶结构	黑云母	Bi+Ep+Pl+Q		黑云母带 低绿片岩相
11	黑云角闪片岩	鳞片花岗变晶结构，片麻状构造	绿帘石普通角闪石	Hb+Bi+Ep+Pl+Q	Hb 为绿色普通角闪石、Bi 褐黑色	普通角闪石-绿帘石带 高绿片岩相

续表 4-4

层号	变质岩石名称	结构构造	特征变质矿物	矿物共生组合	主要变质矿物特征	变质相带
10	含石榴石黑云二长片麻岩	鳞片花岗变晶结构，片麻状构造	铁铝石榴石	Alm+Hb+Bi+Pl+Rf+Ep+Q		铁铝石榴石带高绿片岩相
9	黑云母二长片麻岩	鳞片花岗变晶结构，片麻状构造	黑云母	Bi+Ep+Pl+Kf+Q		黑云母带低绿片岩相
7	黑云母斜长片麻岩	鳞片花岗变晶结构，片麻状构造	黑云母	Bi+Ms+Ep+Pl+Q		黑云母带低绿片岩相
6	含石榴石黑云母斜长片麻岩	鳞片花岗变晶结构，片麻状构造	铁铝石榴石	Alm+Bi+Ep+Pl+Q		铁铝石榴石带高绿片岩相
5	石榴石黑云母斜长片麻岩	鳞片花岗变晶结构，片麻状构造	铁铝石榴石	Alm+Bi+Ep+Pl+Q		铁铝石榴石带高绿片岩相
4	黑云母斜长片麻岩	鳞片花岗变晶结构，片麻状构造	黑云母	Bi+Ms+Ep+Pl+Q		黑云母带低绿片岩相
3	含石榴石黑云母斜长片麻岩	鳞片花岗变晶结构，片麻状构造	铁铝石榴石	Alm+Bi+Ms+Ep+Pl+Q		铁铝石榴石带高绿片岩相
2	黑云母斜长片麻岩	鳞片花岗变晶结构，斑状变晶结构，片麻状构造	黑云母	Bi+Ep+Ms+Pl+Q		黑云母带低绿片岩相
1	石榴石黑云母斜长片麻岩	鳞片花岗变晶结构，片麻状构造	铁铝石榴石	Alm+Bi+Ms+Ep+Pl+Q		铁铝石榴石带高绿片岩相

(一) 变质岩主要类型及岩相学特征

1. 片麻岩类

主要有黑云母斜长片麻岩、石榴石黑云母斜长片麻岩、黑云母角闪斜长片麻岩、黑云母二长片麻岩、含石榴石黑云母二长片麻岩和蓝晶石石榴石黑云母钾长片麻岩等。以 R7(92)t-1624 薄片镜下观察为例描述：蓝晶石石榴石黑云母钾长片麻岩具鳞片花岗变晶结构，片麻状构造（图版Ⅴ，1），岩石由钾长石、斜长石、石英、黑云母、白云母、石榴石、蓝晶石、锆石等矿物组成。钾长石、石英及少量斜长石呈颗粒较大的粒状变晶，具明显受力现象，石英具波状消光，黑云母及水量白云母呈片状变晶，定向分布。岩石具片麻状构造。岩石中矿物颗粒均较大，粒度＞2mm。主要矿物钾长石＜40%，黑云母＞20%，石英＞20%，钾长石＜10%，次要矿物石榴石＜5%，白云母、蓝晶石＜5%，微量矿物锆石＜1%。岩石因受韧性剪切变质作用，岩石常发生糜棱岩化，并出现矿物变晶拉长、旋斑、残碎斑及 S-C 组构等。除上述矿物外，其他变质矿物还有普通角闪石、透辉石、符山石、绿帘石等。

2. 片岩类

片岩类岩石主要有二云母斜长石英片岩、糜棱岩化斜长石英片岩、糜棱岩化黑云斜长片岩、斜长黑云角闪片岩、斜长角闪片岩、角闪石片岩、黑云角闪片岩、蓝晶石石榴石二云母片岩和角闪黑云角闪片岩、黑云母矽线石石英片岩、石榴蓝晶石二云母片岩、黑云斜长石英片岩等。现以 R_7(92)t-1576 薄片镜下观察为例描述：蓝晶石石榴石二云母片岩，具斑状变晶结构，片状构造，变斑晶由石榴石和蓝晶石组成，其中以石榴石为主，石榴变斑晶大致呈等轴粒状，内有较多石英、黑云母包体，石英呈"S"状分布。蓝晶石变斑晶为较自形的板状，100%解理发育，并见有近于正交的两组解理。镜下无色，正高突起，干涉色低，沿 C 轴近于平等消光。变斑晶含量多，约 25%。变斑晶颗粒大小粒度为 3~7mm。基质由白云母、黑云母、石英、斜长石、蓝晶石等矿物组成，白云母、黑云母呈片状变晶,白云母明显多于斜长石,其中片状矿物呈定向分布,形成岩石为片状构造。主要矿物含量白云母、黑云母35%,石榴石>20%,石英<35%,次要矿物斜长石>5%,蓝晶石5%及微量矿物黄铁矿。

另外,在黑云斜长石英片岩中形成封闭褶皱。在石榴石蓝晶石二云母片岩中,在力的作用下形成褶皱片状构造,石榴石、蓝晶石在视域外,呈不规则状,系构造前产物,在剪切力作用下,由于分异石英集中呈条带,并与角闪石、黑云母糜棱物质相间分布。

3. 变粒岩类

变粒岩类主要有石榴石黑云母绿帘石斜长变粒岩和黑云母二长变粒岩。石榴石黑云母绿帘石斜长变粒岩($R_7(92)t-1597$)镜下观察具鳞片花岗变晶结构。岩石由斜长石、石英、绿帘石、黑云母、角闪石、符山石、石榴石、磷灰石、榍石、黄铁矿等矿物组成。斜长石、石英大致呈粒度为0.2mm的粒状变晶,绿帘石呈粒度为0.5mm+的粒状变晶,正常干涉色和墨水兰的异常干涉色交生分布。黑云母、角闪石分别呈片柱状变晶,结合手标本观察,二者含量黑云母>角闪石。符山石呈粒状变晶,薄片中无色,中偏高突起,干涉色为一级灰、黄、蓝等;石榴石呈等轴粒状和略具拉长形状,显均质性,略带红色,为铁铝石榴石。岩石中片柱状矿物分布无方向性。但是,结合手标本观察诸矿物相对较集中,形成相间分布。主要矿物含量:斜长石<45%,绿帘石20%;次要矿物:黑云母、角闪石<15%,石英<10%,符山石<5%,石榴石<5%,磷灰石、榍石微量。

4. 石英岩类

主要有糜棱岩化蓝晶石石榴石斜长石英岩,镜下观察具斑状变晶结构。变斑晶为铁铝石榴石,大小不等,粒度为0.8~2.6mm,分布不均匀,呈等轴粒状,带红色,含量约10%;基质由石英(<60%)、斜长石(<25%)、石榴石、蓝晶石、黑云母(>5%)、白云母、锆石、黄铁矿矿物组成。石英、斜长石大致粒度1mm±,粒状变晶,石英具拉长形状,强烈波状消光,部分斜长石双晶纹弯曲。黑云母呈较小的片状,部分变为绿泥石,定向分布。锆石呈粒状粒度<0.08mm。岩石具糜棱岩化、块状构造及平等条纹带状构造。

5. 斜长角闪岩类

主要有片状斜长角闪岩和斜长角闪岩。岩石具花岗变晶结构,片状构造。由角闪石、斜长石、石英、绿帘石、榍石等矿物组成。角闪石多呈粒度为2mm±的粒状变晶,拉长形状。粒状角闪石多沿其长轴方向分布。上述矿物多呈定向分布,形成岩石为片状构造。

6. 大理岩类

大理岩类包括透辉石大理岩和透闪石白云母方解石大理岩。前者具柱粒状变晶结构及花岗变晶结构。岩石由方解石、透辉石、钾长石、符山石、绿帘石、榍石等矿物组成。方解石呈粒度小于1mm大小的粒状变晶,含量<55%;透辉石呈柱粒状变晶,薄片中无色,正高突起,发育有两组近于正交的解理,含量在30%±;钾长石呈粒度为0.5mm±大小粒状变晶,含量约10%;符山石轴晶负光性,绿帘石为不规则粒状,多为墨水蓝的异常干涉色,含量<5%。后者具花岗变晶结构,主要由方解石组成,其次有少量和微量白云母、透闪石、石英、黄铁矿等。方解石呈粒度为3mm±的粒状变晶,略具压扁拉长形状,含量约95%,其余少量和微量矿物多分布在方解石颗粒间。

(二)岩石化学、地球化学特征及原岩恢复

1. 岩石化学特征

测区主量元素尼格里特征值见表 4-5。

表 4-5　测区主量元素尼格里特征值表

序号	样品编号	al	fm	c	alk	k	mg	t	qz
1	3390-1-1	19.01	49.63	24.42	6.94	0.03	0.54	−12.34	−16.37
2	3390-2-1	43.18	39.62	2.19	15.01	0.78	0.44	25.99	113.07
3	3390-3-1	38.75	34.29	6.1	20.85	0.36	0.45	11.8	116.85
4	3391-1-1	39.16	28.95	5.39	26.51	0.34	0.33	7.26	133.91
5	3468-8-1	41.01	37.28	13.06	8.64	0.87	0.43	19.3	448.26
6	S-60	21.83	56.44	18.68	3.05	0.13	0.57	0.1	−1.59
7	S-69	32.48	34.09	32.54	0.89	0.78	0.57	−0.95	90.68
8	S-91	48.35	19.48	10.37	21.8	0.03	0.44	16.18	197.4
9	S-93	18.55	56.97	18.2	6.29	0.05	0.73	−5.93	30.47
10	S-94	42.17	51.85	2.66	3.31	0.25	0.68	36.2	642.06
11	S-108	22.99	43.86	21.35	11.8	0.32	0.64	−10.16	−11.97
12	S-78	22.1	43.91	24.66	9.33	0.37	0.56	−11.9	5.7
13	S-133	43.84	15.76	9.41	30.99	0.49	0.29	3.44	157.72
14	S-134	43.8	15.11	11.64	29.44	0.38	0.35	2.72	183.45
15	S-135	51.14	41.59	1.8	5.47	0.76	0.27	43.86	46.02
16	S-136	20.54	47.14	24.89	7.44	0.2	0.49	−11.79	−16.4
17	S-137	18.37	48.96	28.26	4.41	0.11	0.54	−14.3	−1.01
18	S-138	46.36	40.5	6	7.15	0.56	0.36	33.21	91.13
19	S-139	35.27	30.06	20.09	14.58	0.24	0.41	0.61	11.98
20	S-141	39.13	25.39	17.82	17.66	0.2	0.38	3.65	111.68
21	S-142	25.71	25.91	38.69	9.68	0.61	0.48	−22.67	−3.8
22	S-143	37.54	24.76	18.11	19.59	0.22	0.43	−0.17	93.69
23	S-144	48.22	13.2	9.11	29.47	0.37	0.15	9.63	189.61
24	S-145	28.39	39.32	19.16	13.12	0.04	0.33	−3.9	43.46
25	S-146	22.47	45.01	22.92	9.6	0.24	0.39	−10.05	−11
26	S-147	20.31	47.96	28	3.73	0	0.57	−11.43	−13.6
27	S-148	45.05	25.33	8.84	20.79	0.5	0.36	15.42	113.05
28	S-149	41.37	18.13	15.76	24.74	0.47	0.31	0.87	149.52

(1)泥质变质岩

qz=46.02～189.61,硅过饱和型,t=−0.17～43.86,除 S-143 样品(t=−0.17<0 且 k=0.22)属碱过饱和型外其余均属铝过饱和型,k=0.2～0.76,c=1.8～18.20。即以富铝、富硅且变化大,钙相对不足为特点。

(2)长英质变质岩

qz=642.06,t=36.2,fm=51.85,属硅过饱和型,铝过饱和型。以富硅、富铝、富铁镁为

特征。

(3) 钙质变质岩

qz=−3.80，t=−22.67，alk=9.68，fm=25.91，c=38.69，属硅饱和型，碱过饱和型，即以富钙、碱与铁镁中等，硅弱饱和为特征。

(4) 基性变质岩

fm=30.06～56.97，c=18.2～28.26，alk=3.73～14.58，qz=−16.40～30.47，即以富铁镁，贫硅，中等钙、碱为特征。但暗色斜长角闪岩与斜长角闪片岩中含较多石英。

2. 原岩恢复及地球化学特征

片麻岩类7件样品在(al−fm)-(c+alk)-si图解(图4-3)中除S-91、S-148落入泥岩区外，其余均落入火山岩区；在ACF和A′KF图解(图4-4)中均落入杂砂岩区；在A-C-FM图解中(图4-5)S-91、S-133、S-144均落入正铝硅酸盐岩亚组；主要为富铝粘土及酸性火山岩，其余落入碱土铝硅酸盐岩亚相，主要为中性及碱性火山岩和杂砂岩；在(Al+ΣFe+Ti)-(Ca+Mg)图解(图4-6)中均落入粘土、泥岩、粉砂岩、长石砂岩和泥灰质砂岩区；在MgO-CaO-FeO图解中(图4-7)除S-91落入副角闪岩区外，其余均落入钙镁质沉积岩区。

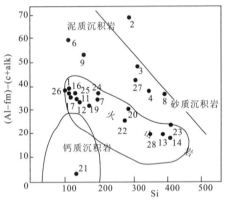

图4-3 (al+fm)-(c+alk)-Si图解

(据西蒙南，1953简化)；(据巴拉绍夫，1972)

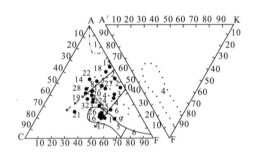

图4-4 ACF和A′KF图解

(据温克勒，1976)

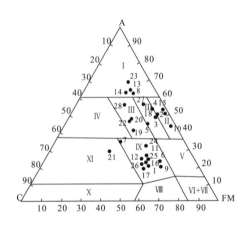

图4-5 A-C-FM图解

(据西蒙南，1953简化)

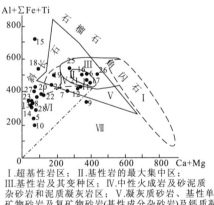

图4-6 (Al+ΣFe+Ti)-(Ca+Mg)图解

(据谢缅年科，1996)

Ⅰ.超基性岩区；Ⅱ.基性岩的最大集中区；Ⅲ.基性岩及其变种区；Ⅳ.中性火成岩及砂泥质杂砂岩和泥质凝灰岩区；Ⅴ.凝灰质砂岩、基性单矿物砂岩及复矿物砂岩(基性成分杂砂岩)及钙质凝灰岩区；Ⅵ.粘土、泥岩、粉砂岩、长石砂岩和泥灰质砂岩区；Ⅶ.粘土质、白云质和钙质泥灰岩区

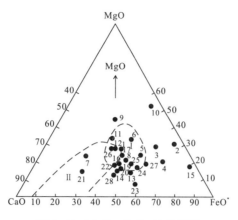

图 4-7 MgO-CaO-FeO 图解

（据沃克等，1960）

Ⅰ．正斜长角闪岩；Ⅱ．副斜长角闪岩

综合以上图解可以判断，中新元古代念青唐古拉岩群 a 岩组的片麻岩类的原岩大多为泥质碎屑物变来的，由它们的岩石化学成分（表 4-6）看，SiO_2 均在 $66\% \sim 72.32\%$ 之间，$Al_2O_3 > (CaO + Na_2O + K_2O)$，$MgO$ 均小于 1.5%，CaO 均小于 2.98%。主要矿物组合为斜长石、石英、黑云母及钾长石、白云母等，副矿物为石榴石-磷灰石-锆石-黄铁矿和绿帘石-榍石-磷灰石-锆石-黄铁矿。

表 4-6 测区岩石化学分析结果表（Wt%）序号样品

序号	样品编号	岩石名称	SiO_2	TiO_2	Al_2O_3	Fe_2O_3	FeO	MnO	MgO	CaO	Na_2O	K_2O	P_2O_5	烧石量		Σ
1	3390-1	斜长角闪片岩	48.14	1.45	13.97	4.07	7.92	0.22	7.74	9.85	3.00	0.15	0.13	2.78		99.42
2	3390-2	变斑状石榴白云钠长片岩-长片岩	64.34	0.75	16.51	3.40	2.92	0.05	2.59	0.46	0.75	4.15	0.20	3.81		99.93
3	3390-3	含石英碎斑白云钠长片岩黑云白云钠长片岩	67.71	0.45	14.57	2.00	3.03	0.13	2.30	1.26	3.05	2.60	0.13	2.54		99.77
4	3391-1	含石英碎斑白云黑云斜长片岩	70.40	0.38	13.64	1.81	2.88	0.23	1.32	1.03	3.70	2.90	0.08	1.48		99.85
5	3468-8-1	绢云石英片岩	77.76	0.50	9.15	1.30	2.05	0.13	1.40	1.60	0.15	1.55	0.10	4.31		100.00
6	S-60	绿泥石阳起石黑云母片岩	47.30	1.16	15.86	4.49	8.15	0.16	9.22	7.45	1.17	0.27	0.14	CO_2 0.74	H_2O 3.32	99.43
7	S-69	凝灰质板岩	57.30	1.00	16.29	1.48	2.77	1.091	3.81	8.96	0.06	0.32	0.15	0.74	0.50	94.47
8	S-91	含黑云母斜长片麻岩	70.18	0.28	14.69	0.61	1.72	0.072	1.02	1.73	3.92	0.16	0.28	0.32	0.70	95.68
9	S-93	角闪黑云斜长片岩	56.99	0.77	11.55	2.55	4.31	0.14	10.16	6.22	2.26	0.18	0.77	0.22	0.84	96.96
10	S-94	黑云母矽线石石英片岩	84.14	0.46	7.80	0.61	1.61	0.038	2.54	0.27	0.28	0.14	0.46	0.44	0.48	99.27
11	S-108	斜长角闪岩	53.94	0.86	15.59	2.26	5.32	0.12	7.51	7.95	3.32	2.34	0.20	0.31	0.48	100.2
12	S-78	斜长角闪岩	55.36	0.69	14.54	2.90	6.11	0.17	6.39	8.91	2.36	2.08	0.025	0.43	0.62	100.59
13	S-133	含石榴石二云母二长片麻岩	72.02	0.28	14.00	1.11	1.47	0.04	0.58	1.65	3.06	4.48	0.001	0.021	0.40	99.11

续表 4-6

序号	样品编号	岩石名称	SiO_2	TiO_2	Al_2O_3	Fe_2O_3	FeO	MnO	MgO	CaO	Na_2O	K_2O	P_2O_5	烧石量	Σ
14	S-134	石榴石黑云母斜长片岩	73.36	0.18	13.57	1.22	1.00	0.036	0.65	1.98	3.42	3.22	0.016	0.061	0.26	98.97
15	S-135	蓝晶石石榴石二云母片岩	51.84	1.48	26.84	5.54	6.29	0.044	2.27	0.52	0.42	2.01	0.02	0.10	0.36	97.73
16	S-136	斜长角闪片岩	48.22	1.75	14.85	3.92	8.66	0.12	6.53	9.88	2.61	1.00	0.11	0.27	0.62	98.54
17	S-137	斜长角闪片岩	49.52	1.46	13.26	2.56	8.97	0.19	7.49	11.20	1.73	0.31	0.025	0.22	0.65	97.59
18	S-138	糜棱岩化蓝晶石石榴石斜长石英岩	60.82	0.97	20.28	4.91	3.58	0.042	2.48	1.44	0.84	1.61	0.045	0.20	1.29	98.51
19	S-v139	糜棱岩化黑云斜长片岩	55.42	0.89	19.48	2.36	4.70	0.088	2.67	6.09	3.72	1.78	0.28	0.52	0.38	98.38
20	S-141	石榴石黑云斜长片麻岩	66.81	0.59	15.64	1.28	3.25	0.062	1.50	3.91	3.42	1.32	0.15	0.24	0.39	98.56
21	S-142	符岩钙铁辉石钾长石岩	51.00	0.86	16.52	2.22	4.01	0.073	3.15	13.65	1.48	3.49	0.064	0.77	0.68	97.97
22	S-143	黑云斜长片麻岩片麻岩	66.00	0.65	15.48	1.03	3.15	0.052	1.71	4.10	3.85	1.61	0.13	1.36	0.58	99.70
23	S-144	角闪斜长片麻岩片麻岩	72.33	0.90	14.55	0.83	1.59	0.06	0.23	1.51	3.40	3.04	0.00	0.72	0.30	99.46
24	S-145	斜长角闪岩	59.60	0.94	14.68	3.54	6.25	0.16	2.64	5.44	3.94	0.28	0.057	0.84	0.36	98.73
25	S-146	黑云斜长角闪片岩	49.96	2.90	14.98	4.19	8.92	0.19	4.61	8.39	2.94	1.44	0.25	0.48	0.80	100.05
26	S-147	斜长角闪片岩	46.76	1.59	15.93	2.87	8.58	0.18	8.45	12.06	1.78	0.00	0.00	1.40	0.58	100.18
27	S-148	黑云斜长片麻岩	66.32	0.50	16.71	0.55	3.73	0.03	1.32	1.80	2.34	3.56	0.00	1.37	1.32	99.55
28	S-149	黑云斜长片麻岩	70.70	0.33	14.25	1.39	1.68	0.09	0.77	2.98	2.74	3.70	0.021	0.26	0.42	99.31

注：表内数据引自《1∶20万丁青县、洛隆县（硕般多）幅区域地质矿产调查报告》（河南省区调队，1994）；《1∶20万通麦、波密幅，区域地质矿产调查报告》（甘肃省区调队，1995）资料

从表 4-6 可以看出，21 个样品中除上述 7 件片麻岩类样品外，其余 14 个样品均为片岩类。

片岩类在 (al-fm)-(c+alk)-Si 图解（图 4-3）中除 S-93、S-94、S-135、S-138 落入沉积岩区外，其余均落入火山岩区；在 ACF 和 A'KF 图解（图 4-4）中，S-94、S-139、S-144、S-142 落入粘土和页岩区，S-93、S-108、S-78、S-136 均落入富铝粘土和页岩与粘土页岩的过渡区域；在 A-C-FM 图解中（图 4-5）S-134 落入正铝硅酸盐亚组，主要为富铝的粘土岩及酸性火山岩。S-94、S-135、S-138、S-139 落入铁镁铝硅酸盐亚组和正系列碱土铝硅酸盐岩亚组。主要为粘土页岩亚杂砂岩，还有可能为中性及碱性火山岩、杂砂岩。S-142 落入碱土钙系列钙铝质亚组，主要为钙硅酸盐岩及石英岩。其余 8 件样品均落入正系列碱土铝基性岩组，主要为基性火山岩；在 (Al+ΣFe+Ti)-(Ca+Mg) 图解中（图 4-6）中，S-94、S-134、S-135、S-138 落入粘土、泥岩、粉砂岩、长石砂岩和泥灰质砂岩区，S-93 落入粘土质、白云质和钙质泥灰岩区，S-108、S-78、S-142 落入凝灰质砂岩与基性成分杂砂岩区，靠近中性火山岩及砂泥质杂砂岩和泥质凝灰岩区，S-136、S-137 和 S-146、S-147 分别落入基性岩最大集中区和基性岩变种区，S-139、S-145 落入中性火成岩及砂泥质杂砂岩和泥质凝灰岩区。

综合上述图解判断认为，在片岩类中的斜长角闪岩（S-78、S-108、S-93、S-145）、斜长角闪

片岩(S-136、S-137、S-147)、黑云母斜长角闪片岩(S-146)的原岩应为中基性火山岩(玄武岩、安山岩)。由表4-6可知它们的氧化物特征如下：SiO_2均低于55.36%，Al_2O_3一般为14%～15%之间，$Na_2O>K_2O$。

片岩类的其他岩性组合的原岩恢复为：黑云母矽线石石英片岩为粘土质岩石，它的特征是SiO_2为84.14%，Al_2O_3含量低，为7.8%，其他MgO、CaO、Na_2O、K_2O含量均偏低；石榴石黑云母斜长片岩原岩为粘土质岩石，SiO_2 73.36%，$Al_2O_3>(CaO+Na_2O+K_2O)$；S-134石榴石黑云斜长片岩为粘土质岩石SiO_2 73.36%，$Al_2O_3>(CaO+Na_2O+K_2O)$；S-138(糜棱岩化蓝晶石石榴石斜长石英岩)其原岩为粘土岩及碎屑岩，SiO_2 60.82%，Al_2O_3为20.28%，偏高，S-142(符山石钙铁辉石钾长岩)其原岩为钙质泥灰岩，氧化物特征为：SiO_2含量偏低，为51%，Al_2O_3偏高，为16.52%，CaO增高为13.65%，$K_2O>Na_2O$；其余各片岩S-94黑云母矽线石石英片岩原岩为石英砂岩，SiO_2含量高达84.14%，Al_2O_3为7.8%，很少。S-15、S-19其原岩均为粘土质岩石和杂砂岩。

稀土元素分析值见表4-7，稀土样品特征值见表4-8。

表4-7 测区区域变质岩稀土元素含量 (ppm)

序号	样品编号	岩石名称	La	Ce	Pr	Nd	Sm	Eu	Gd	Tb	Dy	Ho	Er	Tm	Yb	Lu	Y	REE
1	3390-1	斜长角闪片岩	5.05	12.82	2.23	10.77	3.28	1.27	4.65	0.9	5.64	1.13	3.51	0.55	3.15	0.48	28.19	83.62
2	3390-2	变斑状石榴白云钠长片岩	23.29	58.23	6.82	23.46	5.52	0.95	5.99	1.18	7.57	1.49	4.33	0.64	4.02	0.57	36.34	180.41
3	3390-3	含石英碎斑黑云白云钠长片岩	34.84	75.77	9.02	31.58	6.65	1.26	6.01	1.0	6.16	1.22	3.54	0.58	3.49	0.51	31.07	212.71
4	3391-1	含石英碎斑白云黑云斜长片岩	28.57	60.21	7.25	27.37	5.49	1.16	5.40	0.85	5.0	1.04	3.16	0.50	3.04	0.46	28.18	177.67
5	3468-8-1	绢云石英片岩	32.53	62.52	7.80	26.26	4.95	0.96	4.14	0.62	3.41	0.67	2.03	0.31	2.02	0.31	17.88	166.42
6	S-54	石榴黑云斜长片岩	50.6	86.2	8.15	40.9	5.42	1.82	3.64	0.51	3.30	0.59	1.11	0.16	0.96	0.14	0.40	203.9
7	S-65	糜棱岩化角闪片岩	18.5	38.7	4.83	22.7	7.13	2.64	8.71	1.23	8.50	1.55	4.09	0.64	3.93	0.62	31.8	155.57
8	S-116	变安山岩	15.1	30.5	4.22	20.7	4.25	1.31	4.30	0.76	4.61	1.00	2.92	0.37	2.22	0.34	19.8	112.4
9	S-139	流纹质凝灰岩	37.7	64.6	7.83	32.3	5.14	0.64	3.20	0.48	2.51	0.54	1.49	0.23	1.38	0.21	13.4	171.35
10	S-144	黑云母斜长片麻岩	62.2	122	12.1	43.2	8.97	1.30	5.66	0.89	4.96	1.02	2.83	0.43	2.58	0.41	23.6	292.15
11	S-64	绿泥透辉滑石片岩	1.67	4.38	0.55	2.31	0.74	0.17	0.61	0.11	0.75	0.18	0.37	0.06	0.34	0.05	2.50	31.7
12	S-66	含石榴石黑云角闪斜长片岩	3.39	8.09	1.12	5.80	1.95	0.71	2.45	0.45	3.18	0.71	2.17	0.34	2.04	0.33	18.1	51.37
13	S-126	石榴石黑云母白云母片岩	31.9	63.6	6.65	29.2	5.04	0.82	3.92	0.70	4.05	0.89	2.46	0.40	2.27	0.38	20.0	172.28

注：表内数据引自《1:20万丁青县、洛隆县(硕般多)幅区域地质矿产调查报告》(河南省区调队,1994)、《1:20万通麦、波密幅,区域地质矿产调查报告》(甘肃省区调队,1995)资料

表 4-8 测区稀土样品特征值

样品编号	ΣREE	LREE	HREE	LREE/HREE	δEu	δCe	(Ce/Yb)N	Eu/Sm
3390-1	83.62	35.42	48.20	0.73	0.99	0.89	1.05	0.39
3390-2	180.40	118.27	62.13	1.90	0.50	1.07	3.75	0.17
3390-3	212.70	159.12	53.58	2.97	0.60	0.98	5.63	0.19
3391-1	177.68	130.05	47.63	2.73	0.64	0.96	5.13	0.21
3468-1-8	166.43	135.02	31.41	4.30	0.63	0.90	8.02	0.19
S-54	203.90	193.09	10.81	17.86	1.18	0.91	23.27	0.34
S-64	14.79	9.82	4.97	1.98	0.75	1.07	3.34	0.23
S-65	155.57	94.50	61.07	1.55	1.02	0.94	2.55	0.37
S-116	112.40	76.08	36.32	2.09	0.93	0.89	3.56	0.31
S-139	171.65	148.21	23.44	6.32	0.45	0.84	12.13	0.12
S-144	292.15	249.77	42.38	5.89	0.52	0.99	12.25	0.14
S-66	50.83	21.06	29.77	0.71	0.99	0.97	1.03	0.36
S-126	172.28	137.21	35.07	3.91	0.54	0.98	7.26	0.16

(1) 泥质变质岩

稀土总量为 171.65~292.15ppm,轻重稀土比值为 3.91~6.32,δEu=0.45~0.54,铕负异常明显。(Ce/Yb)N=7.26~12.25,轻稀土分馏明显,重稀土分馏不明显。稀土分布型式为轻稀土富集,重稀土平坦,呈右倾"V"字型(图 4-8)。

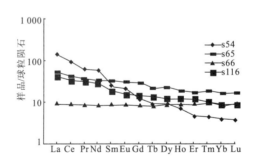

图 4-8 泥质变质岩稀土稀土配分曲线

(2) 中基性变质岩

稀土总量为 50.83~155.57 ppm,轻重稀土比值为 0.71~2.09,δEu=0.93~1.02,铕负异常不明显。(Ce/Yb)N=1.03~3.56,轻重稀土分馏不明显。稀土分布型式为轻重稀土富集不明显,均呈平坦分布(图 4-9)。

(3) 钙质变质岩

稀土总量很低为 14.79ppm,轻重稀土比值为 1.98,δEu=0.75,铕负异常不明显。(Ce/Yb)N=3.34,轻重稀土分馏不明显。稀土分布型式为轻重稀土富集不明显,均呈平坦分布(图 4-10)。

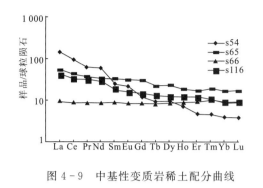

图 4-9 中基性变质岩稀土配分曲线

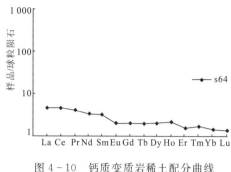

图 4-10 钙质变质岩稀土配分曲线

(三) 变质带、变质相划分

1. 变质带

念青唐古拉岩群泥质变质岩中出现黑云母、铁铝石榴石、蓝晶石；变质基性岩出现普通角闪石、绿帘石；大理岩中出现透闪石、透辉石等特征变质矿物，变质泥岩后可划分出黑云母带、铁铝石榴石带和蓝晶石带，变质基性岩中可划分出普通角闪石-绿帘石带和普通角闪石带，大理岩可划分出透闪石带和透辉石带。区域上总体表现为由南向北由绿片岩相→低角闪岩相组成的递增变质带。

2. 变质相

根据岩石中所出现的特征变质矿物和共生矿物组合大致可确定念青唐古拉岩群的变质相，将念青唐古拉岩群分为高绿片岩相、低角闪岩相。

(1) 高绿岩相

该相在变质泥质岩中为铁铝榴石带、变质基性岩中为普通角闪岩+绿帘石带，矿物共生组合见表 4-9，将上述矿物共生组合归纳为高绿片岩相的 ACF 和 $A'KF$ 相图 (图 4-11)。

表 4-9 变质带、变质相及矿物共生组合表

变质相系	变质带	变质岩石类型	变质矿物共生组合
中压相系	高绿片岩相 铁铝榴石带	二云母石英片岩	Bi+Ms+Pl+Ep+Q
		黑云斜长角闪片岩	Hb+Bi+Pl+Ep+Q
		角闪黑云斜长石英片岩	Hb+Bi+Pl+Ep+Q
		含石榴石黑云角闪斜长片岩	Alm+Hb+Pl+Q
	低角闪岩相 蓝晶石带	蓝晶石石榴石二云母片岩	Ky+Alm+Bi+Ms+Pl+Q
		二云母斜长石英片岩	Bi+Ms+Pl+Q
		石榴石角闪片岩	Alm+Hb+Pl+QV
		含石榴石二云二长片麻岩	Alm+Bi+Ms+Pl+Kf+Q
		蓝晶石黑云母斜长片麻岩	Ky+Alm+Kf+Pl+Bi+Ms+Q
		透辉石大理岩	Di+Kf+Vi+Cc+Q
		黑云母矽线石片岩	Sli+Bi+Alm+Pl+Q
		二云母矽线石片岩	Sli+Bi+Ms+Pl+Q

(2) 低角闪岩相

在变质泥质岩中表现为蓝晶石带，在变质基性岩中表现为普通角闪石-矽线石带，变质灰岩中表现为透辉石带，其矿物共生组合见表4-9，将上述矿物共生组合归纳为低角闪岩相的ACF和A′KF相图(图4-12)。

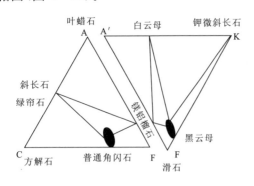
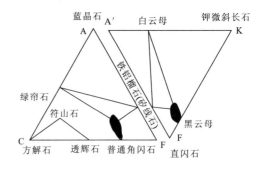

图4-11 高绿片岩相(铁铝榴石带)ACF和A′KF相　　图4-12 低角闪岩相(蓝晶石带)ACF和A′KF图

(四) 变质作用的温度条件及变质作用类型

1. 变质作用的温度

根据前人资料(1:25万通麦幅、波密幅区域地质调查报告)，高绿片岩相岩石组合中矿物对所测定温度压力条件为2~6kb，500~570℃，地热的递度为25℃/km。由低角闪岩相岩石组合中的共生的矿物对温压条件为3~8kb，570~600℃，地热递度为16℃~25℃/km；测定本区出现了典型的中压相系变质矿物，表明本区的压力为中压型。

2. 变质作用类型

念青唐古拉岩群变质作用类型属区域动力热流变质作用。在波木长青温池一带形成的区域变质岩中普遍发育有片理或片理面，并在后期造山过程中受韧性剪切作用及断层影响，使岩石普遍发生变形作用。

三、难吉马变质岩带

属班公错-怒江变质地区，怒江结合带变质地带。南以达荣断裂为界呈条带状分布，向北向南东延入邻区。测区出露面积约40km²，受变质地层为前石炭世嘉玉桥岩群，经海西期动力热流变质作用形成绿片岩相的变质岩。岩性主要以片岩类为主夹角闪质岩类、大理岩、变石英砂岩。

(一) 岩石类型及岩相学特征

1. 变石英砂岩

夹层状少量分布。具变余中细粒砂状结构，块状构造。石英95%，黑云母0~5%，白云母、钾长石少量。

2. 片岩类

(1) 云母石英片岩

主要的岩石类型具鳞片粒状变晶结构，片状构造。石英60%~80%，白云母10%~25%，绿泥石2%～15%，钠长石、黑云母、方解石、铁铝榴石少量；副矿物褐铁矿、锆石、黄铁矿、电气石、磷灰石、金红石等微量。岩石种类有白云石英片岩、黑云白云石英片岩等。

(2) 二云石英片岩

夹层状分布，具鳞片粒状变晶结构，片状构造。石英60%～70%，白云母10%±，黑云母10%～15%，斜长石、绿泥石少量，副矿物磁铁矿、电气石、磷灰石、锆石等微量。

(3) 钠长片岩

嘉玉桥岩群的主要岩石具斑状变晶结构、鳞片粒状变晶结构，片状构造。钠长石25%～80%，黑云母5%～10%、白云母5%～20%、石英、铁铝榴石少量；副矿物电气石、榍石、磷灰石、磁铁矿等微量。岩石种类有变斑状石榴白云钠长片岩、白云钠长片岩、黑云钠长片岩等。

(4) 含石英碎斑黑云白云斜长片岩

测区分布较少，岩石具鳞片粒状变晶结构、糜棱结构，片状构造、定向构造、眼球纹理构造。主要矿物斜长石20%～60%，石英25%～78%，大者呈眼球状，大小1～4mm；小者小于0.8mm。白云母5%～20%，黑云母、绢云母、钾长石及方解石0～3%或少量；副矿物磁铁矿、磷灰石、榍石、锆石、电气石等少量。

3. 斜长角闪片岩

在测区分布较少，具粒状纤状变晶结构，片状构造。普通角闪石52%，绿色、吸收性$N_g>N_m>N_p$，$N_g \wedge C=24°$，大小0.2mm×0.3mm～0.05mm×0.3mm。更长石30%，$N<$树胶，二轴晶正负光性都有，为低牌号更-钠长石。绿帘石15%，绿泥石、石英少量；副矿物磁铁矿及榍石微量。

4. 长英质粒状岩类

(1) 浅粒岩

测区分布较少，具粒状变晶结构，微定向构造。更长石61%、石英25%、白云母5%、绿泥石6%。

(2) 石英岩

测区分布较少，具粒状变晶结构、鳞片粒状变晶结构，块状构造、定向构造。石英99%、白云母、黑云母、钠长石少量；副矿物黄铁矿、锆石、磷灰石等微量。

5. 大理岩

测区呈夹层状分布于嘉玉桥岩群中，层厚0.3～8m。具纤状粒状变晶结构、粒状变晶结构，块状构造、条带状构造。方解石59%～85%，他形粒状，角闪石0～30%，绿色、纤柱状、闪石式解理、石英粉砂0～10%、浑圆状，黑云母、白云母、绿泥石少量；副矿物磁铁矿0～10%，立方体，黄铁矿、磷灰石、榍石等微量。岩石种类有大理岩、角闪石大理岩。

(二) 岩石化学、地球化学特征及原岩恢复

1. 岩石化学特征

(1) 石榴石白云钠长片岩

$qz=113.07$、$t=25.59$、$alk=15.01$、$al=43.18$、$k=0.78$、$mg=0.44$、$c=2.19$、$fm=39.62$。即以富钾、富硅、富铁镁、钙中等为特征，属硅过饱和型、铝过饱和型、碱不过饱和型（$al-alk>0$）。

(2) 含石英碎斑白云斜长片岩

$qz=116.85～133.91$、$t=7.26～11.80$、$alk=20.85～26.51$、$al=38.75～39.16$、$k=0.34～0.36$、$mg=0.33～0.45$、$c=5.39～6.10$、$fm=28.95～34.29$。即以富硅、富铁镁、钙中等为特征，属

硅过饱和型、铝过饱和型、碱不过饱和型(al－alk＞0)

(3)角闪质岩类

$qz=-16.37$、$t=-12.34$、$alk=6.94$、$al=19.01$、$k=0.03$、$mg=0.54$、$c=24.42$、$fm=49.63$。即以贫硅,富钙,富铁镁为特征。属硅不饱和型、铝正常型(因 t＜0 时,alk＜al＜alk＋c)、碱不过饱和型(al－alk＞0)。

2. 原岩恢复及地球化学特征

(1)变石英砂岩

岩石具变余砂状结构,石英颗粒具浑圆、次圆状轮廓,石英含量达 95％以上,其原岩应为石英砂岩。

(2)石英岩

薄层状夹于石英片岩之中,石英含量达 99％,原岩应为硅质岩。

细晶灰岩、大理岩及白云质片岩岩石具条带状构造,和云母石英片岩相伴产出,岩石中含有少量次圆状、次棱角状斜长石、石英砂屑。原岩应为灰岩或含泥砂质灰岩。

(3)白云钠长片岩

原岩结构构造已无保留,在岩石化学图解(al+fm)-(c+alk)- Si(图 4-3)中落入砂质岩区;在 ACF 和 A′KF 图解(图 4-4)中落入粘土和页岩区;在 A-C-FM 图解(图 4-5)中落入铁镁铝硅酸盐岩亚组,即粘土岩及亚杂砂岩;在(AL+Fe+Ti)-(Ca+Mg)图解(图 4-6)中落入粘土、泥岩区。

稀土总量 180.41ppm,轻重稀土之比为 1.9,轻稀土略显富集。δEu 为 0.55,铕具明显负异常。分馏程度$(Ce/Yb)_N$ 为 3.7,轻稀土分馏明显,重稀土不明显,稀土分布型式为轻稀土富集,重稀土平坦呈右倾"V"字型(图 4-13)。

微量元素含量与泰勒对比,Zr、Ba 较高,Co、Ni 低,具沉积岩微量元素特征。白云钠长片岩中 Co、Cu、Hf、Mn、Nb、Ni、Rb、Sc、Ti、Sr 等与页岩相近或相当;Ba、Cr 低于页岩。

综上并结合 1∶20 万丁青、洛隆(硕般多)区调报告中 TiO_2-SiO_2、(al-alK)-C、La/Yb-TR 等岩石化学图解(图略)中的结果,该类岩石原岩应以泥质或半泥质岩石为主,少部分为中性火山岩。

(4)含石英碎斑白云斜长片岩

以含眼球状石英碎斑为特征,局部见钾长石碎斑,原岩结构构造未保留。岩石化学图解(al+fm)-(c+alk)-Si(图 4-3)、ACF 和 A′KF(图 4-4)、A-C-FM 图解(图 4-5)、(Al+ΣFe+Ti)-(Ca+Mg)(图 4-6)中落入泥质岩及半泥质岩区。

稀土总量较高,在 177.67～212.71ppm 之间,轻重稀土比值在 2.73～2.97 之间,轻稀土富集。δEu 在 0.60～0.64 之间,铕具有明显负异常,分馏程度$(Ce/Yb)_N$ 在 5.15～5.63 之间,轻稀土分馏明显,重稀土不明显。稀土分布型式为轻稀土富集,重稀土平坦呈右倾"V"字型(图 4-14)。

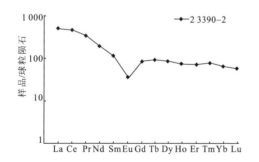
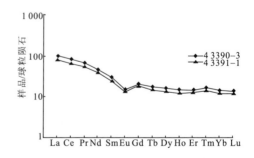

图 4-13 变斑状石榴石白云钠长片岩稀土分布曲线　　图 4-14 含石英碎斑白云斜长片岩稀土配分曲线

微量元素含量与维氏花岗岩之值对比：Cu、P、Rb、Zr、Th、U、Sr、Mn、Ba 等接近或相当；具火成岩特征。含石英碎斑白云斜长片岩中 Sc、Hf、P、Rb、Zr、Th、U、Sr、Mn、Ba、Cu 近于花岗岩；Ti、Cr、V、Ni、Co 高于花岗岩。

结合 1∶20 万丁青、洛隆（硕般多）区调报告中 Si-Mg、TiO_2-SiO_2、(al-alk)-C、Al_2O_3-(K_2O+NaO) 等图解（图略）中投点均落在火成岩区，综合考虑野外产状与岩石化学图解投图结果，该类岩石原岩应为花岗闪长岩。

在微量元素图解 Rb-(Y+Nb)（图 4-15）、Rb-(Yb+Ta)（图 4-16）中投点大地构造位置落入了火山弧花岗岩区。

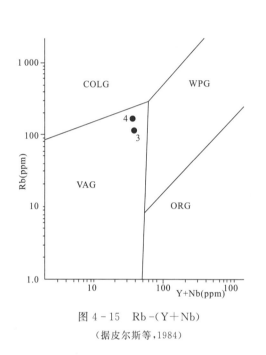
图 4-15　Rb-(Y+Nb)
（据皮尔斯等，1984）

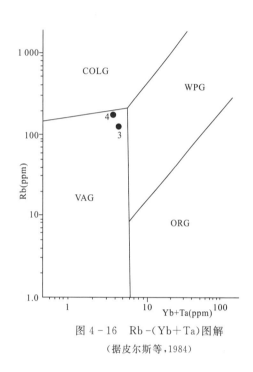
图 4-16　Rb-(Yb+Ta) 图解
（据皮尔斯等，1984）

(5) 浅粒岩

《1∶20 万丁青县幅、洛隆县（硕班多）幅区域地质矿产调查报告》（四川省区调队，1990）原岩总结为酸性火山岩。

(6) 斜长角闪片岩

具片状构造，在岩石化学图解 MgO-CaO-FeO（图 4-7）中落入正角闪岩区，(al+fm)-(alk+c)-Si（图 4-3）、ACF 和 A′KF（图 4-5）落入火成岩区，Al+∑Fe+Ti-(Ca+Mg)（图 4-6）落入基性岩区，A-C-FM 图解（图 4-5）中落入基性火山岩区。

稀土总量低，为 83.62ppm，轻重稀土比值为 0.73，轻重稀土无明显富集。δEu=0.99，显示铕无异常。分馏程度$(Ce/Yb)_N$ 为 1.05，稀土分布型式为轻重稀土均平坦，轻重稀土分馏不明显（图 4-17）。稀土元素 Eu/Sm 值为 0.39，相当于大洋拉斑玄武岩的 Eu/Sm 值 0.4（赵振华，1974）。

微量元素和维氏值对比：Sn、Hf、Sc、Ta、P、Ti、Zr、Nb、Cr、U、V、Mn、Co、Cu 的含量与玄武岩接近；与泰勒对比：Cr、Ni、Ti 富集，成对微量元素 Sr/Ba、Cr/Ni 之比值均大于 1，为正变质岩石特征。斜长角闪片岩中 Sn、Hf、Sc、Ta、P、Ti、Zr、Nb、Cr、U、V、Mn、Co、Cu 近于玄武岩；Rb、Th、Ni、Ba 高于玄武岩，在微量元素图解 TiO_2-Y/Nb（图 4-18）、玄武岩构造 Ti-V 判别图（图 4-19）中投点，大地构造位置落入了岛弧玄武岩区，为拉斑玄武岩系列。

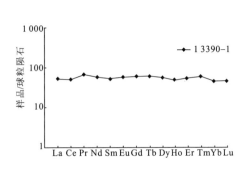

图 4-17 斜长角闪片岩稀土配分模式曲线

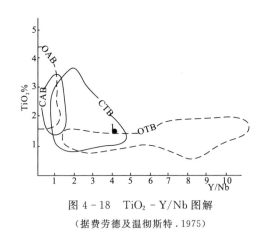

图 4-18 TiO_2 - Y/Nb 图解

（据费劳德及温彻斯特.1975）

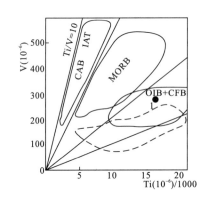

图 4-19 各种构造环境玄武岩 Ti-V 判别图

（据 Shervais,1982）

综上,嘉玉桥岩群的原岩为石英砂岩、杂砂岩、泥质、半泥质岩石、灰岩夹中、基、酸性火山岩,局部有老的小花岗岩体侵入。

(三)主要变质矿物特征

嘉玉桥岩群的主要变质矿物有石英、白云母、钠长石等。

1. 石英

在变石英砂岩中呈次圆状、浑圆状轮廓,呈变余砂屑状。在其他岩石中呈他形粒状及不规则长条状两种形态：长条状者沿长轴与片理定向一致,大都呈连续薄层状及不规则条带状集合体。在二岩组含石英碎斑黑云白云石英片岩中的石英也呈两种形态：一种为石英碎斑,呈眼球状,具波状消光、碎裂纹、变形纹,碎裂纹垂直片理,大小 0.9～4mm,具定向性,定向与岩石片理一致；另一种为细小粒状,大小 0.02～0.5mm,流状定向,与岩石片理一致。

2. 白云母

呈鳞片状及叶片状,长短轴之比为 4∶1～6∶1,常和黑云母一起聚集成条带状、条纹状集合体,构成岩石片理。片体多弯曲而呈微褶纹片状,个别呈"云母鱼"。

3. 钠长石

有两种形态：一为变斑晶,呈等轴厚板状或柱板状,钠长双晶发育,折光率＜树胶,二轴晶正光性,有"S"型石英包体,大小0.9~2mm;另一种呈圆粒状,部分粒长呈长条状,长轴定向与片理一致。

(四)变质带、变质相及相系

1. 变质带

依据嘉玉桥岩群中泥质变质岩中出现黑云母、铁铝榴石,基性变质岩中出现普通角闪石、钠长石,碳酸盐岩中出现方解石、白云石等特征变质矿物将其变质带划分为黑云母带、铁铝榴石带。

2. 变质相及相系

(1)低绿片岩相

该相在变质泥砂质岩、碳酸盐岩中均表现为黑云母带,分布范围与嘉玉桥岩群相当,其变质矿物组合如下。

泥砂质岩石:$Ms+Bi+Qz$,$Bi+Ms+Ab+Qz$,$Ms+Qz$;

碳酸盐岩:$Cal+Qz$,$Ms+Cal$,$Hb+Bi+Cal$,$Cal+Dol$。

(2)高绿片岩相

该相在变质泥砂质岩、基性岩中均表现为铁铝榴石带,只在瓦夫弄-打拢断裂东侧嘉玉桥岩群二岩组下部层位分布。宽2~4km,岩石类型为含石榴白云钠长片岩、斜长角闪片岩、大理岩等。其变质矿物组合如下。

泥砂质岩石:$Ms+Ab+Ald+Qz$,$Ms+Bi+Pl+Qz$;

基性岩:$Hb+Bi+Pl+Qz$。

以矿物变质带的划分为基础、以各变质带的矿物共生组合为依据,将黑云母变质带划为低绿片岩相;将铁铝榴石变质带划为高绿片岩相。嘉玉桥岩群白云母b_0值为9.032(据张旗),属中压相系,矿物共生组合为绿片岩相的ACF和A'KF相图(图4-20)。

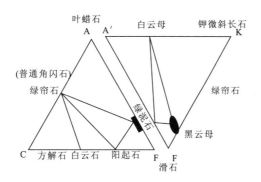

图4-20 绿片岩相的ACF和A'KF相图

第三节 区域低温动力变质作用及其岩石

该类变质岩是测区分布最为广泛,测区较为重要的一类变质岩石。分布于雅鲁藏布变质地区的拉月变质带,冈底斯念青唐古拉变质地区的布久-捉舍变质岩带、玉仁-西马变质岩带、边坝县-洛隆县变质岩带、新荣变质岩带,班公错-怒江变质地区苏如卡变质岩带。

一、拉月变质带

属冈底斯念青唐古拉变质地区,拉萨-察隅变质地带。大致沿雅鲁藏布江呈不规则"弧形"展布,测区内出露极为有限,约 $4km^2$。受变质地层为雅鲁藏布江蛇绿混杂岩。

蛇绿混杂带中岩石变形、构造混杂作用十分强烈。岩石以片理、片麻理外貌产出,形成局部有序、整体无序的特点。总体露头不佳,能见到的少量露头往往给人以良好的层状构造的假象,沿产状追溯或在更大范围内观察,这种层状外貌是不连续的。因此,蛇绿混杂带中反映的岩石层序只是局部的,经构造变动、变质后的产出顺序,并非岩层原始层序。

(一)雅鲁藏布江蛇绿混杂岩的产状特征

雅鲁藏布江蛇绿混杂岩经历了强烈的韧性剪切变形,普遍发育细小揉皱,中、小型紧闭褶皱。在混杂带的顶端部位出现叠加褶皱,显示两期褶皱的轴面都近直立,枢纽互相垂直,说明此处可能受到两次近水平的构造作用,早期近南北向、晚期近东西向。前者可能形成于陆内碰撞阶段,后者可能与23Ma以来本地区的快速隆升所造成的下滑、拆离作用有关。结合带中岩石的面理上一组垂直于走向的拉伸线理相当发育,是下滑、拆离作用形成的。糜棱岩化最强烈的部分一般分布在结合带边界断层附近,使两侧南迦巴瓦岩群和念青唐古拉岩群中的长英质片麻岩出现不均匀的细粒化、眼球状碎斑(强烈的糜棱岩化作用可形成对称的眼球状碎斑)、拔丝构造、云母鱼等。在结合带内部,可能由于其岩石类型主要是石英片岩类和绿片岩类,糜棱岩化的迹象不易显现,除发育拉伸线理外,其他的糜棱岩化现象却没有边界断层附近发育。

边界断层围绕南迦巴瓦岩群楔入体呈弧形展布,产状较陡。必须指出的是,结合带边界断层的位置确定在糜棱岩化最强烈的部位。断层可以恰好位于蛇绿混杂岩和两侧老基底的岩性分界处,也可以位于老基底之中,靠近结合带的部位。在有些地段,糜棱岩化带与后期的脆性断层叠加,发育断层角砾岩、破碎带,如东久乡打定必共。脆性断层作用显然是后期隆升、伸展作用的结果。边界断层附近岩石产状较陡,结合带内部产状则较为紊乱。

(二)雅鲁藏布江蛇绿混杂带的主要岩石类型

雅鲁藏布江蛇绿混杂岩带在测区内主要由强糜棱岩化的变镁铁质岩、石英岩和白云母石英片岩、变超镁铁质岩石组成,夹有大理岩岩块,局部地段也有来自两侧的元古代南迦巴瓦岩群和念青唐古拉岩群的外来岩块卷入。混杂带的岩石从岩石组合、内部结构、变质变形特征和产状上可分为岩片(块)和基质两部分。对于单独岩性的块体,例如透镜状蛇纹岩块体、变辉绿岩块体、大理岩块体等我们称之为岩块。具体相同或相似成因的块体组合,在一定范围内密切共生的,可称为岩片。例如超镁铁岩岩块、变层状辉长石、变枕状玄武岩及成分单一的石英岩等,这样一套岩块组合我们称之为蛇绿岩岩片。对于石英岩、云母石英片岩组合,如果在一定范围内岩性较稳定,并且在宏观上具有可填性,也将其作为石英岩类的岩片予以填绘。混杂带内的基底岩石,如南迦巴瓦岩群片麻岩、大理岩等的一套钙硅酸盐岩,也称作岩片。碳酸岩类,根据岩石组合、出露规模,将其称作岩片或岩块。出露范围较大、岩性单一、具有宏观可填性的变基性岩,也作为岩块予以填绘。混杂带中石英片岩类、绿片岩类互层产出的部分,在宏观上无法将相似岩性的岩石区分开来,在图面上按基质处理。

结合带中构造混杂的特点表现在宏观及整个区域的尺度上,在具体的露头的尺度上,构造混杂的特点一般不明显,很多地方甚至具有明显的层状外观。但是,这种层实为各种片岩的面理(或称为劈理),是多期变形后的再生面状构造,与沉积岩中的原生层状构造有本质的区别。层状外观沿走向延伸有限,无法用常规的史密斯地层区填图方法进行工作。

结合带与两侧老基地之间的界限是产状较陡的韧性剪切带,韧性剪切作用最强烈的地方在断层附近。边界断层在有些地方被后期的脆性断层所叠加(如东久乡责巴弄巴沟中的打定必共),表现为破碎带。

(三)原岩恢复

《1∶20万通麦、波密幅区域地质矿产调查报告》(甘肃省区调队,1995)、《1∶25万墨脱幅区调报告》(成矿所,2003)作了较为详细的研究,本次工作主要引用前人的资料加以说明。雅鲁藏布江蛇绿混杂岩带大部分岩石已变质,可根据惰性成分含量,并与典型岩石对比将相关岩石恢复成蛇绿岩套中的岩石单元。

1. 橄榄岩块体,原岩矿物成分保存完好(探针鉴定属镁橄榄石),橄榄石的镶嵌粒状结构明显,与亏损的幔橄榄岩相似。

2. 仍保留有变余辉长结构的角闪岩,可以认定为堆积杂岩中的辉长岩。

3. 根据典型地区蛇绿岩套的岩石化学资料,镁质超基性岩(亏损的幔岩)的 m/f 值为 8.9～11.1;镁铁质超基性岩(堆积杂岩地层)为 6.1～7.1;镁铁质基性岩(堆积杂岩中辉石岩、辉长岩等)为 2.1～3.9;铁质基性岩(玄武岩、辉绿岩)为 0.9～1.4。

4. 本区角闪岩类的原岩恢复、分类命名还考虑到造岩氧化物 MgO、FeO、CaO、Al_2O_3 的绝对含量。辉石岩和斜长辉石岩与玄武岩、辉绿岩或辉长岩相比,MgO、FeO 含量更高,Al_2O_3 含量低;玄武岩或辉长岩的 CaO、Al_2O_3 相对较高。

5. 各类石英片岩的原岩为硅质岩或泥质硅质岩。

综上测区蛇绿混杂岩的原岩为地幔橄榄岩、辉石岩、斜长辉石岩、辉长岩及玄武岩或辉绿岩、硅质岩。

(四)变质带、变质相及温压条件

根据大致划分蓝晶石带、铁铝榴石带、斜长石-普通角闪石带三种矿物带及矿物组合特征表明雅鲁藏布江蛇绿混杂带在本区为一条低角闪岩相高压变质带。

1. 变基性岩块

典型变质矿物组合为 $Di+Hb(\pm Act)+Pl(An20-An30)+Bi+Q\pm Ep+Chl$,其形成的温压条件为 550～600℃、0.73Gp。

2. 变超镁铁质岩岩块

超镁铁岩岩块主要原生矿物为镁橄榄石、普通辉石、顽火辉石、斜长石(牌号在 An70 以上)、尖晶石等。变质次生矿物为蛇纹石、滑石、透闪石等。矿物温压计计算结果表明:超镁铁质岩石的形成温度大致为 860℃,压力大致为 2Gp,可能说明这类岩块是在较高压力、较低温度下形成。

二、布久-捉舍变质岩带

属冈底斯念青唐古拉变质地区,拉萨-察隅变质地带,北以嘉黎-易贡藏布断裂带为界,南以波莫帮墩断裂为界,呈三角形楔状体近东西向展布。受变质地层为前奥陶纪雷龙库岩组,经区域低温动力变质作用,形成低绿片岩相、高绿片岩相的变质岩系。

区域上前奥陶纪雷龙库岩相下部以灰色中厚层—薄层状细粒石英岩,灰黄色厚层夹中薄层二云母角闪石英岩,灰色—灰绿色巨厚层—中厚层片理化细粒石英岩为主,夹灰绿色细粒黑云母石英片岩、灰绿色长石石英黑云母千枚片岩及暗绿色玄武岩,上部为灰绿色细粒绿泥二云母石英片岩夹灰色中厚层状片理化含黑云母细粒石英岩、灰绿色细粒石榴石黑云母石英片岩、灰色黑云母角闪变粒岩,厚度4 522.62m。

测区主要以片岩、砂板岩为主,少量变粒岩、大理岩,具体变质岩系特征见表4-10。

表4-10 前奥陶纪雷龙库岩组变质岩系特征表

变质岩石名称	结构构造	特征变质矿物	矿物共生组合	主要变质矿物特征	变质相系
石榴黑云母石英千枚片岩	显微鳞片变晶结构	铁铝榴石	Ald+Bi+Ms+Chl+Q	钙铁榴石变斑晶:粒度0.45mm,暗褐色,均质性筛状变晶结构	铁铝榴石带高绿片岩相
含粉砂绿帘绿泥千枚岩	变余粉砂泥质结构	绿泥石	Chl+Ep+Cal		绢云母-绿泥石带板岩-千枚岩级低绿片岩相
黑云角闪变粒岩	鳞片变晶结构	透闪石质普通角闪石、绿帘石	Pl+Hb+Ep+Bi+Ms+Q	角闪石:浅色多色性弱,(透闪石质)绿帘石:常具异常干涉色	绿帘-角闪石带高绿片岩相
细粒黑云母石英片岩	鳞片粒状变晶结构	黑云母	Bi+Ms+Chl+Q		黑云母带低绿片岩相
细粒石英岩	粒状变晶结构	绢云母	Pl+Ser+Q		绢云母-绿泥石带板岩-千枚岩级低绿片岩相
石榴石黑云母石英片岩	斑状变晶结构	铁铝榴石	Ald+Bi+Ms+Chl+Q	铁榴石变斑晶:等轴粒状,褐黑色均质性	铁铝榴石带高绿片岩相
绿泥二云母石英片岩	粒状鳞片变晶结构	黑云母	Bi+Ms+Chl+Q	白云母淡绿色调无多色性	黑云母带低绿片岩相
粉砂质绢云母千枚板岩	变余粉砂质泥状结构	绢云母	Ser+Q		绢云母-绿泥石带板岩-千枚岩级低绿片岩相
变玄武岩	变余斑状结构	黑云母	Pl+Cal+Bi+Ser+Q		绢云母-绿带板岩-千枚岩级低绿片岩相
长石石英黑云母千枚片岩	显微粒状鳞片变晶结构,显微片理构造	黑云母	Pl+Bi+Ser+Ep		黑云母带低绿片岩相
二云母角闪石英岩	细粒鳞片变晶结构	普通角闪石	Pl+Hb+Bi+Ms+Cal+Q	透闪石:不规则柱状,颜色淡,多色性、吸收性微弱	绿帘-角闪石带高绿片岩相
二云母片岩	显微-细粒鳞片粒状变晶结构	黑云母	Bi+Ms+Cal+Q		黑云母带低绿片岩相

(一)变质岩石类型及岩相学特征

1. 石英岩类

主要由细粒石英、片理化细粒石英砂岩、含黑云母细粒石英岩、二云母角闪岩石英岩组成。该类岩石主要由石英、长石、绢云母、白云母、黑云母、普通角闪石及方解石组成,具鳞片变晶结构、细粒变晶结构。

(1)片理化细粒石英岩

主要由石英组成含少量长石、黑云母、白云母及磁铁矿等。具细粒粒状变晶。石英为变晶状,边界参差状、齿状、颗粒之间呈紧密镶嵌状,因受构造变形,形态多为眼球状、长透镜体状,粒度为0.1mm×0.3mm~0.3mm×0.8mm,含量>90%,石英定向排列,形成明显构造片理。除石英外还见少量长石,其粒度和形态与石英相似,含量<5%。黑云母、绢云母(白云母)细小片状,粒度多为0.03mm×0.15mm,含量<5%。其中黑云母暗褐色—淡褐色明显,云母定向性强烈,断续隐约呈条带状,条带与石英形成的构造片理一致。

(2)二云角闪石英岩

岩石由石英、角闪岩、黑云母、白云母(绢云母)、方解石、长石及磁铁矿等组成,具细粒鳞片粒状变晶。石英呈粒状变晶，粒度多为0.06～0.40mm，含量75%，等轴状晶形，与周围矿物为紧密镶嵌状。长石粒度和形态与石英相似含量<5%。角闪石呈不规则柱状，多数粒度细小，较大者为0.12mm×0.29mm，含量8%，颜色淡，多色性、吸收性微弱，为透闪石。黑云母、白云母不规则片状，多数粒度较细小，较大者为0.09mm×0.28mm，含量7%，其中黑云母为淡褐色，白云母为淡绿色调，片状矿物总体上分布无定向性。方解石不规则粒状，粒度多小于0.07mm，含量2%。榍石粒度多为0.03mm×0.06mm，磁铁矿多呈微粒状，集合体呈团块状，团块粒度多为0.03mm，二者含量3%。

2. 变质砂岩类

主要有变质细粒石英砂岩、变质石英粉砂岩、变质细砂岩、变质钙质胶结中细粒石英砂岩。该类岩石主要由石英、长石、绢云母、黑云母及方解石组成，具变余砂状结构。

3. 板岩类

主要有粉砂质板岩、粉砂质绢云母板岩、炭质粉砂质板岩、黑云母、绢云母千枚板岩、含砾绢云母千枚板岩，板岩主要由绢云母、黑云母、绿泥石、石英、方解石组成。具粉砂质结构、变余含砾泥质结构、显微鳞片变晶结构。含砾板岩中砾石为变形石英砾石，多为眼球状、长透镜状，粒度较大者为1.6mm×5.8mm，内部又细粒化，透镜体化、斑块状、波状消光明显，砾石和砾石内部透镜体长轴与千枚片理一致。

4. 千枚岩类

主要有绢云石英千枚岩、钙质千枚岩、粉砂质绿帘绢云母千枚岩、含粉砂绿泥绢云母千枚岩、粉砂质绢云母黑云母千枚岩、含粉砂绿帘绿泥千枚岩。千枚岩主要由石英、绢云母、绿帘石、绿泥石、黑云母、方解石组成，含少量微量白钛矿。具有变余粉砂质泥状结构、鳞片变晶结构。

5. 片岩类

主要有二云母片岩、细粒黑云母石英片岩、长石石英黑云母千枚片岩、绿泥二云母石英片岩、石榴石黑云母石英片岩、石榴石黑云母石英千枚片岩、黑云母石英千枚片岩、黑云母石英片岩，均为变质泥砂质岩类。

石榴石黑云母石英千枚片岩由石英、黑云母、白云母、少量长石、绿泥石、磁铁矿组成。含少量铁铝榴石斑晶，铁铝榴石变斑晶粒度为0.45mm，暗褐、均质性、筛选结构，石英粒状变晶，粒度多为0.1mm±，少数略显被拉长，沿片理定向排列，含量55%。黑云母呈片状，较大者粒度为0.04mm×0.29mm，暗褐—淡褐色，多色性、吸收性明显，含量20%。白云母片状粒度与黑云母相似，云母定向性强，形成明显的显微片理构造，受构造应力作用，片理发生了波状弯曲。磁铁矿呈微粒状，分部于集合体中，部分黑云绿泥石化。

6. 变质灰岩

主要由结晶灰岩和大理岩组成，岩石主要成分为方解石，其次可出现云母和石英，具微—细粒粒状变晶、粉晶—细晶结构。

7. 变质火山岩

变玄武岩主要由橄榄石斑晶、辉石斑晶、斜长石、方解石组成，含少量黑云母、绢云母（白云母）磁铁矿。具变余斑状结构，杏仁状构造。橄榄石部分仍保留自形橄榄石假像，强烈蛇纹石、绿泥石、碳酸盐、绢云母化等,并折出磁铁矿,粒度 0.4mm×0.69mm,含量 5%。辉石斑晶短柱状假像,斜长石斑晶板条状假像,粒度与橄榄石斑晶假像粒度相似,均强烈绢云母、碳酸盐化,含量分别为 5%,其中斜长石残留聚片双晶阴影,基质为变余拉斑玄武结构,变余斜长石和斜长石假像为板条状,粒度多为 0.02mm×0.15mm,含量为 30%,组成格架,架间充填变质蚀变矿物为方解石 30%,黑云母 15%,绢(白)云母 5%,变余矿物磁铁矿 5%。

(三)原岩恢复

变质砂岩、变粉砂岩、石英岩、变粒岩、片岩等岩石根据岩石中所残留的原岩结构和岩矿鉴定结果其原岩为一套副变质岩,多为泥岩、砂岩或泥质砂岩。

(四)变质相、相系的划分

1. 变质带

以变质基性岩和变质泥质岩中出现普通角闪石、绿帘石、黑云母、绢云母、绿泥石特征矿物,可划分出绢云-绿泥石带、黑云母带、绿帘-角闪石带、铁铝榴石带。

(1)绢云母-绿泥石带

以绢云母-绿泥石或其中之一最早出现,而缺失黑云母为特征。

(2)黑云母带

以黑云母首次出现,而缺失铁铝榴石等变质矿物为特征。

(3)铁铝榴石带

以铁铝榴石出现为特征,可以出现黑云母为特征。

(4)绿帘-普通角闪岩

以同时出现绿帘石,普通角闪石共生为特征,或是只出现普通角闪石为特征。

2. 变质相

根据上述变质带,矿物共生组合和温压条件分析,其变质相分别为千枚岩-板岩相、低绿片岩相、高绿片相。

(1)低绿片岩相

该相在变质泥岩、变质基性岩中均表现为黑云带,矿物共生组合为:

Bi+Ms+Pl+Q	黑云石英片岩
Bi+Ms +Q	二云石英片岩
Bi+Chl +Q	变质石英细粉砂岩
Bi+Ser+Chl+Ep+Q	粉砂质绢云母黑云母千枚岩
Pl+Bi+Ser +Ep	长石石英黑云千枚片岩
Bi+Ms+Chl+Q	绿泥二云母石英片岩

(2)高绿相片岩

在变质泥岩、变质基性岩中表现为铁铝榴石带,矿物共生组合为:

Ald+Bi+Ms+Chl+Q	石榴石黑云母石英片岩
Ald+Bi+Ms+Chl+Q	石榴石黑云母石英千枚片岩
Pl+Hb+Bi+Ms+Cal+Q	二云母角闪石英岩
Pl+Hb+Ep+Bi+Ms+Q	黑云母角闪变粒岩

以上矿物共生组合归纳为绿片岩相的 ACF、A′CF 图解见图 4-21。

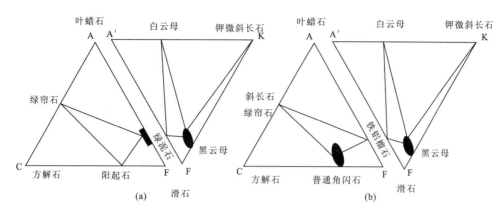

图 4-21 低绿片岩、高绿片岩相 ACF、A′KF 相图

(3)板岩-千枚岩级低绿片岩相

该相只在变质泥砂质、变质灰岩中表现为绢云母-绿泥石带。

Ser+Q	绢云母石英千枚岩
Ser+Cal+Q	变质细粒石英砂岩
Ser+Chl+Q	含粉砂质绢云母板岩
Pl+Ser+Q	变细粒长石石英砂岩
Cal+Ser+Q	结晶大理石
Ser+Cal+Q	砂质结

三、玉仁-西马变质岩带

该变质带区域上北以向阳日断裂为界,南部在易贡藏布断裂带沿线分布,总体呈近东西向带状分布。由来姑组、诺错组、洛巴堆、西马组古生代地层组成变质岩系。经海西期区域低温动力变质作用,形成低绿片岩相变质岩系。

(一)变质岩系特征

1. 早石炭世诺错组及晚石炭—早二叠世来姑组

(1)早石炭世诺错组为一套泥砂质夹碳酸盐岩及中性火山碎屑岩沉积。在则普-郎脚马断裂带以南,诺错组层序较为完整,岩性稳定,下部为深灰色中—厚层状变质细砂岩、浅灰色中层状结晶灰岩、大理岩及板岩;中部为深灰色粉砂质板岩和中厚层状含砾变质细砂岩,夹绿灰色中厚层状安山质晶屑凝灰岩、凝灰质板岩及结晶灰岩;上部为浅灰色—灰黑色板岩和粉砂质板岩,夹深灰色中厚层状结晶灰岩及少量灰白色中厚层状大理岩;顶部常出现角砾状断层岩。灰岩中产较丰富的腕足类和苔藓虫等浅海相动物化石。厚度大于 2 682m。

则普-郎脚马断裂带以北,因多期花岗岩浆侵位和断裂破坏,地层序列不甚完整,并由于遭受岩浆热流质作用,岩石变质普遍较深,岩性化较大。在育仁以北,诺错组以变质砂岩为主,近岩体边部多出现角岩、片岩及片麻岩。

(2)晚石炭—早二叠世来姑组出露于图幅中南部,由东部的倾多、易贡藏布两岸向西至嘉黎村雄曲南北侧广泛分布。本图幅内来姑组与上下地层均呈断层接触关系。其岩性以含砾板岩、深灰色板岩为特征,夹细砂岩、细—粉砂岩及少量碳酸盐岩。下部以变玄武岩、变安山岩、流纹英安岩为标志与下伏诺错组分界。总厚度大约 5 069m。

2. 下二叠统洛巴堆组、晚二叠世西马组

(1) 下二叠统洛巴堆组分布于边坝县幅真弄布、牧场、岗林及林主琪一带，大致呈东西方向展布。岩性特征下部为浅灰色、深灰色中厚层状灰岩夹鲕粒灰岩及浅灰色薄—中层状变质含砾细粒石英岩和深灰色板岩等；中部为深灰色薄—中层含砾质不等粒石英砂岩夹深灰色粉砂质板岩；上部为深灰色中厚层状粉晶灰岩，局部夹泥质灰岩。灰岩中产鍵类及珊瑚等化石。该组与上下地层均呈断层接触。厚度大于852m。

在则普-郎脚马断裂以南林主琪-贡普日和拉东等地区，洛巴堆组构成西马夏式向斜的两翼。岩性为一套浅海相砂岩、泥质岩、碳酸盐岩沉积。其下部为灰色、深灰色中厚层状灰岩、鲕粒灰岩夹细粒石英砂岩及板岩，灰岩中产鍵和珊瑚等化石，石英砂岩中局部含砾石，厚度大于329m。中部为深灰色薄—中层状含砾不等粒石英砂岩夹粉砂质板岩。厚度514m。上部为深灰色中厚层状粉晶灰岩，局部夹有泥质灰岩。该组以底部灰岩为标志。灰岩中产鍵 *Neoschwagerina* sp.（新希瓦格鍵），*Nankinella* sp.（南京鍵），*Staffella* sp.（史塔夫鍵）及珊瑚等。

则普-郎脚马断裂以北普拿及郎脚马以西地区，其次沿超阿拉-来布里断裂带南侧亦有零星露头。该组下部为灰色中厚层状粉晶灰岩，中上部受深成岩浆热流作用，岩石变质成为角岩化砂岩、角闪石英岩及阳起石黑云母斜长片麻岩。厚度可达2 459m。

(2) 晚二叠世西马组主要分布于图幅东南部倾多西马、牧场至索卡一带。西马组由一套海相碎屑岩夹少量碳酸盐岩组成。岩性为含砾变质杂砂岩、变质细—粉砂岩、板岩和千枚岩，夹少量灰岩或透镜体。灰岩中产珊瑚化石 *Waagenophyllum* sp.（瓦刚珊瑚，未定种）及苔藓虫、海百合茎等。该组与下伏洛巴堆组（P_2l）呈断层接触，与上覆中侏罗世马里组（J_2m）呈角度不整合接触关系，或被岩体侵位。厚度大于2 553m。

在西马一带，该组下部为深灰色薄—中层状含砾粉—细砂岩、含砾不等粒杂砂岩，含砾粉砂质板岩、板岩及粉晶灰岩透镜体。中部为粉砂质板岩夹粉细砂岩、碳酸盐化角闪黑云石英片岩、含黄铁矿黑云石英片岩及透闪石黑云方解石大理岩。上部为深灰色黑云母石英片岩与灰色薄层状结晶灰岩互层，偶夹浅灰色大理岩。本组厚度达2 553m。

在普拿一带，西马组被花岗岩侵位，出露不全，且相变为绢云千枚岩、板岩、含砾板岩及含黑云母角岩组合。厚度约2 031m。

(二) 变质岩石类型

早石炭世诺错组、晚石炭—早二叠世来姑组、中二叠世洛巴堆组、晚二叠世西马组主要由片岩类、板岩类、变质砂岩类、变火山岩类和变质灰岩类组成，其特征见表4-11、表4-12。

表4-11 来空-郎脚马二迭系剖面变质岩系特征表

层号	变质岩石名称	结构构造	特征变质矿物	矿物共生组合	主要变质矿物	变质带、相、相系
17	角岩	角岩结构	黑云母	Bi+PL+Q	含少量帘石、保留部分砂状结构	黑云母带低绿片岩相
16	不纯大理岩	花岗变晶结构		Cc+Ms+PL+Q	含少量帘石及纤闪石为不纯灰岩受接触变质产物	绢云母-绿泥石带板岩-千枚岩级低绿片岩相
	黑云母石英片岩	花岗鳞片变晶结构	黑云母	Bi+Q	片岩与结晶灰岩互层，手标本呈黑白相间条带，石英呈粒状变晶，被拉长，片状黑云母定向排列	黑云母带低绿片岩相
	结晶灰岩	中-细晶结构	方解石	Cc+Q		

续表 4-11

层号	变质岩石名称	结构构造	特征变质矿物	矿物共生组合	主要变质矿物	变质带、相、相系
11	变不等粒杂砂岩	变余砂状结构	绢云母	Sey+PL+Q		绢云母-绿泥石带板岩-千枚岩级低绿片岩相
10	变石英砂岩	变余砂状结构	绢云母	Sey+PL+Q		"
		粉晶灰岩	粉晶结构		Cc	
9	变不等粒石英砂岩	变余砂状结构	绢云母	Sey+PL+Q		"
3	变石英砂岩	变余砂状结构	绢云母	Sey+PL+Q		"
2	细晶灰岩	细晶结构		Cc	含有孔虫腕足类和鏟等生物碎屑	黑云母带低绿片岩相
	变石英杂砂岩	变余砂状结构	黑云母	Bi+Sey+PL+Q		

表 4-12 卡达桥-倾多剖面石炭系变质岩系特征表

层号	变质岩石名称	结构构造	特征变质矿物	矿物共生组合	主要变质矿物	变质带、相、相系
59	变质细粉砂岩	变余砂状结构	绢云母	Sey+PL+Q		绢云母-绿泥石带板岩-千枚岩级低绿片岩相
56	含粉砂结晶灰岩	砂质粒状结构	黑云母	Bi+Ms+Cc+Q		黑云母带低绿片岩相
52	变质流纹英安岩	卵斑结构基质为变余霏细-微粒结构	绢云母	Sey+PL+Q		绢云母-绿泥石带板岩-千枚岩级低绿片岩相
51	绿泥阳起黑云母片岩	纤状鳞片花岗变质结构	黑云母阳起石	Act+Bi+Ch+Ep+Q		黑云母带低绿片岩相
50	绿泥阳起石片岩	"	"	Act+Bi+Ch+Ep+Q		"
49	变质细砂岩	变余砂状结构	黑云母	Bi+Ms+sSey+PL+Cc+Q		黑云母带低绿片岩相
47	变质流纹英安岩	卵斑结构基质为变余霏细—微粒结构、鳞片花岗结构	绢云母	Sey+PL+Q	石英碎斑具变形纹,边部被压碎重结晶,波状消光,斜长石为奥长石	绢云母-绿泥石带板岩-千枚岩级低绿片岩相
44	变质细砂岩	变余细砂状结构	黑云母	Bi+Ms+Sey+PL+Cc+Q		黑云母带低绿片岩相
43~41	变质钙质粉砂岩	变余粉砂状结构	"	Bi+PL+Q+Cc+Bi+Sey+PL+Q+Cc		"
39	变质粉砂岩	"	"	Bi+Sey+PL+Q		"
37	细长石石英砂岩	细粒砂状结构	"	Bi+Sey+PL+Q		"
36	大理岩			Cc+Q		

续表 4-12

层号	变质岩石名称	结构构造	特征变质矿物	矿物共生组合	主要变质矿物	变质带、相、相系
35	钙质细砂岩	细粒砂状结构				
	炭质泥质板岩	泥质结构-显微鳞片变晶结构	绢云母	Sey+Q		绢云母-绿泥石带板岩-千枚岩极低级低绿片岩相
34	安山岩	交织结构	绢云母 绿泥石	Sey+Chl+PL+Q		绢云母-绿泥石带板岩-千枚岩级低绿片岩相
33	安山岩	交织结构	〃	Sey+Ch+PL+Q	斜长石为中长石	绢云母-绿泥石带低绿片岩相
	变玄武岩	辉绿结构	黑云母	Bi+PL		黑云母-绿泥石带低绿片岩相
29	含砾中粒长石岩屑砂岩	含砾中粒砂状结构	绿泥石	Chl+PL+Q		绢云母-绿泥石带板岩-千枚岩级低绿片岩组
28	细粒长石岩屑砂岩	细粒砂状结构	绿泥石	Ch+PL+Q		〃
27	变质粉砂岩	粉砂状结构	绢云母	Sey+PL+Q		〃
25	含粉砂泥质板岩	〃	绢云母 绿泥石	Sey+Chl+Q		〃
24	粉砂泥质板岩	〃	绢云母	Sey+PL+Q		〃
23	结晶灰岩	它形粒状结构		Cal		
22	泥质板岩	鳞片变晶结构	绢云母	Say+Q		绢云母-绿泥石带板岩-千枚岩级低绿片岩相
17	安山质晶屑凝灰岩	晶质凝灰结构				
15	泥质板岩	显微鳞片变晶结构斑点状结构	绢云母	Sey+Q		绢云母-绿泥石带板岩-千枚岩级低绿片岩相
15	透辉石矽卡岩	纤维花岗变晶结构	透辉石	Di+Cc+Q	透辉石70%,柱状、纤状、放射状、横切面为正方形、正延性、具两组近直交解理。	接触变质、透辉石带低角闪岩相低压相系
15	方解石大理岩	花岗变晶结构		Cc+Q		
13	绿帘石透闪石矽卡岩	纤状花岗变晶结构、条带状构造	透闪石	Tr+Ep+Cc+Q	透闪石为纤状变晶,无白云母	透闪石带高绿片岩相

1. 片岩类

可分为变质基性岩类和变质泥砂质岩类。前者包括阳起绿帘绿泥石片岩、绿泥阳起石片岩、绿泥阳起石黑云母片岩和绿泥石片岩。后者包括黑云石英片岩。

阳起石绿帘石绿泥石片岩:镜下观察,岩石由绿泥石、绿帘石、阳起石、石英、黑云母及少量黄铁矿组成,具纤状花岗鳞片变晶结构,片状构造。绿泥石、黑云母呈片状变晶,前者含量>30%,后者含量<10%,绿帘石为柱状变晶,$d=0.15\sim0.4mm$,含量>30%。阳起石呈淡绿色纤状变晶,含量15%。石英呈粒状变晶,$d=0.1mm\pm$,含量15%,集中成条纹状定向分布。岩石中纤状和片状定向排列,形成片状构造。

黑云石英片岩:岩石由石英和黑云母等矿物组成,具花岗鳞片变晶结构,片状构造,石英呈粒状变晶,$d=0.1mm$,含量>60%。黑云母呈鳞片状变晶,含量35%±,定向分布,岩石具片状构造。

2. 板岩类

板岩类主要有含砾砂质板岩、含砾粉砂质板岩、粉砂质板岩和黑云母泥质板岩。板岩由绢云母、绿泥石、斜长石和石英等矿物组成,具粉砂状结构和鳞片变晶结构,板状构造。含砾板岩中,砾石比较复杂,主要由石英岩、变质岩和硅质岩组成,分选和磨圆差,大小混杂,棱角—次棱角状。砾石常切断其下的板岩纹层,而被上部纹层所围绕,具冰水相沉积特征。

3. 变砂岩类

主要有变石英砂岩、变石英杂砂岩、变不等粒杂砂岩、变质长石岩屑砂岩、变质细砂岩、变细-粉砂岩、变钙质粉砂岩和变粉砂岩。该类岩石主要由石英、长石、绢云母、白云母、黑云母及方解石组成,具变余砂状结构。石英和长石呈粒状变晶颗粒。云母为鳞片状变晶。

4. 变火山岩类

主要有变玄武岩、变安山岩、变流纹英安岩、变安山质晶屑凝灰岩及凝灰质板岩。变玄武岩由斜长石、角闪石和黑云母组成,斜长石N>树胶,为基性斜长石。岩石具辉绿结构;变安山岩由绿泥石、绢云母、斜长石和石英组成,具交织结构,斜长石为中长石;变质流纹英安岩由绢云母、斜长石和石英组成,具卵斑结构。基质为变余霏细—微粒结构和鳞片花岗变晶结构,斜长石为奥长石。

5. 变质灰岩类

主要有结晶灰岩和大理岩,岩石主要成分为方解石,其次可出现云母和石英,具他形粒状变晶结构和花岗变晶结构。

(三)岩石化学特征、原岩恢复

根据上述变质岩石类型,参考样品S-60(绿泥石阳起石黑云母片岩)、S-69(凝灰质板岩)在岩石化学图解ACF和A′KF(图4-3)中均落入杂砂岩区,$(AL+\sum Fe+Ti)-(Ca+Mg)$(图4-5)中均落入基性岩区,A-C-FM(图4-4)中落入正系列碱土铝基性岩组即基性火山岩及铁质白云泥灰岩,$(al+fm)-(c+alk)-Si$(图4-3)中分别落入泥质沉积岩区和火山岩区,并综合《1∶20万丁青县幅、洛隆县(硕班多)幅区域地质矿产调查报告》(四川省区调队,1990)其他岩石化学图解结果,确定其原岩为泥质岩石和碎屑岩。其原岩建造应属浅海陆棚相沉积环境和冰水相冰海沉积特征。

(四)变质相(带)的划分

1. 特征变质矿物

该变质区特征变质矿物有阳起石、绿泥石、绿帘石、黑云母和绢云母。

(1)阳起石

出现在变质基性岩中,含量一般为15%~40%,呈纤状变晶,淡绿色。

(2)绿帘石

出现在变质基性岩中,呈粒状变晶,$d=0.15\sim0.4$mm,一般含量<30%。

(3)绿泥石

出现在变质泥质岩和变质基性岩中,呈片状变晶,含量一般为10%~30%。

(4)黑云母

出现在变质泥岩、变质基性岩和变质灰岩中,呈鳞片状变晶,含量一般小于10%。

(5)绢云母

出现在变质火山岩和变质泥质岩中,主要为绢-水云母,呈细小鳞片变晶,含量一般大于50%(泥质板岩)、10%(变质粉砂岩)。在变质火山岩中含量极少。

2. 变质带划分

变质带以变质基性岩和变质泥质岩中出现阳起石、绿泥石、绿帘石、绢云母和黑云母等特征变质矿物,可划分出绢云母-绿泥石带、黑云母带和阳起石带。

(1)绢云母-绿泥石带

以绢云母-绿泥石或其中之一的最早出现,而缺失黑云母等特征变质矿物为标志。

(2)黑云母带

以黑云母首次出现,而缺失铁铝石榴石等变质矿物为特征。

(3)阳起石带

以阳起石的首次出现和最后消失为标志,以平稳共生组合为主。

3. 变质相

根据上述变质带、矿物共生组合和温压条件分析,其变质相分别属低绿片岩相和千枚岩-板岩相

(1)低绿片岩相

低绿片岩相在变质火山岩中表现为阳起石带和黑云母带,在变质灰岩中为黑云母带,其矿物共生组合为:

Ace+Ep+Ch+Bi+Q	阳起石绿帘石绿泥石片岩
Bi+Ms+Ser+Cc+Pl+Q	变质细砂岩和变质钙质粉砂岩
Bi+Cc+Pl+Q	变质钙质粉砂岩
Bi+Ser+Pl+Q	变质粉砂岩、变质长石石英砂岩
Bi+Ms+Cc+Q	含粉砂结晶灰岩
Bi+Pl	变玄武岩
Bi+Q	黑云母石英微晶片岩

以上矿物共生组合归纳为低绿片岩相ACF、A′KF相图(图4-22)。

(2)板岩-千枚岩级低绿片岩相

在变质泥砂质和变火山岩中表现为绢云母-绿泥石带,常见矿物共生组合为:

Ser+ch+Q	含粉砂泥质板岩、变安山岩
Ser+PL+Q	变细—粉砂岩、变流纹英安岩、粉砂岩粉砂质泥质板岩、变等粒砂岩和变石英砂岩
Ch+Pl+Q	含砾中粒变长石岩屑砂岩
Ser+Q	泥质板岩

根据贺高品的划分标准,低绿片央相形成的温度为400~500℃,压力2~10kb,系中压相系,热梯度为16~25℃/km。

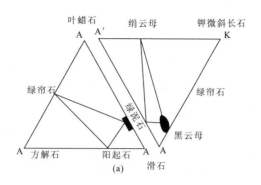

图4-22 低绿片岩相ACF、A′KF相图

四、边坝县-洛隆变质岩带

边坝县-洛隆变质岩带属班戈-八宿变质地带,位于冈底斯-念青唐古拉变质地区北部,南以向阳日断裂为界,北以瓦底-西湖断裂为界,近东西向呈带状展布于边坝县、洛隆县一带,属测区分布最广的变质岩带。由中生代拉贡塘组、马里组、桑卡拉佣组、边坝组、多尼组构成变质岩系,经燕山期区域低温动力变质作用形成板岩—千枚岩级低绿片岩相(单相)变质岩系。

(一)变质岩系特征

1. 中侏罗世马里组

零星出露于倾多乡八达村松龙、郎脚马北和当途牧场一带,整合于桑卡拉佣组之下,呈角度不整合覆盖在来姑组之上。岩性主要由紫红色砾岩,紫红色细粒长石石英砂岩及细粒长石砂岩,浅灰色含砾细粒岩屑砂岩,紫红色细—粉砂岩,浅紫红色细粒长石石英砂岩,灰白色细粒岩屑长石砂岩及浅灰色细粒长石砂岩,紫红色含砾砂质泥岩组成。厚度417.4m。

2. 中侏罗世桑卡拉佣组

分布于洛隆、硕般多、中亦松多一线以南,整合于马里组与拉贡塘组之间的一套碳酸盐岩夹碎屑岩组合。主要岩性下部以砂岩、粉砂岩、粉砂质泥岩和泥岩为主,夹厚层状含生物碎屑鲕粒灰岩;上部以含生物碎屑灰岩与灰黑色页岩及粉砂质页岩为主,偶夹灰色灰白色细粒石英砂岩及细粒长石石英砂岩。产双壳类、菊石、海胆、海百合茎等化石。总厚度1 934m~1 051.35m。

3. 晚侏罗世拉贡塘组

图幅内与桑卡拉佣组呈整合接触,与上覆多尼组呈平行不整合接触,拉贡塘组分布于图幅北部边坝县江村、东拉—向阳日,向东至洛隆县江珠弄—旺多及洛隆县以及亚中—硕般多—太日各玛、牙它麻拉等。大体呈近东西方向展布。本组岩性特征由灰黑色粉砂质板岩、灰黑色粉砂质页岩、灰色细粒长石石英砂岩组成,夹少量灰岩(结晶灰岩)、灰岩透镜体、含黄铁矿板岩、砾岩、粗砂岩,局部板岩中含黄铁矿结核和铁泥质结核。该组产菊石 *Alligaticeras* sp. ,*Virgatosphinctes* sp. 。时代为中晚侏罗世卡洛期—提塘期。总厚度1 523.61~2 356m。

4. 早白垩世多尼组

测区内多尼组主要分布在边坝县至江珠弄—旺多地区，与下伏拉贡塘组与上覆边坝组均呈整合接触。该组为一套深灰色泥岩、暗色绢云母千枚板岩、浅灰色细碎屑岩夹煤线岩性组合。根据岩性特征可进一步分为上、下两段。

一段（K_1d^1）岩性：底界以含植物化石的浅灰色红柱石绿泥石绢云母千枚板岩为标志，与下伏拉贡塘组（$J_{2-3}l$）呈整合接触。岩性特征：下部以浅灰绿色红柱石绿泥石绢云母千枚板岩（红柱石角岩）、浅灰绿色中薄层状细粒石英砂岩为特征，局部夹暗绿色石英安山岩。产植物化石。中部为灰色薄层状细粒岩屑石英砂岩夹灰色薄层状含砾细粒岩屑石英砂岩及深灰色粉砂质绢云板岩、浅灰色薄层状泥质粉砂岩、深灰色粉砂质绢云母千枚板岩。产植物化石。上部以灰黑色绢云母千枚板岩、深灰色绿泥绢云母千枚板岩、深灰色粉砂质绢云母千枚板岩夹灰色薄层状细粉砂石英砂岩或灰色薄层细粒岩屑石英杂砂岩。产丰富植物化石。在图幅内，局部地区下部泥灰岩中则产菊石等化石。厚度985m。

二段（K_1d^2）岩性：下部以灰色、灰白色中薄层—中厚层细粒岩屑石英砂岩为主；上部以灰色中厚层细粒岩屑石英砂岩与灰色薄层泥质粉砂岩及灰黑色含粉砂绢云母千枚板岩韵律式互层为特征。垂向上呈不等厚重复出现。具低角度斜层理、平行层理、脉状层理，砂岩层面具波痕。本段与一段、边坝组之间均为整合接触关系。本段局部板岩中产植物化石。厚度801m。

5. 早白垩世边坝组

边坝组（K_1b）是本次工作建立的一个新的岩石地层单位。建组剖面位于边坝县城一带。其底部以紫红色质粉砂质钙质泥岩为标志与下伏多尼组（K_1d）分界；与上覆宗给组（K_2z）呈角度不整合接触。岩性主要为紫红色、灰绿色粉砂质钙质泥岩，灰色中厚层细粒石英砂岩与紫红色薄层状细粒石英杂砂岩互层，深灰色灰绿色粉砂质泥岩夹灰黄色中薄层泥晶铁白云岩，灰白色薄层细粒石英砂岩与深灰色粉砂质绢云母千枚板岩互层，灰黑色粉砂质绢云母千枚板岩夹灰色薄层状粉砂岩。产丰富双壳类化石。厚度1 233.86m。

（二）变质岩石类型

边坝县-洛隆县变质岩带上侏罗—下白垩统主要由变砂岩类、板岩及千枚岩类和变中酸性火山岩类组成，具体特征见表4-13。

1. 变质砂岩类

变质砂岩主要有变石英砂岩、变长石石英砂岩、变岩屑石英砂岩、变石英杂砂岩、变岩屑长石砂岩、变长石岩屑砂岩、变粉砂岩和变细—粉砂岩等。岩石由石英、长石、绢云母、白云母和绿泥石等矿物组成。具变余砂状结构。上述不同种类的砂岩是根据岩石中石英、长石和岩屑比例划分的。其变质特征都是基本相同的。

2. 板岩及千枚岩类

板岩及千枚岩类主要有砂质板岩、粉砂质板岩、黑色板岩和绢云母千枚岩。岩石由石英、绢云母和绿泥石等矿物组成，具变余砂状结构及泥质-粉砂结构，板状构造和千枚状构造。

3. 变中酸性火山岩类

变中酸性火山岩类有变英安质凝灰岩和变凝灰岩，具变余斑状结构、凝灰结构，呈层状产出。

表 4-13 江珠弄-旺多、边坝草卡镇、边坝镇崩崩卡侏罗—白垩系变质系特征表

变质岩系	层号	变质岩石名称	结构构造	特征变质矿物	矿物共生组合	主要变质矿物特征	变质带变质相系
边坝组	129	变质岩屑杂砂岩	变余粉砂质结构	绢云母	Ser+Chl+Q		绢云母-绿泥石带板岩-千枚岩级低绿片岩相
	28	粉砂质绢云千枚板岩	变余粉砂质结构	绢云母	Ser+Ep+Q		〃
	23	变质粉砂岩	变余粉砂结构	绢云母	Ser+Q		〃
	10	变质岩屑石英砂岩	细粒粒状变晶结构	绢云母	Ser+Chl+Q	杂基已绢云母、绿泥石化,含量<10%	〃
多尼组	28	变粉砂岩	变余砂状结构	绢云母	Ser+Ms+Q	绢云母-水云母含量<50%,呈鳞片状变晶	〃
		变中粒岩屑石英砂岩	〃	〃	Sey+Ch+PL+Q		〃
	27	变岩屑石英砂岩	〃	〃	Sey+Ch+PL+Q		〃
	26	变岩屑石英砂岩	〃	〃	Sey+Chl+PL+Q		〃
	25	板状变粉砂岩	变余砂状结构板状构造	〃	Sey+Q		〃
	24	变细粒石英杂砂岩	变余砂状结构	〃	Sey+PL+Q		〃
	23	变长石岩屑砂岩	〃	〃	Sey+PL+Q		〃
	22	凝灰岩	凝灰结构	绢云母绿泥石	Sey+Chl+Q	角闪石斜长石被碳酸盐绿泥石绢云母交代	〃
	21	变岩屑长石砂岩	变余砂状结构	绢云母	Sey+Ms+Q		〃
	82	电气石绿泥石绢云母石英片岩	鳞片变晶结构	绢云母绿泥石	Ser+Chl+Q		〃
	44	千枚岩化晶屑凝灰质流纹岩	晶屑凝灰结构	绢云母绿泥石	Pl+Ser+Chl+Cal+Q		〃
	68	变质石英安山岩	变余微晶结构	绢云母	Pl+Ser+Q		
	39	绿泥绢云母千枚板岩	变余粉砂结构	绢云母绿泥石	Ser+Chl+Q	斑晶为石英(β)和斜长石	〃
	18	绢云母黑云母石英千枚片岩	鳞片变晶结构	黑云母	Bi+Ser+Ep+Q		黑云母带低绿片岩相
	2	绢云母千枚板岩	变余粉砂结构	绢云母	Ser+Chl+Q		〃

续表 4-13

变质岩系	层号	变质岩石名称	结构构造	特征变质矿物	矿物共生组合	主要变质矿物特征	变质带变质相系
拉贡塘组	20	板状粉砂岩	〃	绢云母	Sey+Ms+PL+Q		〃
	19	变岩屑石英砂岩	〃	绢云母	Sey+Q		〃
	18	英安质凝灰岩	斑状结构	绢云母	Sey+PL+Q Sey+Ch+Ep+PL+Q	角闪石被帘石和铁质交代	〃
	17	变长石石英砂岩	变余砂状结构	绢云母	Sey+PL+Q	杂基重结晶成绢云母	〃
	16	变岩屑石英砂岩	〃	绢云母	Sey+Q	〃	〃
	15	变粉砂质泥岩	变余砂状结构	绢云母	Sey+Ms+Q	杂基重结晶成绢云母	绢云母-绿泥石带板岩-千枚岩级低绿片岩相
	14	变长石石英砂岩	〃	〃	Sey+PL+Q	〃	〃
	13	变长石石英砂岩	〃	〃	Sey+PL+Q		〃
		石英砂杂岩	砂状结构	绿泥石	Ch+PL+Q	绿泥石作为填充物出现	
		变长石石英砂岩	变余砂状结构	绢云母	Sey+PL+Q	杂基重结晶成绢云母	〃
	11	粉砂质板岩	〃	〃	Sey+Q	〃	〃
		板状粘土岩	变余泥砂质结构	绢云母 绿泥石	Sey+Ch+PL+Q		
	10	变长石石英砂岩	变余砂状结构	绢云母 绿泥石	Sey+Ch+PL+Q	〃	〃
	9	变石英砂岩		绿泥石	Ch+PL+Q	绿泥石作为填充物	〃
		砂质板岩		绢云母 绿泥石	Sey+Ch+Q		〃
	8	变细—粉砂岩	〃	绢云母	Sey+PL+Q	杂基重结晶成绢云母	〃
	7	黑色板岩	泥质-粉砂结构	〃	Sey+Q		〃
	6	砂质板岩	变余砂状结构	〃	Sey+Q		〃

(三)特征变质矿物

侏罗—白垩系变质岩石中出现的特征变质矿物有绢云母和绿泥石。绿帘石少量。

1. 绢云母

多为绢-水云母,呈细小的鳞片状变晶。在变质泥质岩中,绢-水云母含量小于50%,由泥质物重结晶而成。在变质火山岩中常交代角闪石和斜长石,使之成为晶形假象。

2. 绿泥石

绿泥石为片状变晶,由泥质物或黑云母等变质而成,常交代角闪石和黑云母,使之成为假象。

(四)变质带

根据拉贡塘组、多尼组、边坝组中出现绢云母、绿泥石和绿帘石,嘉黎区-洛隆县变质岩带可划为绢云母-绿泥石带。其变质程度以绢云母-绿泥石或其中之一的首次出现为标志,并以缺失黑云母及更高温变质矿物为特征。

（五）变质相

根据上述绢云母-绿泥石带的确定、矿物共生组合和温压条件分析,该变质岩带应属板岩-千枚岩级低绿片岩相变质。其矿物共生组合为：

Pl+Ser+Chl+Cal+Q	千枚岩化晶屑凝灰质流纹岩
Pl＋Ser+Q	变质石英安山岩
Ser+Ch+Ep+Pl+Q	变英安质凝灰岩
Ser+Ch+Q	凝灰岩、砾质板岩
Ser+Pl+Q	变细粒石英杂砂岩、变长石岩屑砂岩、变英安质凝灰岩、变长石石英砂岩和变细-粉砂岩
Ser+Ms+Q	变粗砂岩、变岩屑长石砂岩和变粉砂质泥岩
Ser+Q	板状变粉砂岩、变岩屑石英砂岩、粉砂质板岩和黑色板岩、砂质板岩
Ch+Pl+Q	石英杂砂岩和变石英砂岩

五、新荣变质岩带

属冈底斯念青唐古拉变质地区,班戈-八宿变质地带。南以瓦底-西湖断裂为界,北以尺牍-觉仲娃断裂为界,变质地层为晚三叠世孟阿雄群和中侏罗世希湖组。它们角度不整合于嘉玉桥岩群、苏如卡岩组之上。呈带状展部,东西均延入邻区。

（一）岩石类型及特征

该变质岩带以变砂岩、粉砂质板岩、结晶灰岩、结晶白云岩为主,夹变玄武岩、变质砾岩等。变质矿物绢云母、绿泥石分布较多；微晶方解石、微晶石英分布也较广；黑云母雏晶、钠长石、阳起石少量分布。

（二）变质带、变质相系

依据泥砂质岩中以细小鳞片状绢云母、绿泥石大量出现,黑云母雏晶较多出现为特征,少量绢云母向细小斑状白云母过渡,片状矿物定向分布；基性火山岩以出现少量阳起石、钠长石为特征将新荣变质带划分为绿泥石带,属低绿片岩相。其矿物共生组合如下：

泥砂质岩

Ser+Qz

Ser+Chl+Qz

Ser+Bi(雏晶)+Qz

Ser+Cal+Qz

Bi(雏晶)+Qz

Ser+Chl+Ab+Bi(雏晶)+Qz

Ser+Cal+Dol

火山岩

Chl+Ac+Cal+Qz

Ab+Ac+Cal

碳酸盐岩

Cal+Qz

Ser＋Cal＋Qz
Bi(雏晶)＋Dol
Ser＋Cal＋Dol
Cal＋Dol

六、苏如卡变质岩带

属班公错-怒江变质地区,怒江结合带变质地带。分布于测区北东角达荣、色地一带呈北西-南东向延伸,区内面积约 $15km^2$。两侧均被断裂所限,与苏如卡岩组分布范围相当。

(一)岩石类型及特征

1. 变质碎屑岩类

在苏如卡岩组中少量分布。为变质粉砂岩。具变余粉砂状结构,定向构造。石英粉砂显变晶加大边;胶结物已变质为微晶石英、绢云母、黑云母雏晶、绿泥石、方解石等。

2. 变火山岩

(1)变质玄武岩

夹层分布,具变余次辉绿结构、片理化定向构造。斜长石多绿帘石化,辉石次闪石化,少量绿泥石、方解石、石英等。

(2)变晶屑凝灰岩

透镜状、夹层状分布于苏如卡岩组中,具变余晶屑凝灰结构,局部显变余粉砂状结构,微定向构造。晶屑40％～45％,由石英、微斜长石、斜长石碎屑组成,部分已蚀变为绢云母;凝灰质55％～60％,已变质为细小鳞片状绢云母,定向分布。

3. 板岩类

苏如卡岩组的主要岩石具变余粉砂状结构、鳞片变晶结构、鳞片粒状变晶结构,板状构造。绢云母10％～45％,部分向白云母过渡,黑云母1％～10％,绿泥石1％～25％,石英10％～60％,还有少量绿帘石、透闪石。岩石种类有粉砂质板岩、含砾板岩、绢云母板岩、硅质板岩等。

4. 千枚岩

较多分布于苏如卡岩组中,具鳞片粒状变晶结构,千枚状、皱纹状构造。主要矿物有黑云母、绢云母、石英等。

5. 片岩类

(1)绢云片岩

夹层状分布于苏如卡岩组中,具鳞片变晶结构、粒状鳞片变晶结构,片状构造。石英5％～35％,不规则粒状,波状消光。绢云母50％～90％,常呈大鳞片状集合体,还有少量黑云母、绿泥石等。

(2)石英片岩

苏如卡岩组主要为绢云石英片岩,少量白云石英片岩、阳起石英片岩、绿泥石英片岩等。具鳞片粒状变晶结构、纤状变晶结构,片状构造、皱纹片状构造。石英40％～85％,不规则粒状,少数拉长呈长轴状定向分布。斜长石少量,他形粒状,绢云母10％～25％。还有少量方解石、绿泥石、黑云母。白云石英片岩中的白云母呈板条状，长短轴之比为5∶1～10∶1。

(3)绿片岩

钠长(斜长)阳起片岩：夹层状少量分布，具斑状纤状变晶结构。阳起石60%～80%，钠长石10%～20%，石英10%±，黑云母少量；副矿物磁铁矿、榍石微量。岩石种类有钠长阳起片岩、斜长阳起片岩、黑云斜长阳起片岩等。

绿帘角闪钠长片岩：夹层状少量分布。具粒状纤状变晶结构，片状构造。钠长石55%、普通角闪石30%、显微纤柱状，绿帘石10%、石英5%，副矿物磁铁矿、榍石微量。

6. 石英岩

夹层状分布于苏如卡岩组，具粒状变晶结构、定向构造。石英90%～97%，不规则粒状，定向分布，部分颗粒集中呈条状，具波状消光；绢云母3%～7%，细小鳞片状，少量绿泥石、黑云母、方解石、白云石等。岩石种类有石英岩，白云质石英岩、钙质石英岩等。

7. 结晶灰岩、大理岩

苏如卡岩组岩石具粒状变晶结构、鳞片粒状结构，块状构造、定向构造。方解石多呈塑性变形的长条状，沿长轴定向，双晶纹弯曲，显波状消光。少量白云母、绿帘石、黑云母等。

(二)岩石化学、地球化学特征及原岩恢复

(1)绢英石英片岩

$qz=113.07$、$t=25.59$、$alk=15.01$、$al=43.18$、$k=0.78$、$mg=0.44$、$c=2.19$、$fm=39.62$。即以富钾、富硅、富铁镁、钙中等为特征，属硅过饱和型、铝过饱和型、碱不过饱和型($al-alk>0$)。

(2)绢云石英片岩

在岩石化学图解ACF和$A'KF$(图4-4)中落入杂砂岩区，$(Al+\sum Fe+Ti)-(Ca+Mg)$图(图4-6)中落入粘土、泥岩、粉砂岩、长石砂岩和泥灰质砂岩区，A-C-FM图解(图4-5)中落入正系列碱土铝硅酸岩盐亚组中，即杂砂岩。结合《1∶20万丁青、洛隆区调报告》中岩石化学图解$(al+fm)-(c+alk)-Si$、$Si-Mg$、$(al-alk)-C$、$Al_2O_3-(K_2O+Na_2O)$、$(Al_2O_3-TiO_2)-\sum$(其余组分)-(SiO_2+K_2O)、变质矿物QFM图解(图略)的投影的结果，其原岩为石英砂岩夹长石石英砂岩。

(3)绢云石英片岩

稀土总量166.43ppm，轻重稀土比为4.3，轻稀土富集明显。δEu为0.63，铕轻负异常。分馏程度$(Ce/Yb)_N$为8.02，轻稀土分馏明显，重稀土不明显，稀土分布型式为轻稀土富集，重稀土平坦呈右倾"V"字型(图4-23)。

微量元素和涂和费砂岩值对比：Sc、Hf、P、Ti、Th、Cr、U、V、Ni、Co的含量比砂岩值大，Rb、Zr、Sr的含量与砂岩接近。

《1∶20万丁青县、洛隆县(硕般多)幅区域地质矿产调查报告》(河南省区调队，1994)总结绿泥(阳起)石英片岩原岩为页岩，绢云岩原岩为泥质岩石，绿片岩为阳起片岩、角闪钠长片岩为基性火山岩，石英岩呈夹层和结晶灰岩、硅质板岩接触，石英95%，含少量钙质。矿物粒度细小，其原岩应为硅质岩、含钙质硅质岩等。

(三)变质带、变质相及相系

泥砂质岩石中有大量白云母、少量黑云母、纳长石、阳起石出现，变基性火山岩中有阳起石、钠长石出现。说明该变质岩带以绿泥石级变质为主体，部分地段变质程度达到了黑云母级，应划为绿泥石-黑云母过渡变质带，属低绿片岩相。

泥砂质岩石

Ser+chl+Bi(雏晶)+Qz

Ser+Ms+Bi+Qz

Ser+Bi+Cal+Qz

Bi+Ac+Ab+Qz

Ser+Ab+Qz

中基性火山岩

Ac+Ab+Qz

Bi+Ac+Ab+Qz

Ser+Qz

chl+Ep+Ab+Qz

碳酸盐岩

Cal+Qz

Tc+Cal+Qz

Bi+Cal+Qz

Ms+Cal+Qz

Ms+Bi+Ep+Cal+Qz

在石英岩中有硬玉分布，应属中高压相系。该变质岩带属单相变质带，变质矿物共生组合归纳为低绿片岩相（绿泥石—黑云母过渡带）的 ACF 和 A′KF 相图（图 4-24）。

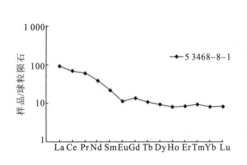

图 4-23 绢英石英片岩稀土配分曲线

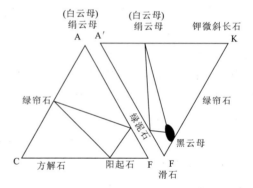

图 4-24 低绿片岩相（绿泥石-黑云母过渡带）ACF 和 A′KF 相图

第四节 接触变质岩及其岩石

测区广泛分布的燕山期的复式花岗岩基与围岩接触带上出现红柱石角岩、堇青石角岩、斑点板岩、红柱石板岩等接触变质岩，构成了接触变质带。接触变质岩主要分布在测区中部向阳日—布次拉沿线岩体的外接触带上，测区北西部新荣区一带中侏罗世希湖组围岩与岩体的外接触带上，测区北东部崩崩卡—霞公拉沿线岩体与围岩的接触带上。前两者具有明显的分带性，崩崩卡-霞公拉接触变质带无分带性，为一单相变质带。

一、向阳日-布次拉接触带

围岩为中生代—新生代的洛巴堆组、西马组、拉贡塘组,多尼组岩体为基日复式岩基的古近纪错青拉拉廖岩体($E\eta r$)、布次拉岩体($E\eta o$)。郎脚马复式岩基中的侏罗纪向阳日岩体(J_3or),安扎拉岩体($J_3r\delta$)。

(一)岩石类型特征

该接触变质岩带由角岩类及斑点板岩组成。角岩类主要有红柱石角岩、红柱石、堇青石角岩、堇青石红柱石角岩。角岩的矿物成分为红柱石、堇青石、黑云母、绢云母、石英,具斑状变晶结构;斑点状板岩由红柱石、黑云母、绢云母和石英组成,具鳞片变晶结构,板状构造,具体特征见表 4-14。

表 4-14 接触变质岩系特征表

岩体名称	结构构造	特征变质矿物	矿物共生组合	主要变质矿物特征	变质带相变质相系
红柱石堇青石角岩	斑状变晶结构	红柱石堇青石黑云母	And+Crd+Ser+Bi+Q	红柱石呈柱状或四边形晶体,堇青石不规则状,负突起,见联晶,少量中心有绢云母包体	低绿片岩相低压相系
斑点状板岩	鳞片变晶结构,板状构造	红柱石黑云母	And+Bi+Ser+Q	红柱石变晶中保存炭质,具十字消光有斑点,灰色干涉色正交偏光下与四周明显不同	低绿片岩相低压相系
含粉砂质板岩	鳞片变晶结构	绢云母	Ser+Q	绢-水云母呈细粒鳞片状	绢云母-绿泥石带板岩-千枚岩级低绿片岩相、低压相系
红柱石角岩	斑点变晶结构	红柱石堇青石黑云母	And+Crd+Ser+Bi+Q	红柱石沿柱状长轴方向定向排列,堇青石为雏晶,基质由铁质组成	低绿片岩相低压相系
红柱石角岩	斑状变晶结构	红柱石堇青石黑云母	And+Crd+Bi+Ser+Q	红柱石沿柱状长轴方向定向排列,堇青石为雏晶,基质由铁质组成	低绿片岩相低压相系
堇青石红柱石角岩	斑状变晶结构	红柱石堇青石黑云母	And+Crd+Bi+Ser+Q	红柱石沿柱状长轴方向定向排列,堇青石为雏晶,基质由铁质组成	低绿片岩相低压相系
红柱石角岩	斑状变晶结构	红柱石	And+Ser+Q	红柱石沿柱状长轴方向定向排列,堇青石为雏晶,基质由铁质组成	低绿片岩相低压相系

(二)特征变质矿物

1. 红柱石

呈柱状或四边形变斑晶,一级灰干涉色,平行消光。斑晶中有炭质包体,具十字消光。在岩石中红柱石沿柱状长轴方向定向排列。

2. 堇青石

呈不规则状变斑晶,负突起,见六联晶,部分堇青石变晶中心含绢云母包体,表明这部分堇青石由绢云母变成。

3. 黑云母

黑云母在岩石中作为红柱石变斑晶的基质,呈鳞片状变晶。

(三)变质带、变质相和变质岩系

根据变质泥质岩中出现黑云母,而无铁铝榴石及其以上更高温度特征变质矿物可划分为黑云母带。根据黑云母带的确定,矿物共生组合特征及温压条件分析,变质岩系属低压相系的低绿片岩相,其变质矿物共生组合如下:

And＋Crd＋Bi＋Ser＋Q

And＋Bi＋Ser＋Q

And＋Ser＋Q

二、新荣区接触变质带

(一)岩石类型特征

该接触带由红柱石斑点板岩、片岩类、大理岩组成。红柱石斑点板岩由红柱石、黑云母、绢云母和石英组成,具板状变晶结构,基质为显微粒状鳞片变晶结构、变余砂状结构;片岩类主要有黑云红柱石片岩、含灰红柱石绢云母石英片岩、含炭红柱石石英片岩,片岩类矿物成分主要有红柱石、黑云母、白云母、钠长石、绿泥石、石英,鳞片粒状变晶结构、斑状变晶结构;大理岩主要有大理岩、含透闪石白云石大理岩,大理岩矿物成分有方解石、透闪石、白云石、黑云母、白云母、石英,具有粒状变晶结构,具体特征见表4-15。

表4-15 接触变质岩系特征表岩体

岩体名称	结构构造	特征变质矿物	矿物共生组合	主要变质矿物特征	变质带相、相系
红柱石斑点板岩	斑状变晶结构、基质显微粒状鳞片变晶结构、变余砂状结构	红柱石绢云母	And＋Ser＋Bi＋Q	红柱石呈半自形—自形柱状斑晶,包有炭质	低绿片岩,低压相系
黑云红柱石片岩	鳞片粒状变晶结构,片状构造	红柱石黑云母董青石	And＋Bi＋Crd＋C＋Q	红柱石呈长柱状淡红色多色性	低绿片岩,低压相系
含炭红柱石绢云石英片岩	斑状变晶结构、现微鳞片粒状变晶结构、片状构造、变余微细层状构造	红柱石绢云母	And＋Ser＋Bi＋Chl＋C＋Q	红柱石呈长柱状,有炭质包体	低绿片岩,低压相系
含炭红柱石黑云石英片岩	斑状变晶结构、片状构造	红柱石黑云母	And＋Bi＋Ms＋Q	变斑晶红柱石长柱状,有石英、黑云母包体	低绿片岩,低压相系
大理岩	粒状变晶结构、块状构造	方解石	Cal＋Bi＋Ms＋Q		低绿片岩,低压相系
含透闪石大理岩	粒状变晶结构、块状构造	白云石透闪石	Tr＋Ser＋Cal＋Do	透闪石纤柱状,放射状排列	低绿片岩,低压相系

(二)特征变质矿物

1. 红柱石

呈半自形—自形柱状、长柱状。斑晶中有炭质、石英、黑云母包体。在岩石中红柱石沿柱状长轴方向定向排列。

2. 堇青石

分布很少,浑圆状边缘模糊。

3. 黑云母

黑云母作为红柱石变斑晶的基质和包体出现,呈鳞片状变晶结构。

(三)变质、变质相、变质相系

依据出现的红柱石,堇青石特征变质矿物划分为红柱石带与堇青石带。二者分带明显,由外向内发育递增变质带。该地带绢云母和红柱石、石黑共生,红柱石与堇青石共生,含明显的不平衡共生关系,说明该变质带并未真正达到堇青石带的温度压力条件,综上红柱石、堇青石带的确定、矿物共生组合特征及温压条件分析,变质岩系属低压相系的低绿片岩相,其变质矿物共生组合如下:

And + Ser + Bi + Chl + C + Q
And + Ser + Q
And + Ms + Bi + Q
And + Ser + Bi + Q
Tr + Ser + Cal
And + C + Ser + Q
And + Bi + Cor + C + Q
And + Bi + Ms + Cor + Q
And + Bi + Ms + Pl + C + Q

三、崩崩卡-三色湖-霞公拉接触变质带

围岩为中生代、新生代的拉贡塘组、多尼组、马里组、桑卡拉拥组。岩体为汤日拉复式岩基的边坝区岩体、卡清清岩体。

(一)岩石类型特征

由红柱石板岩、片岩类组成。该接触变质带片岩类主要有红柱石二云母石英片岩、红柱石绿泥二云母千枚片岩、红柱石绿泥绢云母石英千枚片岩、红柱石绢云母黑云母石英千枚片岩。片岩类矿物成分为红柱石、黑云母、绢云母、白云母、绿泥石、石英,具斑状变晶结构,片状构造。红柱石板岩由红柱石、黑云母、绢云母和石英组成,具鳞片变晶结构,板状构造,具体特征见表4-16。

(二)特征变质矿物

1. 红柱石(图版Ⅴ,2)

呈半自形—自形柱状,不规则粒状、柱状、四方柱状,横切面四方形。

表 4-16 接触变质岩系特征表

岩名	结构、构造	特征变质矿物	矿物共生组合	主要变质矿物特征	变质带变质相系
红柱石板岩	斑状变晶结构，板状构造	红柱石 黑云母	And+Bi+Ser+Q	红柱石变斑晶呈半自形—自形柱状，包有炭质	低绿片岩相 低压相系
红柱石二云母石英片岩	鳞片粒状变晶结构，片状构造	红柱石 黑云母	And+Bi+Ser+Q	红柱石多为不规则粒状与石英连结成片，呈透晶状、筛状变晶状，正突起，平行消光，负延性	低绿片岩相 低压相系
红柱石绿泥二云母千枚片岩	斑状变晶结构、基质鳞片粒状变晶结构，显微千枚片状构造	红柱石 黑云母	And+Bi+Ser+Chl+Q	红柱石不规则柱状，正中突起，平行消光，负延性	低绿片岩相 低压相系
红柱石绿泥绢云石英千枚岩	鳞片粒状变晶结构，片状构造	红柱石 黑云母	And+Bi+Ser+Chl+Q	红柱石细柱状-不规则粒状，正中突起，平行消光，负延性	低绿片岩相 低压相系
红柱石绢云黑云石英千枚片岩	斑状变晶结构，基质为鳞片粒状变晶结构	红柱石 黑云母	And+Bi+Ser+Chl+Q	红柱石四方柱状，横切面为四方形，对称消光，二轴(-)包含石英颗粒，呈筛状变晶结构	低绿片岩相 低压相系

2. 黑云母

作为红柱石变斑晶的包体和基质出现，呈鳞片状变晶结构，暗褐-淡褐多色性，吸收性明显。

(三)变质带、变质相、变质相系

依据出现的红柱石特征变质矿物划分为红柱石带，递增变质带不发育，为一单相变质带。红柱石带主要分布于岩体北侧及周边，接触变质岩为红柱石板岩、红柱石二云母石英岩片岩、红柱石绿泥二云母千枚片岩、红柱石绿泥绢云母石英千枚片岩。野外具有宏观的延展性，宽度 2km 至几百米不等。特征变质矿物红柱石大量出现变斑晶个体，一般(2~4)mm×(10~20)mm，个别达 8mm×25mm。由矿物共生组合特征及温压条件分析，变质岩系属低压相系的低绿片岩相。其变质矿物共生组合为：And+Bi+Ser+Q，And+Bi+Ser+Chl+Q。

第五节 变质期次

变质期是变质作用由发生、发展至终结全过程所经历的地质时期。测区曾经历了多期变质作用，变质期是根据主变质作用结束的时间来确定的。其主要依据是：

1. 受变质地层的生成时代是确定变质期的首要基础。
2. 确切的同位素年龄数据是划分不同变质期的论证资料。
3. 区域性不连续界面，如角度不整合、长期活动断裂带是划分不同变质期的直接标志。
4. 研究不同变质地层的变质相带、变质相系、变质作用类型及其界线是划分变质期的重要手段。
5. 分析变质岩石组构、变质地层的构造形态、岩石组合及岩浆活动差异，也是鉴别变质期次的重要内容。

综上所述,测区可划分六次变质期,它们分别是泛非期、加里东期、海西期、印支期、燕山期和喜马拉雅期。其中以泛非期、海西期、燕山期为主,喜马拉雅山期则以反映退变质为主,但分布局限(表4-1)。

一、泛非期

前人分别在南迦巴瓦岩群和念青唐古拉岩群中获取:全岩Rb-Sr法等时线年龄961±157Ma、1064±82 Ma;全岩Sm-Nd等时线年龄2296±63Ma、2178±12 Ma、1453±14 Ma;锆石U-Pb年龄1312±16 Ma.时代应为中新元古代,见表4-17、表4-18。可与聂拉木群相对比,并大致与念青唐古拉地区的基底年龄(U-Pb1250 Ma)相当,代表变质岩的成岩时代。

表4-17 南迦巴瓦岩群区域上同位素数据

序号	采样地点	岩石名称	测试矿物	方法	年龄	资料来源	解释
1	大岩洞	斜长角闪岩		全岩Rb-Sr法等时线年龄	961±157Ma	1:20万波密通麦幅区调报告	变质沉积岩系的原岩年龄
2	西兴拉	斜长角闪岩		全岩Rb-Sr法等时线年龄	1064±82Ma	1:20万波密通麦幅区调报告	变质沉积岩系的原岩年龄
3	鲁霞米尼村	含方柱石斜长角闪岩	角闪石	$^{40}AR/^{39}Ar$	42.67±2.54Ma	1:25万墨脱幅区调报告	变质年龄反映喜马拉雅期变质
4	派乡	榴辉岩	辉石	$^{40}AR/^{39}Ar$	35.73~82.89Ma	1:25万墨脱幅区调报告	变质年龄反映喜马拉雅后期变质
5	直白	角闪岩透镜体	锆石	$^{40}AR/^{39}Ar$	575.2±5.24Ma	1:25万墨脱幅区调报告	南迦巴瓦岩群中古老侵入体年龄
6	丹娘	花岗质片麻岩	锆石	U-Pb	525~552Ma	成都矿产研究所1997年	南迦巴瓦岩群中古老侵入体年龄
7	直白	石榴石蓝晶麻粒岩	锆石	U-Pb	1312±16Ma	成都矿产研究所1997年	变质沉积岩系的原岩年龄

表4-18 念青唐古拉岩群区域上同位素数据

序号	采样地点	样品名称	测试矿物	方法	年龄	资料来源	解释
1	通麦以南		锆石	U-Pb	564Ma	1:20万通麦、波密区调报告	变质年龄反映泛非期
2	排龙-通麦剖面第58层	斜长角闪岩	全岩	Sm-Nd	2296±63 Ma	1:20万通麦、波密区调报告	原岩成岩年龄
3	冈戎勒-墨脱剖面第25层	斜长角闪岩	全岩	Sm-Nd	2178±12 Ma	1:20万通麦、波密区调报告	原岩成岩年龄
4	冈戎勒-墨脱剖面第25层	黑云斜长角闪岩	全岩	Sm-Nd	1453±14 Ma	1:20万通麦、波密区调报告	原岩成岩年龄
5	马尼翁	似斑状黑云石英二长闪长岩	长石	$^{40}Ar/^{39}Ar$	75.27±0.46 Ma	1:25万墨脱幅区调报告	侵位年龄,反映燕山期
6	德兴桥头	黑云英云闪长岩	黑云母	$^{40}Ar/^{39}Ar$	96.13±0.54 Ma	1:25万墨脱幅区调报告	侵位年龄,反映燕山期

中新元古代南边巴瓦岩群、念青唐古拉岩群的变质作用过程非常漫长,不同时期的变质岩作用都有不同程度的记录。锆石U-Pb年龄中的三组年龄为525~552 Ma、575.20±20Ma、564 Ma,说明新元古代末有一次重要的构造热事件,并伴随岩浆的侵入,形成了透入性片理、片麻理,形成低角闪岩相-麻粒岩相的高级变质岩系,为变质作用的峰期。

南迦巴瓦岩群中,两组 $^{40}Ar/^{39}Ar$ 年龄 42.67±2.54 Ma、35.76±82.89Ma,均为变质年龄(表4-17)。记录了燕山晚期—喜马拉雅期均有构造热事件,并发生了变质作用,但这种变质作用并没有加深变质程度。

念青唐古拉岩群中两组 $^{40}Ar/^{39}Ar$ 年龄 75.27±0.46Ma、96.13±0.54Ma(表4-19),为变质年龄。记录了燕山晚期有一次构造热事件,岩石发生了变质。

表 4-19 本次区调工作念青唐古拉岩群同位素数据

序号	采样地点	样品名称	测试矿物	方法	年龄	资料来源	解释
1	错高区 P23 剖面第 11 层	石榴石二云母斜长片麻岩	锆石	SHRIMP	194±7 Ma	1:25 万嘉黎、边坝区调	铅重置年龄,反映燕山早期变质作用
2	索通 D2003 处	片麻状黑云二长花岗岩	锆石	SHRIMP	67±2 Ma 126±2 Ma	1:25 万嘉黎、边坝区调	铅重置年龄,反映燕山期变质作用
3	错高乡 D1390 点处	片麻状石英二长闪长岩	锆石	U-Pb	247±16 Ma	1:25 万嘉黎、边坝区调	变质年龄,反映印支期变质作用
4	D0975 点处	石英二长闪长岩	锆石	SHRIMP	134±6 Ma	1:25 万嘉黎、边坝区调	铅重置年龄,反映燕山期变质作用

念青唐古拉岩群中 U-Pb 年龄 247±16Ma 为变质年龄(表4-19),说明测区经历了印支早期的变质作用。

本次区调在念青唐古拉岩群中获得锆石 U-Pb SHRIMP 年龄 194±7 Ma、67±2 Ma、126±5 Ma、143±6 Ma(表4-19),表明印支期至燕山期的构造热事件。

综合以上分析得出结论:

1. 南迦巴瓦岩群、念青唐古拉的变质峰期(主变质期)为泛非晚期,大致在 540 Ma±。
2. 上述资料表明了南迦巴瓦岩群的原岩至少经历了泛非期、燕山期、喜山期变质作用;念青唐古拉岩群的原岩至少经历了泛非期、印支期、燕山期变质作用。
3. 泛非期形成了大范围的片理、片麻理,并形成了低角闪岩相-高角闪岩相的变质岩相。

二、加里东期

该期为前奥陶纪雷龙库岩组、岔萨岗岩组的主变质期。岩石板理、千枚片理发育,绢云母+绿泥石、黑云母+白云母+绿泥石组合常见,属板岩-千枚岩级、黑云母级,低绿片岩相为主,局部可达铁铝榴石级的高绿片岩相。为区域低温动力变质作用的产物。测区雷龙库岩组、岔萨岗岩组均未找到化石,只能与甘肃区调队波密群、青海区调队松多群岔萨岗岩组、雷龙库岩组进行岩性组合与区域层位对比分析。波密群中常见 *Micrchystridium*、*Ooiclium*、*Veryhachium* 等典型寒武纪的藻类化石。松多群岔萨岗岩组绿片岩中测得 Sm-Nd 年龄 466 Ma,罗布库岩中石英片岩可测得 Rb-Sr 年龄 507.7 Ma,绿片岩中测得 Sm-Nd 年龄为 1 516 Ma。

三组年龄中笔者认为 507.7Ma、1 516Ma 年龄数据代表了雷龙库、岔萨岗岩组的物源年龄,466Ma 数据则代表了其成岩或变质年龄。结合生物资料,雷龙库、岔萨岗岩组的原岩年龄进一步推测为震旦—寒武纪,而其变质峰期可能是加里东期。

三、海西期

该期为嘉玉桥岩群的主变质期,该期形成了早期片理 S_1,在靠近断裂一侧,由于变质热流温度稍高,出现铁铝榴石变质带,其他部位均为黑云母级变质。

《1:20万丁青县、洛隆县(硕般多)幅区域地质矿产调查报告》(河南省区调队,1994年)在嘉玉桥岩群中获取 Rb-Sr 全岩等时线年龄 248±8 Ma；《1∶20 万昌都、洛隆幅区域地质矿产调查报告》（四川省区调队，1990 年）在相当层位中获取 Rb-Sr 全岩等时线年龄为 317±41 Ma，这两组变质年龄为海西中—晚期。嘉玉桥岩群与石炭—二叠纪苏如卡岩组以断层接触，苏如卡组岩石组合以板岩为主，变质程度为绿泥石-黑云母过渡级，而嘉玉桥岩群为片岩，变质级别明显不同。嘉玉桥岩群被中侏罗世希湖组角度不整合，且希湖组底部有嘉玉桥岩群的变质岩砾岩，说明嘉玉桥岩群的变质期早于中侏罗世，因此间接推测嘉玉桥岩群的主变质期为海西期。

四、印支期

该期是苏如卡岩组、来姑组、诺错组、洛巴堆组、西马组的主变质期。苏如卡岩组岩石板理、片理及紧闭褶皱很发育，属低温动力变质作用现象，变质级别为绿泥石-黑云母过渡级。而角度不整合于苏如卡岩组的中侏罗世希湖组岩石中板理极为发育，变质级别为绿泥石级，二者变质级别有明显的差异。因此认为苏如卡岩组的主变质期为印支早—中期。

来姑组、诺错组、洛巴堆组、西马组含有丰富的化石，岩石板理极为发育，片理也较发育，具明显的低温动力变质作用现象，变质级别为绿泥石-黑云母过渡级。角度不整合于石炭、二叠纪之上的中侏罗世马里组中只发育板理，为板岩-千枚岩级低绿片岩相，变质级别仅相当于绿泥石级，二者变质程度有明显差异。石炭—二叠纪地层来姑组、诺错组、洛巴堆组、西马组的变质期次应早于中侏罗世，可能为印支早—中期。

五、燕山期

1. 燕山早期

该期是孟阿雄群的变质期，紧闭褶皱较为发育，黑云母＋绢云母±绿泥石组合常见，属黑云母级变质岩。希湖组为板岩-千枚岩级低绿片岩相。二者变质程度有明显差异。孟阿雄群被希湖组角度不整合，说明其变质期应早于中侏罗世，可能为燕山早期。

2. 燕山晚期

该期是中侏罗世桑卡拉拥组、马里组、希湖组、中晚侏罗世拉贡塘组、早白垩世多尼组、边坝组的主变质期。岩石中有部分微弱定向的显微鳞片状绢云母、微量绿泥石，宽缓褶皱发育，属板岩-千枚岩级低绿片岩相，区域低温动力变质作用类型。角度不整合于拉贡唐组、桑卡拉佣组、马里组、多尼组、边坝组上的上白垩统宗给组，八达组基本不变质，所以上述地层的变质期定为燕山晚期

六、喜马拉雅期

该期受变质地层主要为雅鲁藏布江给合带变质地带中的拉月变质带的构造混杂岩《西藏自治区区域地质志》（西藏地质矿产局区调队，1993）资料，认为雅鲁藏布江蛇绿岩北带生成于晚侏罗世—早白垩世，并在其北侧出现岛弧玄武岩，小洋盆消亡于第三纪初期。因此，喜山碰撞期实系构造混杂岩的变质高峰期。

区域资料（通麦南部）显示在拉萨-察隅变质地带中发育有喜山期的黑云母花岗岩和英云闪长岩，且其 K-Ar 法年龄为 19.2Ma 和 22Ma，说明测区在晚白垩世后喜山运动表现强烈，形成岩浆弧，是区域上重要的岩浆热事件。但在大面积的区域动力变质作用上不很明显，主要表现在韧性剪切带上的退变质作用。

第五章 地质构造及构造发展史

第一节 区域构造格架及构造单元特征

一、区域构造格架及构造单元划分

测区位于冈底斯-念青唐古拉-唐古拉东部，从北至南发育班公错-怒江结合带和雅鲁藏布江结合带，冈底斯-拉萨陆块中两个二级构造单元。显示出地壳结构复杂、构造演化历史悠久的特点（图5-1）。近10年来，不同学者对该地区提出过多种不同的构造单元划分方案（表5-1）。

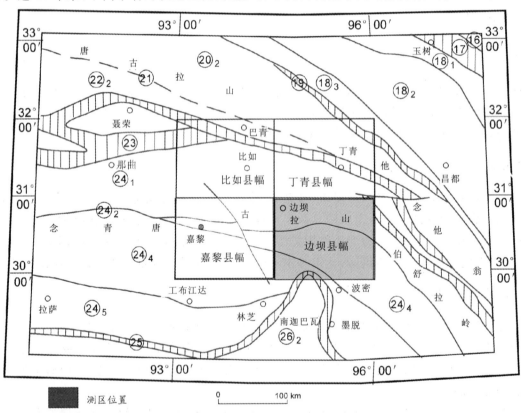

⑯ 五龙塔格-巴颜喀拉边缘前陆盆地褶皱带； ⑰ 可可西里-金沙江-哀牢山结合带； ⑱ 芒康-思茅陆块； ⑱1 治多-江达-维西晚古生代—早中生代弧火山岩带（P—T$_3$）； ⑱2 昌都-兰中新生代复合盆地； ⑱3 开心岭-杂多-维登弧火山岩带（P—T$_3$）； ⑲ 乌兰乌拉湖-澜沧江结合带； ⑳2 北羌坳陷带； ㉑ 双湖-昌宁结合带； ㉒2 南羌塘坳陷带； ㉓ 班公湖-怒江结合带（含日土、聂荣残余弧、嘉玉桥微陆块）； ㉔ 拉达克-冈底斯-拉萨-腾冲陆块； ㉔1 班戈-腾冲燕山晚期岩浆弧带； ㉔2 狮泉河-申扎-嘉黎结合带； ㉔4 隆格尔-工布江达断隆带； ㉔5 罕萨-冈底斯-下察隅晚燕山-喜马拉雅期岩浆岩带（冈底斯火山-岩浆弧带）； ㉕ 印度河-雅鲁藏布江结合带； ㉖2 高喜马拉雅山结晶岩带

图 5-1 测区大地构造位置图
据《青藏高原及其邻区大地构造单元初步划分方案》（成矿所，2003）

表 5-1 测区前人构造单元划分方案

侯增谦等 1996	潘桂棠等 1996	赵政璋等 2001		潘桂棠等 2002	西南项目办 2002	
班公湖-怒江碰撞带	嘉玉桥-扎玉-碧土对接带	班公错-怒江缝合带		班公错-怒江结合带（含嘉玉桥、聂荣残余弧）	班公错-怒江结合带	
		嘉玉桥陆块				
冈底斯弧	冈瓦纳北缘晚古生代—中生代弧盆区	那曲侏罗纪弧后盆地	比如地体	那曲-洛隆燕山期凹陷	冈瓦纳北缘晚古生代—中生代冈底斯—喜马拉雅构造区	昂龙冈日-班戈-腾冲燕山期岩浆弧带	拉达克—冈底斯—拉萨—腾冲陆块	班戈-腾冲燕山期岩浆弧带
		高黎贡山晚古生代前锋弧		纳木错-桑巴晚燕山期花岗岩隆起带		狮泉河-申扎-嘉黎结合带		狮泉河-申扎-嘉黎结合带
		措勤-念青唐古拉早二叠世—中生代岛链	旁多地体	工布江达基底隆起带		隆格尔-工布江达断隆带		隆格尔-工布江达断隆带
		拉萨-波密-察隅中生代-新生代火山-岩浆弧				冈底斯-下察隅晚燕山-喜马拉雅期岩浆弧带		拉萨-冈底斯-下察隅燕山晚期-喜马拉雅期岩浆弧带
雅鲁藏布江俯冲带	雅鲁藏布江结合带	雅鲁藏布江缝合带		印度河-雅鲁藏布江结合带	印度河-雅鲁藏布江结合带	
					印度陆块	高喜马拉雅结晶岩带

众多方案中对中部和南部的两条结合带的性质出现两种不同认识,一种观点认为印度河-雅鲁藏布江结合带是中新生代特提斯的主洋盆,班公错-怒江结合带是与之对应的弧后盆地（潘裕生,1999；赵政璋等,2001）；另一种观点认为班公错-怒江结合带是开始于晚古生代延伸到中生代的特提斯的主洋盆,也是冈瓦纳大陆与劳亚-华夏大陆的结合带,印度河-雅鲁藏布江结合带是与之对应的弧后盆地（《青藏高原及其邻区大地构造单元初步划分方案》,成矿所,2003 年）。此外,随着对冈底斯-拉萨陆块认识的深入,该陆块内部二级构造单元的划分也越来越丰富多采,长期以来被赋以微大陆、地体或单一岛弧、陆缘弧的冈底斯-拉萨陆块中发育着狮泉河蛇绿混杂岩（胡承祖,1990）、申扎古生代碳酸盐台地两侧的果芒错、纳木错蛇绿混杂岩（李金高等,1993；杨日红等,2003）、帕隆藏布残留蛇绿混杂岩（郑来林等,2003），表明冈底斯-念青唐古拉不是简单的一个地体,而是存在西藏群岛及其之间的弧后盆地。同时,在冈底斯-念青唐古拉陆块东北部的石炭纪—二叠纪地层中发现大量中酸性火山岩,提供了冈瓦纳大陆北部在早石炭世已开始转化为活动大陆边缘的信息。本次区调也在隆格尔-工布江达中生代断隆带中新发现早二叠世和早侏罗世变质侵入体,也提供了海西—印支期存在岩浆弧的记录。因此,本报告在总结前人构造单元划分的基础上提出了研究区的构造单元划分方案（表 5-2,图 5-2）。

表 5-2 本次区调构造单元划分表

一级构造单元	二级构造单元	三级构造单元
班公错—怒江结合带（含嘉玉桥微陆块）	嘉玉桥微陆块	
	怒江蛇绿岩	
冈底斯-念青唐古拉板片	那曲-沙丁中生代弧后盆地	冈瓦纳晚三叠世碳酸盐台
		地希湖中侏罗世前陆盆地
		沙丁-卡娘中侏罗—早白垩世弧后盆地
		甫落-玉隆白垩世残余盆地
		鲁公拉-边坝区白垩纪岩浆弧
	隆格尔-工布江达中生代断隆带	倾多晚古生代活动陆缘
		共哇海西—印支期岩浆弧
		昂巴宗-八盖区前奥陶纪被动陆缘
		娘蒲区-通麦中新元古代结晶基底
雅鲁藏布江结合带		
印度板片	高喜马拉雅结晶岩带	

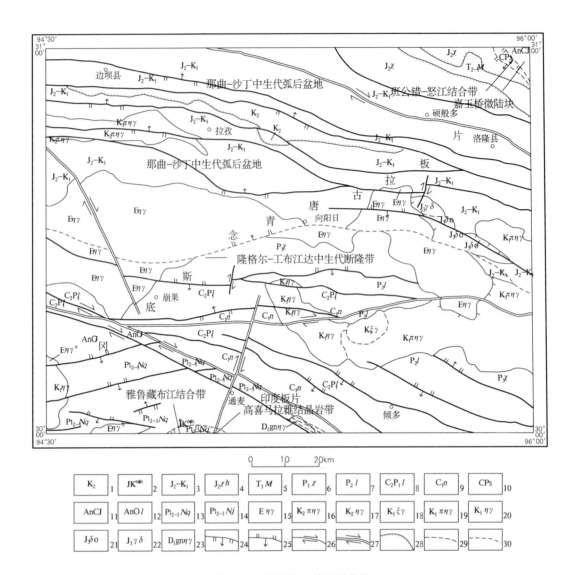

图 5-2 测区构造单元划分图

1.上白垩统;2.雅鲁藏布江蛇绿混杂岩;3.中侏罗统至下白垩统;4.中侏罗世希湖群;5.中三叠世孟阿雄群;6.晚二叠世西马组;7.中二叠世洛巴堆组;8.晚石炭—早二叠世来姑组;9.早石炭世诺错组;10.石炭至二叠纪苏如卡组;11.前石炭纪嘉玉桥群;12.前奥陶纪雷龙库组;13.中新元古代念青唐古拉岩群;14.中新元古代南迦巴瓦岩群;15.古近纪二长花岗岩;16.晚白垩世斑状二长花岗岩;17.晚白垩世二长花岗岩;18.晚白垩世钾长花岗岩;19.早白垩世斑状二长花岗岩;20.早白垩世二长花岗岩;21.晚侏罗世石英闪长岩;22.晚侏罗世花岗闪长岩;23.早泥盆世片麻状二长花岗岩;24.正断层;25.逆断层;26.平移断层;27.平移活动断层;28.角度不整合界线;29.一级构造单元分界线;30.二级构造单元分界线

二、各构造单元地质构造基本特征

(一)班公错-怒江结合带(含嘉玉桥微陆块)

分布于测区中北部洛隆县打扰乡一带,呈 NW-SE 向展布。主要由前石炭纪嘉玉桥岩群、石炭纪—二叠纪苏如卡组、晚三叠世确哈拉群和多期蛇绿混杂岩组成。苏如卡组岩性由灰色板岩、灰白色结晶灰岩夹千枚岩、大理岩等组成。蛇绿混杂岩主要有 3 期,其中怒江蛇绿岩时代为 C—P,丁青蛇绿岩时代为 T_3,索县蛇绿岩时代为 J。测区内出露怒江蛇绿岩。

嘉玉桥微陆块分布于测区东北角洛隆县察贡一带的前石炭纪嘉玉桥岩群,与吉塘岩群共同构成了冈瓦纳陆块的基底韧性变形变质岩片。嘉玉桥组岩性由一套以大理岩为主夹隐晶质石墨的白云母片岩、片麻岩、变质砂岩、石榴石二长片麻岩等中高级变质岩组成，原岩恢复为粉砂质泥岩、灰岩、基性—酸性火山岩、酸性侵入岩。其中产大量的基—酸性火山岩，表现出活动陆缘的建造特点，为活动陆缘增生链的岩石组合，可能代表冈瓦纳古陆外缘带。

（二）冈底斯-念青唐古拉板片

1. 那曲-沙丁中生代弧后盆地

那曲-沙丁中生代弧后盆地北侧以班公错-怒江结合带为界，南以嘉黎区-向阳日断裂带为界，出露地层有上三叠统、侏罗系—白垩系，晚三叠世孟阿雄群为浅海碳酸盐台地沉积，中侏罗世希湖组为浅海-半深海相砂板岩夹火山岩和硅质岩；中晚侏罗世为灰色—灰黑色浊积岩的盆地沉积，早白垩世为含煤碎屑沉积，晚白垩世为断陷盆地沉积。

本构造单元有两个重要构造标志，一是晚白垩世宗给组与下伏地层早白垩世边坝组、多尼组及中晚侏罗世拉贡塘组之间的角度不整合接触界线，代表了测区特提斯洋的彻底闭合和进入陆内构造演化阶段的开始；二是早白垩世和晚白垩世地层中均发育火山岩，特别是晚白垩世宗给组下部火山岩的爆发系数大。

根据地层建造特征和岩浆活动特点可进一步划分出 5 个三级构造单元，各三级构造单元建造特征如下。

（1）冈瓦纳晚三叠世碳酸盐台地

分布于测区东北角加嘎日—扎阿龙一带，与上覆地层中侏罗世希湖组呈角度不整合接触。为一套台地碳酸盐建造。可能代表班公错-怒江结合带南侧晚三叠世被动陆缘沉积。

（2）希湖中侏罗世前陆盆地

分布于测区东北角俄西—新荣区一带，与下伏地层晚三叠世孟阿雄群呈角度不整合接触，与中晚侏罗世拉贡塘组和白垩世多尼组呈断层接触。地层由希湖组组成，为复理石建造。

（3）沙丁-卡娘中侏罗—早白垩世弧后盆地

广泛分布于测区北部边坝县—洛隆县一带，由中侏罗世马里组、桑卡拉佣组、中晚侏罗世拉贡塘组和早白垩世多尼组、边坝组组成，中侏罗世为由山麓洪积扇-河流相-内陆棚碎屑岩相-碳酸盐台地相的进积型沉积建造；中晚侏罗世为灰色—灰黑色浊积岩的盆地沉积；早白垩世早期为含煤滨海沼泽碎屑沉积，中期逐渐转为近海泻湖至砂泥质潮坪沉积。

（4）甫落-玉隆晚白垩世残余盆地

分布于测区北部边坝县甫落—玉隆—八里一带，与下伏地层中晚侏罗世和早白垩世地层呈角度不整合接触。地层由晚白垩世宗给组和八达组组成，为内陆盆地碎屑岩至碳酸盐建造。宗给组下部发育火山岩，属安山岩-英安岩-（粗安岩）组合，微量元素的地球化学模式曲线具有多峰式特征，稀土元素具有向右陡倾的配分曲线，与岛弧型火山岩或岛弧同碰撞花岗岩的特征相似，也反映碰撞造山环境。与区域上雅鲁藏布江构造带俯冲消减时代相一致。

（5）鲁公拉-边坝区白垩纪岩浆弧

分布于测区中西部鲁公拉至边坝区一带，主体分布在西邻嘉黎县幅内，主要由早白垩世花岗闪长岩、二长花岗岩和晚白垩世二长花岗岩、斑状二长花岗岩和钾长花岗岩组成。其中花岗闪长岩属偏铝质岩石，$Na_2O+K_2O<Al_2O_3<CaO+Na_2O+K_2O$。$CaO>Na_2O>K_2O$，表明岩石富钙、钠而贫钾。而二长花岗岩属过铝质岩石，$Al_2O_3>CaO+Na_2O+K_2O$。$K_2O>NaO>CaO$ 反映岩石富钾、贫钠、钙。里特曼指数均小于 3.3，属钙碱性岩，A/CNK 多小于或接近于 1.1，显 I 型花岗岩特征，ACF 图解中，样品投入 I 型花岗岩区（详见《嘉黎县幅1∶25万区域地质调查报告》）。二长花岗

岩带 SiO_2 含量高,介于 75.05%～74.49%～72.01%～74.61% 之间,均为 Al_2O_3＞$CaO+Na_2O+K_2O$ 过铝质岩石,K_2O＞Na_2O 具富钾贫钠特征,里特曼指数接近或略大于 2,在 Wright 的 SiO_2-AR 图中投影于碱性岩区,A/CNK 比值参数均小于 1.1,具 I 型花岗岩特征。A－C－F 图解(图 3－38)中落入 I 型花岗岩区。

通过 R_1－R_2 作图投点(图 3－51),早白垩世岩体一部分投影于深熔花岗岩区,属板内消减构造环境,另一部分落入碰撞后花岗岩区,与造山后有关,反映其形成环境具有双重性质特点。晚白垩世岩体各成分呈均投影于 6 区或其边界线附近,代表了同碰撞造山阶段的 I－S 型花岗岩。

2. 隆格尔-工布江达中生代断隆带

隆格尔-工布江达中生代断隆带以嘉黎区-向阳日断裂带为界与那曲-沙丁中生代弧后盆地相邻,南侧与雅鲁藏布江结合带相接。该构造区基底地层为中新元古代念青唐古拉岩群,由片麻岩、片岩、变粒岩、斜长角闪岩、石英岩及大理岩等组成。最早的盖层为前奥陶纪雷龙库组和岔萨岗组,雷龙库组岩性以细粒石英岩、二云母角闪石英岩为主,夹黑云角闪粒岩、黑云母石英片岩、黑云母千枚片岩及变质玄武岩。岔萨岗组岩性以灰色中薄层细晶大理岩、灰色中薄层状结晶灰岩、粉砂质绢云母千枚岩夹细粒石英砂岩、粉砂质黑云母绢云母千枚岩为主。主要盖层为石炭纪和二叠纪地层。其中石炭纪—早二叠世地层中发育大量的中酸性火山岩如安山岩、流纹岩、英安岩等,晚石炭世—早二叠世地层中发育具冰水沉积特征的含砾板岩。具冰水沉积特征的含砾板岩的发育说明该区当时的气候和地理位置还是属于冈瓦纳大陆的一部分。

根据地层建造特征和岩浆活动特点可进一步划分出 4 个三级构造单元,各三级构造单元建造特征如下。

(1)倾多晚古生代活动陆缘

分布于测区中部—东南部倾多—普拿一带,北部以嘉黎区-向阳日断裂为界,南部以嘉黎-易贡藏布断裂为界。以晚古生代石炭—二叠纪陆棚碎屑岩沉积和碳酸盐台地沉积为主,其地层中有较多的火山活动纪录。早石炭世诺错组火山岩岩石类型为安山岩、英安岩、火山碎屑岩,变安山玄武岩岩石化学属正常类型,DI=25.62,A/NKC=0.76,微量元素富 Cr、Sr、Ba、Ti,在 lgτ-lgδ 图解中,投点位于造山带火山岩范围。稀土元素配分型式为轻稀土富集型,铕具较明显的亏损。反映诺错组是古特提斯洋中近边缘部分的沉积物的消减残留,是古特斯洋的一部分。晚石炭世至早二叠世来姑组火山岩中,A/NKC=0.77～1.11,铕强烈亏损,说明它们属于陆壳变沉积岩重熔的产物,在构造作用下,陆壳物质重熔经构造作用上升喷出。它与深-浅海相沉积物共生,反映为裂谷环境。提供了冈瓦纳大陆北部在早石炭世已开始转化为活动大陆边缘的信息。

(2)共哇海西—印支期岩浆弧

分布于测区中南部共哇—索通一带,主体分布于西邻嘉黎县幅内。位于嘉黎-易贡藏布断裂带南侧,出露地层主要为中新元古代念青唐古拉岩群、前奥陶系、石炭—二叠系。本次调研在嘉黎县幅中发现多个早泥盆世、早二叠世和早侏罗世中酸性侵入岩体,岩性为片麻状或糜棱岩化二长花岗岩和片麻状花岗闪长岩等,经 U-Pb 法年龄测定,侵位时代分别属于早二叠世、早侏罗世。前人《1:20 万通麦、波密幅区域地质矿产调查报告》(甘肃省区调队,1995 年)发现索通早泥盆世片麻状二长花岗岩体。这些岩体中微量元素蛛网图中显示 Rb、Th 峰和 Nb、Ta 谷。以富 Rb、Th 等大离子亲石元素和亏损 Nb、Ta、Y 等高场强元素为特征。Nb 负异常可能与地壳混染有关。Sr、Ba 的亏损反映有分离结晶作用的存在,说明岩石形成与长期较稳定的条件有关,具正常大陆弧特征。Nb-Y 及 Rb-(Y+Nb)判别图中,样品皆落入火山弧和同碰撞区。R_1-R_2 图解中,投入 1 区(地幔分异)和 6 区(同碰撞区)(详见《1:25 万嘉黎县幅区域地质调查报告》)。此外,在多居绒-英达韧性剪切带侵入体中锆石 U-Pb 法获得了 247±16Ma 年龄,剪切带片岩中锆石 U-Pb 法 SHIMP 谐和线年龄为 194±7Ma。五岗韧性剪切带中花岗质糜棱岩锆石 U-Pb 法年龄集中在 179～189Ma 之间。八棚择韧性剪切带中构造片麻岩锆石 U-Pb 法测试年龄为 252～253Ma(详见《1：25 万嘉黎县幅区域地质调查报告》)。众多岩体侵入和铅重置年龄的出现,说明测区海西至印支期发生了较重要的岩浆活动、构造变形和构造热事件。测区进入到岩浆弧发育阶段,提供了特提斯洋海西—印支期俯冲碰撞的岩浆记录。

(3) 昂巴宗-八盖区前奥陶纪被动陆缘

分布于测区西部嘉黎-易贡藏布断裂带南侧的贡巴一带,主体分布于西邻嘉黎县幅昂巴宗—八盖区一带,主要为一套以被动大陆边缘沉积建造为主,偶夹基性火山岩(玄武岩)。其中的玄武岩夹层的岩石化学以富 SiO_2、CaO、MgO 为特征,稀土模式属轻稀土富集重稀土亏损型,地球化学分布型式及投图 Th-Hf/3-Ta、Th-Hf/3-Nb/16 结果显示岛弧环境特征。反映了最早期的板内岩浆活动。

(4) 娘蒲区-通麦中新元古代结晶基底

分布于测区东南侧的波木—通麦一带,为中新元古代念青唐古拉岩群,由片麻岩、片岩、变粒岩、斜长角闪岩、石英岩及大理岩等组成。原岩主要为粘土质岩石、碎屑岩及碳酸盐岩等,可能属含火山岩的类复理石建造,并伴随深成侵入和中基性火山喷发作用。

(三) 雅鲁藏布江结合带

雅鲁藏布江结合带仅见于测区东南角排龙一带,据南邻幅墨脱幅研究资料,其主要岩性由呈透镜状的强糜棱岩化变镁铁质岩、石英岩和白云母石英片岩、变超镁铁质岩石组成,夹有大理岩岩块。其原岩为超镁铁质-镁铁质侵入岩-玄武岩-硅质岩以及玄武岩-硅质岩建造。蛇绿混杂岩带中最常见的岩块主要包括变辉长岩岩块、变辉绿岩岩块,基质主要由变玄武岩和石英岩组成。蛇绿混杂岩中变玄武岩的地球化学不同于标准的大洋中脊拉斑玄武岩而类似于消减带上活动边缘的玄武岩。表明测区蛇绿混杂岩所代表的洋壳形成于弧后扩张盆地。

前人对雅鲁藏布江结合带中蛇绿混杂岩年龄作了大量工作,其中的玄武岩年龄为 218.63±3.63Ma、角闪石中为 147.70±2.46Ma,泽当蛇绿混杂岩两组 Rb-Sr 年龄为 215.86±4.00Ma 和 168.04±3.73Ma,在辉石橄榄岩中测得辉石年龄为 200±4Ma。此外,在雅鲁藏布江蛇绿混杂岩的德兴岩体旁的闪长岩中获得了 94.32±1.07Ma 的冷却年龄,在马尼翁-背崩的花岗闪长岩中获得了 79.43±0.46Ma 的冷却年龄。故推测雅鲁藏布江洋可能于早石炭世开始拉张,晚三叠世之前出现洋壳,于晚白垩世洋壳闭合并发生陆-陆碰撞。

(四) 印度板片

分布于图幅西南部边界及与雅鲁藏布江大拐弯弯曲最大部位。出露面积很少,约几平方千米。外围被雅鲁藏布江蛇绿混杂岩带紧紧环绕,二者之间呈韧性剪切带(断层接触)关系。

测区内印度板片仅见高喜马拉雅结晶岩带,由南迦巴瓦岩群组成,其岩性主要由黑云变粒岩、片麻岩及大理岩组成。发育一系列尖棱状的相似褶皱,劈理化较普遍。张振根(1987)曾运用 Rb-Sr 等时线法测得南迦巴瓦岩群同位素年龄值 749.38±37.22Ma。《1：20 万通麦、波密幅区域地质矿产调查报告》(甘肃省区调队,1995 年)在西兴拉地区的南迦巴瓦岩群阿尼桥片岩组内的斜长石角闪岩样品中获得 Rb-Sr 等时线年龄值 1 064±82Ma,在多雄拉片麻岩组获得 Rb-Sr 等时线年龄值 961±139Ma。成都地质矿产研究所(1997)在直白的布弄隆运用 U-Pb 法,获得直白高压麻粒岩片麻岩组花岗质片麻岩中锆石的同位素年龄值为 1 312±16Ma,以上数据与聂拉木岩群年龄值(1 900～1100Ma 和 1 100～600Ma)中期相当,据此推断南迦巴瓦岩群的成岩时代当为中新元古代。而其中的片麻状花岗岩体中获得锆石的 U-Pb 年龄为 553～522 Ma,反映了构造岩浆活动时代为泛非运动期。

第二节 构造层次划分与构造相

为了描述测区不同构造单元不同构造层的基本构造面貌,这里引入构造层次和构造变形相的概念。构造层次是构造变形过程中由于地壳物理化学条件的变化所产生的构造分带现象。M. Mattauer(1980)首次使用"构造层次"的概念,他把显示一种主导变形机制的不同区段称为构造层次,并将地壳划分为上中下三个构造层次。

构造变形相是岩石在一定构造变形环境中的构造表现,即一定变形温压环境中在一定的变形机制作用下形成变形构造组合。显然,构造变形相与构造层次存在紧密联系,不同构造层次的构造变形相各不相同。

测区跨越多个不同的构造单元。不同构造单元经历了不同的地质演化历程,造就了各不相同的构造变形相,形成一幅复杂多样的构造面貌(图5-3)。从时间角度,反映在不同构造层中的主期构造变形特征迥异,其中中新元古代念青唐古拉岩群、南迦巴瓦岩群和前石炭纪嘉玉桥岩群变质岩系内部总体表现为透入性的韧性剪切变形,是测区深层次构造变形的反映;前奥陶纪雷龙库组和石炭二叠纪苏如卡组则总体表现为一套绿片岩相条件下的构造混杂变形,反映一套中深层次—中部构造层次的构造变形组合;测区中部广泛分布的石炭纪至二叠纪地层则表现为中浅部构造层次的变形,北部的中侏罗世希湖组、中晚侏罗世至早白垩世地层则以中浅层次极低级变质条件下的褶皱变形为特色;零星出露的晚白垩世宗给组和边坝组则表现为浅表层次的褶皱-冲断变形。燕山—喜山期的表层脆性断裂构造影响全区,对不同时期不同层次的构造变形发生叠加改造。从空间上看,同一地层岩石单位由于所处的构造部位的不同,其构造变形相也往往存在有明显差异。不同构造单元的构造层、构造层次及变形变质环境划分见表5-2。

第三节 构造单元边界及主干断裂特征

一、打拢-卡龙断裂(F5)

打拢-卡龙断裂是测区内一级断裂构造,是索县-丁青-怒江结合带与冈底斯-念青唐古拉板片的分界断裂,也是班-怒结合带的南界断裂,区内出露长度14km,两端延出图外。该断裂为班公错-怒江结合带的南边界,总体呈北西-南东向伸延,走向上表现为舒缓波状。总体倾向南西,倾角60°~80°。

断裂北侧出露蛇绿岩、石炭—二叠系苏如卡岩组和早白垩世白云二长花岗岩,断裂南侧斜切中侏罗统希湖组。它控制着弧后前陆盆地的规模和范围,是一条控盆断裂,也是一条区域性边界断裂。

断裂北东侧(下盘)发育构造片理化带,片理产状与断裂带产状平行,说明断层经历过较深层次的韧性剪切变形。但后来脆性断裂活动也叠加明显,脆性叠加活动显示正断层效应。

断裂在地形地貌上表现明显,多表现为沟谷、凹地、鞍部、山隘等负地形,发育断层崖、对头沟等构造地貌,断裂北侧多为高山地形,植被稀少,地形上多呈脊状山梁和尖棱状山峰;南侧多为平滑宽缓地形和低山谷岭地貌,灌草丛生。断裂在航卫片上线性特征清晰,两侧影像明显不同。

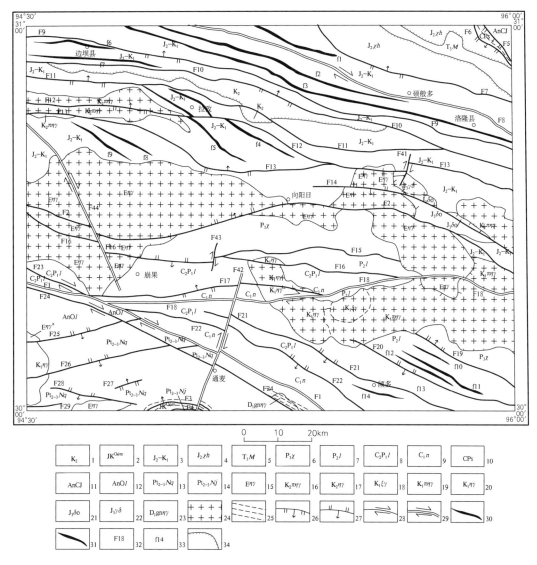

图 5-3 测区构造纲要图

1.上白垩统;2.雅鲁藏布江蛇绿混杂岩;3.中侏罗统至下白垩统;4.中侏罗世希湖群;5.中三叠世孟阿雄群;6.晚二叠世西马组;7.中二叠世洛巴堆组;8.晚石炭—早二叠世来姑组;9.早石炭世诺错组;10.石炭—二叠纪苏如卡组;11.前石炭纪嘉玉桥群;12.前奥陶纪雷龙库组;13.中新元古代念青唐古拉群;14.中新元古代南迦巴瓦岩群;15.古近纪二长花岗岩;16.晚白垩世斑状二长花岗岩;17.晚白垩世二长花岗岩;18.晚白垩世钾长花岗岩;19.早白垩世斑状二长花岗岩;20.早白垩世二长花岗岩;21.晚侏罗世石英闪长岩;22.晚侏罗世花岗闪长岩;23.早泥盆世片麻状二长花岗岩;24.花岗岩类;25.韧性剪切带;26.正断层;27.逆断层;28.平移断层;29.平移活动断层;30.背斜轴迹;31.向斜轴迹;32.断层编号;33.褶皱编号;34.角度不整合界线

综述可见,该断裂显示出多期次、多阶段、多层次活动的特征,至少经历了两次以上构造作用。早期为深层次的韧性断层,活动时代为中侏罗世以前。晚期和末期均受制于区域动力变化而发生正断层效应。应在早白垩世之后。

二、嘉黎区-向阳日断裂(F2)

嘉黎区-向阳日断裂是测区内二级断裂构造,是冈底斯-念青唐古拉板片内那曲-沙丁中生代弧后盆地与隆格尔-工布江达中生代断隆带的分界断裂,测区内出露长度147km,两端延出图外,其中向西经嘉黎县幅后在门巴区幅与狮泉河-申扎-嘉黎断裂带相连,应是该断裂的北分支断裂。断裂总体呈近东西向延伸,向东逐渐转为北西向,走向上表现为舒缓波状。总体倾角较陡,倾向以向南为主,局部向北倾。

表 5-3 测区不同构造层次变形、变质特征表

构造层年代	主要岩性组合	变质矿物组合	变质相	变形特征	变质期次	变质作用类型		构造层次
K_2	复成分砾岩、粗碎屑岩及页岩夹微晶白云岩		未变质	宽缓等厚褶皱脆性断层				浅层次
J_2—K_1	岩屑石英砂岩、粉砂岩、细砾岩、石英砂岩、石英杂砂岩、粉砂质板岩、灰岩、白云质灰岩等	绢云母为主,绿泥石少量	低绿片岩相	斜歪、倒转褶皱层间劈理,轴面劈理、板理-千枚理级韧性剪切带	燕山期	区域变质动力变质	沉积盖层	中浅层次
C—P	石英砂岩、岩屑石英砂岩、绢云母板岩、粉砂质板岩、含砾板岩、生物碎屑灰岩、大理岩、结晶灰岩	绢云母、绿泥石为主,偶见黑云母		开阔、平缓褶皱,与层间近垂直的轴面劈理,脆性断层为主,韧性剪切带不发育	印支—海西			
AnC AnO	粉砂质绢云千枚岩、变质石英砂岩,石英岩、绿帘石角闪变粒岩、黑云母石英片岩、石榴石黑云母石英片岩、变质玄武岩	绿帘石、黑云母、绿泥石、绢云母、白云母为主,普通角闪石、石榴石、透闪石少量	绿片岩相	歪斜、倒转褶皱,局部褶叠层,千枚理级韧性剪切带				中层次
Pt_{2-3}	石榴石二云石英片岩、蓝晶石石榴石云母片岩、黑云斜长片麻岩、石榴石二云斜长片麻岩、绿帘石黑云母角闪岩、黑云母二长片麻岩、透辉石麻粒岩	普通角闪石、铁铝石榴石、黑云母、白云母为主,绿泥石、蓝晶石、绿帘石、透辉石、透闪石少量	高绿片岩相至角闪岩相	紧闭褶皱、无根褶皱、钩状褶皱,透入性面理-糜棱面理、构造片理、构造片麻理级韧性剪切带	泛非期	区域变质动力变质热流变质	结晶基底	中深—深层次

断裂北侧大面积出露中侏罗世桑卡拉佣组、中晚侏罗世拉贡塘组、早白垩世多尼组和早白垩世至晚白垩世花岗岩体,断裂南侧则大面积出露石炭纪至二叠纪地层及晚侏罗世至古近纪花岗岩体。它控制着中侏罗世至早白垩世弧后盆地的规模和范围,是一条控盆断裂,也是一条区域性边界断裂。

断裂带宽一般大于 30m,为脆性破碎带,以碎裂岩、碎粉岩及构造透镜体为主,在西邻嘉黎县幅内常见中侏罗世桑卡拉佣组灰岩呈断夹片夹于断裂带中。

断裂在地形地貌上表现明显,多表现为沟谷、凹地、鞍部、山隘等负地形,发育断层崖、对头沟等构造地貌,局部地段发育温泉。

总体来看,该断裂显示出多期次活动,至少经历了两次以上构造作用。主要断层效应为北盘下降,早期为压性,中期为张性。在晚新生代高原隆升过程中无明显差异升降,主要表现为平移运动。

三、嘉黎-易贡藏布断裂(F1)

嘉黎-易贡藏布断裂是测区内二级断裂构造,曾作为具有重要构造意义的狮泉河-申扎-嘉黎断裂带的东延部分,并被部分学者作为板块结合带对待。本次区调,对该断裂带的空间展布、几何结构、活动规律、与区域构造的关系及其在晚新生代高原隆升过程中的作用进行了深入研究。

在几何展布方面,该断裂为一宽 3~7km 的断裂带,由多条近平行断裂组成(图 5-4),从易贡藏布上游村雄曲进入嘉黎县幅后呈近东西向(95°)沿村雄曲、徐曲河谷延伸,经阿扎、老嘉黎县向东至雷公拉北被北西向断裂甲贡-龙布断裂右行平移错开近7km。然后断裂方向发生明显变化,呈南东东向(115°)沿易贡藏布、迫隆藏布河谷延伸。测区内出露长度95km,两端延出图外,倾向变化大,次级断裂大部分向北倾斜,少数向南倾斜,倾角一般大于60°。

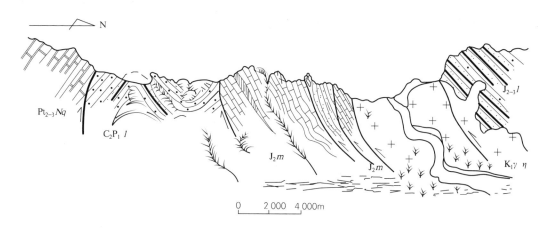

图 5-4 嘉黎县徐达嘉黎断裂带景观信手剖面素描图

关于断裂带的性质,国内外大部分专家承认它是喀喇昆仑-嘉黎右旋剪切带的一部分,是由块体挤出所形成的大型走滑带,但北京大学张进江与中国科学院地质与地球物理研究所丁林(2003)通过调查认为嘉黎断裂带为一正断层系,在申扎附近及尼玛以南,该断层带北盘为上升盘,并由古生代浅变质岩石(如板岩和千枚岩)组成;南盘为下降盘,主要由非变质的第三纪火山岩组成。该构造带形成典型的正断层地貌,如其北侧的高山和南侧的谷地,高山的北坡发育清晰的断层面,断面上的倾向擦痕及阶步、多块体下滑形成的书斜式构造、岩脉的切割以及破劈理与断面的关系等,均证明该断层系为具倾向运动的正断层。另外最近几年青藏高原1:25万区域地质调查工作中,在狮泉河、纳木错西断裂带内发现蛇绿岩,从而又提出了嘉黎断裂带跟雅江结合带和怒江结合带一样,属于板块碰撞缝合带性质的观点。

对于在青藏高原隆升过程中所起的作用方面,早期的"逃逸模式"的提出者Tapponnier等认为青藏高原块体沿北侧的阿尔金-祁连山断裂和南侧喀喇昆仑-嘉黎断裂以刚体形式向东挤出,嘉黎断裂带是青藏高原主体向东挤出的南边界带,嘉黎断裂带的挤出量可达印度板块向北推挤量的50%,嘉黎断裂带的水平位移速度为10~20mm/a。而地壳增厚模式的倡导者England等人则认为青藏高原南部较大的北向会聚速度分量在的喀喇昆仑-嘉黎断裂带附近基本消逝,这表明青藏高原所承受的南北挤压主要由该断裂以南的拉萨地块和喜马拉雅地块的缩短和隆升所吸收。嘉黎断裂带对印度板块和欧亚板块会聚所引起的构造变形的调节只达到汇聚总量的20%,其水平运动速率只有2~3mm/a,远远达不到逃逸模式所认为的水平。

通过本次调研,我们对嘉黎-易贡藏布断裂有如下认识。

1. 嘉黎-易贡藏布断裂是区域性大断裂狮泉河-申扎-嘉黎断裂带的一个分支,另一主要分支断裂为嘉黎区-向阳日断裂。早期活动(K_2之前)主要在北分支,并继承作为冈底斯-念青唐古拉板片内那曲-沙丁中生代弧后盆地与隆格尔-工布江达中生代断隆带的分界断裂,也是冈底斯-腾冲地层区内二级地层分区中拉萨-察隅地层分区与班戈-八宿地层分区的界线,嘉黎-易贡藏布断裂总体表现以平移活动为主,但其在晚新生代高原隆升过程中活动更为明显。

2. 从活动性质来看,断裂带经历了多期活动,表现在断裂带上多条平行断裂的活动性质各异(图5-4、图5-5),并出现不同时代地层(主要有中二叠世洛巴堆组、中侏罗世马里组、桑卡拉佣组、中晚侏罗世拉贡塘组和晚白垩世宗给组)呈断夹块断陷于断裂带中,特别是中侏罗世桑卡拉佣组灰岩呈断夹片沿村雄曲和徐达曲分布引人注目,其主要活动主要有两次,一是中晚侏罗世—早白垩世,西部以南北拉张的裂谷盆地,并有裂型蛇绿岩发育,在嘉黎县(达马)以西表现为该时期断陷盆地沉积。但进入易贡藏布一带因方向发生变化,此时期表现为剪切性质,未见裂谷及蛇绿岩套。另一次是晚新生代高原隆升隆升过程中大规模走滑平移。

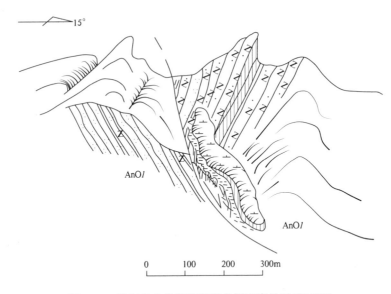

图 5-5 波密县八盖嘉黎断裂带剖面素描图(D1303)

3.通过对断裂两侧的地面高程、山顶面高程分析和裂变径迹样品测试结果,在晚新生代高原隆升过程中,既有升降运动,也在平移运动,但与平移相比,升降运动较为微弱,南盘相对北盘差异隆升 100～150m。但平移运动极为显著,断裂两侧现今地层构造格局有明显区别。其中中新元古代念青唐古拉岩群和前奥陶纪地层仅在断裂南盘出现。石炭至二叠纪地层特征也差异较大,特别是断层北盘倾多一带出现较强烈的火山活动。通过地层特征和火山活动特点对比,倾多一带的石炭至二叠纪地层与当雄一带的石炭至二叠纪地层具有更多的相似性。嘉黎-易贡藏布断裂的右行平移活动距离可能达 200km 以上。

4.嘉黎-易贡藏布断裂是一条长期活动的断裂带,新构造活动特征如下:
(1)沿断裂发育多处温泉和钙华点;
(2)地貌上表现为负地形,总体沿易贡藏布河谷延伸;
(3)是区域性地震带,也是测区中小型地震集中分布带(图 5-6)。

四、拉月-排龙弧形断裂(F3)

拉月-排龙弧形断裂是测区一级断裂,为冈底斯-念青唐古拉板片与印度板片的分界断裂,是区域上雅鲁藏布江结合带的一部分,在测区内主要表现为一弧形展布的韧性剪切带。剪切带内岩石由三部分组成,由北向南分别为中新元古代念青唐古拉岩群、侏罗至白垩纪雅鲁藏布江蛇绿混杂岩、中新元古代南迦巴瓦岩群。常见的岩石类型有含黑云母斜长角闪(片)岩、二云石英片岩、绢云石英片岩、含白云母石英岩、含石榴二云石英片岩、含白云母钾长石英岩、绿泥绿帘阳起钠长片岩等。总体片理与剪切带平行,测区内出露长约 20km,两端延出图外,断层面向北倾斜,倾角 60°～70°。显示片岩片理以构造片理为主。

剪切带内岩石与经历了强烈的韧性剪切变形。普遍发育细小揉皱,中、小型紧闭褶皱(A 型)。

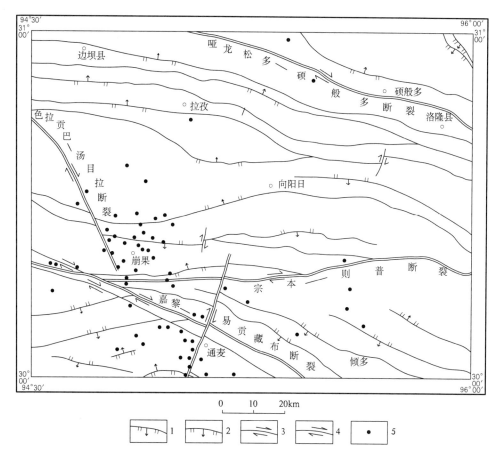

图 5-6　边坝县幅地震震中分布图

(震中资料来源于 internet)

1.正断层；2.逆断层；3.平移断层；4.平移活动断层；5.地震震中

糜棱岩化最强烈的部分一般分布在结合带边界断层附近,使两侧南迦巴瓦岩群和念青唐古拉岩群中的长英质片麻岩出现不均匀的细粒化、眼球状碎斑(强烈的糜棱岩化作用可形成对称的眼球状碎斑)、拔丝构造、云母鱼等。在剪切带中部,可能由于其岩石类型主要是石英片岩类和绿片岩类,糜棱岩化的迹象不易显现,除发育拉伸线理外,其他的糜棱岩化现象却没在边界断层附近发育。

韧性剪切带围绕南迦巴瓦岩群楔入体呈弧形展布,剪切带边界断层的位置确定在糜棱岩化最强烈的部位。局部地段糜棱岩化带与后期的脆性断层叠加,发育断层角砾岩、破碎带。脆性断层显然是后期隆升、伸展作用的结果。

第四节　深层次韧性剪切流动构造

深层次韧性剪切流动构造广泛发育于测区的基底中深变质岩系,包括中新元古代念青唐古拉岩群和中新元古代南迦巴瓦岩群。由于测区古老基底变质岩系分布局限,因此深层次韧性剪切流动构造带的发育及延伸也不完整。其构造变形以塑性流动褶皱及韧性剪切变形为特点。岩石在固态流变-熔融柔流机制下,以 Sn 为变形面理,形成不协调褶皱、叠加褶皱(图 5-7)、肠状褶皱、无根褶皱(图 5-8)等,透入性面理置换早期面理形成新生片麻理,在剪切机制下,发育糜棱岩带,出现 S-C 组构、布丁构造、杆状构造、钩状构造、长英质旋转碎斑及压力影。同构造变质达角闪岩相强度。

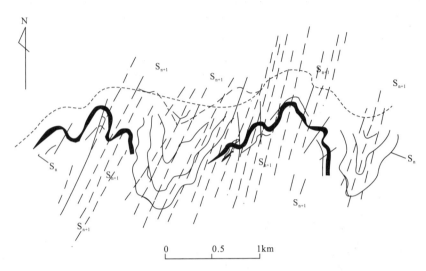

图 5-7　念青唐古拉岩群多期褶皱叠加素描图

据《1∶20万通麦、波密幅区域地质矿产调查报告》(甘肃省区调队,1995)

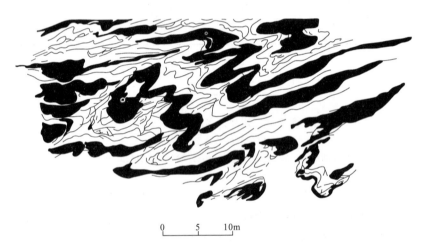

图 5-8　长青温池南念青唐古拉岩群糜棱岩化黑云斜长片麻岩构造变形样式素描图

据《1∶20万通麦、波密幅区域地质矿产调查报告》(甘肃省区调队,1995)

一、索通-通麦韧性剪切带

该韧性剪切带向北沿索通—通麦沿线分布。总体走向 300°～310°,韧性剪切带宽度在 5km 以上,卷入地质体有早泥盆世二长花岗岩和结晶基底的中新元古代念青唐古拉岩群,并形成了各种成分的糜棱岩系列,主要有糜棱岩化中细粒黑云母二长花岗岩、黑云母石英糜棱岩、花岗质糜棱岩。韧性剪切带的剪切面产状在金珠拉一带 200°～210°∠60°～85°,Ss 与 Sc 面交角 5°～10°,中心部位可见到对称眼球,但多以 σ 型碎斑表现,指示韧型剪切带为右行平移剪切。在通麦一带剪切面产状多在 15°～35°∠76°～80°,大致与片麻理平行或相近。也可见到指示右行平移剪切片麻岩中的对称眼球及 σ 型碎斑。综上该剪切带性质为右行平移剪切,剪切面走向为 300°～310°,剪切面高角度在北东和南西方向摆动。韧性剪切带被后期的脆性断裂(F24)和早侏罗世英云闪长岩侵入体切断。但早泥盆世侵入体也发生了明显韧性剪切变形。说明韧性剪切带主要形成于海西期至印支期。

二、拉月韧性剪切带

作为结合带的边界断裂将蛇绿混杂岩同其他单元分隔,同时将蛇绿混杂岩剪切或形成透镜体等;结合带两侧受多条韧性剪切带影响,具体到测区韧性剪切带除影响结合带的蛇绿混杂岩外,向北波及冈底斯岩浆弧,向南波及南迦巴瓦岩群变质地层。使得结合带两侧各有一递进变形带,自结合带边界,向两侧韧性剪切带变形逐渐减弱。与上述变形变质相伴的糜棱岩异常发育;还有大量的压力影、布丁、石香肠、透镜体、旋转碎斑等小构造;特征变形矿物为石英、长石、石榴子石、蓝晶石、黑云母等,存在波状消光、不对称眼球等。雅鲁藏布江韧性剪切带在测区宽1~3km不等,自通灯至拉丹一线分布,卷入的地质体主要为老基底的念青唐古拉岩群及南迦巴瓦岩群变质地层,还有不同时代的花岗岩。韧性剪切带以不同成分糜棱岩化表明,主要有糜棱岩化黑云母二长花岗岩、糜棱岩化蓝晶石石榴石斜长石石英岩、糜棱岩化黑云母斜长片岩等。韧性剪切带剪切面产状局部地区地段与片麻理相近成平行,区域上为平坦"弧形"展布。

三、达荣韧性剪切带

该剪切带在测区北西-南东向展部,与苏如卡岩组的分布范围相当,北西端缩小,南东端延出测区,宽0.7~2km,区内延长约25km,还影响到嘉玉桥岩群及图幅北东角的岩体。岩石类型有长英质糜棱岩、硅质糜棱岩、片理化板岩、片理化玄武岩等,主变质期为印支期。该带又叠加了动力变质作用,产生了碎裂花岗岩等碎裂岩石。

第五节　中—中浅层次褶皱-断裂构造

测区中-中浅构造层次的褶皱-断裂构造变形遍布全区,并对前期的深层次韧性剪切流动变形及构造混杂变形发生不同程度的叠加改造,并对前期的深层次韧性剪切流动变形发生不同程度的叠加改造。测区中—中浅层次的主要褶皱及断裂构造见表5-4、表5-5。

表 5-4　测区主要褶皱构造特征一览表

编号	褶皱名称	规模	褶皱基本特征	位态分类	发育时代
f1	杂日北西西向向斜	长>30km,长宽比约20∶1	褶皱层由K_1d^1、K_1d^2组成,核部地层为K_1d^2,翼部最老地层为K_1d^1。总体为一北西西-南南东向延伸的并作弧形弯曲的线性向斜构造。北翼地层产状185°~205°∠60°~80°,南翼地层产状5°~25°∠35°~65°,轴面走向北西西,向北倾,倾角70°~80°。转折端呈圆弧形。枢纽向东扬起	斜歪倾伏褶皱	燕山期
f2	鹅客北西西向背斜	长>80km,长宽比20∶1	褶皱层由K_1d^1、K_1d^2组成,核部最老地层为K_1d^1,翼部最新地层为K_1d^2。北翼地层产状一般10°~25°∠35°~60°,南翼地层产状一般190°~210°∠50°~80°。轴面走向北西西,向北北东倾,倾角70°~80°。转折端呈圆弧形。枢纽向东倾伏	斜歪倾伏褶皱	燕山期
f3	马五北西西向向斜	长>120km,长宽比20∶1	褶皱层由K_1d^1、K_1d^2、K_1b组成,核部地层为K_1d^2、K_1b,翼部最老地层为K_1d^1。总体为一北西西—南南东向延伸的并作弧形弯曲的线性向斜构造。北翼地层产状约190°~210°∠50°~80°,南翼地层产状10°~25°∠25°~55°,轴面走向北西西,向北东东倾,倾角70°~80°。转折端呈圆弧形。枢纽呈波状起伏	斜歪水平褶皱	燕山期

续表 5-4

编号	褶皱名称	规模	褶皱基本特征	位态分类	发育时代
f4	拉孜北西向向斜	长约 45km，长宽比 5∶1～8∶1	褶皱层由 $J_{2-3}l$、K_1d^1、K_1d^2 组成，核部最新地层为 K_1d^2，翼部地层为 $J_{2-3}l$、K_1d^1。总体为一北西-南东向延伸。北翼地层产状 200°～230°∠40°～70°，南翼地层产状 20°～45°∠25°～45°，轴面走向北西，向北东倾，倾角 75°～85°。转折端呈圆弧形。枢纽向北西和南东均扬起	斜歪倾伏褶皱	燕山期
f5	哪木腊嘎博北西向背斜	长约 48km，长宽比大于 8∶1	褶皱层由 $J_{2-3}l$、K_1d^1、K_1d^2 组成，核部最老地层为 $J_{2-3}l$，翼部最新地层为 K_1d^2。北翼地层产状一般 20°～45°∠25°～45°，南翼地层产状一般 200°～230°∠40°～60°。轴面走向北西，向北东倾，倾角 75°～85°。转折端呈圆弧形。枢纽向北西和南东均倾伏	斜歪倾伏褶皱	燕山期
f6	边坝县东西向向斜	长约 30km，长宽比约 10∶1	褶皱层由 K_1d^1、K_1d^2、K_1b 组成，核部地层为 K_1d^2、K_1b，翼部最老地层为 K_1d^1。总体为一东西向延伸线性向斜构造。北翼地层产状 180°～190°∠60°～80°，南翼地层产状 0°～10°∠50°～70°，轴面近直立。转折端呈圆弧形至尖棱形。枢纽向西和东均扬起	直立倾伏褶皱	燕山期
f7	草卡区东西向背斜	长约 45km，长宽比大于 15∶1	褶皱层由 K_1d^1、K_1d^2、K_1b 组成，核部地层为 K_1d^1，翼部地层为 K_1d^2、K_1b。北翼地层产状 0°～10°∠50°～70°，南翼地层产状 180°～190°∠40°～70°。轴面近直立。转折端呈圆弧形。枢纽向西和东均倾伏	直立倾伏褶皱	燕山期
f8	普玉北西向向斜	长约 20km，长宽比 8∶1	褶皱层由 J_2s 组成。为一北西-南东向延伸的短轴向斜构造。北翼地层产状 205°～220°∠30°～58°，南翼地层产状 25°～45°∠25°～55°，轴面走向北西，近直立。转折端呈圆弧形。枢纽呈向西扬起	直立倾伏褶皱	燕山期
f9	卡藏草北西向背斜	长约 25km，长宽比 5∶1	褶皱层由 J_2m、J_2s 组成，核部地层为 J_2m，翼部地层为 J_2s。总体为一北西-南东向延伸的短轴背斜构造。北翼地层产状 25°～45°∠20°～55°，南翼地层产状 205°～240°∠28°～42°，轴面走向北西，近直立。转折端呈圆弧形。枢纽向南东倾伏	直立倾伏褶皱	燕山期
f10	西中北西向向斜	长约 15km，长宽比大于 10∶1	褶皱层由 P_2l 组成，为层内褶皱。总体为一北西向延伸线性向斜构造。北翼地层产状 210°∠50°，南翼地层产状 30°∠30°～45°，轴面近直立。转折端呈圆弧至尖棱状。枢纽向东扬起。平面上弯曲较大	直立倾伏褶皱	海西印支期
f11	林主珙北西向背斜	长约 25km，长宽比大于 10∶1	褶皱层由 P_2l 组成，为层内褶皱。北翼地层产状 30°∠30°～45°，南翼地层产状 200°～230°∠20°～40°。轴面近直立。转折端呈圆弧至尖棱状。枢纽向西倾伏。平面上弯曲较大。	直立倾伏褶皱	海西｜印支期
f12	林主珙南北西向向斜	长约 15km，长宽比约 10∶1	褶皱层由 P_2l 组成，为层内褶皱。总体为一北西向延伸线性向斜构造。北翼地层产状 200°～230°∠20°～40°，南翼地层产状 20°∠30°～40°，轴面近直立。转折端呈圆弧至尖棱状。枢纽向西和向东均扬起。平面上弯曲较大。	直立倾伏褶皱	海西｜印支期

表 5-5 测区主要断裂构造特征一览表

编号	断裂名称	断裂产状	断裂规模 长	断裂规模 宽	造岩	断层性质及相关构造	切错岩石地层单元	断层时代
F1	嘉黎-易贡藏布断裂	倾向 NE 或 SW，倾角>70°	>95km	50~200m	碎裂、构造角砾及构造透镜体发育，局部地段有钙华	多期活动，右行平移为主，SW 盘有上升现象，发育断层温泉，现代地震活动带	$Pt_{2-3}Nq$、$AnOl$、C_1n、C_2P_1l、$J_{2-3}l$、$E\eta\gamma$	为长期活动边界断裂，最新活动时间为第四纪
F2	嘉黎区-向阳日断裂	倾向 N 或 S，倾角>65°	>147km	30~100m	碎裂岩、碎粉岩及构造透镜体发育，局部地段有钙华	多期活动，南盘上升，右行平移，发育断层温泉	C_2P_1l、P_2l、J_2s、$J_{2-3}l$、$J_3\gamma\delta$、$K_1\pi\eta\gamma$、$K_1\gamma\delta$、$K_2\xi\gamma$、$E\eta\gamma$	为长期活动边界断裂
F3	拉月-排龙弧形断裂	弧形，倾向 N，倾角一般 65~80°	>21km	无明显边界	强片理化带	逆断层，发育构造片理化带	$Pt_{2-3}Nq$、$JKo\psi m$、$Pt_{2-3}Nj$	喜山期
F4	拉月曲断裂	弧形，倾向 N，倾角一般 65~80°	>12km	无明显边界	强片理化带	逆断层，发育构造片理化带	$Pt_{2-3}Nq$、$JKo\psi m$、$Pt_{2-3}Nj$	喜山期
F5	打拢-卡龙断裂	倾向 SW，倾角 60~80°	>14km	无明显边界	强片理化带	正断层，发育构造片理化带，西北端被 J_2X 覆盖	$AnCJ$、CPs	印支—燕山早期
F6	万格同-相嘎断裂	倾向 SW，倾角 62°	>16km	50m	碎裂岩	正断层	CPs、J_2X、$K_1mc\eta\gamma$	燕山期
F7	南洼洛日-扎西岭断裂	倾向 NNE，倾角 52~60°	>65km	不详	碎裂岩	逆断层，两盘不协调褶皱发育	J_2X、$J_{2-3}l$、K_1d	燕山期
F8	哑龙松多-硕般多断裂	185°~210° ∠61°~68°	>104km	不详	碎裂岩	多期活动，早期逆断层，晚期右行平移，现代地震活动带	$J_{2-3}l$、K_1d	燕山期—现代
F9	雄中-中亦松多断裂	5°~30° ∠40°~76°	>147km	20~100m	碎裂岩、断层泥、构造透镜体	逆断层	$J_{2-3}l$、K_1d、K_1b、K_2z	燕山期
F10	哄多-额拉断裂	总体倾向 N，局部倾向 S，倾角 55~80°	>147km	10~100m	碎裂岩、断层泥、构造透镜体	逆断层	$J_{2-3}l$、K_1d、K_2z、K_2b、$K_2\pi\eta\gamma$、$K_2\eta\gamma$、$K_2\xi\gamma$	燕山期
F11	共野-霞公拉断裂	5°~35° ∠55°~75°	>147km	50~150m	碎裂岩、碎粉岩、构造透镜体	逆断层	$J_{2-3}l$、K_1d、K_2z、$K_2\pi\eta\gamma$、$K_2\eta\gamma$、$K_2\xi\gamma$	燕山期
F12	先俄-阿拢断裂	总体向 N 倾，局部向 S 倾，倾角 50~80°	>95km，向东与F13合并	2~10m	碎裂岩、碎粉岩、	逆断层为主	$J_{2-3}l$、K_1d、$K_2\pi\eta\gamma$、$K_2\eta\gamma$	燕山期
F13	擦曲卡-阿拉日断裂	总体向 N 倾，局部向 S 倾，倾角 50~80°	>147km，向东与F12合并	50~3000m	碎裂岩、构造冲断体	逆断层，发育次级小断层，局部有断层温泉	J_2m、$J_{2-3}l$、K_1d、$K_1\gamma\delta$、$K_2\xi\gamma$、$K_2\eta\gamma$	形成于燕山期，喜山期有活动
F14	布次拉-吓子通断裂	180°~210° ∠60°	>58km	<10m	碎裂岩、构造角砾岩	逆断层	$J_{2-3}l$、$J_3\gamma\delta$、$J_3\delta o$、$K_1\pi\eta\gamma$、$E\eta\gamma$	燕山期
F15	恩卡牧场-拿多孔巴断裂	向 S 倾，倾角 70°~80°	约55km	不详	碎裂岩	逆断层，东被 $E\eta\gamma$ 覆盖	P_2l、P_3x	海西期
F16	岗林-错尤拉断裂	向 S 倾，倾角不详	>111km	不详	碎裂岩	逆断层	C_2P_1l、P_2l、P_3x、$K_1\pi\eta\gamma$、$E\eta\gamma$	燕山期至喜山期
F17	嘎布通-当才玛断裂变径迹	向 N 北倾，倾角70°	69km	<10m	碎裂岩	逆断层，向西被 F1 截断，向东与 F18 相连	C_1n、C_2P_1l、$K_1\pi\eta\gamma$、$E\eta\gamma$	燕山期至喜山期

续表 5-5

编号	断裂名称	断裂产状	断裂规模 长	断裂规模 宽	造岩	断层性质及相关构造	切错岩石地层单元	断层时代
F18	宗本-则普断裂	向N倾,倾角70°	>120km	10~50m	碎裂岩	长期活动,逆冲断层至右行平移,发育温泉	C_1n、C_2P_1l、P_2l、$J_3\gamma\delta$、$J_3\delta o$、$K_1\pi\eta\gamma$、$E\eta\gamma$	燕山期至喜山期
F19	西中-脚嘎日断裂	向NE倾,倾角40°~60°	>33km	10~50m	碎裂岩	正断层,西端被$K_1\pi\eta\gamma$切断	P_2l、P_3x	海西或印支期
F20	丁纳卡-倒拉断裂	向SW倾,倾角50°~60°	>45km	10~50m	碎裂岩	逆断层,西端被$K_1\pi\eta\gamma$切断	C_2P_1l、P_2l	海西或印支期
F21	马古拉-倾多断裂	向SW倾,倾角60°~70°	>79km	5~50m	碎裂岩	逆断层	C_2P_1l	海西或印支期
F22	达德-阿尼扎断裂	向SW倾,倾角50°~70°	>68km	10~100m	碎裂岩	逆断层	C_1n、C_2P_1l、$J_1\gamma\delta$	海西或印支期
F23	泽拉错-宗颇断裂	总体10°~25°∠58°~85°,局部向S倾	>20km	50~100m	碎裂岩、构造角砾岩	正断层,后期右行平移	C_2P_1l、J_2s、$J_{2-3}l$、$K_1\gamma\gamma$、$E\eta\gamma$	燕山期—喜山期
F24	日卡-索通断裂	西段:180°~200°∠47°~85°;中段:20~30°∠45~56°;东段近直立	>85km	3~50m	碎裂岩	多期活动,以右行平移为主,东段晚期右行平移切割早期韧性剪切带	$Pt_{2-3}Nq$、$AnOl$、$D_1gn\gamma n$、$P_1\gamma$、$J_3\gamma\gamma$、$K_1\gamma\gamma$、$E\eta\gamma$	燕山期,喜山期复活
F25	笨达-冲果俄断裂	180°~190°∠65°~76°	>35km	50~200m	碎裂岩、构造透镜体	多期活动,以逆断层为主,东端被F1截断	$Pt_{2-3}Nq$、$AnOl$、$AnOc$、$J_1\gamma\gamma$、$K_1\pi\eta\gamma$、$K_1\gamma\gamma$、$E\eta\gamma$	燕山期,喜山期复活
F27	普下断裂	345°∠79°	9km	5m	碎裂岩	逆断层	$Pt_{2-3}Nq$	燕山期
F28	波木-笔幕断裂	190°∠62°~78°	63km	5~10m	碎裂岩	逆断层	$Pt_{2-3}Nq$、$E\eta\gamma$	燕山期
F29	雪拉-麦索拉断裂	5°∠60°~82°	>11km	5~100m	碎裂岩、构造角砾岩	以逆断层为主,西端与F25相连	$Pt_{2-3}Nq$、$K_1\gamma\gamma$、$E\eta\gamma$、$E\pi\eta\gamma$	燕山期,喜山期复活
F41	博孜断裂	走向NNE	12km	<10m	碎裂岩	左行平移	$J_{2-3}l$、K_1d、$J_3\gamma\delta$、$E\eta\gamma$	喜山期
F42	通麦-通灯断裂	走向NNE	>31km	10m	碎裂岩	左行平移	$Pt_{2-3}Nq$、$Pt_{2-3}Nj$、C_1n、C_2P_1l、$JKo\varphi m$	喜山期,现代活动断层
F43	果龙藏布断裂	走向NNE	27km	<10m	碎裂岩	左行平移	C_2P_1l、P_1l、P_3x	喜山期
F44	色拉贡巴-汤目拉断裂	215°∠85°	>53km	3~200m	碎裂岩、断层角砾岩,有硅化、黄铁绢英岩化	右行平移	切错最新地层K_1d,切错最新岩体$E\eta\gamma$	喜山期

一、褶皱构造

1. 前奥陶纪地层区中层次褶皱构造特点

测区前奥陶纪地层出露于嘉黎-易贡藏布断裂南侧,为中层次韧脆性褶皱、断裂-脆性断裂变形。其中褶皱构造未见大型褶皱,主要以小型层间褶皱为主,如拉如东西向背斜。褶皱较为紧闭,局部岩性段(主要是绢云母千枚岩)发育不协调褶皱和褶劈理(图5-9),似褶叠层。岩层中S_0较为清晰，S_1（千枚理、片理为主，少数板理）也普遍发育，但未完全置换。显示出中层次韧脆性变形特征。

2. 石炭纪—二叠纪地层区褶皱构造特点

测区石炭纪—二叠纪地层均出露于嘉黎区-向阳日断裂南侧，为中浅层次褶皱-脆性断裂变形。其中褶皱构造未见大型褶皱，主要以小—中型层内褶皱为主，如西中北西向向斜（f10）、林主珙北西向北背斜（f11）和林主珙南北西向向斜（f29）。中型褶皱中两翼产状中等，轴面近直立，并常发育与层面近垂直的轴面劈理。局部地段层内和层间小褶皱较为发育，可见尖棱褶皱（图5-10）、层间褶劈理（图5-11）、平卧褶皱（图5-12）等。岩层中S_0清晰、S_1（板理）普遍发育，但未完成置换。显示出中浅层次变形特征。

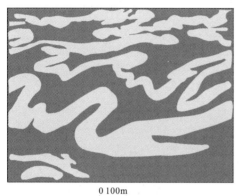

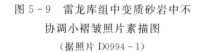

图5-9 雷龙库组中变质砂岩中不
协调小褶皱照片素描图
（据照片D0994-1）

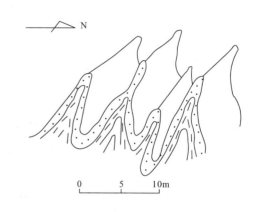

图5-10 石炭—二叠系中的尖棱褶皱
据《1:20万通麦、波密幅区域地质
矿产调查报告》（甘肃省区调队，1995年）

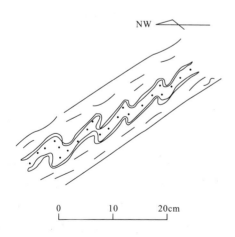

图5-11 波密县西中洛巴堆组层间褶褶皱
据《1:20万通麦、波密幅区域地质矿产
调查报告》（甘肃省区调队，1995年）

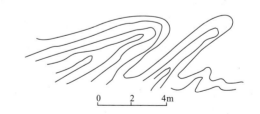

图5-12 波密县夜同来姑组中的平卧褶皱
据《1:20万通麦、波密幅区域地质矿产
调查报告》（甘肃省区调队，1995年）

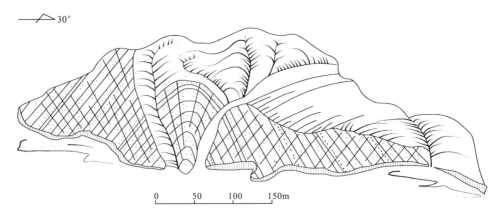

图 5-13 中晚侏罗世拉贡塘组中砂岩夹板岩构成背斜形态素描示意图
（据 D1353）

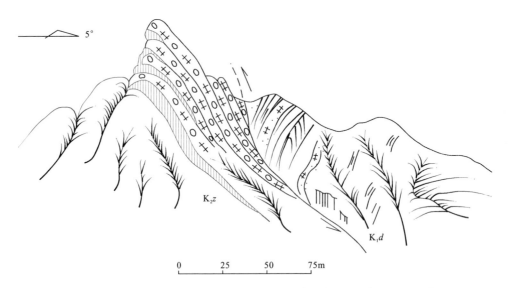

图 5-14 边坝县草卡区早白垩世多尼组砂板岩逆冲于晚白垩世宗给组砾岩素描图
（据 D1341）

3. 中侏罗世—早白垩世地层区褶皱构造特点

测区中侏罗世—早白垩世地层主要出露于嘉黎区-向阳日断裂北侧，为中浅层次褶皱-脆性断裂变形。其中褶皱构造以中—大型褶皱为主，层内褶皱也很发育，如杂日北西西向向斜（f1）、马五北西西向北斜（f3）（图版Ⅴ，3）、草卡区东西向背斜（f7）和普玉北西向向斜（f8）。褶皱总体特点为两翼较为开阔至紧闭，一般背斜的北翼即向斜的南翼较陡，轴面以直立（图 5-13）或斜歪（图版Ⅴ，3）为主，向南倾斜，倾角 70°～90°，以板理-千枚理为主的劈理发育，劈理常顺层发育或平行轴面发育，局部地段可发育褶劈理、平卧褶皱（图版Ⅴ，4）。岩层中 S_0 较为清晰，S_1（千枚理、板理）也普遍发育，总体未完全置换，局部地段已发生置换。显示出中浅层次变形特征。

二、断裂构造

测区断裂构造特别发育，除各构造单元以断裂构造为边界外，区内大部分地层的界线也以断裂为边界，显示出测区"断隆带"构造特色。除表 5-5 对主要断裂特征进行了描述外，对一些重要断裂特征描述如下。

1. 南洼洛日-扎西岭断裂(F7)

南洼洛日-扎西岭断裂是发育于那曲-沙丁中生代弧后盆地内部的三级断裂构造,测区内出露长度65km,两端延出图外。断裂总体呈北西西向延伸,走向上表现为向南西凸出的弧形,倾向北北东,倾角较陡(52°～60°)。

断裂为中侏罗世希湖组与中晚侏罗世拉贡塘组和早白垩世多尼组的分界线,也可能是中侏罗世盆地的控盆断裂,断裂带为脆性破碎带,以碎裂岩为主。

总体来看,该断裂显示出多期次活动。主要断层效应为北盘上升,为逆断层。

2. 哄多-额拉断裂(F10)

哄多-额拉断裂是发育于那曲-沙丁中生代弧后盆地内部的三级断裂构造,测区内出露长度147km,两端延出图外。断裂总体呈近东西向延伸,走向上表现为舒缓波状。倾向以向北倾为主(图版Ⅴ,5),局部向南倾。总体倾角较陡(55°～80°)。

断裂切割地层有中晚侏罗世拉贡塘组、早白垩世多尼组、晚白垩世宗给组(图5-14)和八达组,其中晚白垩世地层主要分布在南盘(下盘),断裂带宽一般大于10～100m,为脆性破碎带,以碎裂岩、碎粉岩及构造透镜体为主。

断裂在地形地貌上表现明显,多表现为沟谷、凹地、鞍部、山隘等负地形,发育断层崖、对头沟等构造地貌,局部地段发育断层泉(图5-15)。

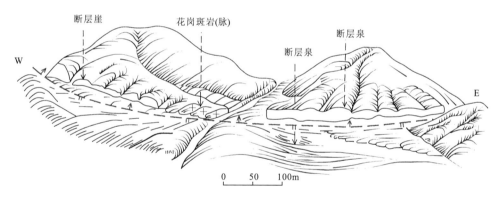

图5-15 哄多-额拉断层形成的断层崖、断层泉、十字形沟谷景观素描示意图
(据D1364)

总体来看,该断裂显示出多期次活动,至少经历了二次以上构造作用。主要断层效应为北盘上升,为逆断层。

3. 共野-霞公拉断裂(F11)

共野-霞公拉断裂是发育于那曲-沙丁中生代弧后盆地内部的三级断裂构造,测区内出露长度147km,两端延出图外。断裂总体呈近东西向延伸,走向上表现为舒缓波状,局部发育断夹片。倾向以向北倾为主,倾角55°～75°。

断裂切割地层有中晚侏罗世拉贡塘组、早白垩世多尼组和晚白垩世宗给组,其中白垩纪地层主要分布在南盘(下盘),断裂带宽一般大于50～150m,为脆性破碎带,以碎裂岩、碎粉岩、构造角砾岩(图版Ⅴ,6)及构造透镜体为主。

在霞公拉一带，由中晚侏罗世拉贡塘组灰岩组成的断夹片构造变形强烈，小褶皱和板劈理发育，显示强烈的挤压特征。

断裂在地形地貌上表现明显，多表现为沟谷、凹地、鞍部、山隘等负地形，发育断层崖、对头沟等构造地貌。

主要断层效应反映强烈挤压特征的北盘上升，为逆断层。

4. 擦曲卡-阿拉日断裂(F13)

擦曲卡-阿拉日断裂是发育于那曲-沙丁中生代弧后盆地内部的三级断裂构造，测区内出露长度147km，两端延出图外。断裂总体呈近东西向延伸，走向上表现为舒缓波状。在测区中部叶嘎拉北与F12合并，倾向以向北倾为主，局部向南倾。总体倾角50°～80°。

断裂西段主要切割地层为中晚侏罗世拉贡塘组和早白垩世多尼组，局部地段发育于晚白垩世和古近纪二长花岗岩岩体中。西邻嘉黎县幅内断裂带为宽2～4km，由2～3条断裂组成断裂带。断裂带南北两侧同中晚侏罗世拉贡塘组，而断裂带断夹片主要由中侏世马里组和桑卡拉佣组组成，断层破碎带和断夹片内岩石变形均显示较强的挤压变形特征（图5-16），断夹片构造组合显示为楔状冲断体构造。此外，沿断裂带普遍发育较两侧围岩较强的变质带，灰岩常常大理岩化，局部地段可见构造片理（嘉黎县幅甲贡乡那靓）。

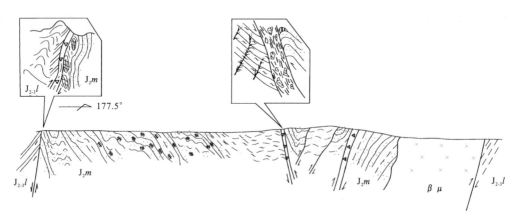

图5-16 擦曲卡-阿拉日断裂结构剖面(P4)素描图

在嘉黎县幅同多弄巴-日阿沙一带，沿断裂带或其附近发育辉长辉绿岩体(脉)，本次区调对该岩体中锆石进行了U-Pb同位素地质年龄测定，结果见表5-6。锆石为短柱状，透明—半透明，属岩浆成因锆石。图5-17反映，3号点基本落在谐和线上，其他点靠近谐和线下方，因此37±2Ma可代表辉长辉绿岩脉的成岩年龄，反映了该断裂带古近纪的强烈活动和断裂切割较深的构造特性。

断裂在地形地貌上表现明显，多表现为沟谷、凹地、鞍部、山隘等负地形（图版Ⅴ，7；图5-18），发育断层崖、对头沟等构造地貌，局部地段发育温泉和钙华。

总体来看，该断裂显示出多期次活动，至少经历了二次以上构造作用。主要断层效应为反映强烈挤压特征的北盘上升，为逆断层。但辉长辉绿岩体的发育可能反映了古近纪的张裂活动，而断层地貌的发育和温泉存在反映其也有现代活动。

表 5-6 辉长辉绿岩单矿物锆石 U-Pb 同位素年龄分析数据表

样品信息			含量(10^{-6})		普通铅含量(ng)	同位素原子比及误差(2σ)			表面年龄(Ma)		
No	点号	重量(ug)	U	Pb		($^{206}Pb/^{204}Pb$)	$^{206}Pb/^{238}U$	$^{207}Pb/^{235}U$	$^{207}/^{206}Pb$	$^{206}Pb/^{238}U$	$^{207}Pb/^{235}U$	$^{207}Pb/^{206}Pb$
1	P_4 U-Pb 13-1	10	5 980.2	478.3	1.366	167	.563 2	.455 92	.058 7	353	381	556
							.000 21	.011 05	.001 44	1	9	13
2	P_4 U-Pb 13-1	10	11 847.6	356.1	1.071	119.2	.014 98	.111 98	.054 19	95	107	379
							.000 06	.008 8	.004 26	0	8	29
3	P_4 U-Pb 13-1	10	27 279.6	512.6	1.071	178.9	.010 35	.075 36	.052 81	66	73	320
							.000 03	.002 3	.001 62	0	2	9

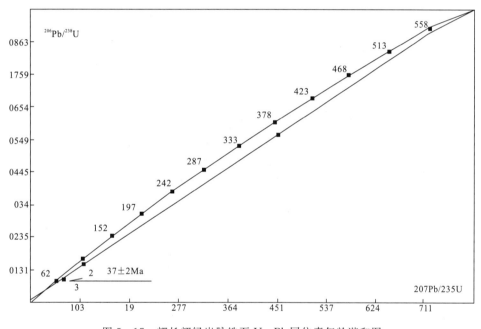

图 5-17 辉长辉绿岩脉锆石 U-Pb 同位素年龄谐和图

5. 西中-脚嘎日断裂(F19)

西中-脚嘎日断裂是发育于隆格尔-工布江达中生代断隆带内部的三级断裂构造,测区内出露长度 33km,西端终止于早白垩世斑状二长花岗岩,东端延出图外。断裂总体呈北西西向延伸,走向变化不大,向北东倾斜,倾角 40°～60°。

断裂为中二叠世洛巴堆组(南盘)与晚二叠世西马组(北盘)的边界,断裂带宽 10～50m,由脆性破碎的碎裂岩组成,地貌上表现较为明显,多表现为沟谷、凹地、鞍部等负地形。主要断层效应为北盘下降运动,为正断层。

6. 达德-阿尼扎断裂(F22)

达德-阿尼扎断裂是发育于隆格尔-工布江达中生代断隆带内部的三级断裂构造,测区内出露长度68km,西端于易贡错被嘉黎-易贡藏布断裂带切断,东端延出图外。断裂总体呈北西西向延伸,走向变化不大,向南西倾斜,倾角50°～70°。

断裂为早石炭世诺错组(南盘)与晚石炭世—早二叠世来姑组(北盘)的边界,断裂带宽10～100m,由脆性破碎的碎裂岩组成,地貌上表现较为明显,多表现为沟谷、凹地、鞍部等负地形。主要断层效应为北盘下降运动,为逆断层。

7. 笨达-冲果俄断裂(F25)

笨达-冲果俄断裂是发育于隆格尔-工布江达中生代断隆带内部的三级断裂构造,测区内出露长度35km,西端延入嘉黎县幅,东端至易贡错被嘉黎-易贡藏布断裂带切断。断裂总体呈近东西向延伸,走向变化不大,倾向总体向南倾,倾角65°～76°。

断裂为中新元古代念青唐古拉岩群(南盘)与前奥陶纪雷龙库岩组(北盘)的边界,据嘉黎县幅观察,其断裂带宽100～200m,由脆性破碎的碎裂岩、构造角砾岩和构造透镜体等组成,西段可见切割中新元古代念青唐古拉岩群中的韧性剪切带(图5-18)。主要断层效应反映强烈挤压特征的北盘上升运动,为逆断层。

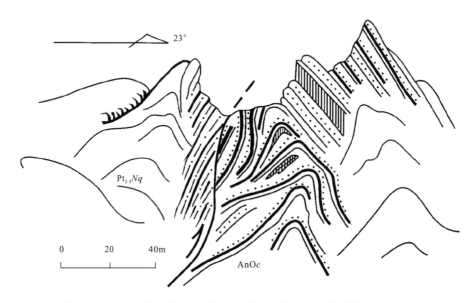

图5-18 麦日弄沟糜棱岩岩逆冲于板岩夹砂岩之上素描图(据D1423)

断裂在地形地貌上表现较为明显,多表现为沟谷、凹地、鞍部、山隘等负地形,发育断层崖、对头沟等构造地貌。

第六节 新构造运动

一、新构造运动的表现

1. 河流阶地

新构造运动是阶地形成的主要因素之一,测区两大水系的支流阶地均很发育,阶地发育受水系发展、新构造运动和侵蚀基准面变化有关。总体来看,在支流下游地区,阶地发育级别较多、阶地河拔高程大。虽然各支流或同一河流的不同地段的阶地发育不尽相同,或者同一级别阶地河拔高度也不一样,但总体来看两大水系的阶地特点基本一致,通过光释光年龄测定高阶地 OSL 年龄显示均为晚更新世。说明现代河谷的发展主要是共和运动的产物。

2. 洪冲积扇

测区洪冲积扇特别发育,特别是水系支流的上游地区,洪冲积扇更为明显。一些沟谷两侧均有分布,其发育时间主要为晚更新世和全新世,洪冲积扇的发育状况与山体新构造上升运动关系密切。

3. 温泉活动特征

温泉是被地下热源加热的深部地下水,热泉、沸泉、间歇喷泉及泉华等一定程度反映了一定时期和阶段深部热储及变异状态,一定程度上也反映了活动断裂和新构造运动的特点。根据测区大地热流值的局部热异常和天然流量的不均衡性特征,热泉活动受控于形成时期、埋藏深度和体积不等的不同岩浆囊,其形成和发展与印度板块向北俯冲和陆内聚敛作用有关。与测区雅鲁藏布江活动构造带之东西向引张关系密切。

测区隶属雅鲁藏布-狮泉河水热活动带。晚新生代以来,测区地热活动显示强烈。最为著名的温泉是通麦长青温池(目前已经被易贡藏布水体淹灭),在其他地区温泉也很发育,不过大多数水温较低,有开发价值的不多,温泉是活动断裂的良好指示信息。如长青温泉是通麦-通灯断裂通过地,在嘉黎-易贡藏布断裂带上也常见温泉显示。

4. 地震活动特征

地震是现代地壳活动最直观的一种形式。它往往在活动构造带的一端、转折部位或两条和多条活动构造相交接的交叉地域发生,这些部位是最有利于岩石圈应力集中和释放的构造部位。

测区地震属地中海-南亚地震系中东段的板块活动类型。而嘉黎断裂带是现代地震最为活跃的地震带,解放后我国的三次 8 级以上的地震有两次发生在该断裂带上,一是 1950 年 8 月 15 日察隅 8.6 级和 1951 年 11 月 18 日当雄 8.0 级地震。同时,测区正位于南迦巴瓦构造结和藏东楔状构造的顶端,地震频度和强度均较高,有历史记载的地震记录上百条,大多密集分布在崩果—通麦一带(图 5-6)。其他地区为地震围空区。晚新生代以来的测区隆升显著,断裂的长期活动和青藏高原与印度洋的巨大高差,加速了雅鲁藏布江的溯源侵蚀,加大了测区的地貌反差,一方面造就了高山峡谷地形,易于发生泥石流、滑坡和崩塌等地质灾害;另一方面由断层活动引起的地震进一步诱发各种地质灾害,使测区(特别是易贡错至索通一带)成为地质灾害频发地段,对人类活动和经济发展造成损失。

二、主要活动断裂特征

1. 嘉黎-易贡藏布断裂(F1)

嘉黎-易贡藏布断裂是一条长期活动的断裂带,新构造活动特征如下。
(1)沿断裂发育多处温泉和钙华点(图版Ⅴ,8);
(2)地貌上表现为负地形,总体沿易贡藏布河谷延伸;
(3)是区域性地震带,也是测区中小型地震集中分布带(图 5-6)。

通过对断裂两侧的地面高程、山顶面高程分析和裂变径迹样品测试结果,在晚新生代高原隆升过程中,既有升降运动,也有平移运动,但与平移相比,升降运动较为微弱,南盘相对北盘差异隆升

100～150m。但平移运动极为显著，断裂两侧现今地层构造格局有明显区别。其中中新元石代念青唐古拉岩群和前奥陶纪地层仅在断裂南盘出现。石炭至二叠纪地层特征也差异较大，特别是断层北盘倾多一带出现较强烈的火山活动。通过地层特征和火山活动特点对比，倾多一带的石炭至二叠纪地层与当雄一带的石炭至二叠纪地层具有更多的相似性。嘉黎-易贡藏布断裂的右行平移活动距离可能达 200km 以上。

2. 哑龙松多-硕般多断裂(F8)

分布于洛隆县哑龙松多—必农希—硕般多区一带，呈北西西向，区内出露长约 104km，两端延出图外。断层面总体向南南西倾斜，倾角 61°～68°。

该断裂带也是一条长期活动的断裂，现在活动也较为明显，在地震震中分布图上显示近代有两次地震震中沿该断裂分布。地貌上显示主要沿沟谷、鞍部等负地形延伸，并有多处温泉分布。

3. 宗本-则普断裂(F18)

分布于波密县宗本—则普—冻错一带，呈近东西向延伸，区内出露长约 120km，西端在易贡错北与嘉黎-易贡藏布断裂相连，东端延出图外。断层面总体向北倾斜，倾角 70°。

该断裂带也是一条长期活动的断裂，早期以逆冲为主，现在活动也较为明显，在地震震中分布图上显示近代有多次地震震中沿该断裂或在其附近分布。地貌上显示主要沿沟谷、鞍部等负地形延伸，并有多处温泉和线状排列的断层湖分布。

4. 通麦-通灯断裂(F42)

分布于波密通麦—通灯一带，呈北北东向，区内出露长约 31km，南端延出图外。断层总体近直立。

该断裂带也是一条现代强烈活动的断裂，在地震震中分布图上显示近代有 6 次以上地震震中沿该断裂带或其附近分布。地貌上显示主要沿沟谷、鞍部等负地形延伸，并有多处温泉分布，著名的通麦长青温池温泉就分布在该断裂带上，断裂错断了包括嘉黎-易贡藏布活动断裂在内的其他断层，显示左行平移运动，平移距离 500～1 000m。

5. 色拉贡巴-汤目拉断裂(F44)

分布于比如县色拉贡巴—边坝县汤目拉—波密县易贡错一带，呈北西向，区内出露长约 53km，北端延入嘉黎县幅，南端至易贡错一带与嘉黎-易贡藏布断裂相交而消失。断层总体近直立。

该断裂带也是一条现代强烈活动的断裂，在地震震中分布图上的崩果一带显示近代有 10 次以上地震震中沿该断裂带或其附近分布。地貌上显示主要沿沟谷、鞍部等负地形延伸，在嘉黎县幅内见有多处冰蚀湖也沿该断裂分布，并有多处温泉分布，断裂错断了其他断层，显示右行平移运动，平移距离 2～4km。

第七节　构造变形序列

综合测区上述的不同形式的构造变形，其构造变形序列概括于表 5-7。

表 5-7 测区主要构造变形序列简表

序列	时代	沉积建造及变形特征	演化阶段	地壳运动	变质作用	侵入活动
D_{13}	中晚更新世—全新世	冰蚀谷、河流大峡谷发展阶段	高原隆升阶段	共和运动	未变质	
D_{12}	早更新世	河流大峡谷初级发育阶段 内陆盆地面发育		昆黄运动 青藏运动 C 幕		
D_{11}	新近纪	主夷平面形成		青藏运动 A、B 幕		
D_{10}	古近纪	雅鲁藏布江结合带变形变质 地面抬升以及山顶面的形成	板片俯冲汇聚陆内改造阶段	喜山运动		$E\eta\gamma$
D_9	晚白垩世	内陆盆地发育		晚燕山运动		$K_2\eta\gamma$ $K_2\xi\gamma$
D_8	早白垩世末	近东西向褶皱和断裂发育			低级变质	$K_1\eta\gamma$ $K_1\pi\eta\gamma$
D_7	中晚侏罗世至早白垩世	希湖组为代表的大陆斜坡沉积 中晚侏罗世至早白垩世 那曲-沙丁弧后盆地发育阶段。 雅鲁藏布江结合带蛇绿混杂岩发育阶段	岩浆弧及弧后盆地阶段或多旋回洋陆转换阶段	中燕山运动		$J_3\eta\gamma$ $J_3\pi\eta\gamma$ $K_1gn\eta\gamma$
D_6	三叠世末期早侏罗世	孟阿雄群为代表的台地沉积		印支运动至早燕山运动	低级变质	$J_1gn\eta\gamma$
D_5	石炭纪至二叠纪	苏如卡组构造混杂与怒江蛇绿岩发育阶段 前奥陶系和石炭至二叠系变质变形 石炭至二叠纪活动陆缘发育阶段		海西运动	低级↑中级	$P_1gn\eta\gamma$
D_4	前石炭纪	以嘉玉桥岩群为代表的活动陆缘 发育阶段和构造混杂与变形变质		加里东运动	中低级变质	$D_1gn\eta\gamma$
D_3	前奥陶纪	以雷龙库组和岔萨岗组为代表的被动大陆边缘发育阶段				
D_2	中新元古代末	5~6 亿年 念青唐古拉岩群和南迦巴瓦峰岩群北西西-南东东向 构造片麻理或片理的形成、透入性的韧性剪切及 相关的剪切褶皱	泛非期基底形成阶段	泛非运动	中级↑高级	
D_1	中新元古代	念青唐古拉岩群和南迦巴瓦岩群 区域片理、片麻理的形成				

第八节 构造演化

根据沉积作用、变质作用、岩浆活动、构造变形和地球物理资料,测区地质构造演化过程划分为如下几个阶段(图 5-19)。

一、元古宙泛非期基底形成阶段

测区念青唐古拉岩群和南迦巴瓦岩群以深层次塑性流动褶皱及韧性剪切变形为特点。二者之间以断层接触,并以断层形式与变质变形相对较弱的前奥陶纪地层接触。

念青唐古拉岩群和南迦巴瓦变质岩群的原岩组合和沉积环境有相似之处,下部均为碎屑岩+火山岩组合;火山岩从成分上看都具双峰式特征,即以酸性和基性岩为主,中性岩少或缺乏,玄武岩的地球化学特征表明形成于一个拉张(裂谷)环境。上部为碎屑岩夹碳酸盐沉积。

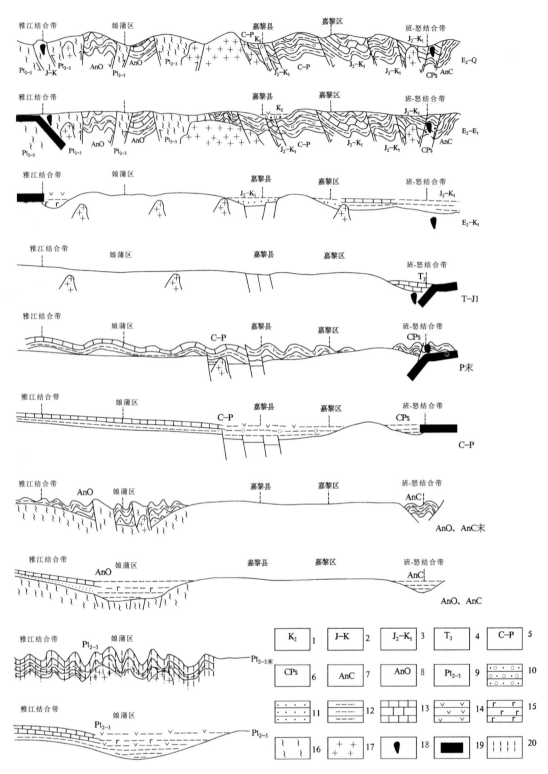

图 5-19 测区构造演化模式示意图

1.晚白垩世宗给组;2.雅鲁藏布江蛇绿混杂岩组;3.中上侏罗统—下白垩统;4.晚三叠世孟阿雄组;5.石炭系至二叠系;6.石炭纪—二叠纪苏如卡组;7.前石炭纪嘉玉桥群;8.前奥陶纪雷龙库组、岔萨岗组;9.中新元古界;10.砂砾岩;11.砂岩;12.细碎屑岩;13.碳酸盐岩;14.安山岩;15.玄武岩;16.片麻岩、片岩等结晶岩;17.中酸性侵入岩;18.蛇绿岩;19.洋壳;20.韧性剪切带

总之,形成于印度古陆南缘的前寒武纪沉积-火山岩系(南迦巴瓦岩群和念青唐古拉岩群)记录

如下一个演化过程:中元古代早期印度古陆南缘发生大陆裂谷作用,形成了具双峰式火山岩特征的火山沉积岩-碎屑岩(复理石)沉积组合;当拉张到一定阶段后拉张作用停止,海平面下降,测区北部处于碳酸岩台地而南部位于潮间带上,两者之间的过渡位置不明。这些沉积物于新元古代末期经历了一次大规模的构造运动,南迦巴瓦岩群发生了达角闪岩相的变质作用并伴有花岗岩(鲁霞片麻岩套)侵入,念青唐古拉岩群中也有花岗岩(古乡片麻岩套)侵入。这次构造-热事件标志着测区结晶基底基本形成,也意味着测区的构造演化进入了一个新的篇章。

在念青唐古拉岩群中已获得的 Sm-Nd 模式年龄值为 2 296±63Ma、2 178±12Ma、1 453±Ma,锆石 U-Pb 等时代年龄值为 1 250Ma,分别相当于早元古代和中元古代。念青唐古拉岩群中分布有早泥盆世(403.2±68.7Ma)的花岗岩侵入体(古乡片麻岩套),说明念青唐古拉岩群于早泥盆世经历了一次岩浆热事件,花岗岩侵位后测区又发生了一次变质作用形成片麻岩套。本次调研中在嘉黎县幅 P23 念青唐古拉岩群 b 岩组片岩中碎屑锆石的 U-PbSHIMP 年龄测试中获得两个年龄分别为 1 283Ma 和 679 Ma。可能代表了念青唐古拉岩群较早期的构造热事件。

测区南迦巴瓦岩群直接同雅鲁藏布江蛇绿混杂岩带构造接触,缺失区域上普遍存在的从早古生代—新生代的特提斯沉积岩系,在南迦巴瓦岩群中获 1 312±16Ma 的锆石年龄,获得 Rb-Sr 等时年龄为 961±157Ma、1 064±82Ma,分别相当于中元古代和新元古代。在南迦巴瓦岩群中的透镜状斜长角闪岩中采获 575.20±5.24Ma 的 Ar-Ar 法冷却年龄,表明南迦巴瓦岩群此时已经处于角闪岩相。而其中的片麻状花岗岩体中获得锆石的 U-Pb 年龄为 553~522 Ma,表明南迦巴瓦岩群于寒武纪经受了一次岩浆热事件,花岗岩侵位后和围岩一起经历过一次变质作用。反映了构造岩浆活动时代为泛非运动期。

二、古生代至早白垩世多旋回洋陆转换阶段(岩浆弧及弧后盆地阶段)

1. 前奥陶纪冈底斯-念青唐古拉板片内的被动陆缘发育阶段

测区内最早的盖层沉积发育在冈底斯-念青唐古拉板片的隆格尔-工布江达中生代断隆带中,初步定为前奥陶纪地层。与下伏念青唐古拉岩群为断层接触关系。下部雷龙库组岩性以细粒石英岩、二云母角闪石英岩为主,夹黑云角闪粒岩、黑云母石英片岩、黑云母千枚片岩及变质玄武岩。该套地层变质程度属于中低级区域动力变质作用,变质程度为绿片岩相。其原岩为硅质岩、石英砂岩、细粒石英杂砂岩及细粒-粉砂质泥岩。代表了裂谷盆地边缘斜坡浊流沉积环境。上部岔萨岗岩组岩性以灰色中薄层细晶大理岩、灰色中薄层状结晶灰岩、粉砂质绢云母千枚岩夹细粒石英砂岩、粉砂质黑云母绢云母千枚岩。其原岩为砂质灰岩和泥质及粉砂质泥岩、细粒石英砂岩、粉砂岩,总体反映了碳酸盐台地→陆棚砂泥质沉积环境。

值得注意的是,嘉黎-易贡藏布断裂带南侧的前奥陶纪地层以被动大陆边缘沉积建造为主,偶夹基性火山岩(玄武岩)。岩石化学以富 SiO_2、CaO、MgO 为特征,稀土模式属轻稀土富集重稀土亏损型,地球化学分布型式及投图 Th-Hf/3-Ta、Th-Hf/3-Nb/16 结果显示岛弧环境特征。反映了最早期的板内岩浆活动。

2. 前石炭纪班公错-怒江结合带内的活动陆缘发育阶段

分布于测区东北角洛隆县察贡一带的前石炭纪嘉玉桥岩群,岩性由一套以大理岩为主夹隐晶质石墨的白云母片岩、片麻岩、变质砂岩、石榴石二长片麻岩等中高级变质岩组成,原岩为粉砂质泥岩、灰岩、基性—酸性火山岩、酸性侵入岩。其中产大量的基—酸性火山岩,表现出活动陆缘的建造特点,为活动陆缘增生链的岩石组合,可能代表冈瓦纳古陆外缘带。

3. 石炭纪至二叠纪冈底斯-念青唐古拉板片内活动陆缘发育阶段

测区主要盖层为石炭纪和二叠纪地层。可分5种沉积相。即：滨浅海碎屑岩相、浅海陆棚碎屑岩相、浊积岩相、含砾板岩相及碳酸盐岩台地相。总体反映了冈瓦纳大陆北缘浅海陆棚-碳酸盐岩台地沉积环境。晚石炭世—早二叠世地层中发育具冰水沉积特征的含砾板岩。具冰水沉积特征的含砾板岩的发育说明该区当时的气候和地理位置还是属于冈瓦纳大陆的一部分。其中石炭纪—早二叠世地层中发育大量的中酸性火山岩如安山岩、流纹岩、英安岩等，其中早石炭世诺错组火山岩岩石类型为安山岩、英安岩、火山碎屑岩，变安山玄武岩岩石化学属正常类型，DI＝25.62，A/NKC＝0.76，微量元素富Cr、Sr、Ba、Ti，在lgτ-lgδ图解中，投点位于造山带火山岩范围。稀土元素配分型式为轻稀土富集型，铕具较明显的亏损。反映诺错组是古特提斯洋中近边缘部分的沉积物的消减残留，是古特斯洋的一部分。晚石炭世至早二叠世来姑组中火山岩，A/NKC＝0.77～1.11，铕强烈亏损，说明它们属于陆壳变沉积岩重熔的产物。它与深-浅海相沉积物共生，反映为裂谷环境。此外，在中新元古代念青唐古拉岩群中发现多处早泥盆世和早二叠世变质侵入体，岩性为片麻状二长花岗岩和片麻状花岗闪长岩。微量元素蛛网图中显示Rb、Th峰和Nb、Ta谷。以富Rb、Th等大离子亲石元素和亏损Nb、Ta、Y等高场强元素为特征。Nb负异常可能与地壳混染有关。Sr、Ba的亏损反映有分离结晶作用的存在，说明岩石形成与长期较稳定的条件，具正常大陆弧特征。Nb-Y及Rb-(Y+Nb)判别图中，样品皆落入火山弧和同碰撞区。R_1-R_2图解中，投入1区（地幔分异）和6区（同碰撞区）。因此石炭纪—二叠纪基性至中酸性火山岩的发现提供了冈瓦纳大陆北部在早石炭世已开始转化为活动大陆边缘的信息。而同时期变质侵入体的发现可能提供了特提斯洋盆早期俯冲作用的地质记录。

4. 石炭纪至二叠纪班公错-怒江结合带构造混杂与怒江蛇绿岩发育阶段

分布于测区东北角班公错-怒江结构带内的苏如卡组岩性由灰色板岩、灰白色结晶灰岩夹千枚岩、大理岩等组成。构造变形和变质作用都非常强烈，并伴随着石炭—二叠纪的怒江蛇绿岩发育。反映了该时期结合带的俯冲和碰撞活动。

5. 三叠纪至早侏罗世冈底斯-念青唐古拉板片内碳酸盐台地及岩浆弧发育阶段

此时期是班公错-怒江结合带两侧板片俯冲碰撞和蛇绿岩发育主体阶段，与此相对应，在冈底斯-念青唐古拉板片的北端发育了以孟阿雄群为代表的碳酸盐台地沉积。此外，在索通、娘蒲一带发现多个早侏罗世变质侵入体，岩性为弱糜棱岩化二长花岗岩、花岗闪长岩和英云闪长岩，微量元素蛛网图中显示Rb、Th峰和Nb、Ta谷。以富Rb、Th等大离子亲石元素和亏损Nb、Ta、Y等高场强元素为特征。Nb负异常可能与地壳混染有关。Sr、Ba的亏损反映有分离结晶作用的存在，说明岩石形成与长期较稳定的条件有关，具正常大陆弧特征。Nb-Y及Rb-(Y+Nb)判别图中，样品皆落入火山弧和同碰撞区。R_1-R_2图解中，投入1区（地幔分异）和6区（同碰撞区）。可能代表了与班公错-怒江结合带俯冲碰撞相匹配的岩浆弧记录。

在多居绒-英达韧性剪切带中早泥盆世侵入体中获得了247±16Ma（U-Pb法，宜昌地质矿产研究所，样品号1390-2）年龄，剪切带片岩中锆石U-Pb法SHIMP谐和线年龄为194±7Ma（样品号P23-11，图5-20；图版Ⅵ，2）。五岗韧性剪切带中花岗质糜棱岩锆石U-Pb法测试结果表明，大部分年龄集中在179～189Ma之间。八棚择韧性剪切带中构造片麻岩锆石U-Pb法测试年龄为252～253Ma。

综合测区韧性剪切带中U-Pb同位素年龄结果，及早二叠世、早侏罗世二长花岗岩体的发现和多组海西期至印支期铅重置年龄（个别达燕山期），说明测区海西至印支期发生了较重要的岩浆活动、构造变形和构造热事件。测区进入到岩浆弧发育阶段,提供了特提斯洋海西—印支期俯冲碰撞的岩浆记录。

6. 中晚侏罗世至早白垩世雅鲁藏布江

洋盆发育扩张与冈底斯-念青唐古拉板片岩浆弧与弧后盆地发育阶段从区域来看,雅鲁藏布江洋开始扩张于三叠纪,至三叠纪末洋盆已初具规模,侏罗纪、白垩纪时继续扩张,测区仅在拉月一带出露雅鲁藏布江蛇绿混杂岩的基质部分,就是雅鲁藏布江洋盆的沉积记录。

与雅鲁藏布江洋盆扩张相对应,测区南部(即隆格尔-工布江达中生代断隆带)以陆地为主,其中发育晚侏罗世至古近纪中酸性侵入岩,相当于与雅鲁藏布江洋盆扩张、俯冲碰撞的岩浆记录。测区北部(即那曲-沙丁中生代弧

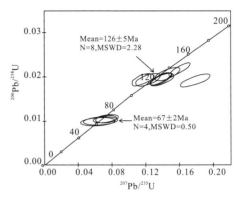

图5-20 工布江达多居绒弱眼球状二云纳
长片岩年龄谐和图
(样品 P23-11)锆石 U-Pb SHRIMP

后盆地)发育弧后盆地,出露地层有中上侏罗统—下白垩统,中侏罗世希湖组为浅海-半深海相砂板岩夹火山岩和硅质岩;中晚侏罗世为灰色-灰黑色浊积岩的盆地沉积;早白垩世为含煤碎屑沉积,显示为弧后盆地沉积特点。

测区内晚白垩世宗给组与下伏地层早白垩世边坝组、多尼组及中晚侏罗世拉贡塘组之间的角度不整合接触界线,代表了测区特提斯洋的彻底闭合和进入陆内构造演化阶段的开始。

与角度不整合相对应,测区内变质作用也以该时限为界,早白垩世及其更早的地层,普遍发生变质。而此后地层,除雅鲁藏布江结合带因动力作用发生变质外,其他地层均未发生变质。

雅鲁藏布江洋在区域上向北俯冲所形成的岩浆弧中花岗岩类的最早时代为120~90Ma,但在测区扎西则岩体中出现157.13±9Ma(Rb-Sr)(1:20万资料)的年龄,本次区调在嘉黎县幅阿扎错南次仁玉珍岩体中得到157.7±1.4Ma(K-Ar)的年龄,比区域资料早,表明雅鲁藏布江洋的俯冲作用可能在晚侏罗世就已经开始。

通过对索通早泥盆世片麻状二长花岗岩中锆石 U-Pb SHRIMP 谐和线分析(样品号2003-1,表5-8,图5-21;图版Ⅵ,1),有5个样品集中在126±5Ma附近,有4个样品集中在67±2Ma附近;对嘉黎县幅尼屋北西的早二叠世弱片麻状二长花岗岩中锆石 U-Pb SHRIMP 谐和线分析,有8个样品集中在134±6Ma附近(样品号0975,表5-8,图5-22;图版Ⅵ,3),说明早白垩世和晚白垩世测区发生了较重要的构造热事件,重置了岩体中的铅同位素。

表5-8 测区锆石 U-Pb SHRIMP 年龄测试分析结果表

测点	U ppm	Th ppm	$^{232}Th/^{238}U$	$^{204}U/^{206}Pb$	误差%	$^{207}U/^{206}Pb$	误差%	$^{208}U/^{206}Pb$	误差%	$^{206}U/^{238}Pb$	误差%	$^{248}U/^{254}Pb$	误差%	$^{254}U/^{238}Pb$	误差%	年龄/Ma
975-1-1.1	331	234	0.73	—	0	0.047	6.4	0.239	2.4	0.041	1.2	0.654	1.8	7.22	0.4	126
975-1-2.1	199	233	1.21	—	0	0.057	4.1	0.390	2.4	0.045	1.4	1.076	0.3	7.56	0.5	128
975-1-3.1	949	581	0.63	—	0	0.048	2.1	0.193	2.0	0.042	0.6	0.569	0.2	7.10	0.4	137
975-1-4.1	553	87	0.16	—	0	0.048	3.2	0.057	3.7	0.045	1.8	0.143	0.6	7.67	1.7	125
975-1-5.1	654	414	0.66	—	0	0.050	2.2	0.196	3.8	0.048	1.1	0.576	1.1	7.81	3.1	138
975-1-6.1	581	258	0.46	—	0	0.047	3.2	0.146	4.1	0.042	2.4	0.410	2.9	7.18	1.6	140
975-1-7.1	270	114	0.43	—	0	0.057	3.4	0.162	3.0	0.045	1.2	0.385	1.0	7.57	0.4	129
975-1-8.1	2747	727	0.27	—	0	0.047	1.0	0.081	1.2	0.056	4.0	0.243	4.4	7.41	2.7	158
975-1-9.1	460	145	0.33	—	0	0.123	0.8	0.133	1.0	0.262	1.7	0.294	0.4	7.04	1.8	876

续表 5-8

测点	U ppm	Th ppm	$^{232}Th/^{238}U$	$^{204}U/^{206}Pb$	误差%	$^{207}U/^{206}Pb$	误差%	$^{208}U/^{206}Pb$	误差%	$^{206}U/^{238}Pb$	误差%	$^{248}U/^{254}U$	误差%	$^{254}U/^{238}Pb$	误差%	年龄/Ma
975-1-10.1	2748	1488	0.56	—	0	0.045	1.1	0.141	3.5	0.056	2.1	0.502	1.9	7.17	0.2	184
975-1-11.1	2734	4387	1.66	—	0	0.050	3.7	0.599	2.0	0.065	4.8	1.420	2.9	8.71	4.4	141
P23-11-1.1	573	410	0.74	—	0	0.054	2.1	0.233	1.5	0.069	1.2	0.653	0.5	7.68	0.4	193
P23-11-2.1	309	268	0.90	—	0	3.146	49.2	13.800	63.6	0.010	95.2	0.754	3.9	9.36	10.9	0
P23-11-3.1	497	529	1.10	—	0	0.054	2.3	0.342	1.5	0.072	1.4	0.964	0.3	7.93	1.4	193
P23-11-4.1	2544	2961	1.20	1.1E-5	65	0.053	2.1	0.390	2.5	0.077	1.7	1.042	0.3	8.31	2.3	182
P23-11-5.1	384	958	2.58	—	0	0.053	2.7	0.818	1.8	0.061	0.9	2.326	0.3	6.95	1.4	205
P23-11-6.1	432	4	0.01	1.5E-4	20	0.052	2.7	0.009	8.0	0.061	1.4	0.008	1.8	7.28	0.3	189
P23-11-7.1	460	831	1.87	7.4E-5	63	0.053	2.4	0.604	1.2	0.069	1.2	1.665	1.5	7.36	0.3	205
P23-11-8.1	970	53	0.06	2.3E-5	36	0.093	0.7	0.030	1.6	0.249	0.5	0.051	2.8	7.31	1.5	689
P23-11-9.1	233	85	0.38	2.0E-4	38	0.054	3.5	0.118	3.4	0.057	2.8	0.341	1.3	7.08	1.3	184
P23-11-10.1	1978	365	0.19	9.3E-5	25	0.051	1.9	0.061	3.3	0.040	2.3	0.167	0.3	7.99	3.2	109
P23-11-11.1	1281	3571	2.88	—	0	0.053	3.6	0.955	3.9	0.071	3.8	2.529	0.2	7.85	0.2	198
P23-11-12.1	1543	1782	1.19	—	0	0.097	0.5	0.371	2.2	0.549	1.4	1.048	6.2	7.86	0.8	1322
P23-11-13.1	491	358	0.75	—	0	0.099	0.8	0.374	0.6	0.360	1.7	0.673	0.8	7.31	1.9	999

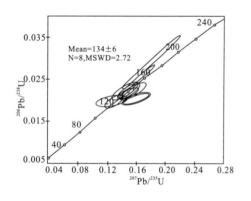

图 5-21 波密县索通片麻状
花岗岩锆石年龄谐和图
U-Pb SHRIMP(样品 2003-1)

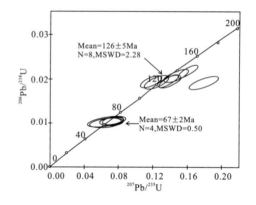

图 5-22 嘉黎县尼屋北糜棱岩化
二长花岗岩锆石年龄谐和图
U-Pb SHRIMP(样品 0975)

三、晚白垩世至古近纪板片俯冲汇聚与冈底斯-念青唐古拉板片陆内改造阶段

随着印底板片不断向北俯冲碰撞,雅鲁藏布江洋盆逐渐收缩,测区进入陆内汇聚和陆内改造阶段。早白垩世晚期边坝组沉积后,冈底斯-念青唐古拉板片全部脱离海相进入到陆内盆地发育与火山、岩浆弧发育阶段。测区大量发育了晚白垩世至古近纪碰撞期或碰撞后中酸性侵入岩和晚白垩世宗给组火山岩。火山岩岩石化学及地球化学特征反映碰撞造山环境。与区域上雅鲁藏布江构造带俯冲消减时代相一致。

该时期碰撞后印度板块不断向北俯冲、挤压,在冈底斯-念青唐古拉板片形成一系列向南逆冲的叠瓦状断层,地壳的增厚导致雅鲁藏布江蛇绿混杂岩和两侧围岩发生高压变质作用。

古近纪时期测区未见沉积,从区域上看为内陆内改造阶段,总体高程有限,发生过两期构造变形和地面抬升事件。

四、晚新生代高原隆升阶段

在 18~23Ma 时,南迦巴瓦变质岩系开始折返,经历了快速剥露过程,标志着测区的应力场性质发生了根本变化,从挤压转向伸展。在伸展作用的大背景下,冈底斯-念青唐古拉板片在 13~17Ma 时,形成了大量的壳幔混源的花岗岩,近东西向断层由正逆活动转变为大规模走滑平移,特别是嘉黎-易贡藏布断裂累计位移距离已达二百多千米,使断层的性质发生了变质。测区构造发展进入了一个崭新的构造发展阶段。从大量的古地貌和古地理调查和研究资料来看,测区保存两级夷平面,一级夷平面(山顶面)的准平原阶段为渐新世;二级夷平面即主夷平面的形成时代在中新世。裂变径迹资料和地面高程、山顶高程统计资料显示,上新世初(5.0MaBP),发生了青藏运动,测区隆升加快,经过早更新世末的昆黄运动、中晚更新世之交的共和运动,测区经历了高原隆升、两江水系溯源和大切割、冰川发育等过程,逐渐形成了现代高山峡谷地貌。

第六章 结束语

　　本图幅是我国实施青藏高原南部空白区基础地质调查与研究项目的 1∶25 万区域地质调查图幅之一。图幅工作三年中,在中国地质调查局和西南中心的领导下,在西藏自治区地质调查院各级领导的支持和关怀下,通过图幅队全体调研人员的共同努力,取得一批可喜成果。

　　1.通过本次区调对嘉黎-易贡藏布断裂带的空间展布、断层结构和活动规律取得重要认识:嘉黎-易贡藏布断裂是区域性大断裂狮泉河-申扎-嘉黎断裂带的一个分支,另一主要分支断裂为嘉黎区-向阳日断裂。早期活动(K_2之前)主要在北分支,并继承作为冈底斯-念青唐古拉板片内那曲-沙丁中生代弧后盆地与隆格尔-工布江达中生代断隆带的分界断裂,也是冈底斯-腾冲地层区内二级地层分区中拉萨-察隅地层分区与班戈-八宿地层分区的界线,嘉黎-易贡藏布断裂带经历了多期活动,表现在断裂带上多条平行断裂的活动性质各异,其主要活动主要有两次,一是中晚侏罗世—早白垩世,西部以南北拉张的裂谷盆地,并有裂型蛇绿岩发育,在嘉黎县(达马)以西表现为断陷盆地沉积。但进入易贡藏布一带因方向发生变化,此时期表现为剪切性质,未见裂谷及蛇绿岩套。另一次是晚新生代高原隆升隆升过程中大规模走滑平移。通过地层特征和火山活动特点对比,倾多一带的石炭至二叠纪地层与当雄一带的石炭至二叠纪地层具有更多的相似性。嘉黎-易贡藏布断裂的右行平移活动距离可能达 200km 以上。

　　1.通过填图和实测剖面查明了不同构造层次中的构造变形样式,中新元古代念青唐古拉岩群以深层次构造组合类型无根褶皱、柔皱和韧性剪切变形为主要特征,前奥陶纪地层以斜歪、局部褶叠层,千枚理级韧性剪切带发育为特色,石炭纪至二叠纪地层中的构造样式较为简单,板理(轴面劈理)与层理垂直或近垂直,显示的褶皱以开阔、轴面直立为特征,岩层产状较为平缓。中晚侏罗世和早白垩世地层的构造样式较为复杂,板理以平行层理和斜交层理为主,显示的褶皱以紧闭、倒转或倾斜为主。这种差异反映了各构造层在构造变形背景和岩石变形行为的不同。

　　2. 以现代地层学和沉积学新理论为指导,采用多重地层划分方法,对石炭—二叠纪地层、侏罗纪—白垩纪地层进行了岩石地层、生物地层及年代地层、层序地层等多重地层划分与对比,初步建立了测区地层格架。

　　3.生物地层研究方面取得了新进展,通过本次工作,分别在来姑组、洛巴堆组、拉贡塘组、多尼组及边坝组中发现了大量古生物化石,并结合前人在测区内已发现的化石资料的综合研究。初步建立了 12 个组合(或带),其中腕足 2 个组合、鋋 1 个带、菊石 3 个带、珊瑚 3 个组合、双壳类 2 个组合、植物 1 个组合。以上化石组合(或带)为其年代地层划分和沉积环境分析提供了确凿证据。

　　4.开展了层序地层研究,初步划分出石炭—二叠纪地层 5 个三级层序,侏罗纪—白垩纪地层 6 个三级层序。

　　5.在对边坝县多尼组地层实测剖面中发现多尼组可分为三套岩性组合,与前人二分有明显差异,其中第三套(上部)岩性组合为深灰色砂板岩夹紫红色泥岩和灰黑色泥灰岩、含铁白云岩。在泥灰岩中发现大量的双壳类化石,初步鉴定有 *Trigonioides* (*Diversitrigonioides*) *xizangensis* Gu(西藏类三角蚌)(异饰蚌)(K_1), *Pleuromya spitiensis* Hoidhaus(斯匹梯肋海螂)(K_1)两个种、*Myopholas* sp.(螂海笋), *Inoperna* sp.(细股蛤)。通过详细时代确定和岩性对比建立一个新的岩性地层单位——早白垩世边坝组。

6. 对拉孜北凼木曲东岸前人（1∶20万资料）定义的一套拉贡塘组碳酸盐岩地层进行了重新研究和实测剖面控制，其碳酸盐岩应为一套粉砂质板岩，并在板岩中发现丰富的植物化石，主要有 *Scleropteris* cf. *tibetica* Tuan et Chen（西藏英羊齿，相似种），*Cladophlebis* cf. *browniana* (Dunker) Seward（布朗枝脉蕨，相似种），*Cl* sp.，*Desmiophyllum* sp（带状叶属，未定种）.，? *Gleichenites* sp.（? 似里白，未定种），*Zamiophyllum buchianum* (Ett) Nath. emend Ôish（布契查米羽叶），*Z*. sp.，*Zamites* sp.（似查米亚，未定种），*Sphenopteris* sp.（楔羊齿，未定种），*Todites* sp.（似托第蕨，未定种），具有早白垩世植被面貌。

7. 岩浆岩各项测试分析数据齐全，较系统地研究了侵入岩和火山岩的岩石类型、矿物学、岩石化学和地球化学特征。在此基础上，讨论了岩浆活动规律及其成因类型，进一步探讨了不同构造岩浆带的大地构造环境，形成演化、定位机制的动力学模式及与造山带地质构造演化的成生联系。

8. 根据岩性和接触关系对测区内岩浆岩体进行了解体和年龄测定，其侵入岩体从泥盆纪—古近纪均有出现，并具成片成带的特点，而且岩浆活动明显受构造控制。从北向南分别形成洛庆拉-阿扎贡拉、扎西则及鲁公拉三个复式岩浆带。共圈出中酸性侵入体138个。新测年龄数据30多个。其中在嘉黎县南侧的原早白垩世岩体中解体出多个多期岩体，其中早二叠世、早侏罗世和晚侏罗世岩体在嘉黎县一带属首次发现。此外，在洛木获得二长花岗岩体K-Ar年龄45.13±0.45Ma（始新世）。这些岩浆活动时间的确定对研究测区的岩浆活动与构造运动关系提供了较好的证据。

9. 系统总结了测区不同时代区域变质岩系和区域动力变质岩的岩石学、矿物学、岩石化学、岩石地球化学特征，对主要变质岩系的变质温压条件、变质相、变质相系进行了研究归纳。

10. 在边坝镇发现锑矿化点1处。

11. 根据光释光测试结果确定了测区河流阶地的时代，其中 T_3（边坝县上卡）年龄为 20.3 ± 1.7 kaB.P.、T_4（边坝县徐卡）年龄为 29.4 ± 2.5 kaB.P.、T_5（边坝县徐卡）年龄为 30.8 ± 2.5 kaB.P.)、T_6（波密县倾多）年龄为 59.5 ± 4.9 kaB.P.，均为晚更新世。在波密县倾多原划为中更新世冰碛物中获得OSL年龄 80.2 ± 6.5 kaB.P.，为晚更新世。在边坝县拉孜北分水岭上（海拔4 560m）冰碛物中获得ESR年龄705kaB.P.，相当于青藏高原倒数第三期冰期时间，为测区最早冰川记录，该分水岭高出现代河床（海拔4 250m）300m，反映了中更新世以来测区的强烈隆升和河流强烈下蚀作用。

参考文献

1. 白文吉,胡旭峰,杨经绥,等.山系的形成与板块构造碰撞无关[J].地质论评,1993,39(2):111~116.
2. 陈炳蔚,艾长兴,扎西旺曲.西藏波密察隅地区的几个地质问题.青藏高原地质文集(10)[A].北京:地质出版社,1982.
3. 陈炳蔚,艾长兴.对西藏东部嘉玉桥群及青塘群地质时代问题的讨论[J].西藏地质,1986(1):43~53.
4. 陈楚震.拉萨-波密分区地层,西藏地层[M].北京:科学出版社,1984.
5. 陈福忠,廖国兴.昌都地区地质基本特征.青藏高原地质文集(12)[A].北京:地质出版社,1983.
6. 成都地质矿产研究所,四川区调队.怒江-澜沧江-金沙江区域地层[M].北京:地质出版社,1992.
7. 程力军,李杰,刘鸿飞,等.冈底斯东段铜多金属成矿带基本特征[J].西藏地质,2001(1):43~53.
8. 从柏林.板块构造与火成岩组合[M].地质出版社,1979.
9. 崔之久,等.夷平面、古岩溶与青藏高原隆升[J].中国科学(D辑),1996,26(4):378~386.
10. 崔之久,高全洲,刘耕年,等.夷平面、古岩溶与青藏高原隆升[J].中国科学(D辑),1996,26(4):378~386.
11. 崔之久,伍永秋,刘耕年.昆仑-黄河运动的发现及其性质[J].科学通报,1997,42(18):1 986~1 989.
12. 丁林.东喜马拉雅构造结上新世以来快速抬升的裂变径迹证据[J].科学通报,1995,40(16):1 497~1 501.
13. 董文杰、汤懋苍.青藏高原隆升和夷平过程的数值模型研究[J].中国科学(D辑)1997,27:65~69.
14. 杜光树,冯孝良,陈福忠等.西藏金矿地质[M].成都:西南交通大学出版社,1993.
15. 杜光伟,徐开锋.藏东"三江"地区地球化学特征及其找矿意义[J].物探与化探,2001,25(6):425~431.
16. 范影年.中国西藏石炭—二叠纪皱纹珊瑚的地理区系.青藏高原地质文集(16)[A].北京:地质出版社,1985.
17. 高全洲,等.青藏高原古岩溶的性质、发育时代和环境特征[J].地理学报,2002,57(3):267~274.
18. 高全洲,等.晚新生代青藏高原岩溶地貌及其演化[J].古地理学报,2001,3(1):85~90.
19. 耿全如,潘桂棠,等.论雅鲁藏布大峡谷地区冈底斯岛弧花岗岩带[J].沉积与特提斯地质,2001,21(2):16~22.
20. 苟宋海.西藏白垩纪双壳类化石组合特征[J].成都地质学院学报,1986,13(2),76~78.
21. 韩同林.试论"沙西板岩系".青藏高原地质文集(3)[A].北京:地质出版社,1993,119~130.
22. 郝杰,柴育成,李继亮.关于雅鲁藏布江缝合带(东段)的新认识(J).地质科学,1995,30(4):423~431.
23. 鸿烈,郑度.青藏高原形成演化与发展[M].广州:广东科技出版社,1998.
24. 侯增谦,卢记仁,李红阳等.中国西南特提斯构造演化—幔柱构造控制[J].地球学报,1996,17(4):439~453.
25. 胡承祖.狮泉河-古昌-永珠蛇绿岩带特征及其地质意义[J].成都地质学院学报,1990,17(1):23~30.
26. 胡世雄、王珂.现代地貌学的发展与思考[J].地学前缘,2000,7(suppl.):67~78.
27. 江万,莫宣学,赵崇贺,等.矿物裂变径迹年龄与青藏高原隆升速率研究[J].地质力学学报,1998,4(1):13~18.
28. 康兴成等.青海都兰地区1835a年轮序列的建立和初步分析[J].科学通报,1997,42(10):1 089~1 091.
29. 劳雄.班公错-怒江断裂带的形成——二论大陆地壳层波运动[J].地质力学学报,2000,6(1):69~76.
30. 劳雄.雅鲁藏布江断裂带的形成[J].地质力学学报,1995,1(1):53~59.
31. 李光明,潘桂棠,王高明,等.西藏铜矿资源的分布规律与找矿前景初探[J].矿物岩石,22(2):30~34.
32. 李光明,王高明,高大发,等.西藏冈底斯南缘构造格架与成矿系统[J].沉积与特提斯地质,2002,22(2):1~7.
33. 李光明,雍永源.藏北那曲盆地中上侏罗统拉贡塘组浊流沉积特征及微量元素地球化学[J].地球学报,1998,21(4):373~378.
34. 李吉均,方小敏,等.晚新生代黄河上游地貌演化与青藏高原隆起[J].中国科学,1996,26(4):316~322.
35. 李金高,王全海,陈健坤等.西藏冈底斯成矿带及其战略地位[J].西藏地质,2002,1(20):69~73.
36. 李璞.西藏东部地区的初步认识[J].科学通报,1955(7):62~67.

37. 李廷栋.青藏高原地质科学研究的新进展[J].地质通报,2002,21(7):370~376.
38. 李廷栋.青藏高原隆升的过程和机制[J].地球学报,1995(1):1~9.
39. 李万春,等.高分辨率古环境指示器——湖泊纹泥研究综述[J].地球科学进展,1999,14(2):172~176.
40. 李祥辉,王成善,吴瑞忠.西藏中部拉萨地块古生代、中生代的超层序研究[J].沉积学报,2002,20(2):179~187.
41. 梁华英.青藏高原西缘斑岩铜矿成岩成矿研究取得新进展[J].矿床地质,2002 2(1):11~12.
42. 林仕良,雍永源.藏东喜马拉雅期A型花岗岩岩石化学特征[J].四川地质学报 1999,19(3):51~55.
43. 刘朝基.川西藏东板块构造体系及特提斯地质演化[J].地球学报,1995,16(2):121~134.
44. 刘连友,刘志民,张甲申等.雅鲁藏布江江当宽谷地区沙源物质与现代沙漠化过程[J].中国沙漠,1997,17(4):377~382.
45. 刘宇平,陈智梁,唐文清,等.青藏高原东部及周边现时地壳运动[J].沉积与特提斯地质,2003,23(4):1~8.
46. 马昌前,杨坤光,唐仲华.花岗岩类岩浆动力学—理论方法及鄂东花岗岩类例析[M].武汉:中国地质大学出版社,1994.
47. 马冠卿.西藏区域地质基本特征[J].中国区域地质,1998,1(17):16~24.
48. 莫宣学等.三江特提斯火山作用与成矿[M].北京:地质出版社,1993.
49. 潘桂棠,陈智梁,李兴振,等.东特提斯地质构造形成演化[M].北京:地质出版社,1997.
50. 潘桂棠,陈智梁,李兴振,等.东特提斯多弧—盆系统演化模式[J].岩相古地理,1996,16(2):52~65.
51. 潘桂棠等.青藏高原新生代构造演化[M].北京:地质出版社,1990.
52. 潘桂棠,王立全,李兴振,等.青藏高原区域构造格局及其多岛弧盆系的空间配置[J].沉积与特提斯地质,2001,21(3):1~26.
53. 潘桂棠,王培生,徐耀荣,等.青藏高原新生代构造演化—中华人民共和国地质矿产部地质专报五[M].北京:地质出版社,1990.
54. 潘桂棠,徐强,王立全,等.青藏高原多岛弧-盆系格局机制[J].矿物岩石,2001,21(3):186~189.
55. 潘裕生,孔祥儒.青藏高原岩石圈结构演化和动力学[M].广州:广东科技出版社,1998.
56. 潘裕生.青藏高原的形成与隆升[J].地学前缘,1999,6(3):153~163.
57. 彭补拙,杨逸畴.南迦巴瓦峰地区自然地理与自然资源[M].北京:科学出版社,1996.
58. 彭勇民,惠兰,谭富文,等,西藏层序地层研究进展[J].地球学报,2002,23(3),273~278.
59. 秦大河,等.青藏高原的冰川与生态环境[M].北京:中国藏学出版社,1998.
60. 秦大河.中国西部环境演变评估[M].北京:科学出版社,2002.
61. 曲晓明,侯增谦,黄卫,等.冈底斯斑岩铜矿(化)带:西藏第二条"玉龙"铜矿带?[J].矿床地质,2001,20(4):355~366.
62. 饶荣标,徐济凡,陈永明,等.青藏高原的三叠系[M].北京:地质出版社,1987.
63. 任金卫,沈军,曹忠权,等.西藏东南部嘉黎断裂新知[J].地震地质,2000,22(4):344~350.
64. 任天祥,孙忠军,向运川.念青唐古拉-雅鲁藏布江中段区域地球化学特征及成矿环境[J].矿物岩石地球化学通报,2002,21(2):185~18.
65. 芮宗瑶,侯增谦,曲晓明,等.冈底斯斑岩铜矿成矿时代及青藏高原隆升[J].矿床地质,2003,22(3):217~225.
66. 尚彦军,杨志法,廖秋林,等.雅鲁藏布江大拐弯北段地质灾害分布规律及防治对策[J].中国地质灾害与防治学报,2001,12(4):30~40.
67. 施雅风,李吉均.青藏高原晚新生代隆升与环境变化[M].广州:广东科技出版社,1998.
68. 史晓颖,童金南.藏东洛隆马里海相保罗系及动物群特征[J],地球科学(特别),1985,(10):175~186.
69. 史晓颖.西藏东部洛隆马里柳湾组腕足动物群.青藏高原地质文集18[A].北京:地质出版社,1987:14~43.
70. 四川区调队,南京地质古生物研究所.川西藏东地区地层与古生物(1)[M].成都:四川人民出版社,1982.
71. 谭富文,王高明,惠兰,等.藏东地区新生代构造体系与成矿的关系[J].地球学报,2001,22(2):123~128.
72. 汤懋苍,钟大赉,李文华等.雅鲁藏布江"大峡弯"是地球"热点"的证据[J].中国科学(D辑),1998,28(5):463~468.
73. 腾云,米占祥,西藏改则-拉萨-洛隆地区侏罗系—早第三系地层的时空关系[J].西藏地质(1),1993,总(9):45~49.
74. 童金南.西藏东部洛隆马里侏罗纪双壳类动物群.青藏高原地质文集(18)[A].北京:地质出版社,1987.

75. 王岸,王国灿,向树元.东昆仑东段北坡河流阶地发育及其与构造隆升的关系[J].地球科学—中国地质大学学报,2003,28(6):675～679.
76. 王成善,丁学林.青藏高原隆升研究新进展综述[J].地球科学进展,1998,13(6):526～531.
77. 王成善,夏代祥,周详,等.雅鲁藏布江缝合带—喜马拉雅山地质[M].北京:地质出版社,1999.
78. 王二七,陈良忠,陈智梁,等.在构造和气候因素制约下的雅鲁藏布江的演化[J].第四纪研究,2002,22(4):365～373.
79. 王富葆,等.吉隆盆地的形成演化、环境变迁与喜马拉雅山隆起[J].中国科学(D辑),1996,26(4):329～335.
80. 王根厚,周详,曾庆高,等.西藏中部念青唐古拉山链中生代以来构造演化[J].现代地质,1997,11(3):298～304.
81. 王国灿,向树元,John I. Garver 等.东昆仑东段巴隆哈图一带中生代的岩石隆升剥露—锆石和磷灰石裂变径迹年代学证据[J].地球科学—中国地质大学学报,2003,28(6):645～652.
82. 王国灿.隆升幅度及隆升速率研究方法综述[J].地质科技情报,1995,14(2):17～22.
83. 王国灿.沉积物源区剥露历史分析的一种新途径——碎屑锆石和磷灰石裂变径迹热年代学[J].地质科技情报,2002,21(4):35～40.
84. 王士峰,伊海生.气候与青藏高原隆升的耦合关系[J].青海地质,1999,8(2):25～30.
85. 吴一民.西藏早白垩世含煤地层及植物群.青藏高原地质文集(16)[A].北京:地质出版社,1985,185～202.
86. 吴珍汉,胡道功,刘崎胜,等.西藏当雄地区构造地貌及形成演化过程[J].地球学报,2002,23(5):423～428.
87. 西藏地质矿产局.西藏自治区区域地质志[M].北京:地质出版社,1993.
88. 西藏岩浆活动和变质作用[M].科学出版社,1981.
89. 向树元,王国灿,邓中林.东昆仑东段新生代高原隆升重大事件的沉积响应[J].地球科学—中国地质大学学报,2003,28(6):615～620.
90. 向树元,王国灿,林启祥,等.东昆仑阿拉克湖地区第四纪水系演化过程及其趋势[J].地质科技情报,2003,22(4):35～40.
91. 向树元,王国灿,林启祥,等.东昆仑北缘都兰县巴隆一带人类活动遗迹的发现及其环境背景.地质通报,2002,21(11):764～767..
92. 向树元,喻建新,王国灿,等.东昆仑阿拉克湖地区近 2ka 来风成沙沉积的气候变迁记录[J].地球科学—中国地质大学学报,2003,28(6):669～674.
93. 谢云喜,勾永东,冈底斯岩浆弧中段古近纪"双峰式"火山岩的地质特征及其构造意义[J].沉积与特提斯地质2002,22(2):99～102.
94. 徐强,潘桂棠,许志琴,等.东昆仑地区晚古生代到三叠纪沉积环境和沉积盆地演化[J].特提斯地质,1998,(22):76～89.
95. 徐宪.青藏高原地层简表[M].北京:地质出版社,1982.
96. 徐钰林,万晓樵,苟宗海,等.西藏侏罗、白垩、第三纪生物地层[M].武汉:中国地质大学出版社,1989.
97. 杨德明,李才,王天武.西藏冈底斯东段南北向构造特征与成因[J].中国区域地质,2001,20(4):392～397.
98. 杨日红,李才,迟效国,等.西藏永珠-纳木湖蛇绿岩地球化学特征及其构造环境初探[J].现代地质,2003,17(1):14～19.
99. 杨森楠,王家映,张胜业,等.青、川地区大地电磁测深剖面及岩石圈构造特征[J].中国大陆构造论文集,中国地质大学出版社,1992:181～189.
100. 杨巍然,简平.构造年代学——当今构造研究的一个新学科[J].地质科技情报,1996,15(4):39～43.
101. 杨巍然,王国灿,简平.大别造山带构造年代学[M].中国地质大学出版社,2000.
102. 杨逸畴,李炳元,尹泽生,等.西藏地貌[M].北京:科学出版社,1983.
103. 姚檀栋,杨志红,皇翠兰,等.近 2ka 来高分辨的连续气候环境变化记录—古里雅冰芯 2ka 记录初步研究[J].科学通报,1996,41(12):1 103～1 106.
104. 姚小峰,等.玉龙山东麓古红壤的发现及其对青藏高原隆升的指示[J].科学通报,2000,45(15):1 671～1 677.
105. 姚正煦,周伏洪,薛典军,等.雅鲁藏布江航磁异常带性质及其意义[J].物探与化探,2001,25(4):241～252.
106. 雍永源.藏东主要岩金矿床类型基本特点及其找矿前景[J].沉积与特提斯地质,2002,22(4):1～9.
107. 于庆文、李长安,等.试论造山带成山运动与环境变化调查方法[J].中国区域地质,1999,18(1):91～95.

108. 袁万明,侯增谦,李胜荣,等.雅鲁藏布江逆冲带活动的裂变径迹定年证据[J].科学通报,2002,47(2):147～150.

109. 袁万明,王世成,李胜荣,等.西藏冈底斯带构造活动的裂变径迹证据[J].科学通报,2001,46(20):1 739～1 742.

110. 张进江,季建清,钟大赉,等.东喜马拉雅南迦巴瓦构造结的构造格局及形成过程探讨[J].中国科学(D辑),2003,33(4):373～383.

111. 张旗,李绍华.西藏岩浆活动和变质作用[M].北京:科学出版社,1981.

112. 张旗,杨瑞英,等.西藏丁青蛇绿岩中玻镁安山岩类侵入岩的地球化学特征[J].1987(2):64～72.

113. 张晓亮,江在森,陈兵,等.对青藏东北缘现今块体划分、运动及变形的初步研究[J].大地测量与地球动力学,2002,22(1):63～67.

114. 张宗祜.中国北方晚更新世以来地质环境及未来生存环境变化趋势[J].第四纪研究,2001,21(3):208～217.

115. 赵希涛,朱大岗,严富华,等.西藏纳木错末次间冰期以来的气候变迁与湖面变化[J].第四纪研究,2003,23(1):41～52.

116. 赵政璋,李永铁,叶和飞,等.青藏高原地层,青藏高原石油地质学丛书[M].北京:科学出版社,2001.

117. 赵政璋,李永铁,叶和飞,等.青藏高原大地构造特征及盆地演化[M].北京:科学出版社,2001.

118. 郑来林,耿全如,董翰,等.波密地区帕隆藏布残留蛇绿混杂岩带的发现及其意义[J].沉积与特提斯地质,2003,23(1):27～30.

119. 郑来林,金振民,潘桂棠,等.喜马拉雅山带东、西构造结的地质特征与对比[J].地球科学—中国地质大学学报,2004,29(3):269～277.

120. 郑有业,张华平.西藏冈底斯东段构造演化及铜金多金属成矿潜力分析[J].地质科技情报,2002,21(2):55～60.

121. 钟大赉,丁林.东喜马拉雅构造结变形与运动学研究取得重要进展[J].中国科学基金,1996(1):52～53.

122. 钟大赉,丁林.青藏高原的隆升过程及其机制探讨[J].中国科学(D辑),1996,26(4):289～295.

123. 朱云海,张克信,拜永山.造山带地区花岗岩类构造混杂现象研究——以清水泉地区为例[J].地质科技情报,1999,18(2):11～15.

124. 朱占祥,等.西藏洛隆、丁青地区拉贡塘组与多尼组时代的确定[J].成都地质学院学报,1986,13(4):71～79.

125. Coleman M., Hodges K. Evidence for Tibetan Plateau uplift before 14My ago from a new minimum age for east-west extension. Nature,1995(374):49～52.

126. Gasse F., Fortes J. C. et al. Holocene environmental changes in Bangong Co Basin(West Tibet). Palaeogeogr. Palaeoclimat. Palaeoecol. 1996(120):79～92.

127. Gasse F. M., Amold, J. C. Fontes et al. A 13000 year climate record from Western Tibet. Nature,1991(353):50～53.

128. Granger DE et al., Spatially averaged long-term erosion rates measured from in sita-produced cosmogenic nnclides in Alluvial sediment. The Journal of Geology,1996(104):249～257.

129. Harrison T M, Copeland P, Kidd W S F, et al. Raising Tibet. Science,1992(255):1 663～1 670.

130. Liu B et al., An alurial surface chronology based on cosmogenic 36Cl dating, Ajo Mountains, southern Arizona. Quaternary Research,1996(45):30～37.

131. Margaret E. Coleman and Kip V. Hodges. Contrasting Oligocene and Miocene thermal histories from the hanging wall and footwall of the South Tibetan detachment in the central Himalaya from 40Ar/39Ar thermochronology, Marsyandi Valley, central Nepal. Tectonics, 1998,17(5):726～740.

图版说明及图版

图版 Ⅰ

1. 西藏英羊齿（相似种）*Scleropteris* cf. *tibetica* Tuan et Chen

   放大倍数×0.5，标本号：P17HS8-2，产地及层位：边坝县边坝镇崩崩卡，早白垩世多尼组一段。

2. 布契查米羽叶 *Zamiophyllum buchianum*（Ett）Nath. emend Ôish

   放大倍数×0.5，标本号：P17HS8-17，产地及层位：同上。

3. a，布朗枝脉蕨（相似种）*Cladophlebis* cf. *browniana*（Dunker）Sseward，b，带状叶属（未定种）*Desmiophyllum* sp.

   放大倍数×0.5，标本号：P17HS8-4，产地及层位：同上。

4. 布契查米羽叶 *Zamiophyllum buchianum*（Ett）Nath. emend Ôish

   放大倍数×0.51，标本号：P17HS8-15，产地及层位：同上。

5. 带状叶（未定种）*Desmiophyllum* sp.

   放大倍数×0.5，标本号：P17HS8-14，产地及层位：同上。

6. 布契查米羽叶 *Zamiophyllum buchianum*（Ett）Nath. emend Ôish

   放大倍数×1，标本号：P17HS8-8，产地及层位：同上。

7. 异脉蕨（未定种）？*Phlebopteris* sp.

   放大倍数×1，标本号：P17HS76-1，产地及层位：同上。

8. 耳羽叶（未定种）*Otozamites* sp.

   放大倍数×1，标本号：P17HS57-11，产地及层位：同上。

图版 Ⅱ

1. 北方毛羽叶（相似种）*Ptilophyllum* cf. *boreale*（Heer）Seward

   放大倍数×1.1，标本号：P17HS76-3，产地及层位：同上。

2. 似查米亚（未定种）*Zamites* sp.

   放大倍数×1.2，标本号：P17HS57-2，产地及层位：同上。

3. 似查米亚（未定种）*Zamites* sp.

   放大倍数×0。5，标本号：P17HS8-9，产地及层位：同上。

4. 似根属（未定种）*Radicites* sp.

   放大倍数×1.5，标本号：P18HS122-26，产地及层位：边坝县曲麦，早白垩世多尼组二段。

5. ？篦羽叶？*Ctenis*

   放大倍数×1.5，标本号：P18HS122-1，产地及层位：同上。

6. ？坚叶杉（未定种）？*Pagiophyllum* sp.

   放大倍数×1.5，标本号：P18HS122-10，产地及层位：同上。

图版 Ⅲ

1. 西藏类三角蚌（异饰蚌）*Trigonioides* (*Diversitrigonioides*) *xizangensis* Gu
背视，×1，标本号：P18HS05，产地及层位：边坝县城，早白垩世边坝组。
2. 斯匹梯肋海螂 *Pleuromya spitiensis* Holdhaus
背视，×1，标本号：P18HS23，产地及层位：同上。
3. *Protelliptio* sp
副模，×1，标本号：P18HS18，产地及层位：同上。
4. 类三角蚌 *Trichomyerla* sp.
背视，×1，标本号：P18HS21，产地及层位：同上。
5. 近斜三角钩顶蛤（相似种）*Opis* (*Trigonopis*) cf. *suboligua* Gou
背视，×1，标本号：P18HS22，产地及层位：同上。
6. 肋海螂 *Pleuromya* sp.
背视，×1，标本号：P18HS19，产地及层位：同上。
7. 螂海笋 *Myopholas* sp.
背视，×1，标本号：P18HS07，产地及层位：同上。
8. 螂海笋 *Myopholas* sp.
背视，×1，标本号：P18HS09，产地及层位：同上。
9. 螂海笋 *Myopholas* sp.
背视，×1，标本号：P18HS14，产地及层位：同上。
10. 螂海笋 *Myopholas* sp.
背视，×1，标本号：P18HS03，产地及层位：同上。
11. 螂海笋 *Myopholas* sp.
背视，×1，标本号：P18HS20，产地及层位：同上。
12. 螂海笋 *Myopholas* sp.
背视，×1，标本号：P18HS10，产地及层位：同上。
13. 螂海笋 *Myopholas* sp.
背视，×1，标本号：P18HS23，产地及层位：同上。
14. 螂海笋 *Myopholas* sp.
背视，×1，标本号：P18HS04，产地及层位：同上。
15. 螂海笋 *Myopholas* sp.
背视，×1，标本号：P18HS06，产地及层位：同上。

图版 Ⅳ

1. 边坝县拉孜区南分水岭（P17）上的中更新世冰碛物地貌景观
2. 边坝县拉孜区南分水岭（P17）上的中更新世冰碛物中花岗岩漂砾
3. 波密县倾多（D557）晚更新世冰碛物
4. 波密县易贡错，易贡藏布中晚更新世至全新世洪冲积物
5. 边坝县草卡区上卡（P11），T_1阶地全新世洪冲积物中砾石扁平面明显向上游倾斜
6. 波密县倾多（D558）高阶地洪冲积物中取光释光样
7. 边坝县草卡区上卡（P11）第四纪河流剖面景观
8. 边坝县边坝镇普玉（D905），现代冰川前端终碛堤型冰碛物

图版 V

1. 林芝县排龙中新元古代念青唐古拉岩群片麻岩(D2001)
2. 边坝县普玉接触变质带中红柱石(D0908)
3. 马五向斜转折端(P18 剖面终点)
4. 中晚侏罗世拉贡塘组平卧褶皱(D921)
5. 哄多-额拉断裂景观(P19-20),
6. 共野-霞公拉断裂中构造角砾岩(D916)
7. 擦曲卡-阿拉日断裂带中通过岩体段断层景观(D903)
8. 嘉黎-易贡藏布断裂带中温泉与钙华(D0842)

图版 VI

1. 样品 2003-1 锆石 U-Pb SHRIMP 测年颗粒形态结构及 $^{207}Pb/^{206}Pb$ 年龄
2. 样品 P23-11 锆石 U-Pb SHRIMP 测年颗粒形态结构及 $^{207}Pb/^{206}Pb$ 年龄
3. 样品 0975 锆石 U-Pb SHRIMP 测年颗粒形态结构及 $^{207}Pb/^{206}Pb$ 年龄

图版 Ⅰ

图版 II

图版 Ⅲ

图版 Ⅳ

图版 V

图版 Ⅵ

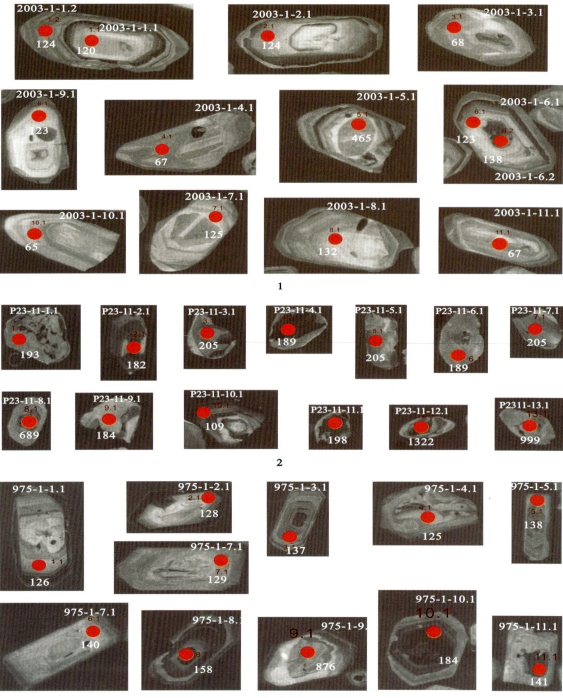